プロを目指す人のためのTypeScript入門

［安全なコードの書き方から
高度な型の使い方まで］

Introduction to TypeScript for future professionals

鈴木 僚太［著］

Introduction to TypeScript for future professionals

技術評論社

はじめに

TypeScriptは、JavaScriptに静的型システムを付け加えたプログラミング言語です。JavaScriptのエコシステムはその発祥の場であるWebブラウザの中だけにとどまらず、サーバサイド開発などにも拡大しています。大規模化を続けるJavaScriptのエコシステムを支え、開発を効率化するものとして、TypeScriptは広く用いられています。

この本では、TypeScriptという言語そのものについて基礎から解説します。TypeScriptの学習はもうJavaScriptを知っている人がステップアップするという場合も多いのですが、この本ではまだJavaScriptを知らない人でもTypeScriptを学習できるようになっています。

ただし、この本の読者にはプログラミングそのものに対する多少の基礎知識が要求されます。想定読者としては「変数」や「関数」といった基本的な概念はすでに知っている人を想定し、「変数とは箱のようなもので……」とか「関数とは……」といった説明はこの本では省いています。すでにTypeScript以外のプログラミング言語を知っている人や、多少プログラミングを独学した人ならば、この本を読み進めることができるでしょう。もしあなたが完全なプログラミング初心者なのであれば、この本を読むのはプログラミングの基本的な概念に慣れ親しんでからのほうがよいでしょう。

この本は“プロ”を目指す人のためのTypeScript入門書です。プログラミングの成果物というのは、何か求められたとおりの挙動をするコードです。しかし実は、あなたが書いたコードが期待どおりの挙動をすることは、プログラミングのスタートラインにすぎません。そのコードに、バグが発生しにくい、ほかの人が読んだときにわかりやすい、将来にわたってメンテナンスしやすいなどといったさまざまな付加価値を与えることで、あなたのコードはプロレベルのコードとなります。そのようなコードを書けるようになるための方法は、自分が書いたコードを説明するための理屈を身につけることです。あなたの書いたコードはなぜ安全なのか、なぜわかりやすいのか、それをしっかりと論理的に説明できるならば、あなたのコードがプロレベルであることを疑う人はいないでしょう。そして、そのような理屈を身につけるにはTypeScriptという言語についてしっかりと理解している必要があります。この本はあなたにTypeScriptに対する体系的な理解とベストプラクティスの知識を与え、それはプロフェッショナルなTypeScriptコードを書くための礎となるでしょう。

一方で、この本はあくまで“入門”書です。この本はフロントエンド／サーバサイドといった具体的な技術領域や具体的なアプリケーションの開発手法などには踏み込まず、あくまでTypeScriptという言語そのものを解説します。この本のサンプルコードはひとつの言語機能を解説するためだけの短いものが多く、何か面白いプログラムのコードが何ページにもわたって載っているようなことはありません。また、この本だけでは実用的なアプリケーションを作るための全領域をカバーしておらず、読み終わっても何か動くアプリケーションが手元に残るわけでもありません。その代わりに、この本はあなたがTypeScriptで何かやりたいことがあるときに、TypeScriptを手足のように使いこなせるようにサポートするでしょう。まず基礎固めとしてTypeScriptをしっかりと身につけ、それを土台に各分野のアプリケーション開発や設計論等々に応用できるようにする。これが、この本の“入門”書としての役割です。

良い入門書というのは、初心者が読んで知識を身につけて終わり、二度と開かれない、というものではありません。むしろ教科書のように、時折基礎を振り返るために読み返され、長く使われるのが良い入門書です。この本はそのような入門書を目指して、初心者相手だからといってごまかさず、なるべく正確な用語を用いて正確な説明をしています。「なんとなく書いたコードがなんとなく動いて楽しい」というのはこの本が目指すゴールではありません。むしろ、この本はひたすら正確な基礎知識を提供することに努め、それを実際にどう役立てて意味のあるプログラムを作るのかということは読者に委ねています。正確な知識だからこそ、あなたがTypeScript初心者を脱してプロフェッショナルなTypeScript使いになったとしても、この本の内容はずっと役に立つはずです。

なればこそ、この本はTypeScriptを使ってやりたいことがある人や、あるいはこれからプロとしてTypeScriptコードを書く人にとくに適しています。この本はTypeScriptの基礎知識を活かしてどのように実際の大きなプログラムを組み立てるかという方法論には手を伸ばしませんので、それをすでに知っている人や教えてもらえる人ならば、この本を最大限活用できるでしょう。

鈴木 僚太

本書を読むにあたって

■本書の表記

コマンドラインインターフェース（CLI）における操作や実行結果は、次の形式で表現しています。

```
$ npm install --save-dev typescript @types/node
```

コマンドの実行例の先頭の「$」はプロンプト（ユーザーの入力待ちを示す記号）を表しています。実際にコマンドラインで入力するときは$のあとの文字列から入力してください。なお、プロンプトの記号はOSによって異なります。本書ではLinuxの場合のプロンプトを示しています。

TypeScriptのソースコードやpackage.jsonなどの設定ファイルは、次の形式で表現しています。

```
function repeatHello(count: number): string {
  return "hello".repeat(count);
}

// ↓ここで型エラーが発生
console.log(repeatHello("wow"));
```

背景が黒色（文字が白色）になっている箇所は、ソースコードのコメント（注釈）を表しています。

プログラムの構文は次の形式で表現しています。下線の付いている項目は任意の値が入ることを表しています。

```
const 変数名 = 式;
```

■本書のサンプルコードについて

本書のサンプルコードは次のURLからダウンロードできます。本書の1.3節で説明している手順に従って実行環境を準備することで、サンプルコードを動作させることができます。

・https://gihyo.jp/book/2022/978-4-297-12747-3

なお、本書のサンプルコードは次のバージョンのソフトウェアで動作確認をしています。

・Node.js　v16.8.0
・TypeScript　4.6.2
・@types/node　14.14.10

contents 目次

コラム
column

第1章

イントロダクション

この章では、まずTypeScriptとは何かという最も基本的な事項を学びます。また、次章以降に備えてTypeScriptの環境構築も行います。

1.1 TypeScriptとは

TypeScriptは、Microsoftによって開発されているプログラミング言語であり、いわゆるAltJSの一種です。AltJSとは**JavaScript**の代替となる言語を指す言葉で、その用途はJavaScriptの用途と一緒です。本書の執筆時点では、AltJSの中でもTypeScriptがとくに強い人気を博しており、AltJSという言葉も徐々に聞かなくなってきたところです。

当初はブラウザ上で動作しWebページに動きを与えるためのプログラミング言語として作られたJavaScriptですが、現在ではサーバサイドなど幅広い用途に応用されています。TypeScriptの用途はJavaScriptと同じであり、JavaScriptが使われる場面では常に代わりにTypeScriptを使うことができます。それゆえ、TypeScriptの応用範囲もまた幅広く、JavaScriptを用いる新規プロジェクトで実際にはTypeScriptが使われるというのが当たり前の光景になっています。

TypeScriptはJavaScriptととても似ていますが、JavaScriptと異なる点として、**静的型システム**（static type system）を備えているのが特徴です。TypeScriptにはコンパイラ（tsc）があり、これによりTypeScriptプログラムに対する型チェックを行うことが可能です。型に関連するプログラムの誤りはコンパイルエラーとして検出されます。

1.1.1 JavaScriptに対する“静的型付け”

TypeScriptの**静的型付け**に対する理解は、TypeScriptの学習において欠かせません。そもそもTypeScriptは“JavaScript + 静的型付け”という様相の言語です。すなわち、TypeScriptの静的型付け以外の部分はJavaScriptそのものです。逆に言えば、JavaScriptという既存の言語に静的型付けという要素を足したもの、それがTypeScriptであると言えます。本書はJavaScriptを知らない方でもTypeScriptを学べるようになっていますので、JavaScriptをまだ知らないという方もご安心ください。

静的型付けとは、**静的型システム**を備えていることを指します。大雑把には、変数や式が**型**を持っているというのが静的型システムの特徴です[注1]。TypeScriptにおいては、たとえば次のようなプログラムを書くことができます。

```
const str: string = "foobar";
```

このプログラムには、変数`str`は`string`型（文字列型）を持っているという**型注釈**（type annotation）が書かれています。型注釈は、「変数が型を持っている」という静的型システムの特徴を最も直接的に表している構文と言えますね。

型注釈が書けるのはTypeScriptの基本的な機能ですが、同時にTypeScriptは**型推論**（type inference）の機能も充実しています。型推論は、型注釈を書かなくてもTypeScriptが補って変数などの型を決めてくれる機能です。上の例の場合、型注釈を省略した`const str = "foobar";`というプログラムも正しいTypeScriptプログラムです。また、型注釈を省略したあとのプログラムは実はJavaScriptとしても正しいプログラムになってい

注1　いわゆる動的型付けの言語の場合、変数や式ではなく**値**が“型”を持っていることがあります。静的型付けの特徴は、変数の宣言や式といったプログラムの字面上の要素に対して型がひもづけられ、それがランタイムの値の“型”と整合するという点にあります。

ます。このように、TypeScriptは構文自体も「JavaScript＋型注釈」のような様相で、先の例では`: string`という部分が型注釈、すなわちTypeScript特有の部分です。

型注釈や型推論といった静的型システムの機能は大規模なプログラムを構築するのに適しています。JavaScriptは長らく使われてきた言語ですが、静的型付けではなかったゆえに大規模な開発には苦労が伴いました。TypeScriptは、JavaScriptに欠けていた“型”を補い強化することでこの点を克服しようとしています。実際、TypeScriptの公式サイトにも次のように書かれています。

> *TypeScript is a strongly typed programming language that builds on JavaScript, giving you better tooling at any scale.*
> （出典：https://www.typescriptlang.org/）

このように、“型”がある点、そしてスケールする（小規模な開発だけでなく、大規模な開発にも利用できる）点が強調されています。

1.1.2 高い表現力を持つ型システム

静的型付けを備えたプログラミング言語は多々ありますが、その中でもTypeScriptの型システムは他に類を見ない**高い表現力**を持っています。高い表現力というのは、簡単に言えば型でいろいろなロジックを表すことができるということを指しています。

前項で出てきた`string`型は「文字列」を表す型です。多くの静的型付き言語において文字列型が存在していることからわかるように、文字列型というのはとても基本的な型です。このような基本的な型は第2章で解説します。また、TypeScriptプログラミングでは**オブジェクト**が多用されるため、それに対応する**オブジェクト型**の表現も可能です[注2]。これは第3章で扱います。また、TypeScriptでは**関数**も自在に扱うことができます[注3]。これに対応する**関数型**（第4章）も存在し、型システムの上で不自由なく関数を取り扱うことができるようになっています。以上の型がTypeScriptプログラミングの主役で、最も広く使われます。

ただ、TypeScriptの型はこれだけにとどまりません。第6章では、リテラル型・ユニオン型・keyof型などのさらに高度な型を扱います。TypeScriptに独特の設計パターンはこれらの型の存在によるところが大きく、TypeScriptの「高い表現力」の源となっています。さらに高度な一部の型は残念ながら本書の範囲外となり、第6章の最後で軽く紹介するだけにとどめています。

静的型付き言語をすでに何か知っているという読者であっても、とくに第6章の内容は初めて触れる概念が多くなることでしょう。そこがTypeScriptの魅力でもありますから、ぜひ習得しましょう。静的型付き言語をまだ学習したことがないという方もご安心ください。本書では基本的な型からしっかりと学んでいきます。

注2　言語によっては「クラス」と「オブジェクト」が一体の概念として存在していますが、TypeScriptではそうではなく、クラスを用いずにオブジェクトを取り扱うことができます。TypeScriptにもクラス自体は存在しています（第5章で扱います）。

注3　TypeScriptでは関数はいわゆる第一級オブジェクトです。つまり、関数を変数に入れたり動的に作ったりするなど、文字列やオブジェクトといったほかの値と同様の取り扱いが可能です。

1.1.3 静的型付けのメリット（1）型安全性

TypeScriptは、JavaScriptに**静的型付け**を追加したプログラミング言語です。静的型付けの良い点はおもに2つあります。**型安全性**と**ドキュメント化**です。

ここで言う**型安全性**（type safety）とは、ある種の間違ったプログラムをコンパイラが型チェック（type checking）により検出してくれるしくみのことです。TypeScriptプログラムをコンパイルすると**コンパイルエラー**（compile error）が発生します。コンパイルエラーは、構文が正しくないことを表す構文エラーと、型チェックが失敗したことを表す型エラーの2種類が主です。とくに、コンパイラにより型エラーが検出されるのが静的型付けの恩恵です。

型チェックの失敗は、簡単に言えば型に矛盾が発生した場合に起こります。型の矛盾はほとんどの場合プログラムのミスにより発生するものですから、型チェックが失敗しないようにプログラムを修正すべきです。型エラーが発生する簡単な例を示します。

```
function repeatHello(count: number): string {
  return "hello".repeat(count);
}

// ↓ここで型エラーが発生
console.log(repeatHello("wow"));
```

構文などの詳しい説明は次章以降で行うのでここではフィーリングで読んでいただきたいのですが、ここではrepeatHelloという関数を定義しており、countという引数はnumber型です。つまり、「関数repeatHelloには数値を渡します」という宣言がされています。その一方で、その下（使う側）ではrepeatHello("wow")というように呼び出しており、ここでrepeatHelloに数値ではなく文字列（"wow"）が渡されています。つまり、repeatHelloには数値を渡すと宣言したにもかかわらず、実際には文字列を渡しています。これが型が矛盾しているということです。ここで発生する型エラーは以下のようなエラーメッセージです[注4]。

```
Argument of type 'string' is not assignable to parameter of type 'number'.
```

つまり、引数（count）の型はnumber型として宣言されているのに、実際にはstring型の値（"wow"）が渡されてしまっているということを言っています。この矛盾をなくすにはたとえば次のようにプログラムを変更して、repeatHelloにnumber型の値（数値）を渡すようにすればいいですね。

```
function repeatHello(count: number): string {
  return "hello".repeat(count);
}

// ↓型エラーが消える
console.log(repeatHello(10));
```

このように、関数や変数に対して型を宣言し、宣言したとおりにプログラムを記述するのがTypeScriptの基本となります。宣言に反したプログラムを書いた場合には型エラーが発生しますから、適宜修正しなければいけません。コンパイルエラーが出ている状態ではプログラムが完成したとは言えません。

注4　エラーメッセージは日本語にすることも可能ですが、英語のままにすることを推奨します。新しいメッセージはまだ日本語に翻訳されていないことがあるという点や、エラーメッセージでWebを検索するときに英語のほうが解決策を見つけやすい点が理由です。

こう書くと、コンパイルエラーというのは良くないもの・避けるべきものと思えるかもしれません。確かに、プログラムを書いてコンパイルエラーが発生したらそれを直す必要があり、手間がかかります。とくに、TypeScriptを使わずに素のJavaScriptを使う人からは、「JavaScriptならコンパイルエラーなんて出ないのに、わざわざTypeScriptを使ってコンパイルエラーを直すという仕事を増やす理由がわからない」という意見が聞かれることがあります。

しかし、実際にはそうではなく、コンパイルエラーはむしろTypeScript開発の頼もしい味方です。どんなに優れた人でもまったく間違えずにプログラムを書くのは難しく、ミスが発生するのは当たり前です。コンパイルエラーがあるほうがそのミスがすぐに発見される可能性が高くなり、ミスが残ってしまう（バグが発生する）ことが少なくなります。これにより、成果物のクオリティが高まります。これが静的型システム・型安全性の恩恵です。

コンパイルエラーに関するこの考え方は、以下に引用する名言にまとまっています。

- **コンパイルエラーは普通**
- **コンパイルエラーが出たらありがとう**
- **コンパイルエラーが出たら大喜び**

（出典：『江添亮のC++入門』注5）

コンパイルエラーが出るのは間違ったことではなく、むしろミスが発見できてうれしいことであるという考え方が端的にまとまっています。本書をこれから読み進める方も、ぜひこの考えを身につけてコンパイルエラーに慣れ親しみましょう。本書では、どういう場合にどのようなコンパイルエラーが出るのかについても必要に応じて解説します。コンパイルエラーについて知ることは、自分が書いたプログラムがどのように間違っていて、どう直すべきかを把握するのに必要なことです。コンパイルエラーをただ避けるのではなく、利用する気持ちでTypeScriptプログラミングに臨みましょう。

1.1.4 静的型付けのメリット（2）ドキュメント化と入力補完

静的型付けのもう1つの良い点は、**ドキュメント化**です。静的型付けがある言語では、型の情報がソースコードに書かれることになります。この情報はプログラムを読解する助けになります。たとえば、前項で出てきた下のプログラムは、1行目を見るだけで関数`repeatHello`が`number`型の引数を受け取って`string`型の返り値を返すことがわかります。

```
function repeatHello(count: number): string {
  return "hello".repeat(count);
}
```

型だけで関数の全容を把握することはできませんが、適切な関数名やコメントと組み合わせることによって、プログラムの読解時に関数の中身まで読む必要がなくなります。とくに、大規模なプログラムは複数人で開発することがほとんどであり、そうなるとほかの人が書いたプログラムを読まなければならない機会が多くなります。その際に型による補助の効果は絶大です。そもそも大規模なシステムではすべてのコードに目を通すこ

注5　江添亮 著、『江添亮のC++入門』、ドワンゴ、2019年

とすら現実的ではなく、プログラムの大規模な構成を理解するにあたっても型によるドキュメント化が重要です。型により、プログラムのデータの流れが可視化されるでしょう。

さらに、型の情報は人間だけでなくコンピュータにとっても助けとなります。前項で説明した型安全性もその一部ですが、それだけでなく型情報は**入力補完**にも役立ちます。入力補完は、IDE（統合開発環境）やテキストエディタがプログラムの入力を手助けしてくれる機能です。これにより、我々はプログラムのすべてを一字一句手で入力しなくてもよくなります。

たとえば、前頁のプログラムの2行目を入力する際、`"hello".re`くらいまで入力すればテキストエディタは`repeat`と入力しようとしていることを予測し、`repeat`を入力補完候補として出してくれるでしょう。これにより残り4文字の入力を省略することができます。たかが4文字と思われるかもしれませんが、このような小さな効率化の積み重ねがTypeScriptにおけるプログラミングを快適なものにしてくれます。また、プログラムが大規模になるほど変数名なども長くなる傾向にあり、入力補完の恩恵は大きくなります。本書には多くのサンプルコードがあります。それらを手で入力するときにも入力補完の活用を意識してみましょう。

1.1.5　TypeScript年表

TypeScriptは完成されたプログラミング言語ではなく、まだまだ進化の途中です。本書発売時点では、TypeScriptは約3ヵ月に1回の頻度でバージョンアップを続けています。

TypeScriptは画期的な進化を何度も遂げています。JavaScript＋静的型付けというコンセプトは初期から一貫していますが、プログラミング言語としての様相は最初期のTypeScriptと比べるともはや別物です。最初のころのTypeScriptは正直に言えばプログラミング言語としてパッとしないものでしたが、現在ではTypeScriptは非常に独特かつ魅力的な特徴を備えた言語となっています。本書では第2章から第5章まででプログラミング言語としては比較的普通の部分を扱い、TypeScriptの独特な部分は第6章でおもに扱います。

TypeScriptは大小さまざまな改善を積み重ねて現在に至っていますが、いくつか特筆に値する大きな変化を経験してきました。それらの変化はそのたびにTypeScriptプログラミングに変革をもたらし、TypeScript使いたちに新たな可能性を与えてきました。ここでは、それらの変化をピックアップし年表（**表1-1**）という形にまとめてご紹介します。

表1-1　TypeScript沿革ピックアップ年表

バージョン	リリース時期	おもな変化
0.8	2012年10月	最初のプレビュー版の公開
1.0	2014年4月	正式リリース
1.3	2014年11月	タプル型の導入
1.4	2015年1月	ユニオン型・type文の導入
1.6	2015年9月	JSXのサポート・インターセクション型の導入
1.8	2016年2月	リテラル型の導入
2.0	2016年9月	strictNullChecksコンパイラオプションの導入・いわゆるタグ付きユニオン型のサポート強化・never型の導入など
2.1	2016年12月	mapped types・keyof型・lookup型の導入
2.3	2017年4月	strictコンパイラオプションの導入
2.8	2018年3月	conditional typesの導入

バージョン	リリース時期	おもな変化
3.0	2018年7月	unknown型の導入
3.4	2019年5月	readonly配列型・as constの導入
3.7	2019年11月	asserts型述語の導入
4.0	2020年8月	タプル型の機能強化（Variadic tuple types）
4.1	2020年11月	テンプレートリテラル型の導入
4.4	2021年8月	exactOptionalPropertyTypesコンパイラオプションの導入

TypeScriptが最初に一般ユーザーに公開されたのは2012年10月（バージョン0.8）のことです。筆者は2013年ごろにTypeScriptを触ってみた記憶があります。言語として一通りの体裁を整えてバージョン1.0が2014年4月にリリースされました。

それ以降も、この表にあるようにたびたび大きな機能追加が行われています。とくに、バージョン1.4のユニオン型・type文やバージョン1.6のインターセクション型、バージョン1.8のリテラル型などは今ではTypeScriptの基礎を成す機能のひとつです。また、バージョン2.0でのstrictNullChecksコンパイラオプションの導入は、これまでのTypeScriptの成長の中でもとりわけ大きな変化でした。これより前のTypeScriptは値がundefined・nullである可能性をうまく取り扱えなかった（いわゆるnull安全ではなかった）のです。バージョン2.0になってTypeScriptの型安全性に欠けていた大きなピースが埋まったことになります。

バージョン2台になってもTypeScriptの成長は落ち着くところを知らず、バージョン2.1のmapped typesやバージョン2.8のconditional typesといった大きな進化がありました。これらもTypeScriptの非常に重要な機能たちですが、高度な機能なので本書では軽く触れるにとどめています。

一方で、バージョン3台はこれらに比べるとあまり大きな変化のない安定の時代でした。派手な新機能よりは細かな使い勝手の向上や安定性・安全性の改善に努めていたようです。型システムの機能という観点で面白いものとしてはバージョン3.7のasserts型述語が挙げられるくらいです。ですから、もう言語として成熟したのでこの先大きな変更はないのかなという空気がTypeScriptコミュニティにあったように思います。

しかし、それを裏切る形でバージョン4.0・4.1とそれぞれ大きな機能追加がありました。とくにテンプレートリテラル型はその応用性の高さから、発表されるや否やTypeScriptコミュニティはお祭り騒ぎとなりました。このように、TypeScriptは今後も進化を続けることが期待されます。本書の内容が古くなってしまうのは残念ですが、新しい機能を理解するには今までの機能の理解は必須ですから、本書で学習した内容が無駄になることはないでしょう。安心してTypeScriptを学習しましょう。

1.2 TypeScriptとJavaScriptとの関係

TypeScriptが"JavaScript＋静的型付け"の言語であることはすでに説明しましたが、TypeScriptとJavaScriptがどのような関係にあるのかを理解することがTypeScriptの学習のうえでは重要です。本書の執筆時点ではTypeScriptの利用者にはもともとJavaScriptを使っていた人たちも多く、JavaScript開発をより便利に行うためのツールとしてTypeScriptが用いられています。TypeScript側もJavaScript開発に型安全性を加えてスケーラブルなものにすることをゴールとしており、JavaScript利用者をおもなターゲットとしています。そのため、

TypeScriptはAltJSの中でもJavaScriptに非常に似通った言語であり、もともとJavaScriptで書かれていたプログラムをTypeScriptプロジェクトへと移行することも自然に可能です（ある程度の努力は必要ですが）。

この節では、**TypeScriptコンパイラ**の機能解説を通してTypeScriptとJavaScriptの関係を理解します。また、JavaScriptの言語仕様である**ECMAScript**についても解説し、ECMAScriptがTypeScriptの言語機能にどのように影響を与えるのかを理解します。

1.2.1 TypeScriptコンパイラの役割（1）型チェック

TypeScriptプログラムが書けたら、それに対して**TypeScriptコンパイラ**を実行します。TypeScriptコンパイラの役割はおもに2つです。1つは**型チェック**、もう1つは**トランスパイル**です。その中でも型チェックはTypeScriptの存在意義と言えるほど重要です。この項ではまず型チェックについて解説します。

型チェックについてはすでに1.1.3などでも少し触れていますが、改めて解説すると、型チェックというのはプログラムから矛盾を見つけ出す作業です。TypeScriptコンパイラはこの作業を自動的に行い、矛盾を見つけたらコンパイルエラーという形でプログラマーに報告してくれます。

矛盾を探す材料となるのが**型情報**です。TypeScriptプログラムでは、我々プログラマーは**型注釈**を通してTypeScriptコンパイラに情報を提供します。型注釈は、変数や関数がどのような型を持つかという宣言です。たとえば、次の例は1.1.3の例の再掲ですが、関数`repeatHello`は引数の型が`number`であり返り値の型が`string`であるという宣言を、2ヵ所の型注釈を通じて行っています[注6]。

```
function repeatHello(count: number): string {
  return "hello".repeat(count);
}

// ↓ここで型エラーが発生
console.log(repeatHello("wow"));
```

この例では関数`repeatHello`を使う際に引数に`"wow"`という文字列（`string`型の値）を渡していますが、これは`repeatHello`の引数が`number`型（数値）であるという宣言に矛盾していますから、TypeScriptコンパイラがこれを検出しコンパイルエラーを発生させるのでした。

TypeScriptとJavaScriptの関係という観点からは、まさにこの「型注釈を書ける」「型チェックを行える」という機能がTypeScriptとJavaScriptの最大の違いです。型チェックは、（静的型システムという言葉からも察せられるように）**静的**なチェックです。ここで言う静的とは、**実際にプログラムを実行しなくても行えるチェックである**ということです。言い換えれば、プログラムの文面だけを見て行われるチェックであるということです。たとえば、上記の例は、実際にプログラムを実行しなくてもコンパイラがプログラムの文面を解析するだけで「`repeatHello`の引数が`number`型であること」や「`repeatHello`の引数に`string`型の値が渡されること」がわかるため、型エラーを検出できます。

一方で、静的でないチェックとしてはいわゆる「テスト」（ユニットテスト、インテグレーションテストなど）が挙げられます。これらは実際にプログラムを実行してその結果を見てプログラムに間違いがないかを確認するもの（**動的**なチェック）であり、静的なチェックとは性質が異なります。静的なチェックがあってもテストは依然として必要ですが、静的なチェックができるものはテストよりも静的チェックで行うべきです。場合に

注6　型注釈の別の方法として、第4章で扱う関数型を用いて変数`repeatHello`が`(count: number) => string`型であると宣言する方法もあります。

もよりますが、一般には静的なチェックのほうがテキストエディタやIDEによるサポートを高い反応速度で受けやすくなり、コードを書く・ミスを発見する・直すというサイクルをより高速に行えるからです。また、動的なチェックよりも静的なチェックのほうが理論的な背景に優れている傾向があり、両方が選択可能な場面では静的なチェックを選択するほうがより信頼性の高いチェックとなります。

また、TypeScriptプログラムは**ランタイムの挙動が型情報に依存しない**という特徴があります。背景として、もともとJavaScriptには静的な型チェックの機能はなく、TypeScriptがそれを後付けで追加してくれたことで、TypeScriptを用いた型安全でより効率的なJavaScript開発が行えるようになりました。JavaScript開発を支援するものであるという立場から、TypeScriptの型システムはあくまで"後付け"であることに徹しているという側面があります。すなわち、TypeScriptの役割は静的なチェックのみです。TypeScriptが活きるのはあくまでコンパイル時であり、プログラムが実際に実行されるとき(ランタイム)ではないのです。別の言い方をすれば、これはプログラムの意味(ランタイムに何が実行されるかという意味での)は型情報に影響されないということです。

具体例としては、TypeScriptには型情報をもとに関数の実体を選択するような、いわゆる関数オーバーローディングの機能は**ありません**注7。次のプログラムは**うまく動かない**例です。

```
function double(value: number) {
  console.log(value * 2);
}
function double(value: string) {
  console.log(value.repeat(2));
}

double(123);
double("hello");
```

上のプログラムではdoubleという関数が2回定義されているように見えます。両者は引数の型が異なっています。プログラミング言語によってはこのように同じ名前でシグネチャ注8が異なる関数を複数定義できるものがあり、関数を呼び出す際に引数の型によってどの宣言の関数が呼び出されるかがコンパイル時に決定されます。しかし、TypeScriptではこれは**できません**。同じ名前で複数回関数を定義するとDuplicate function implementation.というコンパイルエラーが発生します。当然ながら、double(123)だと1つめの宣言の関数が呼び出されてdouble("hello")だと2つめの宣言の関数が呼び出されるということはありません。

このような機能がTypeScriptに存在していない理由は、この機能があるとdouble(引数)という関数呼び出しの意味が引数の型によって変わってしまうからです。これは先ほど述べた「ランタイムの挙動が型情報に依存しない」という原則に反してしまうため、TypeScriptには実装されていません。もし「doubleは引数が数値でも文字列でも呼び出せる」という挙動を実現したい場合、TypeScriptでは次のように書く必要があります。

```
function double(value: string | number) {
  if (typeof value === "number") {
    console.log(value * 2);
  } else {
```

注7 関数オーバーローディングという機能自体は存在していますが、あくまで型情報のみの概念であり、ここで説明するようなランタイムの機構はありません。

注8 関数の引数の型と返り値の型を合わせた呼称。

```
    console.log(value.repeat(2));
  }
}

double(123);
double("hello");
```

詳細は第6章で解説しますが、double関数の実体は1つだけとなり、string | numberという型宣言によってこの関数は文字列と数値の両方を受け取れるようになりました。関数内にif文があり、valueが文字列なのか数値なのかを判別するようになっています。こうすれば、引数が文字列だろうと数値だろうと同じdouble関数が実行されることになり、「double(引数)の意味が引数の型によって違う」という問題は起こりません。内部に型による分岐は存在するとはいえ、引数の型にかかわらず同じプログラムが実行されるため、「ランタイムの挙動が型情報に依存しない」を達成していると言えます注9。

ランタイムの挙動が型情報に依存しないという原則は、TypeScriptがJavaScriptの拡張という立ち位置をあくまで守るためのものであると考えられます。TypeScript独自の挙動を入れ過ぎてしまうとJavaScriptとは別物の言語になってしまいますね。TypeScriptは、型の役割を型チェックに絞ってランタイムの挙動に手を延ばさないことで、JavaScriptの自然な拡張という立ち位置を保っています。

1.2.2 TypeScriptコンパイラの役割（2）トランスパイル

次に、TypeScriptコンパイラのもう1つの役割である**トランスパイル**について解説します。これは、TypeScriptソースコードをJavaScriptソースコードに変換することです。WebブラウザやNode.jsなどのJavaScript処理系は、当然ながらJavaScriptソースコードを入力として動作します。TypeScriptのコードはそのままでは解釈できませんから、実際に実行できる形式に変換する必要があるのです。

このような変換にはトランスパイルという言葉があてられていますが、コンパイルと呼ぶ場合もあります（TypeScriptコンパイラも、トランスパイラではなくコンパイラと名乗っていますね）。ソースコードからCPUが直接解釈可能な機械語に変換するというのが最もベーシックなコンパイルですが、あるプログラミング言語からほかのプログラミング言語に変換すること全般をコンパイルと呼ぶ立場もあります。そのような立場からはTypeScriptからJavaScriptへの変換もコンパイルと見なせることになります。どちらが正解というわけでもありませんから、好みに合わせて呼びましょう。実際、コンパイルの目的はコンピュータが解釈可能な形式にプログラムを変換することにありますから、TypeScriptをブラウザなどによって直接解釈可能なJavaScriptという形式に変換するのをコンパイルと呼ぶのもその意味では理にかなっています。

TypeScriptからJavaScriptへのトランスパイルはおもに2つの段階からなります。1つは型注釈を取り除く段階であり、もう1つは新しい構文を古い構文に変換する段階です注10。

型注釈を取り除くというのは読んで字のままです。

```
// トランスパイル前（TypeScript）
function repeatHello(count: number): string {
```

注9　「typeof value（これはvalueの型を調べるという意味です）をif文でチェックするのだから型によってランタイムの挙動が違うじゃないか」とお思いの読者がいるかもしれませんが、ここで出てきたtypeofは**ランタイムに**値の型（＝値の種類）を調べるものであり、これは型システム上の型とは異なる概念です。どちらも型と呼ばれるのでややこしいですが、前者は動的型や型タグと呼ばれる概念であり、後者は静的型と呼ぶことがあります。「ランタイムの挙動が型情報に依存しない」というときの「型」は静的型を指しています。

注10　後者をダウンパイルと呼ぶこともあるようですが、この用語はあまり定着していないようです。

```
  return "hello".repeat(count);
}

// トランスパイル後 (JavaScript)
function repeatHello(count) {
  return "hello".repeat(count);
}
```


この例では上のコードから`: number`と`: string`という部分が取り除かれました。これだけで、このTypeScriptコードは正しいJavaScriptコードになります。TypeScriptコードからJavaScriptコードへの変換はこのようにとても単純で、基本的にはTypeScriptに特有の部分（型注釈[注11]）を取り除くだけです。

この「型注釈を取り除く」という操作は本当に単純で、ただ取り除く以外のことは何もしません[注12]。むしろ、ただ型注釈を取り除くだけでTypeScriptからJavaScriptに変換できるように、TypeScriptという言語がデザインされているとも言えます。これがTypeScriptが「JavaScript＋型」な言語であると言われる所以です。型以外の部分はまさにJavaScriptそのままであり、だからこそ型を消すだけでTypeScriptからJavaScriptに変換できるのです。言い方を変えれば、TypeScriptプログラミングをする際にTypeScript特有の部分は型の部分だけで、ほかの部分はJavaScriptと同じです[注13]。この性質のおかげで、TypeScriptを学ぶというのは同時にJavaScriptを学ぶということでもあります（TypeScriptを学習する人の中には、すでにJavaScriptを知っていてTypeScriptにステップアップという人も多いのですが）。

TypeScriptからJavaScriptに変換する際、すなわち型注釈を消す際には、型情報は参照されません。つまり、どんな型が書いてあったかによって変換結果（型注釈を消した結果）が変わることはありません。型注釈を消すだけですから当たり前ですが、同時にこれはTypeScriptの重要な性質でもあります。この性質により、TypeScriptの型情報はあくまで型チェックのためだけに利用されるものであり、TypeScriptプログラムの挙動が型によって変わることがないということが保証されます。

とくにJavaScriptの経験があるプログラマーにとってはこの性質はうれしいものです。TypeScriptの追加要素（型注釈）は型チェックにだけ使われるものであり、それ以外は従来のJavaScriptの知識がそのまま使えるからです。逆に、JavaScriptが未経験でTypeScriptを学ぶ方は（本書はそのような方も対象としているのでご安心ください！）、TypeScriptというプログラミング言語のうちどこがJavaScriptにある部分でどこがTypeScript特有の部分なのかを理解するように意識するとよいでしょう。そうすることで、調べものをする際にはTypeScriptだけでなくJavaScriptの情報も活用することができます。

さて、トランスパイル時に行われる変換はもう1つありました。すなわち、新しい構文から古い構文への変換です。

詳しくは次項で解説しますが、JavaScriptはバージョンアップすることがあり、新しい構文などが追加されます。TypeScriptもJavaScriptのバージョンアップに追随して、JavaScriptの新しい構文はTypeScriptでも使用可能となります。

新しい構文を使用する際に問題となるのは、古い実行環境への対応です。古い実行環境（古いバージョンの

注11 厳密には、型注釈のほかにも`abstract`や`readonly`、`protected`などTypeScript特有のキーワードが存在します。これらもトランスパイルの際に取り除かれます。

注12 型注釈以外にも、type文（➡3.2.3）のように型を作るだけの文は丸ごと消されます。

注13 ただし、型があるということはプログラムの設計に影響を与えます。型のないJavaScriptと同じ気持ちでプログラムを書くと、TypeScriptらしくないプログラムになってしまい型の恩恵を十分に受けられないかもしれません。

ブラウザや古いバージョンのNode.jsなど）は新しい構文に対応していません。とくにWebページでは、古いブラウザのユーザーを含む広い層に対してコンテンツを提供するために、新しい構文を使用しないJavaScriptを配信するということがよく行われます。

トランスパイルの段階で新しい構文を古い構文に変換することで、新しい構文を使ってプログラムを書きながら古い環境にも対応することができます。これによって、古い環境にも対応したいけれど新しくて便利な構文を使いたいという贅沢（ぜいたく）な願いがかなえられるのです。今でこそ、構文の面ではTypeScriptはJavaScriptの進化に追随する形となっていますが、初期のTypeScriptはトランスパイルを通じてモダンな構文を使用できることを売りのひとつとしていました。TypeScriptは型があるだけでなく構文もモダンという次世代のJavaScript開発環境だったのです[注14]。現在ではTypeScript以外にも新しい構文を古い構文にトランスパイルする手段があります（**Babel**や**esbuild**、**SWC**などが現在有力なツールとして知られています[注15]）。

新しい構文（ES2015のクラス構文）を古い構文（ES5）に変換する例

```
// 変換前
class Human {
  greet() {
    console.log("Hello");
  }
}

// 変換後
var Human = /** @class */ (function () {
  function Human() {
  }
  Human.prototype.greet = function () {
    console.log("Hello");
  };
  return Human;
}());
```

1.2.3 TypeScriptとECMAScriptの関係

ECMAScriptとはJavaScriptのもう1つの名前であり、現在ではおもに言語仕様の文脈でECMAScriptと呼ぶのが主流になっています。JavaScript、あるいはECMAScriptは**ECMAScript仕様書**という文書により言語仕様が定義されています。本書に書かれている内容も、JavaScript部分（TypeScriptの独自要素以外の部分）はもとをたどればECMAScript仕様書にその根拠を持つことになります。

ECMAScript仕様書[注16]によれば、JavaScriptは1995年にNetscape Navigatorというブラウザの独自機能として搭載されたのが始まりです。Internet Explorerなどほかのブラウザもあとに続いたことからWebブラウザにJavaScriptを搭載することがスタンダードとなり、1996年にはEcma Internationalという標準化団体により共通規格としての整備が始まりました。

注14　初期のTypeScriptは現在とは方針が少し異なり、enumやmodule（namespace）といったJavaScriptに存在しない独自の構文を持っていました。現在でもこれらは使用可能ですが、今となってはこれらの構文を使う機会はあまりありませんので、深く気にする必要はありません。

注15　実は、これらのトランスパイラは新しい構文を古い構文に変換するだけでなく、TypeScriptコードから型注釈を取り除く機能も備えています。これにより、トランスパイラがあればTypeScriptコンパイラによるトランスパイル機能のほぼすべてを代替可能です。そのため、TypeScriptコンパイラは型チェックのみに使用して、トランスパイルは全部Babelなどが担当するというセットアップもよく行われます。

注16　https://tc39.es/ecma262/

仕様書上でJavaScriptではなくECMAScriptという名前で呼ばれているのは歴史的な経緯によるものであり、現在では両者は同一のものであると考えてかまいません。JavaScriptというプログラミング言語自体は今なお進化（新機能の追加）が続いていますが、それはECMAScript仕様書の改定という形で行われています。たとえば、2020年にはECMAScript 2020（**ES2020**）というバージョンのECMAScript仕様書が策定され、このバージョンでは??演算子などのいくつかの新機能が言語仕様に追加されました。これを指して「??はES2020の機能だ」とか「??はES2020で追加された」という言い方をします。このように、ECMAScript（ES）という名称は言語のバージョンを指す場合にとてもよく使われます。一方で、「JavaScript 2020」のような言い方はされません。

ECMAScriptは、最初の版（第1版）が1997年に、第2版が1998年に、そして第3版が1999年に登場しました。この第3版（ES3）が黎明期のJavaScriptとして普及しました。その後第4版（ES4）を作るための作業が進められましたが、参加した企業たちの方向性の違いによりまとまらず、第4版は欠番となりました。結局、その次の版であるES5が2009年に登場しました。

さらにその次のバージョンは2015年に登場しました。これは第6版ですが、正式名称はES6ではなくES2015となり、これ以降は登場年がバージョンの正式名称として用いられるようになりました。ES2015は非常に大規模なアップデートであり、これによりJavaScriptという言語は大きく近代化しました。現在でも、モダンなJavaScriptプログラミング環境の代名詞としてES2015という言葉が使われることがあります。ES2015の登場に伴って、ES2015に対応しない古いブラウザをサポートする需要が発生し、前項で解説したトランスパイルが普及しました。ES2015の正式リリースは2015年ですが、それよりも前から徐々にES2015の新機能が世に出て使用され始めました。TypeScriptの登場もその潮流の一部であり、トランスパイルの機能によりES2015のクラス構文などの新機能をいち早く使えることが売りのひとつとなっていました。

ES2015まではECMAScriptのアップデートは不定期でしたが、このバージョンからは年1回定期的なバージョンアップが行われるようになりました。これによりアップデートの頻度が上がり、ES2016以降のアップデートはそれまでに比べると小規模なものになりました。

本書でTypeScriptを学習するみなさんにとってとくに重要なのは、TypeScriptとECMAScriptの関係でしょう。TypeScriptは“JavaScript＋α”の言語ですから、新しいECMAScriptバージョンが登場してJavaScriptに機能が追加された際にはTypeScriptにもその機能が追加されます。より正確には、本書執筆の時点では、新機能が**ステージ3**に到達することが、その機能がTypeScriptに追加される条件とされています。ECMAScriptに追加される機能たちは、**プロポーザル**という単位で管理されています。1つの問題領域に対する新機能が1つのプロポーザルとなります。プロポーザルはその進捗状況に応じて1から4のステージを与えられています。ステージ4はプロポーザルが完成し、ECMAScript仕様への採用が内定したことを意味しています。ステージ4に到達したプロポーザルは次のリリースでECMAScript仕様書に取り入れられます。ステージ3はその前の段階で完成目前という状態ですが、TypeScriptではそのプロポーザルがECMAScriptに正式採用される（ステージ4になる）のを待たずに、ステージ3となった段階でそのプロポーザルの機能をTypeScriptでサポートします。

これにより、TypeScriptでは、ステージ3になった段階でECMAScriptの新機能を使用することができます。TypeScriptの今後の新機能をいち早く知りたい方は、ECMAScriptのプロポーザルをウォッチするのがよいでしょう。

コラム 1

TypeScriptの“独自機能”は避けるべき？

何度も説明しているとおり、TypeScriptは“JavaScript＋型”という様相の言語であり、型に関わる部分以外はJavaScriptそのものです。TypeScriptでは、次章で説明する`let`や`const`による変数の宣言、if文による条件分岐などの機能は、型注釈が書けるという点を除けばJavaScriptと同じです。ランタイムの挙動に関わる機能は、原則としてJavaScriptの機能がそのまま使えるようになっています。これにより、とくにJavaScriptの既習者にとってはTypeScriptプログラムの意味を理解しやすいという利点があります。また、JavaScriptに関する既存の資料がTypeScriptに応用できるというのも良い点です。

その一方で、TypeScriptには、JavaScriptにはない“独自機能”がいくつか存在します。具体的にはenumやnamespaceがこれに相当します。これらの機能はランタイムの挙動を持ちますが、これらはJavaScriptには存在しません。

現在のTypeScriptの方針ではこのような機能をTypeScriptに追加しないことになっています。enumやnamespace[注17]はTypeScriptの初期に追加されたもので、現在とは方針が異なっていたためこのような機能が存在しています。

このように、enumやnamespaceなどの独自機能は現在のTypeScriptの方針にそぐわないため、現代的なTypeScriptプログラミングでは使うべきではないという意見が存在します。筆者の意見としても、enumなどの独自機能は使うべきではないと考えています。そのため、本書ではこれらの機能は解説していません。

これらの機能を使うべきではない理由としては、これらが独自機能であるゆえに複雑過ぎるという点が挙げられます。これらの構文は、普通のJavaScriptの構文と比べて複雑な挙動をする傾向にあります。その理由は利便性のためですが、複雑な挙動はプログラムの理解しにくさにつながるため筆者としては積極的な利用はお勧めできません。

幸い、本書で紹介する内容を理解すれば、これらの独自機能に頼る必要はありません。既存のTypeScriptプログラムを理解するためにenumなどの学習が必要になることはあるかもしれませんが、少なくとも新規のTypeScriptコードでこれらの機能を使う必要はないと考えても問題ないでしょう。

1.3 TypeScriptの開発環境

次章からはいよいよTypeScriptの学習に入ります。その前に、学習に必要なTypeScriptの環境を作りましょう。TypeScriptで書くプログラムとしてはブラウザ上で動くもの、Node.js上で動くもの、Denoで動くものなどの種類がありますが、本書ではNode.js上で動くプログラムを書きながらTypeScriptを学んでいきます。

OSはWindows・macOS・Linuxのいずれでもかまいません。幸い、Node.jsはいずれのOSでも動作します。また、Windowsの場合はWSL2によるLinux環境を用いてもよいでしょう。

1.3.1 Node.jsのインストール

まず、TypeScriptプログラミングをするうえで最も重要な**Node.js**をインストールしましょう。TypeScript

注17　以前は`module`と呼ばれていました。

コンパイラはTypeScriptで実装されているため、開発時にそれを動作させるためにNode.jsを使用することになります。本書は、Node.jsの**v16.8.0**で動作確認をしています。現在ではより新しいバージョンが出ているかもしれませんが、基本的にはそのときの最新版をインストールすれば問題ありません。ただ、Node.jsは偶数のメジャーバージョン（14、16、……）が安定版とされていますから、奇数バージョンのものよりは偶数バージョンのものをインストールするほうがよいでしょう。

Node.jsをインストールする最も単純な方法は、Node.js公式サイト[注18]からインストーラーをダウンロードしてそれを実行することです。Node.jsを普段使いしていない方は、本書でTypeScriptを学習するだけならこの方法で十分です。インストーラーをダウンロードして実行し、指示に従いましょう。

Node.jsがインストールされたら、コマンドラインから次のコマンドを実行してみましょう[注19]。Node.jsが正常にインストールされていれば`v16.8.0`のようにNode.jsのバージョンが表示されるはずです。

```
$ node -v
```

Node.jsを本格的に使用する際は、1台のコンピュータでも場合によって複数のNode.jsバージョンを使い分けたい場合があります。その場合はNode.jsバージョンマネージャを使用するのがよいでしょう。Node.jsバージョンマネージャを使うことで、複数のバージョンのNode.jsを同時にインストールして、コマンド1つで現在使用するバージョンを切り替えることができます。

Node.jsバージョンマネージャにもいくつか種類がありますが、ここではnvm[注20]とvolta[注21]をお勧めしておきます。Windows上かつWSLを使用していない場合はnvmがサポートされていないので、voltaを使用しましょう。

バージョンマネージャのインストール後、次のコマンドを実行すれば`v16.8.0`のNode.jsがインストールされて使用可能になります（nvmの場合。ほかのバージョンマネージャを使用している場合は適宜読み替えてください）。

```
$ nvm install v16.8.0
```

これにより、それ以降は`node`コマンドが利用可能となります。次のコマンドでNode.jsがインストールされていることを確認しましょう（バージョンマネージャでNode.jsをインストールした場合、新しくシェルを開かないと`node`が使えないかもしれません）。

```
$ node -v
```

1.3.2 エディタの準備

TypeScriptプログラミングには、プログラムを書くための**テキストエディタ**が欠かせません。テキストエディタにはさまざまな種類があり、個人個人の思い入れが強い領域です。主流なテキストエディタのほとんどはTypeScriptの開発を行うことが可能だと思われますから、テキストエディタにこだわりがある方は好きなものを使ってかまいません。

注18 https://nodejs.org

注19 コマンドの実行例の先頭の「$」はプロンプト（ユーザーの入力待ちを示す記号）を表しています。実際にコマンドラインで入力するときは$のあとの文字列を入力してください。なお、プロンプトの記号はOSによって異なります。本書ではLinuxの場合のプロンプトを示しています。

注20 https://github.com/nvm-sh/nvm

注21 https://volta.sh/

TypeScriptを書く際に使用するテキストエディタとしてとくに人気が高いのは**Visual Studio Code（VS Code）**です。TypeScriptの開発元と同じMicrosoftによって開発されているということもあり、非常に優れたTypeScriptサポートをデフォルトで備えており、さらに無料です。とくにこだわりがないのであれば、VS Codeを強くお勧めします。VS Codeの公式ページ[注22]からダウンロード・インストールしましょう。

VS CodeはTypeScriptだけでなくJavaScript・JSON・YAML・Markdownなどいろいろな形式をデフォルトでサポートしており、TypeScript開発においては十分に普段使いできるテキストエディタとなっています。

1.3.3 ディレクトリの作成とTypeScriptのインストール

では、ここからTypeScriptプロジェクトの準備に入ります。まず、適当な名前でTypeScriptプロジェクト用のディレクトリを作りましょう。以下でコマンドラインの操作例を示します（本書ではLinuxの場合を例として示します。WSLではないWindowsをお使いの方はこのとおりではない可能性がありますので、適宜読み替えてください）。

```
$ mkdir practice
$ cd practice
```

好みに応じて、`git init`を実行してGitリポジトリにしてもかまいません。なお、このときディレクトリ名を`typescript`という名前にするとあとで困るので、別の名前にしてください[注23]。

次に、**package.json**を生成します。package.jsonは、Node.jsのプロジェクトに必ず存在するファイルです。おもな機能としてはプロジェクトの依存関係を記録することが挙げられますが、それ以外にもプロジェクトの設定を記述する機能があります。また、プロジェクトのバージョン番号もpackage.jsonに書くことができ、それはそのプロジェクトをパッケージとして公開するときに参照されます。依存関係を記録するという役割があるため、Node.js上で実行されるプログラムはもちろん、ビルドにNode.jsを使うような場合にもpackage.jsonが用いられます。

package.jsonを生成するには、次のコマンドを実行します。ここで出てきたnpmはNode.jsプロジェクトのパッケージ管理を担当するプログラムであり、Node.jsをインストールすると一緒にインストールされます。

```
$ npm init --yes
```

`npm init`はpackage.jsonを生成するコマンドで、そのまま実行するといくつかの質問を聞かれたあと、その内容に応じたpackage.jsonが生成されます。--yesは質問を省略してすべてデフォルト値とするオプションです。今回はパッケージを公開するわけではないので質問にどう答えてもあまり問題はありません。このような場合は--yesが便利です。

ただし、1ヵ所だけデフォルトのpackage.jsonから書き換える必要があります。具体的には、`"type": "module"`を追加する必要があります。適当な場所、たとえば`"main"`の後ろに追加してみましょう[注24]。

注22　https://code.visualstudio.com/

注23　自動生成されるpackage.jsonの`name`が`"typescript"`となるため、`npm install`で`typescript`をインストールする段階でエラーが発生してしまいます。

注24　このオプションは、プロジェクト内の`.js`ファイルをスクリプトとして解釈するかモジュールとして解釈するか（➡第7章のコラム34）を指定するものです。モジュールとして解釈するほうがより現代的であるため、本書ではモジュールとして解釈する設定にしています。

```
  "main": "index.js",
↓↓↓
  "main": "index.js",
  "type": "module",
```

package.jsonの準備ができたら、次はTypeScriptをインストールします。そのためには、次のコマンドを実行します。

```
$ npm install --save-dev typescript @types/node
```

このnpm installコマンドは、指定されたパッケージをプロジェクトにインストールします。今回のコマンドではtypescriptと@types/nodeという2つのパッケージをインストールします。--save-devというオプションは、インストールするパッケージがdevDependenciesである（プログラムの実行ではなくプログラムのビルドやその他開発時にのみ必要なパッケージである）ことを表します。

このコマンドではバージョンの指定がないため、それぞれのパッケージの最新版がインストールされます。基本的にはそれで問題ありませんが、もし今後本書を読み進める中で本書に書かれていないエラーや異なる挙動が発生した場合、本書執筆時からバージョンが上がっていることが原因かもしれません。その場合、以下のコマンドによってtypescriptと@types/nodeのバージョンを次のように指定して、本書執筆時と同じバージョンをインストールしてみましょう。次のコマンドは、typescriptのバージョン4.6.2と@types/nodeのバージョン14.14.10をインストールすることを示しています。

```
$ npm install --save-dev typescript@4.6.2 @types/node@14.14.10
```

ただし、TypeScriptのバージョンは新しいほうが当然よいので、古いバージョンに落とすよりは新しいバージョンでの現状を情報収集するほうが望ましいでしょう。TypeScriptのバージョンを落とすのはあくまで本書を読み進めるための手段であると思いましょう。

さて、npm installを実行したあとのプロジェクトディレクトリは以下のような状態になっています。

npm installを実行したあとのプロジェクトディレクトリ

```
.
├── node_modules
│   ├── @types
│   │   └── node
│   └── typescript
├── package-lock.json
└── package.json
```

package.jsonと同じ場所に**node_modules**というディレクトリができて、また**package-lock.json**というファイルが生成されています。node_modulesの中身は先ほどインストールした2つのパッケージです。このように、npm installによりインストールされたパッケージの実体はnode_modulesディレクトリ以下に収められます。また、package-lock.jsonは現在インストールされているパッケージの情報を記述したファイルであり、人間が操作するのではなくnpmにより自動的にメンテナンスされます。Gitリポジトリにおいては、node_modulesは.gitignoreに追加しましょう。一方、package-lock.jsonは.gitignoreに追加せずにコミットするのがよいとされています。

また、npm installでパッケージをインストールした場合はpackage.jsonの中身も自動的に書き換えられます。package.jsonの中身を見ると、npm install後は次のような部分が追加されているはずです。このプロジェクトのdevDependenciesとしてtypescriptと@types/nodeが必要なことと、それらに要求されるバージョンが書かれています。

```
"devDependencies": {
  "@types/node": "^14.14.10",
  "typescript": "^4.6.2"
}
```

これでプロジェクトにTypeScriptをインストールできました。ちなみに、node_modulesを.gitignoreに追加しているということは、たとえばNode.jsのプロジェクトをgit cloneしてきた場合は、package.jsonやpackage-lock.jsonはすでに存在するがnode_modulesがまだないという状態になります。この場合は、引数なしのnpm installコマンドを実行することでnode_modulesが再度生成されます。

以上の環境構築は、新しいTypeScriptプロジェクトを作るたびに行うことになります。ここでは本書での学習に必要最小限のものをdevDependenciesとしてインストールしましたが、実際の開発ではさらにいろいろなパッケージをインストールすることになるでしょう。

1.3.4 tsconfig.jsonの準備

TypeScriptプログラミングを始める前の最後のステップとして、**tsconfig.jsonの準備**を行いましょう。tsconfig.jsonは、TypeScriptコンパイラに対する設定を記述したファイルです。TypeScriptコンパイラはさまざまなコンパイラオプションを持っており、それらを指定する方法としてコマンドライン引数とtsconfig.jsonの2通りがあります。コマンドライン引数よりもtsconfig.jsonのほうが取り回しが良いため、tsconfig.jsonが広く使われています。

まず、次のコマンドを実行してデフォルトのtsconfig.jsonを生成しましょう。

```
$ npx tsc --init
```

npxというのはnpmに付属するプログラムであり、node_modules内にインストールされたコマンドラインプログラムを実行してくれるツールです[注25]。先ほどインストールしたtypescriptパッケージにはtscというコマンドが付属しており、これはTypeScriptコンパイラのコマンドラインプログラムです。tscは今後よく使うコマンドですが、node_modulesの中にあるため基本的にnpx tscの形で使用することになります。

tsc --initは新しいtsconfig.jsonを作成するコマンドです。実行したら生成されたtsconfig.jsonの中身を見てみましょう。以下のような構造になっていることがわかるでしょう。

```
{
  "compilerOptions": {
    // たくさんのコンパイラオプションたち
  }
}
```

注25　ほかにnpm execというコマンドもあり、実はnpxでも内部的にnpm execが使用されています。npxのほうが古いのですが、本書ではnpxを使用しています。また、これらのコマンドはnode_modulesにまだインストールされていないプログラムを指定した場合、その場でインストールして実行する機能も備えています。

このJSONファイルにはいくつかのコンパイラオプションがデフォルトで記載されており、それ以外のものも多くがコメントアウトの形で記載されています。コメントされているもの（JSON内で指定されていないコンパイラオプション）はデフォルト値になるので、それ以外の値を指定したい場合はコメントアウトを解除する必要があります。なお、JSONは本来コメントの機能がありませんが、TypeScriptでは特別にコメント入りのJSONを解釈できるようになっています。エディタとしてVS Codeを使用している場合は、VS Codeもコメントに対応したシンタックスハイライトを行ってくれます。

では、このtsconfig.jsonを本書の設定に合わせて書き換えていきます。まずtargetコンパイラオプションを書き換えましょう。

```
"target": "es2016"
↓
"target": "es2020"
```

targetコンパイラオプションはトランスパイル（➡1.2.2）の程度を指定します[注26]。デフォルトのes2016は、ES2016（➡1.2.3）以下の構文のみ解釈できる環境でも動作するように、それよりも新しい構文はトランスパイルするという意味です。今回対象とするNode.jsのバージョンはES2016よりも新しい構文にも対応しているので、今回はes2020に変更します。

次に、moduleコンパイラオプションも書き換えます。

```
"module": "commonjs"
↓
"module": "esnext"
```

これはモジュールに関連する構文（➡第7章）をどう取り扱うかを決めるコンパイラオプションです。古いバージョンのNode.jsではCommonJS（➡第7章のコラム36）しか対応していないためトランスパイルが必要でしたが、本書が採用するNode.jsバージョンではES Modules（➡第7章のコラム35）が解釈できるため、それに合わせてオプションを変更します。

さらに、moduleResolutionコンパイラオプションをnodeにします。

```
// "moduleResolution": "node"
↓
"moduleResolution": "node"
```

これはnpmでインストールしたモジュールをTypeScriptが認識できるようにするオプションです（➡7.2.2）。デフォルト値は"classic"ですがこの値はおもに歴史的経緯から存在しており、Node.jsを対象にした開発であれば"node"として問題ありません。

次に、outDirコンパイラオプションを設定します。デフォルトではコメントアウトされているのでコメントアウトを解除する必要があります。

```
// "outDir": "./"
↓
"outDir": "./dist"
```

注26　また、libオプションのデフォルト値を決める効能も持ちます。

これは、TypeScriptコンパイラによってコンパイルされた結果出力される.jsファイルが出力される先のディレクトリを指定するコンパイラオプションです。このように設定することで、distディレクトリ以下にJavaScriptファイルが生成されるようになります。これはコンパイルの成果物なので、Gitリポジトリの場合はdistも.gitignoreに追加するとよいでしょう。

最後に、includeオプションを設定します。これはcompilerOptionsの外に追加する必要があるので気をつけましょう（JSONファイルの一番最後に置くとよいでしょう）。

```
{
  "compilerOptions": {
    // たくさんのコンパイラオプションたち
  },
  // ↓ ここに追加する
  "include": ["./src/**/*.ts"]
}
```

このように設定することで、srcディレクトリ以下のすべての.tsファイルがコンパイルの対象となります。

本書での学習を開始するには、以上の設定でひとまず十分です。ここで触れたもの以外にもさまざまなコンパイラオプションがありますから、ぜひ調べてみましょう。また、本書の第9章ではさらにいくつかのコンパイラオプションについて解説します。

1.3.5　初めてのTypeScriptプログラム

では、試しにTypeScriptプログラムを書いてコンパイルしてみましょう。package.jsonの隣にsrcというディレクトリを作り、その中にindex.tsというファイルを作成します。このように、TypeScriptプログラムは.tsという拡張子をつけることになっています[注27]。また、srcの中に作るのは、前項で編集したtsconfig.jsonの内容と合致させるためです。

```
.
├── node_modules
│   ├── @types
│   │   └── node
│   └── typescript
├── package-lock.json
├── package.json
├── src
│   └── index.ts  ←これを作成
└── tsconfig.json
```

index.tsの内容は次のとおりにします。見て察せられるように、「Hello, world!」を表示するプログラムですね。

```
const message: string = "Hello, world!";

console.log(message);
```

注27　本書では扱いませんが、JSXを含むプログラムの場合は.tsxとなります。また、将来のTypeScriptバージョンでは.ctsと.mtsのサポートが予定されています。

プログラムを保存したら、ターミナルを開き、プロジェクトのディレクトリに入り次のコマンドを実行します[注28]。

```
$ npx tsc
```

前項で説明したとおり、これはnode_modules内にインストールされたtscを引数なしで実行するコマンドです。ちなみに、tscはTypeScript Compilerの略です。言語名+cというのはjavacやrustcなどにも見られる伝統的な名付け方ですね。

このようにtscが実行された場合、tscはtsconfig.jsonを自動的に読み込み、それに従ってコンパイルを行います。前項の設定でtsconfig.jsonのincludeを設定したので、それに従ってsrcディレクトリ内のすべての.tsファイルがコンパイルされます。同じくtsconfig.jsonの設定に従って、tscを実行するとdistというディレクトリが作られその中にコンパイル結果が生成されます。

TypeScriptでは、1つの.tsファイルが1つの.jsファイルにコンパイルされます[注29]。コンパイル後のファイル名は、もとの.tsファイルの拡張子を.jsに変えたものになります。srcの中にさらにディレクトリ構成がある場合は、ディレクトリ構成はコンパイル後も維持されます。実際、今回のtscの実行後、distディレクトリとその中のindex.jsが出力されています。

```
.
├── dist
│   └── index.js  ←これが出力される
├── node_modules
│   ├── @types
│   │   └── node
│   └── typescript
├── package-lock.json
├── package.json
├── src
│   └── index.ts
└── tsconfig.json
```

出力されたindex.jsの中身はこのようになっています。

```
"use strict";
const message = "Hello, world!";
console.log(message);
```

もともとのTypeScriptプログラムと比べると、最初に"use strict";が追加されて: stringが消された以外は同じですね。1.2.2で説明したように、TypeScriptからJavaScriptへのコンパイルではTypeScriptに特有の部分が取り除かれます。それ以外の構文はJavaScriptそのままなので、コンパイル後もそのまま残ります(もちろん、場合によってはトランスパイルにより構文が変わることがありますが)。"use strict";というのは歴史的経緯の産物なので、ここでは気にしなくてかまいません。気になる方は、JavaScriptのstrictモードについて調べてみましょう。

さて、コンパイルされたJavaScriptファイルは、Node.jsで実行できます。ということで、できたindex.jsを

注28 VS Codeを使用している場合、VS Codeの画面内でターミナルを開く機能が用意されているのでこれを使用するのがお勧めです。自動的にプロジェクトのディレクトリをカレントディレクトリとしてターミナルを開いてくれます。

注29 すべての.tsファイルを合体させて1つの.jsファイルにコンパイルするモードもありますが、最近はあまり使われないので本書では扱いません。

実行してみましょう。そのためには次のコマンドを実行します（プロジェクトのディレクトリがカレントディレクトリの場合）。

```
$ node dist/index.js
```

実行すると、次のようにコンソールに表示されてプログラムが終了するでしょう。

```
Hello, world!
```

これで、最初に書いたTypeScriptプログラムが実行できました。このように、TypeScriptでNode.jsプログラムを書く場合には、TypeScriptをJavaScriptにコンパイルしてからNode.jsで実行するというのが基本的な流れとなります。本書では今後「TypeScriptプログラムを実行する」といった書き方をすることがありますが、その場合はこのようにJavaScriptにコンパイル→Node.jsでJavaScriptを実行という2段階の流れを指しています。この2ステップを自動で行ってくれるツール（`ts-node`など）もありますので、興味がある方は調べてみましょう。サードパーティのツールを使いたくない方は`tsc --watch`もお勧めです。このように`tsc`をwatchモードで起動しておくと、`.ts`ファイルが保存されるたびに自動的に再コンパイルを実行してくれます。

TypeScriptコンパイラはTypeScriptプログラムの型チェックを行うという役割も担っており、TypeScriptプログラミングにおいてコンパイルエラーが出ることは非常に重要です（➡1.1.3）。そこで、次の章に進む前にコンパイルエラーが出る場合も体験しておきましょう。

src/index.tsを次のように変えてみましょう。

```
const message: number = "Hello, world!";

console.log(message);
```

1行目の`: string`を`: number`に変えました。詳しくは次章で解説しますが、これは`"Hello, world!"`という値が数値であるという宣言になり、誤っています。VS Codeをお使いの場合はコンパイルするまでもなく、**図1-1**のように`message`の下に赤い波線を引いてコンパイルエラーの存在を示してくれます[注30]。

図1-1　VS Codeでmessageの下に赤い波線が引かれる様子

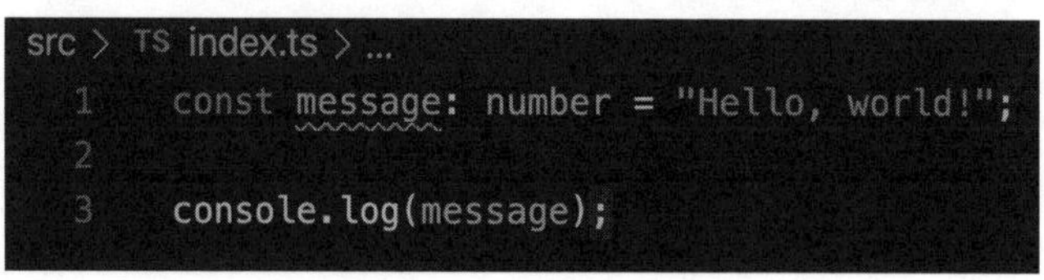
src > TS index.ts > ...
1 const message: number = "Hello, world!";
2
3 console.log(message);

この状態で再び`tsc`を実行してみましょう。コンパイル成功時は`tsc`は何も表示しませんが、今回は次のように出力されます。

```
src/index.ts:1:7 - error TS2322: Type 'string' is not assignable to type 'number'.

1 const message: number = "Hello, world!";
        ~~~~~~~
```

注30　ほかのエディタをお使いの場合でも設定次第で同じことが可能です。調べてみましょう。

```
Found 1 error.
```


これがコンパイルエラーです。今回の場合、1行目のmessageの位置でerror TS2322: Type 'string' is not assignable to type 'number'.というエラーが発生したことがわかります。コンパイルエラーが出た場合、そのTypeScriptプログラムは正しくないことになります[注31]。エラーを解消して正しいプログラムに直しましょう。

無事に最初のTypeScriptプログラムを動かせてコンパイルエラーも体験できたので、いよいよTypeScriptの学習の始まりです。次章では、TypeScriptの一番基本的な部分からスタートします。

注31 ちなみに、TypeScriptコンパイラは、デフォルトの設定ではたとえコンパイルが失敗した場合でもトランスパイル結果の.jsファイルを出力します。これは、1.2.1で解説した「TypeScriptからJavaScriptに変換する際には型情報は参照されない」という性質によるものです。これにより、コンパイルエラーが出ている状態でもTypeScriptプログラムを動かすことは実は可能です。とはいっても、その状態ではプログラムが期待どおりに動くとは考えにくいですから、きちんとコンパイルエラーを直してから進みましょう。

第2章

基本的な文法・基本的な型

本章から、いよいよTypeScriptプログラムの書き方を解説します。最初は、単純なTypeScriptプログラムをいろいろ書けるようになりましょう。本章では文と式という基本的な概念から始まり、変数の扱い方、数値などの基本的なプログラムの構成要素、そして基本的な制御構文や演算子たちを学びます。ここで基本的なプログラムの書き方を理解するとともに、TypeScriptの雰囲気をつかみましょう。

2.1 文と式

TypeScriptプログラミングの第一歩は、文と式の違いを理解することです。多くのプログラミング言語は文と式という2種類の構成要素を持ち、TypeScriptも例外ではありません[注1]。

この節では、個別具体の文法を解説する前に文と式という概念を知ることから始めます。細かな解説は後回しにしつつ、文や式がどういうものかを簡単なプログラムを交えて解説します。

とはいえ、すでにこの概念を知っている読者も多いかもしれません。そのような方は復習と思って読みましょう。

2.1.1 文と式の基本

文（sentence）はTypeScriptプログラムの基本的な構成単位であり、文を並べることでTypeScriptプログラムが作られます。TypeScriptプログラムでは、文は前から順番に実行されます。文にはさまざまな種類があり、それぞれ異なる挙動を持っています。

次の例は、最初のHello worldプログラムを少しだけ複雑にしたものです。このプログラムは3つの文を並べたものになっています。結果としては、`Hello, world!`という文字列が出力されます。

```
const greeting = "Hello, ";
const target = "world!";
console.log(greeting + target);
```

この例から見て取れるように、TypeScriptの文は基本的に`;`（セミコロン）で終わります[注2]。`const`で始まる最初の2つは**変数宣言**の文です。変数宣言についてはのちほど詳しく解説しますが、ここでは`greeting`と`target`という2つの変数を作っています。そして、最後の文では`console.log`という関数を`greeting + target`という引数で呼び出しています[注3]。

このように、プログラムの流れは**文**によって記述されます。そして、もう1つの構成要素である**式**（expression）は文の中に現れます。実は、よく見ると前述のプログラムの中にもたくさんの式が出てきています。たとえば1行目の`"Hello"`や2行目の`"world!"`は文字列リテラル（➡2.3.5）という種類の式です。これは、その名前のとおり文字列を表す式です。このように、変数宣言は式を用いて`const 変数名 = 式;`という形の文で表されるのです。ほかの文も多くは式を用いて組み立てられます。

ちなみに、3行目の`greeting + target`もやはり式です。これは`+`演算子（➡2.4.3）によって作られており、今回の場合`+`は文字列を結合するために使われています。そして、この中に出てくる`greeting`や`target`という変数名も式です。つまり、`+`演算子は`式 + 式`という形で使われることになります。このように、式は組み合わせてさらに複雑な式を作ることができます。

練習として、前述のプログラムをいろいろ変えて試してみましょう。たとえば変数名は式として使えるので、`const 変数名 = 式;`の形に当てはめると以下のプログラムが可能になります。

注1　文と式の区別がないプログラミング言語も存在し、関数型プログラミング言語に多く見られます。

注2　ただし、あとに説明する制御構文は`;`を持ちません。また、実はTypeScriptでは`;`を省略することもできます（➡本章のコラム7）。

注3　この文は**式文**（➡2.1.3）という種類の文です。

```
const greeting = "Hello, ";
const target = greeting;
// "Hello, Hello," と表示される
console.log(greeting + target);
```

先ほどのプログラムとは2行目が変わりました。このプログラムでは変数greetingに"Hello, "という文字列が入っていますので、targetにもやはり"Hello, "という文字列が入ることになります。なお、//で始まる行が増えていますが、これは1行コメントです。プログラムの解説に便利なのでこれから積極的に使っていきます。また、複数行コメントは/* ... */という形です。

ほかにも、次のようなプログラムもOKです。今までの説明からすれば、greeting + "world!"も式なので変数textに入れることができるし、textという変数名は式として使えるのでconsole.logの引数にすることができますね。

```
const greeting = "Hello, ";
const text = greeting + "world!";
// "Hello, world!" と表示される
console.log(text);
```


2.1.2 文と式は“結果”の有無で区別する

前項では、TypeScriptプログラムの基本的な構成要素である文と式を概観しました。では、文と式の決定的な違いは何でしょうか。それは、**結果があるかどうか**です。式には結果がありますが、文には結果がありません。

式は一般に何らかの計算を表します。そして、その計算の結果が式の結果となるのです。たとえば前項に出てきたgreeting + targetという式は、変数greetingの中身とtargetの中身を結合するという計算を行い、その結果が式の結果となります。前項のプログラムではこの結果をconsole.logの引数として使用しています。

一方、文は直接的な結果を持ちません。たとえば、const greeting = "Hello, "という文は変数greetingを作成するという文でしたが、この文は直接的に何らかの計算を行っているわけではありません。プログラムの実際の計算を行うのは式である一方、文はプログラムの構造を指定しそれらの計算を組み立てるためのものであると言えます。

ちなみに、組み合わせられるというのは式に限られた特徴ではありません。式を文の中で使ったり、式を組み合わせてさらに複雑な式を作ったりできるのはすでに述べたとおりですが、文を組み合わせてさらに複雑な文を作るというのも同様に可能です。たとえば、このあと解説するif文（➡2.5.1）は文の中に文を入れることができます。

```
if (i < 10) {
  console.log("iは10未満です");
}
```

この例では、3行全体が1つのif文です。そして、その中に入っているconsole.log("iは10未満です");も1つの文です[注4]。

このように、式も文も組み合わせて複雑な構造を作ることができます。繰り返しになりますが、文と式の違いは結果があるかどうかでした。この先、文と式の違いで混乱することがあれば、この原則を思い出しましょう。

注4 より厳密に言えば、ブロックという種類の文が間に挟まっています（➡2.5.2）。

また、プログラムを書くとき、自分が今書いているのが式なのか文なのかを意識するのもよいでしょう。自分が書いているプログラムをちゃんと自分で理解するというのは、当たり前に見えて非常に重要なことなのです。

コラム 2

文と宣言

TypeScriptのプログラムには文と式という2種類の基本要素があることを学びました。実は、このうち文はさらに2種類に分類されることがあります。それは、**宣言**（declaration）とその他（ただの文）です。たとえば、constで変数を作成する文の正式名称は「**変数宣言**」であり、「変数作成文」とか「変数宣言文」などではありません。ほかにも、この先いくつかの「宣言」が出てきます。

ただし、宣言とそれ以外の文で何か違いがあるかというと、実はとくにはありません。どちらもそれ自身で計算結果を持たないという点が共通しており、文の仲間です。

本書は用語の正確性にこだわっていますので、この先ほかの「宣言」を紹介していきます。その際は、文の一種なのだと思って読んでください。

2.1.3 式文

文と式の解説の最後に、少し不思議な、しかしとても基本的で重要な文を紹介します。それは**式文**です。せっかく文と式の区別を覚えたところにこんなややこしいものを持ち出すのは気が引けるのですが、式文はTypeScriptプログラムを書くうえで避けては通れない存在です。

式文は、**式のあとにセミコロンを書く文**です。実は、今までのサンプルにもすでに登場していました。たとえば、次の文は式文です。

```
console.log(greeting + target);
```

あえて今まで明確に説明していませんでしたが、関数呼び出しというのは式に含まれます。つまり、console.log(greeting + target)の部分は式なのです。関数についての詳しい解説は第4章に譲りますが、関数呼び出しが式なのは、一般に関数呼び出しは返り値という結果を伴うからです。

ただし、すべての関数が返り値を持つわけではありません。実際、console.logはコンソールに文字列などを表示するという関数でしたが、その処理は何か結果が発生するようなものではないため、返り値を持ちません[注5]。

式文の挙動は、与えられた式を実行するだけというものです。式を実行する方法は種々ありますが、式文はそのうち最も基本的なものです。とくに、式文は式を実行したいが結果はいらないというときに使える文です。今回の場合は、console.logの呼び出しによってコンソールに文字列を表示したいだけで、console.logから何らかの結果を得たいわけではありませんでした。このような、関数を呼び出したいがその結果に興味はないという場合に式文はたいへん適しています。関数呼び出し以外にも、代入（➡2.4.8）やawait式（➡8.4.2）とセットで式文が使われることが多くあります。

これから先、何気なく関数呼び出しを書いて`;`で終わらせることが多くあるでしょう。実はそのときは文の一種である式文を書いているのだということは頭の片隅に置いておく価値があるかもしれません。

注5　正確にはすべての関数が返り値を返しています。とくに返すべき値（計算結果）がない関数はundefined（➡2.3.8）を返すようになっています。

2.2 変数の宣言と使用

この本をお読みの方は、恐らく「変数とは何か」についてはすでにご存知でしょう。変数は、値に好きな名前をつけて保存しておけるものです。これまで見てきた例にもすでに出てきたように、変数に値を入れることで、以降のプログラムでその値を再利用することができます。プログラムで使用するために値を覚えておくのが変数の基本的な役割です。

この節では、TypeScriptでは変数をどのように使うのかについてしっかりと解説します。

2.2.1 変数宣言の構文

この項ではTypeScriptにおける変数宣言の構文を解説します。とはいえ、最も基本的な構文はすでに登場していますね。改めて示すと、変数宣言の基本形は以下の形の構文です。

```
const 変数名 = 式;
```

この構文が実行されると、与えられた変数名の変数が新しく作られます。このとき=の右の式が実行され、その結果として得られた値が新しく作られた変数に入ります（値が変数に入ることを**代入**（assignment）と呼びます）。一応、すでに出てきたこの例を振り返ります。

```
const greeting = "Hello, ";
const target = "world!";
console.log(greeting + target);
```

このプログラムでは、最初に変数`greeting`を作ります。変数`greeting`には`"Hello, "`という式の結果が代入されます。その後、`target`という変数を作ります。こちらの内容は`"world!"`という式の結果です。これら2つの変数はその次の文で使われていますね。

もちろん=の右はどんな式でもかまいません。たとえば、次のように=の右で+を使ってもよいわけです。

```
const greeting = "Hello, ";
const target = "world!";
const text = greeting + target;
console.log(text);
```

また、変数宣言の別の形として、複数の変数の宣言を`,`でつなげることも可能です。すなわち、上の例は次のように書き換えて、3つの変数を1つの文で宣言することもできます。この例では見やすいように適宜改行を入れていますが、改行を入れるか入れないかは自由です。TypeScriptでは改行は単なる空白の一種であり、改行が必須となる場面はありません。

```
const greeting = "Hello, ",
      target = "world!",
      text = greeting + target;
console.log(text);
```

ただし、この`,`を用いる書き方は近年あまり人気がなく、変数ひとつひとつに対して`const`を書くやり方が主流のようです。その理由は、`,`を用いて書いたプログラムはメンテナンス性で一段劣るからです。変数を増やしたり減らしたりしたいとき、1文1変数で書いていれば文を増やしたり減らしたりするだけで済むところを、`,`でつなげていた場合は適宜`,`も増やしたり減らしたりする必要があります。また、Gitなどのバージョン管理ツールを導入したとき、`,`の増減は余計な差分として現れます。

2.2.2 識別子

変数宣言の構文で変数名として使えるのは**識別子**（identifier）です。変数名としてはどんなでたらめな文字列も使えるわけではなく、一定のルールがあります。そのルールを満たす名前のことを識別子と呼びます。たとえば、前節で出てきた`text`や`greeting`といったものは識別子です。ただし、ルールを満たしていたとしても**予約語**（reserved words、keywords）の場合は識別子として使用できません。予約語とは、プログラムの構文に使用されるため特別扱いされる単語のことです。具体的には、`if`や`const`といったものが予約語であり、これらは変数名に使用することができません（構文エラーになります）。

識別子として使える文字は決まっています。お察しのように、半角アルファベットは識別子に使える文字です。また、ひらがな・かたかなや漢字も実は識別子に使用可能です。これにより、次のようなプログラムが許されます。

```
const あいう = 123;
const 技術評論社 = あいう + 876;
console.log(技術評論社); // 999 と表示される
```

どのような文字が識別子に利用可能かは、Unicodeという文字コードの規格で定義されています。基本的に、記号系の文字は識別子に利用可能ではありません（`$`と`_`は例外的に使用可能）。また、空白文字も識別子に利用できません。

```
// 構文エラー（↑は識別子に使用できない文字）
const ↑ = 0;
// 構文エラー（空白は識別子に使用できない）
const foo bar = 123;
```

一部の文字は、先頭以外の位置でのみ識別子に使うことができます。具体的には、数字がこれに該当します。たとえば、`foo1`は妥当な識別子ですが、`1foo`は識別子ではありません。

ちなみに、識別子にはアルファベットの大文字・小文字を自由に使うことができます。プログラミング言語によっては「型名は大文字から始まる」とか「変数名は小文字で始まる」といった制限がありますが、TypeScriptにはそのような制限はありません。変数名が小文字だろうと大文字だろうと問題はありません。ただ、慣習としては変数名は小文字で始め、型名は大文字で始めることが多いようです[注6]。

2.2.3 変数に型注釈を与える

前項では変数宣言の基本構文を説明しましたが、実はこれまでの説明はただのJavaScriptの話でした。TypeScriptの特徴は、何といっても型の存在です。そこで、次は変数宣言の構文にTypeScriptのテイストを加

注6　例外として、Reactなどのライブラリで用いられるJSX構文の場合は、ユーザー定義のコンポーネント名は大文字で始まらなければならないという文法上の制限があります。そのため、コンポーネントについては変数名を大文字で始めるのが一般的です。

えてみましょう。

ここで解説するのは**型注釈**（type annotation）の書き方です。型注釈は、変数を宣言するときにその変数の**型**を明記できるものです。型注釈を加える場合、変数宣言の構文は以下のものになります。

```
const 変数: 型 = 式;
```

見てわかるとおり、**:** 型という部分が型注釈です。下に具体例も載せてみました。この例では、2つの変数greetingとtargetに対してstringという型が明記されました。よって、これらの変数はstring型（➡2.3.5）となります。

```
const greeting: string = "Hello, ";
const target: string = "world!";
console.log(greeting + target);
```

そもそも変数の型とは、「その変数にどんな値が入り得るか」を示すものです。string型というのは「文字列」を表す型ですから、この型注釈はgreetingやtargetには文字列のみを入れることができるという意味になります。

試しに、変数targetに数値を入れてみましょう。これは型注釈に反したことをしていますから、間違ったプログラムとなります。

```
const greeting: string = "Hello, "
const target: string = 123;
console.log(greeting + target);
```

これを実際にコンパイルしてみると、次のようなコンパイルエラーが得られるはずです。

```
index.ts:2:7 - error TS2322: Type 'number' is not assignable to type 'string'.

2 const target: string = 123;
        ~~~~~~
```

このような型の不一致によるコンパイルエラーはTypeScriptプログラミングにおいて非常に頻繁に見ることになるでしょう。今回の場合、123というのは数値なので、string型の変数に入れることができません。これがこのエラーの原因です。

より厳密には、型のチェックは常に型同士で行われます。TypeScriptにおいて、式は常に何らかの型を持ちます。そして式の持つ型が代入先の変数の型と一致しないときに型エラーが発生するのです[注7]。今回の場合、123という式はnumber型を持っています。このエラーメッセージは、123という式が持つ型であるnumber型が、変数の型であるstring型に合致しないということを意味しています。

2.2.4 letによる変数宣言と変数への再代入

前項では基本的な変数宣言の構文としてconstを用いる構文を紹介しましたが、実は変数を宣言する方法がもう1つあります。それは、letを使う方法です。この構文は、constの代わりにletを使うだけでほかはまったく同様です。たとえば、以前の例のプログラムを次のように書き換えても動作します。

注7　より厳密には、完全な一致ではなく部分型関係（➡3.3）によるチェックが行われています。

```
let greeting = "Hello, ";
let target = "world!";
console.log(greeting + target);
```

letにより宣言された変数は、**再代入**が可能になります。再代入とはすでに宣言された変数に別の値を入れることであり、=演算子を用いて変数名 = 値という形で行うことができます[注8]。たとえば、次の例では変数greetingは最初"Hello, "という文字列ですが、再代入によってgreeting + "world!"の結果である"Hello, world!"という文字列が入ります。

```
let greeting = "Hello, ";
greeting = greeting + "world!";
// "Hello, world!" が表示される
console.log(greeting);
```

逆に言えば、実はconstで宣言された変数は再代入が不可能です。再代入を試みた場合、次のようにコンパイルエラーが発生します。

```
const greeting = "Hello, ";
// エラー: Cannot assign to 'greeting' because it is a constant.
greeting = greeting + "world!";
```

また、letにはもう1つ特徴があります。それは、**宣言時に値を代入しなくてもよい**というものです。具体的には、letを用いて変数を宣言する際は= 値の部分を省略することができます。この機能を用いると、たとえばこんな書き方ができます。

```
let greeting, target;
greeting = "Hello, ";
target = "world!";
console.log(greeting + target);
```

この例では、まず最初にgreetingとtargetという変数を宣言していますが、その時点では値が決まっていません[注9]。その後=を用いてこれらの変数に値を代入しています。上記の例だと再代入する意味はとくにありませんが、if文（➡2.5.1）などが絡む複雑なロジックになるとこの書き方が使われることもあるようです。

ちなみに、letの場合も型注釈をつけることは可能です。次の例のように型注釈を与えれば、変数greetingとtargetに代入できるのは文字列だけになります。

```
let greeting: string, target: string;
greeting = "Hello, ";
target = "world!";
console.log(greeting + target);
```

また、TypeScriptコンパイラは賢いので、変数に型注釈を与えた場合、代入する前にその変数を使用するのはコンパイルエラーとなります[注10]。次の例では、変数targetが文字列であると宣言しているにもかかわらず、その変数に文字列を代入せずにいきなり使用しています（3行目）。

注8　厳密には、この=は変数宣言の=とは似て非なるものです。また、この場合の変数名 = 値は文ではなく式であり、次の例では式文の中でこれが用いられています（➡2.4.8）。

注9　宣言時に値が決まっていない変数は、初期状態ではundefinedが入っています（undefinedについては後ほど解説します）。

注10　型注釈を書かないとコンパイルエラーにならないのは、変数にundefinedが入る可能性が許されているという形に推論が働くからです。

```
let greeting: string, target: string;
greeting = "Hello, ";
console.log(greeting + target);
```

これに対しては、TypeScriptは次のようなコンパイルエラーを発生させます。先ほどの説明のとおり、変数targetが値を代入する前に使われていることがエラーメッセージで指摘されています。

```
index.ts:3:24 - error TS2454: Variable 'target' is used before being assigned.

3 console.log(greeting + target);
                         ~~~~~~
```


コラム 3 letを避けてプログラムを読む人の負担を減らそう

本節では、TypeScriptにおける変数宣言の構文として、constとletの2種類を紹介しました[注11]。すでに説明したとおり、この2つの違いは「変数への再代入が可能かどうか」です。letは変数への再代入が可能である一方、constはできません。また、letでは宣言時に= 式による初期値の指定を省略することができましたが、constではこれはできません。constを使用するときは必ずconst 変数名 = 式の形で変数に最初に入る値を指定しなければいけません。そして、constで宣言した変数は再代入できないので、最初に指定した変数の中身はそのあと変わりません。

ちなみに、constというキーワードはプログラミング言語によっては「定数」を宣言するためのキーワードとして使われています。TypeScriptにおいても、一度値を決めたら中身が変わらない変数なのでこれを「定数」と呼んでもよさそうですね。ただ、実際にはこれを「定数」と呼ぶ人はあまりいないようです。constで宣言するものはあくまで「変数」であるとする見方が主流です。

そして、驚くべきことに、プログラムの種類や書き手の流派にもよりますが、一般的なWebアプリケーションをTypeScriptで書くならば、普通に書けば変数の9割以上はconstで宣言されることになります[注12]。letが変数宣言に使われることは少ないのです。その理由は、ほとんどの変数は一度代入すれば十分であり、再代入の必要がないからです。これは実際にプログラムを書くようにならないと実感するのが難しいかもしれませんが、典型的なプログラムにおいては変数は何らかの処理の結果に名前をつけて、再利用可能なように保存しておくという使い道がほとんどです。違う処理の結果は違う変数に保存すればよいので、わざわざ同じ変数の値を変えるようなプログラムを書く必要がないのです[注13]。

このコラムで読者に伝えたいのは、**極力constを使って変数を宣言すべきである**ということです。できるだけletの使用は避けてください。絶対にletが必要だと断言できる場面でしか、letを使うべきではありません。

その理由は、**letを使うとプログラムを読む人に負担がかかる**からです。業務でプログラムを書く場合、複数人で同じプログラムをいじることが多くあります。そのため、ほかの人が読んでもわかりやすいプログラムを書くことが重要です。

constという機能があるにもかかわらずあえてletを使うということは、プログラムを読む人に対して「この変数はあとで再代入されますよ」という意思表示をしていることになります。これにより、そのプログラムを読む人は、いつその変数に再代入されるのか目を光らせながら読まなければいけません。一方、constを使って宣言した変数の

注11 実は、もう1つvarというものもあるのですが、これは今はほとんど使われないので紹介を後回しにしています（➡第4章のコラム20）。

注12 読者の中には、ループ内で同じ変数を書き換えていくようなユースケースを想像された方がいるかもしれません。実際、letの使い道として考えられるのは多くがそのような場合です。ただし、TypeScriptではさまざまな工夫によってその場合でもletを使わずに実装できるケースが多々あります。

注13 筆者が経験したあるプロジェクトでは、1万弱の変数宣言のうちconstが97%程度でした。

場合、変数の中身は最初のものから変わらないことが保証されていますから、プログラムを読む人は変数の中身があとで変わってしまうという可能性を排除して残りのプログラムを読み進めることができます。

このように、プログラムにより多くの保証が与えられているほうが、読む側が考慮しなければいけない可能性が少なくなり、読みやすいプログラムとなります。なるべく読みやすいプログラムを書くために、できる限り`let`を避けて`const`を使いましょう。

そもそも、TypeScriptはJavaScriptに型チェックの機能を追加した言語でしたが、「型を書く」という行為そのものにも同じような意味があります。変数の型を書くことで、その変数にどんな値が入っているのかについての保証を与えることができ、それはプログラムの読みやすさやメンテナンスしやすさにつながるのです。最初は動くプログラムを書くだけで精一杯かと思いますが、余裕が出てきたら読みやすさにも配慮しながらプログラムを書いてみましょう。読みやすさに配慮できるようになればTypeScriptプログラマーとして一歩ステップアップです。

2.3 プリミティブ型

これまで「値」という言葉を使って解説を進めてきましたが、そもそも値とは何かということをしっかりと説明していませんでした。本節では、TypeScriptの「値」を構成する要素のうちの半分である**プリミティブ**について説明します。

値というのはプログラムから扱うことができるデータのことです。今までに出てきた「文字列」や「数値」というのも値であり、これらは実は本節で説明するプリミティブの一種です。本節では、プリミティブとは何か、プリミティブにはどのような種類があるのか、そしてプリミティブの扱い方を解説します。

2.3.1 プリミティブとは何か

プリミティブとは、TypeScriptプログラムにおける基本的な値です。TypeScriptプログラムにおける値は、プリミティブと、あとに説明するオブジェクトの2種類に大別されます。プリミティブ（primitive）は、「原始的な」という意味の英単語です。ここでは、この言葉は最も基本的な値を表す用語として使われているようです。

今のところ、プリミティブには**文字列**、**数値**、**真偽値**、**BigInt**、**null**、**undefined**、そして**シンボル**の7種類があります。シンボルはやや難しいため本書の解説対象外としていますので、本節ではそれ以外の6種類を説明します。本書では今までも文字列や数値が何気なく登場していましたが、この節でプリミティブに対する理解をしっかりしたものとしましょう。

実際のTypeScriptプログラムではさまざまなデータを扱います。複雑なデータはTypeScriptではオブジェクトとして表されますが、そのオブジェクトはプリミティブを組み合わせてできたものです。オブジェクトは複数の値から構成される（こともある）一方で、プリミティブはそれ以上の構成要素に分解できない単一の値です[注14]。それゆえ、プリミティブの扱い方を知ることがTypeScriptのデータ操作の第一歩となるのです。

注14　ただし、将来的にRecords & Tuplesというより複雑なプリミティブ値を追加する計画（プロポーザル）も存在しています。本書執筆時点ではこれはステージ2のプロポーザルです。

2.3.2 TypeScriptにおける数値型の特徴

数値はプログラムにおける最も基本的な概念と言っても過言ではありません（その割には今まで文字列ばかり例に使ってきましたが）。TypeScriptにおいてはまた情勢が違うとはいえ、数値計算は今でもプログラムの主要な活用目的のひとつです。もちろんTypeScriptにおいても数値計算を行うことができます。ここではまず、TypeScriptで数値を取り扱う方法を紹介します。

最初に、ちょっとした例をお見せします。プログラミングに慣れている方はこれだけで雰囲気をつかむことができるでしょう。

```
const width1 = 5;
const width2 = 8;
const height: number = 3;
const area = (width1 + width2) * height / 2;
// 19.5 が表示される
console.log(area);
```

この例には3つのポイントが隠れています。第一に、変数heightの宣言を見てわかるように、TypeScriptでは数値の型はnumber型と言います。変数が数値であるという型注釈を書きたい場合はnumber型を使いましょう。

第二に、TypeScriptにおいては+、*、/といった演算子を用いて数値の計算を行うことができます。演算子についてはあとでまとめて解説します（➡2.4）。ここでは足し算、掛け算、割り算が行われています。

そして第三に、**number型では整数と小数の区別がありません**。その証拠に、先のプログラムには整数しか登場していませんが、計算結果は小数となっています。次のようにプログラムに小数を登場させることもできますが、結果は7.0などではなく7と表示されます。

```
console.log(3.5 * 2);
```

このように、TypeScriptでは整数と小数を一緒くたにしてnumber型として扱うのです。プログラミング言語によっては整数と小数が別の型になっていたり、数値を表すのに使用されるバイト数に応じて異なる型があったりしますが、TypeScriptではそのような区別はありません。ただし、最近になって後述のBigInt（➡2.3.4）が追加されたため、数値を表す型が1種類というわけではなくなっています。現在のところ、整数のみを扱う場面であっても、TypeScriptの数値型の主流はnumberのままです。

2.3.3 数値リテラル

さて、TypeScriptプログラムを書くにあたって欠かせない要素が**リテラル**です。リテラルとは、何らかの値を生み出すための**式**のことで、生み出したい値に応じていくつかの種類があります。

ここでまずみなさんにお伝えするのは**数値リテラル**です。数値リテラルとは、その名のとおり数値を表すためのリテラルです。実は、前項の例にもすでに数値リテラルが登場していました。もっとも、プログラムで数値を扱うにはまず数値リテラルを用いて数値を得る必要がありますから、不思議なことではありません[注15]。もうおわかりかとは思いますが、例に登場していた5や8、3、そして2、さらに3.5という式が数値リテラルです。

このように、プログラム中に数を書くとそれは数値リテラルとなります。数値リテラルは式の一種であり、

注15 数値リテラルを介さずに数値を扱う方法もないわけではありませんが、曲芸の域であり実用的なプログラムではないのでここでは触れません。

したがって計算結果があります。数値リテラルの計算結果は当然ながら書かれている数値そのものです。たとえば5という数値リテラルの計算結果は5という数値です。数値リテラルは小数も可能であり、3.5という数値リテラルの結果は3.5という数値です。前項の例ではこのような数値は計算に用いられていました。このように、数値リテラルを用いることで、数値をプログラムの世界に持ち込んで使うことができます。

ここまで見た数値リテラルは目的の値を10進数でそのまま書くという最も単純かつ基本的な形で、ほとんどの場合はこれだけ知っておけば事足ります。しかし、ほかのタイプの数値リテラルもありますのでここで少し紹介しておきます。比較的よく見るのは2進数・8進数・16進数のリテラルです。

```
const binary = 0b1010;      // 2進数リテラル
const octal = 0o755;        // 8進数リテラル
const hexadecimal = 0xff; // 16進数リテラル

// 10 493 255 と表示される
console.log(binary, octal, hexadecimal);
```

このサンプルでは2進数・8進数・16進数のリテラルを使用しています。見てわかるように、2進数のリテラルは先頭に0bを、8進数のリテラルは先頭に0oを、そして16進数のリテラルは先頭に0xをつけるのがポイントです。この中で一番よく使うのは16進数リテラルでしょうか。逆に、8進数リテラルはあまり出番がなさそうです。なお、これらのリテラルでは小数点を用いることができません。整数のみサポートされています。

もう1つ、指数表記の数値リテラルがあるのでこちらも紹介します。これは極端に大きな数や小さな数を表したいときに有効です。

```
const big = 1e8;
const small = 4e-5;

// 100000000 0.00004 と表示される
console.log(big, small);
```

結果を見るとわかるように、1e8というのが100000000（1の後ろに0が8個）を表す数値リテラルです。また、4e-5は0.00004（4の前に0が5個）を表す数値リテラルです。注意点として、4e-5は4eから5を引き算しているのではありません。4e-5で1つの数値リテラルです。そのため、4eと-5の間に空白を入れることができないので注意してください。

これらのeを用いたリテラルは指数を表すリテラルで、累乗を用いて書くと1e8は1×10^8という数値を、4e-5は4×10^{-5}という数値を表しています。0を並べてリテラルを書くよりも指数で書いたほうがわかりやすいと思われる場合に適しています。eの前は小数も可能ですが、eの後ろは整数のみです。たとえば1.234e2という数値リテラルは123.4という数値を表します。

最後に、数値リテラルは数字の間に_を挟むことが許されています。たとえば、1000000と書く代わりに1_000_000と書くことができます。大きい数を書く場合、eを使う以外にこのように_で適宜桁区切りを入れて桁数をわかりやすくするのも有効です。

```
const million = 1_000_000;

// 1000000 と表示される
console.log(million);
```

コラム 4

TypeScriptにおける数値はIEEE 754倍精度浮動小数点数である

TypeScriptの数値型（number）は整数と小数を区別しないという解説をしましたが、それではTypeScriptの数値の実体は何なのでしょうか。というのも、プログラミング言語によっては整数型や浮動小数点数型が複数あり、それが何ビットかといったことを意識しなければいけないのに、ここまでTypeScriptの数値が何ビットかといった情報は出てきませんでした。

答えは、**TypeScriptの数値はIEEE 754倍精度浮動小数点数です**。これは、ほかの言語でよくdouble型と言われているものに相当します。つまり、TypeScriptの数値は64ビットで表される小数型なのです。これまでの例には整数なども出てきましたが、あれらも実は浮動小数点型で整数を表していただけでした。

一定以上のレベルのTypeScript使いになりたければ、numberがIEEE 754倍精度浮動小数点数であることを理解するのは重要です。このことは、TypeScriptの数値がどれくらいの精度を持つのか、あるいはどれくらいの大きさ・小ささの数を扱えるのかということの理解につながるからです。IEEE 754浮動小数点数の詳細についてはここでは深入りしませんので、必要に応じて各自で調べていただきたいのですが、重要なポイントをいくつか挙げておきます。

1つめのポイントは、**数値（仮数部）の精度が53ビットである**ということです。そもそも有限のデータ長で数値を表す以上、数値の精度には限界があるのですが、IEEE 754倍精度浮動小数点数の場合はそれは53ビットです。注意すべき点として、整数もIEEE 754倍精度浮動小数点数で表しているため、整数の情報量もやはり53ビットだということです。53ビットに収まらない大きさの整数を扱おうとした場合、下の桁から精度が落ちていくという現象が発生します。具体的には次の例のような現象が起こります。

```
// 9007199254740992 と表示される
console.log(9007199254740993);
```

なにやら大きな数字を表示しようとしています。9007100254740993というのは$2^{53}+1$のことで、これは2進数で表すと54桁必要な数であり、54ビットの情報量がないと表せない数です。それを表示しようとすると、なぜか表示される数値がずれています（1の位に注意）。これは、TypeScriptで数値の精度が53ビットしかないため整数の情報量が落ちた結果なのです。

もう1つのポイントは、計算誤差です。これはTypeScriptに限った話ではありませんが、TypeScriptの数値が有限精度の浮動小数点数を使っている以上、それに由来する計算誤差が発生します。非常に有名な例を1つ挙げておきます。

```
// 0.30000000000000004 と表示される
console.log(0.1 + 0.2);
```

このように、0.1と0.2の和を計算したところ、0.3ではなく0.30000000000000004と表示されました。どのくらい深刻にこの誤差と向き合うべきかは場合によりますが、数値（とくに小数）を扱う際には計算誤差のことを頭に入れておきましょう。計算誤差を受け入れられない場合は、任意精度計算に対応したライブラリを導入するなどの対応が必要です。整数の場合は次項で解説するBigIntが利用できますが、小数の場合は標準の方法がありません。計算誤差のない小数型（Decimal）を言語機能に追加しようという議論もあるため、将来的にはライブラリが不要になるかもしれません。

2.3.4　任意精度整数（BigInt）

ここまでは、TypeScriptのnumber型を解説してきました。TypeScript（およびJavaScript）で数値といえば、長らくこのnumber型しかありませんでした。しかし、最近（ES2020）になってもう1つの数値型が追加されました。それが**BigInt**です。BigIntは古いブラウザで利用できない上にPolyfill[注16]も難しい機能であるため、すぐに実戦投入するのは難しいかもしれません。しかし、今後徐々に利用機会が増えてきますから、今のうちに使えるようになっておきましょう。

BigIntは**任意精度の整数**を表すプリミティブです。任意精度というのは、どれだけ大きな数でも誤差なく表すことができるという意味です。コラム4ではTypeScriptのnumber型は53ビットの精度であると述べましたが、BigIntにはそのような制限はありません。よって、そのような大きな整数を扱いたい場合はBigIntが適しています。一方で、計算速度はBigIntよりも通常の数値（number）のほうが高速です[注17]。numberの精度で十分な場合はnumberを使うとよいでしょう。

BigIntを扱うためには**BigIntリテラル**を使用します。これは、123nのように整数のあとにnを書くリテラルです。BigIntも、numberと同様に四則演算などの計算をすることができます。もちろん結果もBigIntです。

また、BigIntの型注釈はbigint型です。TypeScriptプログラム中での型名は、ほかのプリミティブと同じく全部小文字なので注意しましょう。

```
const bignum: bigint = (123n + 456n) * 2n;
console.log(bignum); // 1158n と表示される
```

ただし、BigIntは整数のみしか扱えないので、除算の結果が小数になる（割り切れない）場合は整数に丸められます[注18]。

```
const result = 5n / 2n;
console.log(result); // 2n と表示される
```

注意点として、BigIntは普通の数値と混ぜて使うことはできません。各種の計算は、numberならnumber同士で、bigintならbigint同士で行う必要があります。もしどうしてもnumberとbigintを混ぜなければいけないなら、どちらかをどちらかに変換する必要があります（➡2.3.9）。

```
const wrong = 100n + 50;
```

このようにすると、以下のようなコンパイルエラーが発生します。リテラル型（➡6.2.1）のせいでややエラーメッセージがわかりにくいものの、bigintとnumberを足そうとしていることがエラーの原因です。

```
index.ts:1:15 - error TS2365: Operator '+' cannot be applied to types '100n' and '50'.

1 const wrong = 100n + 50;
                ~~~~~~~~~
```

注16　Polyfillとは、新しい機能が搭載されていない古いブラウザでも新しい機能を使えるように補填するスクリプトのことです。
注17　筆者の環境での計測では、簡単な数値計算をnumberとBigIntの両方で行った結果、numberのほうが約60倍高速でした。
注18　0に近いほうに丸められます。

2.3.5 文字列型と3種類の文字列リテラル

次に、文字列について解説します。文字列は数値と並んで基礎的かつ重要なプリミティブであり、すでに説明にも出てきています。任意のテキストを出力したい場合をはじめとして、TypeScriptではあらゆる場面で文字列が利用されます。

まず基本的事項を確認しましょう。文字列を表す型の名前は`string`型です。そして、文字列を得るための式、すなわち**文字列リテラル**には実は2種類の書き方があります。すなわち、ダブルクオートを使う書き方（`"Hello, world!"`）とシングルクオートを使う書き方（`'Hello, world!'`）です。この2種類に機能上の違いはありません。そのため、どちらを使うかは好みの問題です。両方を一緒に使うこともできますが、どちらか一方に統一して使うという人やチームが多いようです。

```
const str1: string = "Hello";
const str2: string = 'world!';
console.log(str1 + ", " + str2); // "Hello, world!" と表示される
```

これに加えて、**テンプレートリテラル**というリテラルも存在します。これは`` `Hello, world!` ``のようにバッククオートで囲う文字列リテラルです。テンプレートリテラルには、普通の文字列リテラルとおもに2つの違いがあります。1つは、リテラル中で改行が可能であるという点です。下の例のように書くことで、「Hello（改行）world!」という文字列を作ることができます。`console.log`で表示すれば、実際に改行が入った文字列になっていることがわかります。普通の文字列リテラルの場合はこのようなリテラル中の改行は構文エラーとなるため、代わりに`\n`というエスケープ記法を用いる必要があります（➡2.3.6）。テンプレートリテラルはES2015で登場した比較的新しい構文であるため、このように使い勝手が向上したものになっています。

```
const message: string = `Hello
world!`;
console.log(message);
```

テンプレートリテラルのもう1つの特徴は、式を文字列の中に埋め込むことができるという点です。これについては、例を見たほうがわかりやすいでしょう。

```
const str1: string = "Hello";
const str2: string = "world!";
console.log(`${str1}, ${str2}`); // "Hello, world!" と表示される
```

このように、テンプレートリテラルの中では`${ 式 }`という構文を用いて、その式の値を文字列の構成に利用することができます。この場合、`str1`は`"Hello"`だったのでテンプレートリテラル中の`${str1}`は`Hello`になります。同様に`${str2}`は`world!`になるため、`` `${str1}, ${str2}` ``というテンプレートリテラルは`"Hello, world!"`という文字列になります。状況に応じて文字列の内容が違うという状況はプログラミングで頻出ですから、それを簡単に実現できるこの機能は非常に便利です。これまでの例では`+`を用いて文字列の連結をしてきましたが、今後は本書でもテンプレートリテラルを必要に応じて使っていきます。ちなみに、式の部分は文字列型でなくてもかまいません。ほかのものを入れた場合も文字列に変換されます（➡2.3.9）。たとえば、式として数値を用いることも可能です。

```
console.log(`123 + 456 = ${123 + 456}`); // "123 + 456 = 579" と表示される
```

2.3.6 文字列中のエスケープシーケンス

エスケープシーケンス（escape sequence）は文字列リテラル中で利用できる特殊な記法で、ソースコードに直接記述しにくい文字を表現したいときに役に立ちます。前項で見たように、文字列リテラルではその文字列を構成する文字列をソースコード中に直接書きます。しかし、それでは表現できないような文字列があります。その代表例が改行文字です。改行を含む文字列を作りたいときは前項で紹介したテンプレートリテラルを用いるのが1つの手ですが、それでは見づらいという場合もあります。そのため、実際に改行せずに改行文字を表現できる代替手段に需要があるのです。

エスケープシーケンスは\（バックスラッシュ）で始まります。最もよく使うエスケープシーケンスは恐らく前項でも触れた`\n`で、これは改行（LF）を表します。ほかにもタブ文字を表す`\t`など、いくつかの種類のエスケープシーケンスがあります。気になる方は調べてみましょう。また、バックスラッシュは常にエスケープシーケンスの始まりとして解釈されるため、バックスラッシュ自体を文字列に含めるには`\\`とする必要があります。これもエスケープ記法の一種です。たとえば、次のプログラムは`Hello \world/`と表示します。

```
console.log("Hello \\world/");
```

また、より汎用的に利用できる、Unicodeコードポイントを使って書けるエスケープシーケンスもあります。前提として、実はJavaScriptの文字列はUnicode（UTF-16）で表現されています。Unicodeでは、いろいろな文字に番号が割り振られています。たとえば、「A」にはU+0041（16進数で41）という番号が、「祭」にはU+796Dという番号が、また「𠮷」にはU+20BB7という番号が与えられています。このコードポイントを用いることで、`\u{xxxx}`（xxxxの部分が番号）というエスケープ記法で任意の文字を表すことができます。次のプログラムは`Hello 祭 world!`と表示するでしょう。

```
console.log("Hello \u{796d} world!");
```

また、番号がちょうど4桁の場合は`{ }`を省略して、`\u{796d}`の代わりに`\u796d`のように書くこともできます。`\u0041`のように0埋めして4桁にするのもOKですが、4桁を超える場合に`\u{20bb7}`の代わりに`\u20bb7`と書くようなことはできません（こう書いた場合は`\u20bb`と`7`が並んでいると見なされます）。

このようにコードポイントを用いる記法は、普通に入力する・あるいは視認するのが困難な文字を扱いたい場合に有用です。先に紹介したような`\n`などもこれに当てはまりますが、とくによく使うのでより短い記法が特別に用意されています。

2.3.7 真偽値と真偽値リテラル

TypeScriptにおける3大プリミティブといえば、数値、文字列、そして**真偽値**でしょう。真偽値もまた、先の2つに並んでTypeScriptプログラミングで非常にお世話になるプリミティブです。真偽値は`true`と`false`の2種類だけの値からなるプリミティブです。これらの値は、日本語で言えばそれぞれ真と偽です。のちのち説明しますが、真偽値は条件判定を行いたいときに使われます。また、YesかNoかという2値の状況を表すフラグとしても有用です。

`true`と`false`は「値」であることに注意してください。数値のプリミティブとして「0という値」や「123という値」があったり、文字列のプリミティブとして「`"Hello"`という値」などがあったりするのと同様に、

TypeScriptには真偽値に属する値として「trueという値」および「falseという値」があるのです。

真偽値を表現するための**真偽値リテラル**はtrueとfalseです。また、TypeScriptでは真偽値はboolean型と呼ばれます。すなわち、真偽値は以下のようにプログラム中で使うことができます。

```
const no: boolean = false;
const yes: boolean = true;

console.log(yes, no); // true false と表示される
```

これらはfalseとかtrueという変数名ではないという点に注意しましょう。ただの英字列は一見変数名のように見えますが、実際にはこれらは**予約語**です。予約語はプログラム中で特別扱いされ、識別子ではない扱いとなります。したがって、変数名ではありません。const true = 3;のようなプログラムは文法エラーとなります（constのあとに来るべきは変数名であるにもかかわらず真偽値リテラルが来たため）。

真偽値はプリミティブの中でも単純であるため、ここで語ることができる内容は多くありません。真偽値の本領発揮は、条件判定など本格的な計算を学習してからです。しかしその前に、プリミティブに関する基礎知識をもう少し増やすことにしましょう。

2.3.8 nullとundefined

最後に紹介する2種類のプリミティブは、これまでの4種類とは少し毛色が違います。これまで紹介した文字列や数値などは、具体的な値がたくさんありました。たとえば数値は0や123、3.1415などです。一方で、今回紹介する**null**および**undefined**は、それ自体が値の名前です。すなわち、これまで紹介したどれにも当てはまらないプリミティブとしてnullとundefinedという名前の値が存在します。言い方を変えれば、nullという種類のプリミティブに属する値はnullという1種類だけで、undefinedという種類のプリミティブに属する値はundefinedという1種類だけです。前項の真偽値も値が2種類と少なかったものの、nullおよびundefinedはさらに少ないですね。

これらはそれぞれプログラム中でnullやundefinedと書くことで利用できます[注19]。

```
const val1 = null;
const val2 = undefined;

console.log(val1, val2); // null undefined と表示される
```

これらはプリミティブなので、対応する型名も存在します。型名もそのままnullおよびundefinedです。

```
const n: null = null;
const u: undefined = undefined;
```

nullやundefinedという値は、どちらも「データがない」という状況を表すのに有用です。多くのプログラミング言語にこのような概念が存在しますが、2種類あるというのはJavaScript・TypeScriptに顕著な特徴です。それゆえに、どちらをおもに用いるべきかという議論がたびたび発生します。もちろん状況によって異なりますが、筆者としてはundefinedを中心とするのを推奨しています。その理由は、TypeScriptの言語仕様上では

注19　nullはリテラルですが、実はundefinedは変数名という扱いです。これについては歴史的経緯の産物ですから、深く気にしなくてもかまいません。

undefinedのほうがサポートが厚いからです[注20]。

nullと聞くと、とくにJavaなどの言語を経験している方は危険な印象を持つでしょう。しかし、TypeScriptにおいてはあまり心配する必要はありません。TypeScriptの型システムにはnullやundefinedといった値を安全に取り扱うためのサポートが備わっているからです。その話に踏み込むのはしばらく先になるので（➡6.1）、今の段階ではnullとundefinedというプリミティブがあることを知っておきましょう。

2.3.9 プリミティブ型同士の変換（1）暗黙の変換を体験する

ここまで、プリミティブの種類を1つずつ解説してきました（シンボルのみ省略しましたが）。これらのプリミティブを使って何ができるのかというのが次の話題ですが、まず最初にプリミティブの変換を覚えましょう。つまり、与えられた数値から文字列を作ったり、あるいはその逆をしたりということができるようになります。

今後のために、ユーザーの入力を標準入力から受け取る方法を先に解説します。まだ解説していない構文を何個か含んでいますが、今回はユーザーの入力を受け取ることができればよいため気にしなくてもかまいません。この方法ではNode.jsが提供するreadlineというモジュールを使用しています。

```
import { createInterface } from 'readline';

const rl = createInterface({
  input: process.stdin,
  output: process.stdout
});

rl.question('文字列を入力してください:', (line) => {
  // 文字列が入力されるとここが実行される
  console.log(`${line} が入力されました`);
  rl.close();
});
```

このプログラムを試しに実行してみましょう。すると「文字列を入力してください:」と表示されるので、好きな文字列を入力して Enter キーを押してください。たとえばfoobarと入力すると、console.logによりfoobar が入力されましたと表示されてプログラムが終了します。細かい説明は省きますが、ユーザーが文字列を入力すると変数lineにその文字列が代入された状態で// 文字列が入力されるとここが実行されるの部分が実行されるということがわかれば今は問題ありません。

foobarと入力した場合の出力例

```
文字列を入力してください:foobar
foobar が入力されました
```

ところで、ユーザーに数値を入力してもらって、それに1000を足した結果を表示するというプログラムを書いてみたいとしましょう。適当に書いてみるとこんな感じになりそうです（準備部分は前と同じなので省略しています）。

```
rl.question('数値を入力してください:', (line) => {
  // 1000を足して出力
```

注20　本書では触れませんが、DOMを扱う場合は逆にnullをよく目にすることになります。状況に応じて使い分けましょう。

```
  console.log(line + 1000);
  rl.close();
});
```

ところが、これを実行しても期待した結果にはなりません。たとえば、1234と入力すると結果として12341000と表示されます。その理由は**lineが文字列だから**です。

ユーザーはどんな内容を入力するかわからないので、任意の内容を表すことができるように入力内容は文字列で取得されます。よって、ユーザーが1234と入力したとき変数lineに入っていたのは"1234"という文字列だったのです。また、+についてはまだしっかりと解説していませんでしたが、これまでの例から察せられるように+は文字列の連結にも使用できます。今回+の左にあるlineが文字列だったために、+が文字列の連結であると解釈され、line + 1000は"1234"と"1000"を文字列として連結した結果である"12341000"となったのです。これがconsole.logによって12341000と表示された理由です。

練習として、line + 1000の結果が文字列となったことを自分でも確かめてみましょう。1つの方法は、次のように一度変数に入れることです。

```
const result = line + 1000;
console.log(result);
rl.close();
```

そして、お使いのエディタでマウスカーソルをresultに乗せてみてください[注21]。すると、const result: stringと表示されるでしょう（**図2-1**）。これは、TypeScriptによって変数resultはstring型を持つと判断されているということを意味しています。実はこのように、result: stringのような明示的な型注釈がない場合にもTypeScriptは変数の型を自動的に判断してくれます。この機能を**型推論**と言います。今回の場合、lineが文字列なのでline + 1000の結果が文字列（string型）となることをTypeScriptが見抜いたことになります。

図2-1　VS Code上で変数resultの型が表示されるところ

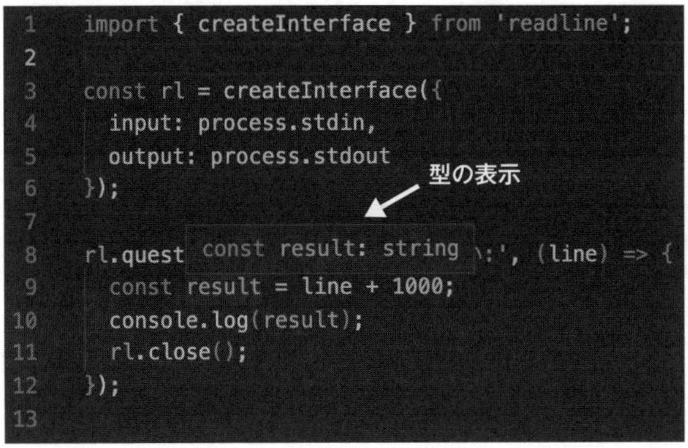

ここで、+の右は1000という数値なのに文字列として連結されていることに疑問を持った読者の方がいるかもしれません。まさにここが今回のポイントです。このように、+では実際にある型と必要な型が違う場合には自動的に値の変換が行われます。今回の場合は数値から文字列への変換が行われ、1000という数値が

注21　マウスカーソルの概念がないエディタをお使いの方は適宜代わりの操作を行ってください。

"1000"という文字列になったのです。これは、プログラムに明示的に変換しろと書いてあるわけでもないのに変換されることから、**暗黙の変換**と呼ばれます。これがプリミティブの変換の最初の例です。

変換の方法については、数値から文字列への変換の場合はこのように単純です。数値が10進数で表した文字列に変換されるだけですね。次の項ではほかの変換も登場します。

2.3.10 プリミティブ型同士の変換（2）明示的な変換を行う

前項のサンプルでは、lineが文字列型だったためにline + 1000が数値計算ではなく文字列の連結として処理されてしまいました。これを数値計算とするにはどうすればよいのでしょうか。そう、lineを文字列から数値に変換すればよいのです。これについてもいくつか方法がありますが、まずは最も簡単な方法を紹介します。それは**Number関数**を使う方法です。

Number関数は、引数で与えられた値を何でも数値に変換してしまう関数です。名前の最初が大文字になっている点が少し特徴的なので注意しましょう[注22]。これを用いて先のサンプルを修正すると、以下のようになります（全体をもう一度再掲します）。

```
import { createInterface } from 'readline';

const rl = createInterface({
  input: process.stdin,
  output: process.stdout
});

rl.question('数値を入力してください:', (line) => {
  const num = Number(line);
  // 1000を足して出力
  console.log(num + 1000);
  rl.close();
});
```

次の出力例は、このプログラムに1234と入力した場合を示しています。今回はlineに入った"1234"がNumber関数によって1234という数値になっています。その証拠に、変数numの型を調べるとnumber型と表示されます。これにより、入力された数値に1000を足すプログラムを正しく書くことができました。

```
数値を入力してください:1234
2234
```

なお、数値への変換を扱う際にはNaNに注意しなければいけません。NaNは数値型の特殊な値であり、数値が必要な場面で数値が得られなかった場合に出現します。文字列から数値への変換において、数値として解釈できないような文字列が与えられた場合というのもそのひとつです。たとえば今回のプログラムにfoobarという文字列を入力した場合はNumber(line)の結果（返り値）がNaNになります。また、数値計算においてNaNが絡む計算の結果はNaNになるので、NaN + 1000はNaNです。よって、console.logで表示されるのはNaNとなります。実際のプログラムでは、NaNが得られた場合にどうするかということも考えなければいけないでしょう。

注22　関数の名前の最初を大文字にするのはTypeScriptにおける主流な慣習ではありませんが、コンストラクタ（あるいはクラス）の場合は最初を大文字にする習慣があります。Numberは普通の関数としてもコンストラクタとしても使用できる関数であるため最初が大文字になっています。ここではNumberは普通の関数として使われています。実際のところ、Numberのコンストラクタとしての側面が使われることはほぼありません。

foobarと入力した場合の出力例

```
数値を入力してください:foobar
NaN
```

ちなみに、文字列以外の値も数値に変換できます。真偽値については、trueが1に、falseが0になります。また、nullは0に、undefinedはNaNになります。真偽値については覚えておくと意外と役に立ちますが、nullとかundefinedをこれらの挙動に頼って数値に変換するのはわかりにくくなるのでやめたほうがよいでしょう。時間がある方はNumberを使って実際に試してみましょう。


```
const num1 = Number(true);
console.log(num1); // 1 と表示される

const num2 = Number(false);
console.log(num2); // 0 と表示される

const num3 = Number(null);
console.log(num3); // 0 と表示される

const num4 = Number(undefined);
console.log(num4); // NaN と表示される
```

その他の変換もざっと眺めてみましょう。数値への変換はNumber関数を用いましたが、文字列への変換にはString関数を、そして真偽値への変換はBoolean関数を使います。また、BigIntへの変換にはBigInt関数を使います。

BigIntへの変換も次のように、数値・文字列・真偽値などから可能です。改めての注意になりますが、数値(number)とBigIntは別物なので注意しましょう。

```
const bigint1 = BigInt("1234");
console.log(bigint1); // 1234n と表示される

const bigint2 = BigInt(500);
console.log(bigint2); // 500n と表示される

const bigint3 = BigInt(true);
console.log(bigint3); // 1n と表示される
```

ただし、BigIntにはNaNに相当する値がないため注意が必要です。BigInt("foooooo")とかBigInt(NaN)のように、数値を表しておらずBigIntへの変換が不可能な値が渡された場合の挙動はランタイムエラーとなります[注23]。BigInt(1.5)のように小数を渡した場合もやはりランタイムエラーとなりますので注意が必要です。ランタイムエラーという概念は初めて登場しましたが、これはいわゆる「例外」です。詳しくは第5章で学習しますが、これが発生した場合はtry-catch文(➡5.5)でハンドリングしないとプログラムが強制終了してしまいますので、とくに避けなければいけません。せっかくなので、ランタイムエラーを発生させてみましょう。

```
const bigint = BigInt("foooooo");

console.log("bigint is ", bigint);
```

注23 逆に言えば、Numberの場合は変換不可能な場合の結果を全部NaNにしてしまうことでランタイムエラーを回避しているとも言えます。

これはコンパイルに成功しますが、実行すると次のように表示されます。

```
const bigint = BigInt("foooooo");
               ^

SyntaxError: Cannot convert foooooo to a BigInt
```

これはBigInt("foooooo")の部分でSyntaxErrorというランタイムエラーが発生したことを意味しています。エラーメッセージは「foooooo はBigIntに変換できません」という意味です。

ランタイムエラーが発生した場合はプログラムはそこで中断されますから、次のconsole.logは実行されません。

次にStringの場合です。文字列への変換は極めて単純です。ほぼすべての値はString関数で文字列に変換できます。

```
// 数値から文字列へ
const str1 = String(1234.5); // "1234.5" という文字列になる
console.log(str1); // "1234.5" と表示される

// 真偽値から文字列へ
const str2 = String(true); // "true" という文字列になる
console.log(str2); // "true" と表示される

// nullやundefinedも文字列に変換可能
const str3 = String(null); // "null" という文字列になる
const str4 = String(undefined); // "undefined" という文字列になる
console.log(str3, str4); // "null undefined" と表示される
```

最後に、真偽値への変換については少し興味深い仕様となっています。真偽値はtrueとfalseの2種類しかありませんから、どんな値も真偽値に変換するとそのどちらかになります。その規則は**表2-1**のようになっています。表からわかるようにほとんどの値はtrueになりますが、一部falseとなる値があります。具体的には0、0n、NaN、""、そしてnullとundefinedです。

表2-1　真偽値への型変換の規則

型	真偽値への変換結果
数値	0とNaNがfalseになり、ほかはtrueになる
BigInt	0nがfalseになり、ほかはtrueになる
文字列	空文字列("")だけがfalseになり、ほかはtrueになる
null・undefined	falseになる
オブジェクト(➡3.1)	すべてtrueになる

この変換規則はあとに説明する条件分岐(➡2.4.7、2.5.1)にも関わるものですから、覚えておいて損はありません。

真偽値への型変換の例

```
console.log(Boolean(123)); // true と表示される
console.log(Boolean(0)); // false と表示される
console.log(Boolean(1n)); // true と表示される
console.log(Boolean(0n)); // false と表示される
console.log(Boolean("")); // false と表示される
console.log(Boolean("foobar")); // true と表示される
console.log(Boolean(null)); // false と表示される
console.log(Boolean(undefined)); // false と表示される
```


2.4 演算子

本節では、**演算子**(operator)を用いてさまざまな計算を行う方法を説明します。これまではTypeScriptにおける値の種類やリテラルの使い方が中心で、それらを使って計算を行う方法はあまり出てきませんでした。ここからはもう少しプログラムらしいプログラムを書けるようになっていきます。

演算子は、**式**を作るために用いられる記号です[注24]。2.1.2でも述べたように、プログラムの実際の計算を行うのは式です。ゆえに、プログラムを書くためには演算子を使いこなすのが必須なのです。

演算子は、式を組み合わせて新たな式を作る構文です。たとえば、`x + 1`というのは`+`演算子を用いて作った式ですが、これは`x`という式と`1`という式を`+`でつなげることで得られるものです。もちろん、もっと複雑な式を作ることも可能です。たとえば`x * y + 1`ならば、`x * y`という式と`1`という式を`+`でつなげたものになります。さらに、`x * y`も`*`演算子によって`x`と`y`から作られた式です。こうして得られた式は式を書ける場所ならどこでも使用可能で、たとえば`const foo = x * y + 1;`のように使うことができます。

なお、演算子の構成要素となっている式のことを**オペランド**と呼びます。たとえば`x + 1`は2つのオペランドを持ち、それぞれ`x`と`1`です。

2.4.1 算術演算子(1)二項演算子

最初に解説するのは**算術演算子**です。算術演算子とは、数値的な計算を行うための演算子です。これまでに出てきた`+`も、足し算を行う演算子なのでここに分類されます。

どの演算子を算術演算子と呼ぶのかについては諸説ありますが、本書では10種類の演算子を算術演算子に分類します。そのうち、**二項演算子**が6種類、**単項演算子**が4種類あります。二項演算子とは<u>式1</u> `+` <u>式2</u>のように2つの式をつなげて新たな式を構成する演算子(言い換えればオペランドが2つある演算子)であり、単項演算子とは`-`<u>式</u>のように1つの式に付与して新たな式を構成する演算子(オペランドが1つの演算子)です。

二項演算子である算術演算子は、`+`, `-`, `*`, `/`, `%`, `**`の6種類です。意味はそれぞれ加算、減算、乗算、除算、剰余、冪乗です。これらの演算子はたいていのプログラミング言語に存在しますから、お馴染みという読者のほうが多いでしょう。`%`と`**`については、言語によっては異なる記号が与えられているかもしれません。そして、これらは算術演算子ですから、オペランドは数値(`number`型または`bigint`型)でなければいけません[注25]。こ

注24 実際には記号ではない演算子も少し存在します(typeof演算子など)。そのような演算子は予約語となっています。
注25 すでに出てきているとおり、+は文字列の連結にも使用できるため例外です(➡2.4.3)。

れらの演算子の例を以下に示しています。数値（number型）の場合は小数もサポートされますが、bigintの場合は整数のみが扱われるため、除算で割り切れない場合などは切り捨てられます。

算術演算子の例

```
const addResult = 1024 + 314 + 500;
console.log(addResult); // 1838 と表示される
const discounted = addResult * 0.7;
console.log(discounted); // 1286.6 と表示される

const sqrt2 = 2 ** 0.5;
console.log(sqrt2);      // 1.4142135623730951 と表示される
console.log(sqrt2 - 1); // 0.41421356237309515 と表示される

console.log(18 / 12);   // 1.5 と表示される
console.log(18n / 12n); // 1n と表示される
console.log(18 % 12);   // 6 と表示される
console.log(18n % 12n); // 6n と表示される
```

このように、算術演算子には返り値があります。返り値は、オペランドがnumber型ならばnumber型となり、オペランドがbigint型ならばbigint型となります。通常の数値とBigIntのどちらに対しても使用することができますが、3 + 4nのように混ぜて使うことはできず、コンパイルエラーとなります。

```
// res1の型はnumber型
const res1 = 5 - 1.86;
// res2の型はbigint型
const res2 = 2n ** 5n;
```

当然ながら、数値以外の式を算術演算子のオペランドとして使用した場合、次のようにコンパイルエラーとなります。エラーメッセージを読むと「算術演算の右側の型はany, number, bigintまたはenum型でなければいけない」と書かれています。anyとenumについては置いておきますが[注26]、算術演算子にはnumberやbigintのような数値を渡さなければいけないことがコンパイルエラーから読み取れるようになっています。

```
const str: string = '123';
// error TS2363: The right-hand side of an arithmetic operation must be of type 'any', 'number',
'bigint' or an enum type.
console.log(123 * str);
```

また、演算子には優先順位が存在します（➡付録1）。複数の演算子が登場する複雑な式は優先順位に従って解釈され、優先順位の高い演算子のほうが先に計算されます[注27]。たとえば、1 + 2 * 3という式は1 + (2 * 3)と解釈されるので結果は7となります。今回出てきた演算子においては、**が一番優先度が高く、その次が*, /, %の3種類、そして最後が+と-です。

同じ優先順位の演算子については左のものが優先されます[注28]。たとえば、x - y - zはx - (y - z)ではなく(x - y) - zと同じになります。このことはたとえば次のような例で確かめられます。確かに5 - 3 - 1が

注26　anyは第6章で学習します。enumは現在ではあまり使われないため、本書の範囲外です。

注27　厳密には、演算子の優先順位は構文解析時に処理されるため、「先に計算」というよりは「括弧を補う」というほうがより実態に近い考え方です。

注28　これはどの演算子にも共通の挙動ではなく、演算子によっては同じ優先順位の場合に右が優先されるものもあるので注意しましょう。算術演算子のように、同じ優先順位のときに左が優先されるものを左結合の演算子と呼びます。

5 - (3 - 1)ではなく(5 - 3) - 1と計算されていますね。

```
console.log(5 - 3 - 1);   // 1 と表示される
console.log((5 - 3) - 1); // 1 と表示される
console.log(5 - (3 - 1)); // 3 と表示される
```

以上が算術演算子のうち、オペランドを2つ取るものの説明でした。これらはとくに難しいところがありませんでしたね。

2.4.2 算術演算子 (2) 単項演算子

TypeScriptにはいろいろな単項演算子がありますが、そのうち算術演算子に属するものは4種類です。すなわち、+, -, ++, -- です。+と-はさっきも出てきたじゃないかと思われるかもしれませんが、この2つは二項演算子としても単項演算子としても使用可能なのです。

-に関しては、-式のように式の前に付加して使う単項演算子です。この演算子は値の正負を反転させた値を計算します。たとえば変数xに123が入っていた場合、-xという式の値は-123となります。x * -1と書くこともできますが、-xのほうがシンプルで見やすいですね。-xは、xがnumber型ならnumber型に、xがbigint型ならbigint型になります。

```
const x = 123;
const minusx = -x; // minusxはnumber型
console.log(minusx); // -123 と表示される
```

また、実は-1のような負の数値をプログラムで書くときは、これは1という数値リテラルに-という単項演算子がついたものになっています。-1で1つの数値リテラルかと思いきや、実はそうではないのです。この意味でも、-は日ごろからたいへんお世話になる演算子です。

一方+という単項演算子ですが、これはとくに何もしない演算子です。与えられた数値をそのまま返します。-との対称性のために用意されていると思われますが、何もしてくれないため計算のために使うことはないでしょう。

ただ、一点だけ使い道があります。単項の+と-は数値以外の値もオペランドとして受け取ることができ、その場合それを数値に変換してから計算します。+の場合は数値に変換後の計算がありませんので、実質的に「数値に変換するだけ」の演算子となります。次の例ではstrはstring型の変数ですが、+単項演算子を使って+strとすることでこれを数値123に変換しています。よって、+str * 100という式で12300という結果を得ることができます。文字列を数値に変換する方法としてはNumber(str)という方法を以前紹介しましたが、+strのほうが短く書くことができるため、こちらを好む人もいるようです（Numberのほうがわかりやすいため、筆者はNumberをお勧めしますが）。

```
const str: string = '123';
console.log(+str * 100); // 12300が表示される
```

残る++と--は、インクリメント・デクリメントの演算子です。これらはどちらも単項演算子ですが、式の前にも後ろにもつけられるという特徴を持ちます。また、どんな式に対してもつけられるのではなく、変数（またはオブジェクトのプロパティ➡3.1）のみにつけることができます。

インクリメント・デクリメントは、変数の中身を1増やしたり1減らしたりする操作です。以下の例では、変数fooの値を増やしたり減らしたりしています。変数fooの中身が変動する（fooに再代入される）ため、このようにletで宣言された変数にしか使用できません。

```
let foo = 10;
foo++;
console.log(foo); // 11 が表示される
--foo;
console.log(foo); // 10 が表示される
```

上の例ではこれらの演算子は式文で使われ、計算結果（返り値）が無視されています。このように、インクリメント・デクリメント演算子は**副作用**のために使われることが多い演算子です。副作用とは、返り値を返す以外に発生する影響のことです。インクリメント・デクリメント演算子の場合、使用された時点で変数の値が書き変わるという副作用があります。しかし、これらの演算子も式である以上、返り値が存在します。具体的には、++や--を後ろにつけた場合は「変動前の変数の中身」が、前につけた場合は「変動後の変数の中身」が返ってきます。

```
let foo = 10;
console.log(++foo); // 変動後の値 11 が表示される
console.log(foo--); // 変動前の値 11 が表示される
```

とはいえ、インクリメント・デクリメントの返り値をこのように利用するのはプログラムの可読性を下げがちです。foo++;のように式文で使う機会のほうが多いでしょう。

2.4.3 文字列の結合を＋演算子で行う

+演算子は、これまで説明したように数値の加算を表す算術演算子です。しかし、+演算子はもう1つの側面を持っています。それが文字列の連結です。

例として、ユーザーが名前を入力したら挨拶をするという、いかにもプログラミング入門書らしいサンプルを作ってみました。ユーザーの入力を受け取る部分は2.3.9に出てきたものを再利用します。

```
import { createInterface } from 'readline';

const rl = createInterface({
  input: process.stdin,
  output: process.stdout
});

rl.question('名前を入力してください:', (name) => {
  console.log("こんにちは、" + name + "さん");
  rl.close();
});
```

このプログラムを実行してuhyoと入力すれば、**こんにちは、uhyoさん**と出力されます。この文字列は"こんにちは、" + name + "さん"という式によって作られたものです。見てのとおり、この式には+演算子が2回使われており、オペランドはいずれも文字列です。

この用途があるため、+のオペランドとして文字列が渡されてもコンパイルエラーにはなりません。それどころか、片方が文字列であれば、もう片方はどんな値でも渡すことができます。このとき、文字列以外の値は文字列に変換（➡2.3.10）されてから結合されます。文字列結合の結果は当然ながら文字列ですから、片方のオペランドがstring型ならば+の式の返り値もstring型となります。

文字列の連結時に文字列に変換される例

```
console.log("foo" + true); // "footrue" と表示される
console.log(null + "bar"); // "nullbar" と表示される
```

+演算子にはこのような使い道がありますが、近年はこのような利用は減少傾向にあります。それは、テンプレートリテラル（➡2.3.5）がES2015で登場したからです。テンプレートリテラルを用いることで上記の式は`こんにちは、${name}さん`と書き換えることができ、こちらのほうが文字列の全体像が見えやすく直感的です。これにより、文字列の連結にわざわざ+を使用する機会が減少しているのです。

2.4.4 比較演算子と等価演算子

次に解説するのは**比較演算子**と**等価演算子**です。これらはその名のとおり2つの値を比較するという計算を行う演算子です。比較演算子は値の大小の比較を行う演算子で、<, >, <=, >=の4つです[注29]。等価演算子は値の一致判定を行う演算子で、==, !=, ===, !==の4つです。比較演算子および等価演算子の返り値は必ず真偽値（boolean型）です。比較の結果が正しい（真）なら返り値はtrueに、正しくない（偽）なら返り値はfalseとなります。

大小比較の4つについては、見ただけで理解したという読者も多いでしょう。x < yという式は、xがyよりも小さければtrueになり、そうでなければfalseになります。また、x <= yはxがy以下ならばtrueに、そうでなければfalseになります。>と>=についても向きが逆になっただけで同様です。次のようなコードで確かめてみましょう。

大小比較の例

```
const left1 = -5, right1 = 0;
console.log(left1 < right1); // true と表示される

const left2 = 100n, right2 = 50n;
console.log(left2 >= right2); // true と表示される

const left3 = -10, right3 = 0;
console.log(left3 > right3); // false と表示される

const left4 = 12n, right4 = 8n;
console.log(left4 <= right4); // false と表示される
```

ほとんどの場合、大小比較の演算子は数値の大小比較に使われます。ただし、実は文字列に対しても大小比較を行うことができます。その場合、各文字のコードユニットを要素とする辞書順で文字列が比較されます。この目的で比較演算子を用いるコードは非常に珍しく、出会うのは数年に1回かもしれませんが、頭の片隅にとどめておいて損はないでしょう。

注29　ECMAScript仕様書によれば、この4つに加えてinstanceof, inの2種類を加えた6つが比較演算子（relational operators）とされています。しかし、前者の4つとこの2つは性質が大きく異なるため、本書ではこの2つは比較演算子に含めず、これらは別の機会に説明します。

文字列の大小比較の例

```
// true が表示される(aはoよりもコードポイントが小さいため)
console.log("apple" < "orange");
```

次に、**一致判定**を行う演算子に目を向けましょう。一致判定には==と===の2種類があります(=の数に注意しましょう)。!=と!==はそれぞれの否定形です。まず===を説明すると、x === yはxとyが等しい(一致する)ならばtrueになり、等しくないならばfalseになります。!==はその逆であり、x !== yはxとyが等しくないならtrueに、等しいならfalseになります。===や!==はどんな値に対しても使うことができます。文字列・数値・真偽値などはもちろん、nullやundefinedなども一致判定の対象にできます。

一致判定の例[注30]

```
const left: number = 1;
const right: number = 2;

console.log(left === right); // false が表示される
console.log(left !== right); // true が表示される
```

===はとてもよく使われるので、もう少し複雑な例も見てみましょう。前節で出てきた例を再び流用して、今度はユーザーにパスワードを入力してもらいます。まだ解説していませんが、少し先取りしてif文(➡2.5.1)を使っています。

```
import { createInterface } from 'readline';

const rl = createInterface({
  input: process.stdin,
  output: process.stdout
});

rl.question('パスワードを入力してください:', (password) => {
  if (password === 'hogehoge') {
    console.log('ようこそ！');
  } else {
    console.log('誰？');
  }
  rl.close();
});
```

このサンプルでは、hogehogeと入力すると「ようこそ！」と表示され、それ以外を入力すると「誰？」と表示されます。この条件を言い換えると「入力された文字列(変数password)が'hogehoge'という文字列と一致する」ということになりますから、password === 'hogehoge'という式で判定できます。この式は変数passwordの中身が'hogehoge'という文字列ならばtrueを返し、そうでなければfalseを返します。お察しのとおり、if文は( )で与えられた式がtrueなら直後のブロックの中を実行し、そうでなければelseのあとを実行します。これにより、パスワードが正しいかどうかでプログラムを分岐させることができました[注31]。

注30　これらの例で変数left・rightに型注釈をつけているのは、そうしないとリテラル型(➡6.2)の働きにより「1と2は明らかに違うからわざわざ比較するな」という旨のコンパイルエラーが出るからです。これはうれしいことですが、今回は===や!==の解説が目的なのでコンパイルエラーを避けるために型注釈をつけています。

注31　余談ですが、実際にはこんなプログラムを書いてはいけません。正解のパスワードがプログラム中に直接書かれていて===で比較するなんて、セキュリティも何もあったものではありません。

===を説明したので次に==の説明……といきたいところですが、実は、**==と!=は基本的に使うべきではありません**。==が必要な場面はまれであり、ほとんどの場合===を使うほうが適しています。その理由は===のほうがより厳密な一致判定を行ってくれるからです。というのも、実は==は異なる型の間の比較を行った場合、暗黙の型変換を行ってから両者を比較するためtrueになることがあります。一方、===は両オペランドの型が異なる場合は常に結果がfalseになります。たとえば、文字列と数値を==で比較すると次の例のように結果がtrueとなることがあります注32。

==と===の違い

```
const str: any = "3";

// true が表示される（文字列が数値に変換されるので）
console.log(str == 3);

// false が表示される（異なる型である文字列と数値を比較しているので）
console.log(str === 3);
```

これ以上の詳細は本書のレベルを超えるので省きますが、とにかく==とその否定形である!=は使わない、と覚えておけば間違いありません。

ただし、==を使用してもよい場面が1つだけあります。それはx == nullという比較を行う場合です注33。x == nullは「xがnullまたはundefinedである」という意味の比較になります。nullとundefinedはどちらもデータがないことを表す似た値であり、両者を一緒くたに扱いたいという場面は多くありますから、その場合の便利な記法として== nullを利用することができます。一方、「nullはいいけどundefinedはだめ」という厳密な比較を行いたい場合は===を使ってx === nullのようにします。x == nullは次項で解説する||を用いてx === null || x === undefinedと書くこともできますが注34、x == nullのほうが短いためこちらが好まれる場合もあります。

コラム 5 比較演算とNaN

数値型（number型）にはNaNという特殊な値が存在することは、すでに説明したとおりです（➡2.3.10）。このNaNはIEEE 754（➡本章のコラム4）に由来する概念で、数値型に属するにもかかわらず数値を表さないという不思議な値でした。NaNは、比較演算子や等価演算子と併用する際にも注意が必要です。

というのも、比較演算子や等価演算子を数値に対して用いる場合、そのどちらかのオペランドにNaNが与えられたときは**常にfalseを返す**という挙動をとります。たとえば、xにNaNが入っているならば、x < 100もx === 100もx > 100もすべてがfalseを返します。それどころか、x === NaNですらfalseになります。このように、NaNに対しては比較演算子が通用しません。比較演算子が変な挙動をしている場合はNaNの発生を疑うというのは定石のひとつです。

なお、x === NaNですらfalseになってしまうということは、普通に===を使ってもxがNaNかどうか判定できな

注32 any型（➡6.6.1）が使用されていますが、これは===の最初の例と同様に異なる型を比較する際のコンパイルエラーを抑制するためです。逆に言えば、普段は異なる型の比較はコンパイルエラーにより防がれるので、==を使う意味のある場面は非常に少なくなっています。

注33 実際には、これはチームの方針によります。考え方によっては、この場合も含めて==の使用を完全に禁止することもあります。

注34 厳密には、x == nullとx === null || x === undefinedはまったく同じではありません（document.allに対する扱いが異なります）が、document.allはすでに使われなくなっているので気にかける必要はありません。

いということを意味しています。NaNかどうか判定するための代替の方法はいくつかありますが、簡単な方法はNumber.isNaN関数を使う方法です。これは引数としてnumber型の値を受け取り、返り値はboolean型です。与えられた値がNaNならばtrueを返し、それ以外の場合の返り値はfalseです。この関数を用いれば、Number.isNaN(x)とすることでxがNaNかどうかを判定可能です。

2.4.5 論理演算子（1）真偽値の演算

次に解説するのは**論理演算子**です。論理演算子は比較演算子・等価演算子や条件分岐と一緒に使われることが多い演算子で、最も基本的な使い方は真偽値の計算です。

まず最初に&&と||の2種類を紹介します。日本語で言えばこれらは**論理積演算子**と**論理和演算子**です。意味を簡単に述べるならば、&&は「かつ」、||は「または」に相当します。真偽値はtrueとfalseの2種類があり、trueが「真」、falseが「偽」の意味を持つことはすでにご存知のとおりですが、&&は両辺が真のときのみ結果が真となります。つまり、x && yが真となるのはxが真“かつ”yが真のときです。同様に、x || yはxが真“または”yが真のときです。

真偽値の計算の場合を具体的に見てみましょう。&&も||も二項演算子です。x && yという式がtrueを返すのは、xもyも真であるとき、すなわちxもyもtrueであるときのみです。false && trueやtrue && false、そしてfalse && falseといった式の結果はfalseとなります。一方、x || yについては、xまたはyのどちらか一方がtrueならx || yの結果もtrueになります。falseとなるのはfalse || falseの場合だけです。一応実際のコードで確かめてみましょう。

```
const t = true, f = false;

console.log(t && t); // true と表示される
console.log(t && f); // false と表示される
console.log(f && f); // false と表示される

console.log(t || t); // true と表示される
console.log(t || f); // true と表示される
console.log(f || f); // false と表示される
```

比較演算子や等価演算子（➡2.4.4）は結果を真偽値で返しますから、複数の条件について「両方が満たされる」とか「どちらか一方が満たされる」という条件を記述したい場合に論理演算子が有用です。たとえば、「xが0以上100未満である」という条件を表す真偽値を得たければ、0 <= x && x < 100と書けます。

せっかくなので、入力された数値が0以上100未満であるかどうか判定するプログラムを書いてみましょう。

```
import { createInterface } from 'readline';

const rl = createInterface({
  input: process.stdin,
  output: process.stdout
});

rl.question('数値を入力してください:', (line) => {
  const num = Number(line);
```

```
  if (0 <= num && num < 100) {
    console.log(`${num}は0以上100未満です`)
  } else {
    console.log(`${num}は0以上100未満ではありません`)
  }
  rl.close();
});
```


次に、!演算子を説明します。これは!式という形で使う単項演算子で、真偽値を逆転させるという計算を行います。つまり、式がtrueなら!式はfalseになり、式がfalseなら!式はtrueになります。

たいへん単純な効果ですが、!演算子を利用する頻度は高めです。とくに、ある真偽値がfalseのときのみif文で処理を行いたいというケースでは、if (!真偽値) { ... }という文を書くことになるでしょう。コラム5ではNumber.isNaNを紹介しましたが、たとえば数値numがNaNでないときのみ処理を行いたい場合は次のように書くことができます。

```
if (!Number.isNaN(num)) {
  console.log(num, "はNaNではありません");
}
```

2.4.6 論理演算子（2）一般形と短絡評価

これまでは真偽値に対する演算として&&や||、そして!を説明しましたが、実はこれらの演算子は真偽値以外にもあらゆる型のオペランドに対して使うことができます。!については、オペランドを真偽値に変換した結果をさらに反転させるという挙動をします。たとえば、123を真偽値に変換した結果はtrueなので、!123はfalseになります。nullを真偽値に変換した結果はfalseなので、!nullはtrueになります。

このことを応用して、たまに!!式のような書き方がされることがあります。これは!!という演算子があるのではなく、!(!式)という意味です。すなわち、式に対して!を2回適用した結果です。真偽値は2回反転するともとに戻りますから、!!式は式を真偽値に変換した結果と一致します。値を真偽値に変換する方法は2.3.10ですでに説明したとおりで、Boolean(式)という方法が標準的です。しかし、それよりも短いという理由で!!式という方法が使われることがあるのです。これを積極的に使うべきかどうかは賛否両論がありますが、見ても驚かないようにしましょう。次の例は文字列を!!式で真偽値に変換している例です。たとえば!!input1はinput1が空文字列でなければtrueに、空文字列ならfalseになります。

!!式の実用例

```
const input1 = "123", input2 = "";

const input1isNotEmpty = !!input1;
console.log(input1isNotEmpty); // true と表示される
const input2isNotEmpty = !!input2;
console.log(input2isNotEmpty); // false と表示される
```

&&と||についても、真偽値以外を扱えるという点は同じです。その場合、「左側のオペランドを真偽値に変換した結果」に応じた動作をします。&&がx && yという形で使われた場合、xを真偽値に変換した結果がfalseならばxを返し、trueならばyを返します。たとえば"foo"を真偽値に変換した結果はtrueなので、

"foo" && "bar"は"bar"になります。また、0を真偽値に変換した結果はfalseなので、0 && 123は0になります。

一方x || yについては、xを真偽値に変換した結果がtrueならばxを返し、falseならばyを返します。たとえば"foo" || "bar"は"foo"に、0 || 123は123になります。とくにこの||については「デフォルト値」を簡単に書く手法として広く使われています。

例として、2.4.3に出てきたサンプルを少し改良してみます。次の例では、ユーザーが何も入力せずにEnterキーを入力した場合は「名無し」という名前が表示されるようにしました。

```
import { createInterface } from 'readline';

const rl = createInterface({
  input: process.stdin,
  output: process.stdout
});

rl.question('名前を入力してください:', (name) => {
  const displayName = name || "名無し";
  console.log(`こんにちは、${displayName}さん`);
  rl.close();
});
```

このサンプルのポイントはname || "名無し"という式です。ユーザーが何も入力しなかった場合はnameは""になり、空文字列は真偽値に変換するとfalseになるためname || "名無し"は"名無し"を返します。一方、ユーザーが何かを入力していた場合はnameを真偽値に変換するとtrueになります。その場合name || "名無し"はnameを返し、ユーザーが入力した名前が表示されることになります。論理演算子のこのような用法は頻出ですから覚えておきましょう。

なお、このようにさまざまなオペランドを取れるという性質から、&&や||の返り値の型はオペランドの型によって変わります。たとえば、直前のサンプルのdisplayNameは、||の両オペランドが文字列であることからstring型となります。また、左オペランドと右オペランドが異なる型でもかまいません。本書で扱うのはしばらく先になりますが、そのような場合はユニオン型（➡6.1）が得られます。

&&と||のもう1つの顕著な特徴は**短絡評価**です。これは、これらの演算子が左側の値を返す場合、右側は**評価**すらされないという意味です。評価（evaluation）とは、式の値を実際に計算することです。とくに、関数呼び出しの式の場合はその式が実際に評価されたタイミングで関数呼び出しが行われます。短絡評価は、関数呼び出しの処理が不要な場合には行いたくないという場合に有用です。たとえば、上のサンプルを一部改変して次のような場合を考えます。

```
const displayName = name || getDefaultName();
```

この例では、||の短絡評価機能により、nameが偽（真偽値に変換するとfalse）だった場合にのみgetDefaultName()の評価が行われます。すなわち、関数getDefaultNameが呼び出されるのはnameが偽だった場合のみです。必要のない処理はなるべく行わないほうがよいので、論理演算子にはこのような短絡評価の機能が備わっています。

最後に、3個目の論理演算子、??を紹介します。これはつい最近、ES2020で追加された最新鋭の演算子です。

これもx ?? yという形で使う二項演算子で、xがnullまたはundefinedのときのみyを返し、それ以外のときはxを返すという働きをします。短絡評価の機能は??にも備わっています。

nullとundefinedの2種類の値は「データがない」ことを表すのに特化したプリミティブです。そのため、??は「データがない場合は代替の値を使う」というシチュエーションに極めて適しています。その挙動は||とよく似ていますが、||は空文字列や0、falseなどの値も"ない"ものとして扱う点が??と異なっています。「データがない」状況と「空文字列がある」状況を区別したいような場合には||よりも??が適しています。

たとえば、Node.jsでは環境変数をprocess.env.環境変数名で文字列として取得することができますが、その名前の環境変数が与えられていない場合はundefinedが得られます注35。環境変数が与えられなかった場合はデフォルトの値を使いたいという場合に??が使えます。次のプログラムで試してみましょう。

```
// 環境変数SECRETを取得。ただし存在しなければ"default"を用いる
const secret = process.env.SECRET ?? "default";

console.log(`secretは${secret}です`);
```

このプログラムは環境変数SECRETを読み込んで表示しますが、与えられなかった場合は"default"を用います。このプログラムに環境変数を渡すには、コンパイルしてdist/index.jsを得てから端末から次のようなコマンドで実行します。要は、普段のコマンドの前にSECRET=中身を付け足します注36。

```
$ SECRET=foo node dist/index.js
```

このように実行すると環境変数SECRETにfooが入るため、このプログラムはsecretはfooですと表示します。一方、普段どおりnode dist/index.jsと実行すると、環境変数SECRETが存在しないためprocess.env.SECRETはundefinedになります。よって、??演算子の効果でsecretは"default"になり、プログラムの結果はsecretはdefaultですとなります。

また、環境変数SECRETに空文字列を入れてみましょう。これはSECRET= node dist/index.jsというコマンドで可能です。こうすると、プログラムの表示はsecretはですとなり、変数secretに空文字列が入ったことがわかります。ここが||との違いです。"" || vはvでしたが、"" ?? vは""になるのです。

なお、先ほどのユーザー名入力の例のように、「空文字列の場合は代替データを使う」という操作の需要もあります。よって、一概にすべての場合で??を使えばよいというものではありません。扱うデータの性質に合わせて||と??を使い分けましょう。

2.4.7 条件演算子

条件演算子は、条件分岐を記述するための演算子です。条件分岐といえばすでに何度か登場しているif文が思い浮かぶかと思いますが、if文は文であるのに対してこちらは式であるという違いがあります。条件演算子はTypeScriptで3つのオペランドを持つ唯一の演算子であることから、三項演算子と呼ばれることもあります。

条件演算子は条件式 ? 真のときの式 : 偽のときの式という形の式を作ります。?の前の式、すなわち条件式が真（true）ならばこの式の結果は真のときの式になり、そうでなければ偽のときの式になります。具体例

注35 これは実は、process.envが環境変数を集めたオブジェクトであり、オブジェクトの存在しないプロパティにアクセスするとundefinedになるためです。オブジェクトについては第3章で扱いますから、今は深く考えなくても大丈夫です。

注36 WindowsでWSLを使用していない場合はこの方法（POSIX準拠の方法）が使用できません。代わりにsetコマンド（cmdの場合）や$env:SECRET（PowerShellの場合）などを事前に使用してSECRET環境変数を設定してください。

として、少し前に出てきたif文の例を条件演算子を用いて書き換えてみました。

```
import { createInterface } from 'readline';

const rl = createInterface({
  input: process.stdin,
  output: process.stdout
});

rl.question('数値を入力してください:', (line) => {
  const num = Number(line);
  const message = 0 <= num && num < 100
    ? `${num}は0以上100未満です`
    : `${num}は0以上100未満ではありません`;
  console.log(message);
  rl.close();
});
```

この例では、変数messageに代入されている式が3行にわたって書かれています。この式が条件演算子の式です。上記の構文に照らし合わせると、条件式に相当するのが`0 <= num && num < 100`であり、真のときの式は`` `${num}は0以上100未満です` ``、そして偽のときの式は`` `${num}は0以上100未満ではありません` ``です。この条件式が真となる、すなわち式がtrueを返すのはnumが0以上100未満のときですから、その場合に変数messageには`` `${num}は0以上100未満です` ``が入ります。それ以外の場合はmessageには`` `${num}は0以上100未満ではありません` ``が入ります。

条件演算子の返り値の型は、真のときの式と偽のときの式の型によって決まります。上記の例の場合はこれらの式はstring型ですから、条件演算子の返り値の型もstring型となります。実際、変数messageの型を調べてみるとstring型となっています。このように与えられた式と同じ型の返り値が得られるというのは、2.4.5で解説したばかりの論理演算子と同じ特徴です。

また、条件演算子の評価においては、真のときの式と偽のときの式のどちらか一方、必要となったほうのみが評価されます。すなわち、返されないほうの式は評価されず、その中に関数呼び出しなどがあっても実行されません。このように必要な式のみが評価されるというのもまた、論理演算子と共通した特徴です。

最後に、条件部の式（?の前の式）の型について補足しておきます。この部分には条件を与えなければいけませんから、一見すると真偽値型（boolean型）の値が求められるように思われます。しかしながら、実際には条件として与える式の型は何でもかまいません。boolean以外の型を持つ値が条件として与えられた場合は、その値はまず真偽値に変換してから条件判定に用いられます。たとえば、number型の値numを条件部に用いた`num ? x : y`という式は、numが0（またはNaN）以外のときはxが返り、numが0（またはNaN）のときはyが返ります。これは、2.3.10で説明したとおり、数値を真偽値に変換する場合は0とNaN以外ならtrueに、0とNaNならfalseになるからです。条件というくらいですから条件部には真偽値が用いられることが最も多いものの、それ以外の値が用いられる機会も十分あります。このような条件分岐のやり方もできるようになっておいて損はありません。

2.4.8 代入演算子

次に紹介するのは**代入演算子**です。その名のとおり、これは変数への代入を行うための演算子です。普通の代入演算子は<u>変数</u> = <u>式</u>という形で、右オペランドの式の評価結果を左オペランドの変数に代入するという意味です。ほとんどの場合、代入演算子は式文（➡2.1.3）として使用されます。

例として、ユーザーに名前を入力してもらうという例を代入演算子を使って書き換えてみました。次の例では、ユーザーが入力したnameが空文字列である場合、代入演算子を用いてnameに'名無し'という文字列を代入しています。これはname = '名無し'という式に;がついた形なので式文です。これにより、ユーザーが何も入力せずに[Enter]キーを押した場合は代入によって変数nameの中身が'名無し'に書き換わるため、「こんにちは、名無しさん」と表示されます。

```
import { createInterface } from 'readline';

const rl = createInterface({
  input: process.stdin,
  output: process.stdout
});

rl.question('名前を入力してください:', (name) => {
  if (name === '') {
    name = '名無し';
  }
  console.log(`こんにちは、${name}さん`);
  rl.close();
});
```

代入演算子を使う際は変数の型と式の型が合致する必要があるという点には注意してください。たとえば、以下の例ではstring型として宣言した変数fooに数値を代入しようとして、コンパイルエラーを発生させています。ここでエラーが発生する理由は、変数fooはstring型として宣言されているため常に文字列が入っていなければいけないからです。string型の変数に数値を代入してしまうとその条件が崩れてしまうため、コンパイルエラーという形で阻止されます。

```
let foo: string = "文字列";
// エラー: Type 'number' is not assignable to type 'string'.
foo = 123;
```

また、2.2.4で説明したように、代入演算子はconstで宣言された変数に対しては用いることができません。そのようなプログラムはやはりコンパイルエラーとなります[注37]。

代入演算子は、2.4.2に出てきたインクリメント・デクリメント演算子と同様に、**副作用**を目的に使われることが多い演算子です。ここで言う副作用とは、代入によって変数の中身が変わることです。しかし、代入演算子も演算子である以上は返り値が存在します。つまり、console.log(name = '名無し');とかa = (b = 123)といった使い方が可能だということです。代入演算子の返り値としては、その右オペランドの値がその

注37 注意深い読者の方は、本項で出てきた例の変数nameはletもconstも使われていないことに気づかれたかもしれません。これはまだ解説していませんが、nameは関数の引数として宣言されたものであり、その関数の中では変数として利用可能です。このような変数はletで宣言した変数と同様に再代入が可能です。

まま返されます。つまり、name = '名無し'という式の返り値は'名無し'という文字列になります。

代入演算子には、今まで説明した=に加えていくつかのバリエーションがあります。具体的には、+=, -=, *=, /=, %=, **=などです。これらは二項の算術演算子（➡2.4.1）の後ろに=をつけた形の演算子です。これらの演算子は変数 += 式のように使います。日本語で言えばこの式は「変数に式を足す」という意味になります。プログラムで言えば、変数 += 式というのは変数 = 変数 + 式と同じです。すなわち、まず変数 + 式を計算して、それを同じ変数に代入しなおすという挙動になります。見てのとおり、このような演算子はすでにある変数に対して何らかの操作を加えたい場合に有効です。

代入演算子の例

```
let num = 0;
num += 100;    // numは100 (0 + 100)
num *= 4;      // numは400 (100 * 4)
num -= 200;    // numは200 (400 - 200)
num /= 2;      // numは100 (200 / 2)
num **= 0.5;   // numは10 (100 ** 0.5)

console.log(num); // 10 と表示される
```

コラム 6

論理代入演算子の特殊な挙動

この項では代入演算子のバリエーションを紹介しましたが、論理演算子（➡2.4.5）に対応した代入演算子として&&=, ||=, ??=という演算子も存在しています。これらはES2021で導入された、かなり新しい演算子です[注38]。

これらの演算子に関しては、普通の&&・||・??と同様に**短絡評価**があります。たとえば、変数 ||= 式の場合は変数 = 変数 || 式と同じと考えると、必要がなければ（すなわち、変数の中身がすでに真な値であれば）式は評価されないことがわかります。次のコードの場合、userNameにはすでに真な値（真偽値に変換するとtrueになる値）が入っているため||=の右辺の式は評価されません。つまり、関数getDefaultNameは呼び出されません。

```
let userName = "uhyo";
userName ||= getDefaultName();
console.log(userName);
```

さらに、変数 ||= 式は実は厳密には変数 = 変数 || 式とまったく同じではありません。&&=・||=・??=の3種の演算子については、**必要がなければ変数の再代入すら行われない**（=が評価されない）という特徴があります。もしuserName ||= getDefaultName()がuserName = userName || getDefaultName()と同じならばこのコードは「userNameに"uhyo"が代入される」という結果になるはずですが、実際にはそうではありません。上のコードの||=ではuserNameへの代入すら起こらないのです。

代入が起こるか起こらないかということは、多くの場合は問題にはなりません。代入してもしなくても変数の値が変化しないからこそ、代入が行われないのです。しかし、TypeScriptでは代入するかしないかが意味を持つケースがあります。どちらも本書の範囲外ですが、具体的にはオブジェクトのプロパティがセッタ（setter）を持つケースと、Proxyオブジェクトのプロパティに対して代入するケースがあります。これらの場合、代入に反応してあらかじめ定義した関数を呼び出してもらうことができます。つまり、代入がただ変数（やプロパティ）の値を変えるだけでなく、

注38　とはいえ、トランスパイルがかなりしやすい部類ですから、古い環境をサポートしなければいけない場合でも気軽に使用できる機能です。

それ以外の副作用のトリガーとなる場合があるのです。とはいえ、代入が副作用を発生させるのはわかりにくいので、使う側が副作用の存在を意識させられるコードは良いコードではなく、あまり書かれません。だからこそ、||=などで代入が発生するかしないかが実際に問題になる場面は少ないでしょう。

ちなみに、代入するかしないかという違いまで含めると、変数 ||= 式と正確に同じ挙動を示すのは変数 = 変数 || 式ではなく変数 || (変数 = 式)です。後者では、||の短絡評価の挙動により、変数を真偽値に変換して偽だった場合に代入が評価されます。

2.4.9 その他の演算子

TypeScriptには多くの演算子が存在していますが、紙面の都合もありそのすべてを詳細に説明することはできません。本項では、今まで出てこなかった演算子について少しだけ触れます。実際にこれらが必要になった場合は詳細を調べてから使いましょう。

まず、TypeScriptには**ビット演算**のための演算子が存在します。&, |, ^演算子はそれぞれビットごとのAND, OR, XOR演算を表します。また、<<, >>, >>>という3種類の演算子はビットシフトの計算を表します。以上はすべて二項演算子であり、算術演算子と同様に両オペランドと返り値はすべてnumber型またはbigint型です。また、ビット反転の単項演算子として~があります。&と|は、すでに説明した&&や||と紛らわしいので注意してください。

ビット演算の例

```
console.log(0b0101 | 0b1100); // 13 (0b1101) が表示される
console.log(0b0101 & 0b1100); // 4 (0b0100) が表示される
console.log(~0b0101); // -6 (-5-1) が表示される
```

そのほかの演算子は、記号ではなく予約語です。具体的にはvoid演算子、delete演算子、in演算子、typeof演算子、instanceof演算子が存在します。typeof演算子については6.3.2で、instanceof演算子については5.2.3で別途解説しますので、ここでは割愛します。void演算子はvoid 式という形で使う単項演算子で、式の評価結果にかかわらず常にundefinedを返すという演算子です[注39]。ただ、TypeScriptではvoidというキーワードは演算子だけでなく型名としても用いられます(➡4.1.2)から、TypeScriptプログラマーにとってはこちらの用法のほうが馴染み深いかもしれません。

残りの2つはオブジェクト(➡3.1)に関わる演算子です。delete演算子はオブジェクトのプロパティを削除する演算子です。また、in演算子はオブジェクトが指定したプロパティを持つかどうか判定する演算子です。どちらも使用頻度がたいへん低いため、本書では詳細な説明は省略します。

注39 短絡評価の話題を覚えている読者の方は、この場合式の評価結果は返り値に関係ないので式が評価されないのではないかと思われたかもしれません。void演算子についてはそのようなことはなく、与えられた式はきちんと評価され、そして返り値は無視されます。

2.5 基本的な制御構文

この節では種々の**制御構文**の使い方を学びます。前節ではさまざまな演算子の学習を通して**式**のバリエーションを増やしましたが、次は制御構文を通して**文**のバリエーションを増やしましょう。すでに登場しているif文をはじめとして、TypeScriptにはいろいろな種類の文が存在します。中にはすでにあまり使われなくなったものもありますので、本書でそのすべてを網羅するわけではありませんが、日々の開発で困らない程度にはしっかりと解説していきます。

2.5.1 条件分岐（1）if文の基本

最初に説明するのは**if文**です。if文はたいへん頻繁に使われる構文で、便利過ぎるのですでに本書でも何回も使ってしまいました。ここでは、これまであいまいだった理解をより確固たるものにしましょう。

if文の最も基本的な構文は、if（条件式）文という形です。if文はまず与えられた条件式を評価し、その結果が真（true）だったら文を実行します。たとえば、次の文は変数userNameが""（空文字列）だった場合はuserNameに"名無し"を代入するという意味です。userNameが空文字列以外だった場合はこの文は何も行いません。

```
if (userName === "") userName = "名無し";
```

細かいけれど重要な点として、この例の最後の;がどこに属するのかという点があります。上記の構文に正確に当てはめると、条件式はuserName === ""が相当し、最後の文はuserName = "名無し";が相当します。すなわち、if文自体はセミコロンが伴わない文なのです。今回は、if文のあとに持ってこられた文がたまたまセミコロンを持っていたので、if文全体がセミコロンで終わっているように見えていました。

if文は、条件式に関しては条件演算子（➡2.4.7）と同じ特性を持ちます。すなわち、条件式は型が真偽値型（boolean型）でなくてもかまいません。任意の型の式を条件式として用いることができます。その場合、条件式が真か偽か判定するために、条件式を評価して得られた値は真偽値へと変換されます。具体例としては、数値型の変数numに対してif (num) 文のように書くことが可能です。この場合、文が実行されるのはnumが0（とNaN）以外の場合です。

なお、ifというのはtrueなどと同様にキーワード（予約語）です。これが意味することは、変数名としてifのようなワードを使うことはできないということです。const if = 3;のようなプログラムはコンパイルエラーとなります。

2.5.2 ブロック

先ほど紹介したif文の形は、我々の馴染みのある形とは少し異なっています。本書でこれまでも出てきたのは、次のような形であったはずです。一見すると、前述の構文に余計な{ }がくっついているように見えます。

```
if (userName === "") {
  console.log("名前を入力してください！");
  userName = "名無し";
```

```
}
```

これは実は**ブロック**という構文です。ブロックとは、{ }の中に文をいくつでも書けるという構文で、ブロック自体は1つの文として扱われます。ブロックを文として実行する場合、その中に書かれた文が上から順番に実行されます。上の例ではconsole.logを呼び出したあとに変数userNameに"名無し"が代入されます。

もうおわかりかと思いますが、ブロックが文の一種であるということは、if (条件式) 文という構文の文のところにブロックを置くことができるということです。if文の基本構文では条件式が真のときに文を1つしか実行できませんでしたが、ブロックを使用することで上の例のように複数の文を実行することができます[注40]。このように「複数の文を1つの文にまとめる」というのがブロックのおもな使い道です[注41]。if文で実行したい文が1つだけの場合はブロックの使用は必須ではありませんが、スタイルの統一や見た目のわかりやすさのために、if文は常にブロックと併用するというスタイルをとることも珍しくありません。

ブロックは、if文だけでなくこれから紹介するさまざまな構文と一緒に使われる、非常に利用機会が多い構文です。これから幾度となくお世話になるでしょう。本書でもこれからブロックをとくに断りなく使っています。「文が来る」と書かれているところにブロックが来ていても驚かないようにしましょう。

2.5.3 条件分岐 (2) elseを使う

これまでのif文は「与えられた条件式が真(true)のときのみ文を実行する」というものでしたが、偽のときも何かを実行したいという場面はよくあります。そのときに使われるのがelse構文です。elseは必ずifとセットで使われる構文で、if (条件式) 文1 else 文2という形をとります。この場合、条件式がtrueなら文1を実行し、falseなら文2を実行するという意味になります。もちろん、文1や文2のところでは先ほど説明したブロックが使用可能です。elseを用いたプログラムの例を示します。

```
if (userName !== "") {
  console.log("ちゃんと名前があってえらい!");
} else {
  console.log("名前を入力してください!");
  userName = "名無し";
}
```

この場合、userNameが空文字列でなければelseの前のconsole.logが実行される一方で、userNameが空文字列ならばelseのあとのconsole.logと代入文が実行されます。

また、else ifという形でif文が使われることがあります。具体例は次のような感じです。この例では、3つに条件分岐を行っています。最初のブロックはnum < 0、つまりnumが負の数であるという条件が満たされたときに実行されます。次のブロックは、それ以外でnum === 0を満たすときに実行されます。最後のブロックは残りの場合に実行されます。

```
if (num < 0) {
  console.log("numは負の数です");
} else if (num === 0) {
  console.log("numは0です");
```

注40 逆の見方をすれば、ブロックのおかげでif文などの仕様が「1つの文を実行する」という形でシンプルになっているとも言えます。
注41 ほかにも、ブロックスコープ(➡4.5.2)の導入のために使われることがあります。

```
} else {
  console.log("numは正の数です");
}
```

このelse ifは一見新しい構文に見えますが、実はそうではありません。これは、if (条件式) 文1 else 文2という構文の文2のところに別のif文が入った形です。つまり、上のコードは次のように書いても同じだということです。

```
if (num < 0) {
  console.log("numは負の数です");
} else {
  if (num === 0) {
    console.log("numは0です");
  } else {
    console.log("numは正の数です");
  }
}
```

このようにネストさせると条件が増えるごとにネストが深くなってしまうので、よりシンプルなelse ifの形が好まれます[注42]。ちなみに、elseもifと同様に予約語です。今後もいろいろな文が登場しますが、文を表すキーワードは基本的にすべて予約語です。

2.5.4 switch文

switch文は、ある種の条件分岐に使われる文です。if文は任意の条件式を使うことができた一方で、switch文は値の一致判定に特化しています。switch文の動作は難しいものではありませんが、構文はTypeScriptの文の中でも独特です。ここでは簡単な具体例を見せながら説明します。これはユーザーが入力したコマンドに応じて動作を変える例です。

```
import { createInterface } from 'readline';

const rl = createInterface({
  input: process.stdin,
  output: process.stdout
});

rl.question('コマンドを入力してください: ', (name) => {
  switch (name) {
    case "greet":
      console.log("こんにちは。");
      break;
    case "cat":
      console.log("あなたは猫派ですか？");
      console.log("私は犬派です。");
      break;
    default:
```

注42　余談ですが、この構造は構文定義上はネストしているが見た目が順に並んだ形になっている点で、連結リスト（linked list）と類似しています。JavaScript・TypeScriptの言語仕様では連結リストの構文定義が随所に見られます。

```
    console.log(`コマンド「${name}」を認識できませんでした。`)
  }
  rl.close();
});
```

このプログラムを起動すると、例によって入力を求められます。そして、入力によって異なる出力結果となります。greetと入力した場合は「こんにちは。」と出力され、catと入力したら「あなたは猫派ですか？」「私は犬派です。」というメッセージが出力されます。それ以外は「認識できませんでした」という共通のメッセージが出力されます。switch文は、ある値が特定の値に一致した場合に特定の動作を行いたい、しかもそのパターンが何個もあるという場合に適しています。今回の例ではユーザーの入力（変数name）が特定のコマンドを表す文字列に一致するかどうかを確かめました。

switch文の構文の全体像は`switch (式) { ... }`という形です。このときの`{ }`はブロック（➡2.5.2）ではなく、switch文の構文の一部です。つまり、`switch`を書くときはこの`{ }`が必須です。この`{ }`の中には**case節**をいくつか書くことができます。case節は、`case 式:`という構文に続いて文を並べた形です。また、`default:`のあとに文を並べるという**default節**も1つだけ書くことができます。

switch文には`switch (式)`という形で式が渡されますが、まずこの式が評価されて基準値となります。その後case節が上から順にチェックされて、`case 式:`として与えられた式の値が基準値と一致するかどうかチェックされます。一致した場合[注43]、そこからそれ以降の文が実行されます。また、switch文の中では`break;`という形の**break文**を使うことができます。break文が実行されると、そこでswitch文の実行が終了します（break文がないままswitch文の終わりの`}`に到達した場合もswitch文は終了となります）。

たとえば、先ほどの例で変数nameが`"greet"`だった場合、最初のcase節で値が一致するため、そこから実行を開始して`console.log("こんにちは。");`という文が実行されます。その次がbreak文なので、これだけでswitch文の実行が終了します。

一方、変数nameが`"cat"`だった場合、最初のcase節は値が一致しない（基準の値が`"cat"`である一方case節の式は`"greet"`）ので最初のcase節は無視されます。次のcase節で値が一致するため、ここからswitch文の中身の実行が開始され、結果として2個の`console.log`呼び出しが実行されます。

default節は、それまでのcase節のどれにも当てはまらなかった場合に必ず実行される節です。今回の例では、変数nameが`"greet"`でも`"cat"`でもなかった場合はdefault節が実行されることになります。default節はswitch文の中の最後の節として置かれるのが普通です。default節は必須ではなく、case節のみから成るswitch文も可能です。その場合、基準値がどれにも当てはまらなかった場合はそのswitch文では何も起こりません。

switch文に関しては重要な注意が1つあります。それは、各case節をbreak文で終わらせるのを忘れてはいけないということです。実は、case節がbreak文で終わっていなくてもTypeScriptプログラムとして間違っているわけではありません。ただし、その場合は1つのcase節の実行が終わってもswitch文が終了しません。次のcase節（またはdefault節）が、基準値にかかわらず引き続き実行されてしまいます。ほとんどの場合このような動作は望まれていませんから、各case節はbreak文で終わらせるのが原則となります[注44]。

break文の書き忘れを防ぐコンパイラオプション（➡9.1）も用意されています。デフォルトではbreak文を書き忘れてもコンパイルエラーとはなりませんが、noFallthroughCasesInSwitchコンパイラオプションを指定す

注43 この一致判定では、===演算子と同様のチェックが行われます。
注44 break文以外にも、return文（➡4.1.1）やthrow文（➡5.5.1）のようにswitch文から脱出できる文ならかまいません。

ることでbreak文を書き忘れたらコンパイルエラーになる機能を有効化できます。必要に応じてこのコンパイラオプションを有効にしましょう。

2.5.5 while文によるループ

ここで説明する**while文**は、**ループ**を記述するための構文です。ループとは、プログラムの同じ部分を繰り返し実行することです。if文による条件分岐と並んで、ループはプログラムの基本的な構成要素です。実を言えばTypeScriptのループで最頻出なのは今回解説するwhile文ではなくfor-of文（➡3.5.6）なのですが、まずは最もシンプルなループ構文であるwhile文から解説します。

while文の構文は、`while（条件式）文`です。while文が実行されると、条件式が真（評価して真偽値に変換すると`true`になる）の間は何度でも文を繰り返し実行します。条件式が最初から偽の場合は、与えられた文は一度も実行されません。条件式については、if文などと同様に任意の型の式が受け付けられます。`boolean`以外の型の式は真偽値に変換されて判断されるという点も同様です。

ありきたりですが、「1から100まで足した和を表示するプログラム」を例として示します。

```
let sum = 0;
let i = 1;

while (i <= 100) {
  sum += i;
  i++;
}

console.log(sum); // 5050 と表示される
```

この例では条件式は`i <= 100`であり、文として例によってブロック（➡2.5.2）が与えられています。このwhile文は`i <= 100`が満たされなくなるまで、つまり変数`i`の値が101以上になるまで実行され続けます[注45]。1回目の実行は`i`が1なので、`sum += i`で変数`sum`には1が足されます。そして`i++;`により`i`が2になります。これでwhile文の中身の実行が1回終了したので、再び条件判定が行われます。このとき`i`は2なので、`i <= 100`はまだ`true`です。よって、次のループが実行されます。2回目の実行では`i`が2なので、`sum += i`で変数`sum`には2が足されます。そして`i++;`により`i`が3になります。同様に、`i`が3, 4, ……と順番に増えていき、`i`が100になるまで続きます。`i`が100のときの実行で`i++;`が実行されると`i`が101となり、`i <= 100`の結果が`false`となるため次のループには入らず、while文の実行が終了します。よって、プログラムはwhile文の次に進み、`console.log`で`sum`が表示されます。このとき`sum`は1, 2, 3, 4, ……, 100が順番に足されたので、1から100までの整数をすべて足した値となっています。

while文の基本動作はこのように非常に簡単ですが、ほかにもいくつかループに関連した文があります。それが**break文**と**continue文**です。break文についてはswitch文の解説のときにも登場しましたね。break文に到達すると、switch文から抜けることができました。break文をループの中で使った場合も同様に、そのループから抜けることができます。つまり、while文の中でbreak文が実行された場合は、即座にそのwhile文の実行を終了します。たとえまだループ条件が真だったとしても関係なく、while文の次に進みます。

注45　より厳密には、`i`が`NaN`になった場合も`i <= 100`が`false`になるため、その場合も実行が終了します。とはいえ、今回は`i`が`NaN`になることはないためその可能性は無視できます。今後も、本書で数値を扱う場合は適宜`NaN`の考慮は省略していきます。ただし、実際のプログラムにおいては`NaN`が原因でバグが発生することもないわけではありませんから、注意はしておきましょう。

break文の使いどころとしては、if文と組み合わせてループの終了条件を記述するというものが挙げられます。たとえば、上記のwhile文は次のように書き換えられます。

```
while (true) {
  if (i > 100) {
    break;
  }
  sum += i;
  i++;
}
```


この例ではwhile文の条件式がtrueとなりました。trueは常に真なので、このwhile文は終了条件を持たず、そのままでは永遠に実行され続けます。いわゆる無限ループというものです。その代わり、if文の中にbreak文が導入されています。これにより、iが100より大きくなった段階でbreak文が実行され、while文から脱出することができます。このようなbreak文の用法は、while文の終了条件が式では書ききれないという場合にとくに有効です。

もう1つのcontinue文は、「ループの先頭に戻る」という働きを持ちます。ブロックの途中にいたとしても、そのブロックを中断してwhile文の先頭に戻ります。while文の先頭に戻った場合、条件式の判定は再び行われます。真だった場合は再びループが実行され、偽だった場合はそのままwhile文が終了します。やや無理やりですが、たとえばこのように利用できます。

```
let i = 1;

while (i <= 100) {
  i++;
  if (i % 2 === 1) {
    continue;
  }
  console.log(i);
}
```

この例を実行すると、「2」「4」「6」……「100」と偶数が順番に表示されます。i % 2 === 1というのはiが奇数のときに真となる条件式で、そのときにcontinue文が実行されて次のループに移行します。iが奇数のときはcontinue文でループのブロックの実行が中断されて次に移るので、その下のconsole.logが実行されません。よって、console.logが実行されるのはiが偶数のときだけなのです。

本項ではwhile文を学習しました。ほかに**do-while文**という亜種もありますが、こちらは使用頻度が低めのため、本書では触れません。

2.5.6　for文によるループ

もう1つの主要なループ構文は**for文**です。この構文はwhile文とともに多くの手続き型プログラミング言語に存在するため、馴染み深いという読者も多いのではないかと思います。for文は、典型的なループがより整頓された形で書けるのが特徴です。最も基本的なfor文は次の形をしています。

```
for (let 変数名 = 初期化式; 条件式; 更新式) 文
```

括弧の中に`;`で区切られた3つの部分があるのが特徴的です。最初の部分は変数宣言（➡2.2.1）とまったく同様の構文です注46。この変数は、for文に入ったときに作成されます。for文の直前で変数を宣言するのとほぼ同じです注47。真ん中の<u>条件式</u>は、while文の<u>条件式</u>と同じです。つまり、この`i`が真の間、for文に与えられた<u>文</u>が繰り返し実行されます。そして最後の<u>更新式</u>というのは、ループの各回の実行後（<u>文</u>の実行後）に実行される式です。

言葉で説明されても理解しにくいかと思いますので、例を示します。前項のwhile文の例をfor文を用いて書き換えるとこのようになります。

```
let sum = 0;
for (let i: number = 1; i <= 100; i++) {
  sum += i;
}
console.log(sum); // 5050 が表示される
```

while文のときと比べると、変数`i`に関する操作がfor文の`( )`の中にまとまっています。while文の直前にあった変数`i`の宣言は`( )`の中の最初の部分に移動し、while文の中身の最後にあった`i++`が更新式に移動しています。真ん中の条件式は、もともとのwhile文の条件式と同じです。このように、for文の`( )`内の3つの部分はwhile文で言うところの「ループ開始前」・「条件式」・「ループ内の最後」の処理におおよそ対応していると理解できます。

変数`i`のようにループの経過を表す変数はカウンタ変数と呼ばれることがありますが、for文はカウンタ変数の初期化・ループ条件・そして更新を表すのに適しています。このfor文は、「カウンタ変数`i`は最初1であり、`i`が100以下の間ループが実行される。各ループごとに`i`は1増やされる」という推移がまとめて書かれています。これにより、ループの中身（今回でいう`sum += i;`）がシンプルになります。

while文のほうが応用範囲が広いものの、このfor文で事足りるという局面が実際にはかなり多くあります。ぜひ使いこなせるようになりましょう。

なお、for文の`( )`の中の各構成要素は省略可能です。たとえば、`for (; i <= 100; i++)`はとくに変数を初期化しないことを表します（この場合、変数`i`はあらかじめ用意しておく必要があります）。`for (let i=1; ; i++)`のように条件式を省略した場合は、`true`を指定したのと同じになります。すなわち、終了条件のない無限ループとなります（前項で解説したbreak文で脱出することはもちろん可能です）。最後の更新式も省略可能で、その場合はループ後の追加処理はとくにないということになります。究極的には、全部を省略した`for(;;)` <u>文</u>という形すら可能です。これは`while (true)` <u>文</u>と同様の無限ループとなりますが、こちらのほうが短いため`for(;;)` <u>文</u>が使われることがまれにあります。見かけても戸惑わないようにしましょう。

また、for文内でcontinue文を使用した場合、更新式（`( )`の中の最後の部分）が実行されてから次のループに進みます。この点はwhile文にはない特殊な挙動です。前項のcontinue文の例をfor文で書き換えるとこのようになります。このプログラムは1から100までの数のうち、偶数のみを`console.log`していきます。

```
for (let i = 1; i <= 100; i++) {
  if (i % 2 === 1) {
    continue;
```

注46　変数宣言の代わりにただの式を書くことも可能です。これはめったに使われませんが、すでに宣言済みの変数に何かの値を代入したい場合などに有効です。

注47　正確には、for文で作られた変数はスコープが特殊です。詳しくは4.5を参照してください。

```
  }
  console.log(i); // 2, 4, 6, ..., 100 が表示される
}
```

ループの中身では、if文でiが奇数か判定し、その場合はいきなりcontinue;しています。これはiが奇数のときは即座に次のループに移り、下のconsole.logは実行しないということを意味しています。ポイントは、continue文で次のループに移る際にも更新式i++はきちんと実行されるという点です。これにより、いきなりcontinueしても無限ループに陥ることはありません。while文の場合は苦肉の策としてループの最初にi++を配置していましたが、for文では更新式を用いてこのようにきれいに書くことができます。このように、continue文を使用するような複雑なロジックの場合でも、for文のほうがカウンタ変数のことを心配する必要性が少なく有利です。

本項ではfor文の基本形を解説しましたが、for文にはほかにもfor-of文（➡3.5.6）という亜種が存在します。これは配列と深い関係があるため、配列を学習してから紹介します。また、for-in文という亜種もありますが、これは利用機会が低いため本書では解説しません。

コラム 7 セミコロンは省略できる

これまで見てきたTypeScriptプログラムには、**セミコロン**（;）が多く登場しました。具体的には、式文（➡2.1.3）は式;という構文だし、変数宣言（➡2.2.1）も最後は;で終わります。また、ループの項（➡2.5.5）で登場したbreak文・continue文についてもbreak;やcontinue;というようにセミコロンを含む構文を持っています。

しかしながら、JavaScript/TypeScriptにおいてはセミコロンの省略が許されています。たとえば、以前に出てきたwhile文の例でセミコロンを省略すると次のようになります。これも正しいTypeScriptプログラムです。

```
let sum = 0
let i = 1

while (i <= 100) {
  sum += i
  i++
}

console.log(sum) // 5050 と表示される
```

これに違和感を覚えるか、それともすっきりして良いと思うかは人によります。これに関しては、省略するという派閥と省略しないという派閥が混在していますので、好みに合わせて決めるとよいでしょう。

ただし、セミコロンの省略を行うには条件があります。というのも、セミコロンの省略は原則として**行の最後**でのみ行うことができるのです。たとえば、TypeScriptではsum += i; i++;のように1行に複数の文を書くことができますが、真ん中のセミコロンは行の最後ではないので、これを省略してsum += i i++;とすることはできません。この場合は文法エラーとして扱われます[注48]。

エラーメッセージの例

```
index.ts:1:10 - error TS1005: ';' expected.
```

注48 ちなみに、TypeScriptのコンパイルエラーには4桁の番号が付与されていますが、そのうち文法エラーには1000番台の番号が与えられています。

```
1 sum += i i++;
            ~
```

ただし、**}の直前**ではセミコロンの省略は許可されます。たとえば、`if (i > 101) { break; }`という1行のif文があった場合、`break;`のセミコロンは`}`の直前にあるため、これを省略して`if (i > 101) { break }`とすることができます。

自分はセミコロンを省略しないよという方も、セミコロンの省略については頭に入れておいて損はありません。というのも、セミコロンを省略したつもりがないのにセミコロンを省略したと見なされてしまう場合もあるからです(➡第4章のコラム14)。

2.6 力試し

「力試し」は、これまでに学習したことを用いてプログラムを書いてみようというコーナーです。本書の解説はやや辞書的で大きなコードサンプルがあまり出てきませんから、力試しの機会を利用して意味のあるプログラムを書く練習をしましょう。

第2章では、文と式、プリミティブ値、変数、そして演算子や制御構文という、TypeScriptプログラミングにおける最も基本的な要素を学びました。これらを活かして実際にプログラムを書くとどうなるのか試してみましょう。

2.6.1 FizzBuzzを書いてみよう

最初の力試しは、プログラミング練習問題の代表格、未だ色あせぬ金字塔である**FizzBuzz**です。FizzBuzzは、次のようなルールで1から順番に整数を出力するプログラムです[注49]。

- 3の倍数でなく、5の倍数でもないときは整数をそのまま出力する。
- 3の倍数であり、5の倍数でないときは整数の代わりに`Fizz`を出力する。
- 3の倍数でなく、5の倍数であるときは整数の代わりに`Buzz`を出力する。
- 3の倍数であり、5の倍数でもあるときは整数の代わりに`FizzBuzz`を出力する。

たとえば、1から100までFizzBuzzを行うプログラムは以下のような出力を行います。

```
1
2
Fizz
4
Buzz
Fizz
（中略）
```

注49　もともとはゲームだったそうですが、今となってはプログラミングの練習問題としての知名度が圧倒的に高くなっています。

```
14
FizzBuzz
16
17
Fizz
（中略）
97
98
Fizz
Buzz
```


最初の力試しは、このプログラムを書いてみようというものです。FizzBuzzは一見単純な課題に見えて、第2章の内容が広く盛り込まれた優れた練習問題となっています（だからこそプログラミングの練習問題として有名になっているのですが）。実際、普通にFizzBuzzのプログラムを書けばループ、条件分岐、四則演算、比較演算、そして変数が出てくるでしょう。プログラムが書けた方は、ほかの書き方ができないかどうか試してみましょう。

◇ ◇ ◇

この力試しができた方は、次のように結果の形を変えてみましょう。今回は、各整数に対して1行ずつ出力するのではなくすべての結果を1行に出力します。これまで使ってきたconsole.logは使うごとに改行も出力されるため、この場合は各整数ごとにconsole.logを呼び出すことはできなくなります。

```
1 2 Fizz 4 Buzz Fizz 7 8 （中略） Fizz 97 98 Fizz Buzz
```

以降は解答例と解説です。

2.6.2 解説

解答例

```
for (let i = 1; i <= 100; i++) {
  if (i % 3 === 0 && i % 5 === 0) {
    console.log("FizzBuzz");
  } else if (i % 3 === 0) {
    console.log("Fizz");
  } else if (i % 5 === 0) {
    console.log("Buzz");
  } else {
    console.log(i);
  }
}
```

最も基本的な解答例はこのとおりです。プログラムの全体はfor文（➡2.5.6）となっており、変数iが1, 2, 3, ……, 100の順に変化しながらブロックが実行されます。変数iの変化が、1から100まで順番に表示することに対応します。よって、それぞれのループではiの表示処理を行えばよいことになります。プログラミング初心者の方にとっては、「1から100まで順番に処理する」という要件でこのようなループを思い付くのが最初にして最大の関門となるでしょう。

ブロックの中はif文（➡2.5.1）による条件分岐が3回繰り返されています（else ifという書き方については2.5.3を参照）。条件分岐の中で使われている%は余りを取る計算を表す算術演算子（➡2.4.1）であり、i % 3 === 0というのは「iを3で割った余りが0である」という意味であり、言い換えればiが3の倍数であるということです。同様に、i % 5 === 0はiが5の倍数であるということです。また、&&は「かつ」を表す論理演算子（➡2.4.5）です。

以上のことがわかればこのプログラムを読み解くことができます。最初のif文が実行されるのはiが3の倍数かつiが5の倍数の場合ですね。FizzBuzzの条件に従い、このときは"FizzBuzz"を表示します。次のelse ifはこれ以外の場合に判定されます。よって、次の条件がi % 3 === 0であるif文の中身が実行されるのはiが3の倍数だが5の倍数でないときです。このときは"Fizz"を表示します。同様に、その次のif文はiが3の倍数ではなく5の倍数であるときなので"Buzz"を表示します。最後のelseに入るのはiが3の倍数でも5の倍数でもない場合なので、iをそのまま表示します。

◇　◇　◇

力試し後半の「すべての結果を1行に出力する」にはいろいろな解答例があるでしょうが、ベーシックなのはこのようなプログラムです。

```
let result = "";
for (let i = 1; i <= 100; i++) {
  if (i > 1) {
    result += " ";
  }
  if (i % 3 === 0 && i % 5 === 0) {
    result += "FizzBuzz";
  } else if (i % 3 === 0) {
    result += "Fizz";
  } else if (i % 5 === 0) {
    result += "Buzz";
  } else {
    result += String(i);
  }
}
console.log(result);
```

このプログラムでは、ループの途中で出力したい内容をstring型の変数resultに書き込み続け、最後に1回だけconsole.logを使ってresultを出力します。変数resultに対しては代入演算子+=（➡2.4.8）が多用されています。文字列に対して+演算子を用いると文字列の連結という意味になりますから、+=というのは文字列の後ろに新たな文字列を追記するということになります[注50]。これを踏まえると、各ループでは出力したい内容をresultに追記していることになります。

3〜5行目に新たに追加されたif文は、ループ間の出力を区切るスペースをresultに書き加えるためのものです。なぜi > 1という条件がついているのかといえば、ループごとの出力の間にだけスペースを出力したいからです。これを書かずにループの先頭にresult += " ";と書いた場合は、最終的なresultの内容が" 1 2 Fizz ……"のようになり、先頭にスペースが入ってしまいます。

注50　より厳密に言えば、もともと変数に入っていた文字列に別の文字列を追記した新しい文字列を作成し、それを変数に再代入しています。

第3章

オブジェクトの基本とオブジェクトの型

本章では、TypeScriptにおいて非常に重要な概念であるオブジェクトについて解説します。オブジェクト指向言語として知られるプログラミング言語は多くあり、JavaScript/TypeScriptもそのうちのひとつです。しかし、それでは具体的にオブジェクトとは何か、ということになると言語によってその詳細には差が生じます。ですから、すでにオブジェクトという概念に何らかの形で触れたことがある読者の方も、油断せずにTypeScriptにおけるオブジェクトについて学びましょう。

3.1 オブジェクトとは

それでは、まずTypeScriptの**オブジェクト**とはどういうものかについて解説します。ただし、実はこの章で解説するのはTypeScriptのオブジェクトの機能のうち半分くらいです。もう半分の解説はもう少しあと、クラスの章（第5章）で行います。逆に言えば、この章ではクラスの話は出てこないということです。Javaなどの言語ではクラスとオブジェクトは切っても切り離せない関係にあることを考えると、クラスに触れずにオブジェクトの話をするというのは人によっては不思議に思えるかもしれませんが、TypeScriptではオブジェクトは必ずしもクラスに由来するものではないのです。

この章では、クラスに由来しないオブジェクト、すなわち**ただのオブジェクト**を扱います[注1]。TypeScriptではただのオブジェクトがたいへん幅広く利用されます。TypeScriptで何を作るのかにもよりますが、ただのオブジェクトの出番が圧倒的に多く、クラスはほぼまったく使われないということも珍しくありません。

3.1.1 オブジェクトは“連想配列”である

TypeScriptのオブジェクトは、一言で言えば**連想配列**です。連想配列という概念は聞き慣れない方が多いかもしれません。プログラミング言語によっては、連想配列は「辞書（dictionary）」とか「ハッシュ」といった名前で呼ばれることがあります。

改めてTypeScriptのオブジェクトについて説明すると、オブジェクトは**いくつかの値をまとめたデータ**です。オブジェクト内のそれぞれの値は名前で区別されます。さっそく例を出して説明します。

```
const obj = {
  foo: 123,
  bar: "Hello, world!"
};

console.log(obj.foo); // 123 と表示される
console.log(obj.bar); // "Hello, world!" と表示される
```

コードの冒頭、変数`obj`に`{ }`で囲まれた何かが代入されています。これは**オブジェクトリテラル**（➡3.1.2）です。オブジェクトリテラルについては次の項で説明しますが、オブジェクトはこのようにオブジェクトリテラルを用いて作成されます。

オブジェクトリテラルの中には、**プロパティ**の定義がコンマ（`,`）で区切って並べられています。プロパティというのは、オブジェクトの中のひとつひとつの値を指す言葉です。オブジェクトリテラル中のプロパティの定義は<u>**プロパティ名**</u>**:** <u>**式**</u>という形をとります。コロン（`:`）の右の<u>式</u>は、オブジェクトが作られた際にそのプロパティに入っている値を指定するものです。この例の場合、このオブジェクトには`foo`と`bar`という2つのプロパティがあり、`foo`プロパティの値は`123`という数値で、`bar`プロパティの値は`"Hello, world!"`という文字列です。この例からわかるように、オブジェクト内のそれぞれのプロパティは型が別々でもかまいません。

オブジェクトの中身（プロパティ）の値を得ることを**プロパティアクセス**と呼びます。プロパティアクセス

注1　プレーンオブジェクト（plain object）と呼ばれることもあります。

のためには**式.プロパティ名**という構文を用います。この構文は式の一種です。たとえば、変数objに入っているオブジェクトのfooプロパティを得るにはobj.fooという式を用います。今回の例では、objのfooプロパティには123が入っていたため、obj.fooは123となります。

オブジェクトの最も基本的な作り方と使い方は、以上で説明できました。しかし、オブジェクトに関してはまだまだ解説すべきことがあります。この章全体を通してオブジェクトについて学んでいくことになります。

繰り返しになりますが、オブジェクトはTypeScriptプログラミングにおいて非常に重要な概念です。現実のプログラムが扱う対象は複雑で、「文字列」とか「数値」といったプリミティブ1つ程度で表せるようなものはあまりありません。実際には、それらが複数組み合わさってできたデータを扱うことが要求されます。たとえば、SNSのユーザーを思い浮かべてみましょう。ものにもよりますが、1人のユーザーというデータを表現する際には、「名前」や「プロフィール画像」とか「フォロワー数」などといった複数のデータが必要になります。TypeScriptでは、このような場合にオブジェクトを用います。複数のデータをまとめる必要があればそれはオブジェクトの出番です。

3.1.2 オブジェクトリテラル（1）基本的な構文

では、次に**オブジェクトリテラル**[注2]の構文を細かく説明します。まず、オブジェクトリテラルは**式**の一種です。前項ではconst obj = { ... }のようにして変数objにオブジェクトを代入していましたが、変数宣言の構文では=の右に来るのは式でしたね。このことからもオブジェクトリテラルが式であることがわかります。{ }という記号を使っていますが、ブロックではないので注意しましょう。ブロックとオブジェクトリテラルの区別は、{ }が文の位置に書いてあるか式の位置に書いてあるかによってつけることができます。

{ }の中にはプロパティの定義を,で区切って書くことができます。プロパティの定義としては、**プロパティ名: 式**の形の構文を使うことができます。プロパティ名は、変数名と同様に識別子（➡2.2.2）を使用可能です。また、変数名に使用できない予約語（catch, defaultなど）もプロパティ名としては使用可能です。たとえば、**あいう**は識別子として利用可能なので{ あいう: 0 }は正しいプロパティ定義ですが、↑↓↑↓は識別子として利用不可能なので{ ↑↓↑↓: "" }は文法エラーとなります。また、最後のプロパティの後ろにも,を書くことが許されています。これにより、次のようにオブジェクトリテラルを書くことができます。fooだけでなくbarの定義の後ろにも,が書かれている点に注目してください。コンマはもともと区切り文字でしたが、要素の間だけでなく最後の要素の後ろにも区切り文字を書くことができるという文法が最近のトレンドです[注3]。実際に最後に区切り文字を書くかどうかは人やチームによるようです。とはいえ、本書執筆時点でのトレンドはPrettierに代表されるフォーマッターに自動的にプログラムの細かい体裁を整えてもらうことで、細部のこだわりはあまり持っていない人が増えています。

```
const obj = {
  foo: 555,
  bar: "文字列",
};
```

注2　正式には**オブジェクト初期化子**（object initializer）と言いますが、わかりやすさのため本書では通称としてオブジェクトリテラルと呼んでいます。のちのち出てくる配列リテラルについても同様です。

注3　最後の要素の後ろにも区切り文字を書くことができると、各要素の対称性が向上するという利点があります。すなわち、要素の間に,が並んでいるという見方を改めて、「要素,」のセットが並んでいるというよりシンプルな見方にすることができるのです。これは、Gitのようなバージョン管理システムで余計な差分を発生させない（新しい要素を追加する際に前の要素の最後に,を追加するという差分が発生しない）という実際的なメリットも存在します。

:の右に関しては、上で述べたように式を書くことができます。すなわち、これまでの例のように固定された数値や文字列を書くばかりではなく、変数の値を用いたりプロパティの値を直接計算したりすることができます。次の例は、ユーザーの名前（nameプロパティ）としてユーザーが入力した値（input）を用いるが、入力が空文字列の場合は**"名無し"**にするという例です。条件分岐は条件演算子（➡2.4.7）を用いています。コロン（**:**）が2回出てきて少し紛らわしいですが、よく見ると左はオブジェクトリテラルの一部で右は条件演算子の一部です。

```
const user = {
  name: input ? input : "名無し",
  age: 20,
};
```

オブジェクトリテラルには、よく使用される**省略記法**があります。次の例のように、プロパティに入れたい内容をあらかじめ計算して変数に入れた場合を考えましょう。

```
const name = input ? input : "名無し";
const user = {
  name: name,
  age: 20,
};
```

このように**プロパティ名: 変数名**という形の場合で、しかもこの例のように**プロパティ名**と**変数名**が同じである場合は、次のように省略できます。

```
const name = input ? input : "名無し";
const user = {
  name,
  age: 20,
};
```

すなわち、**: 変数名**の部分を省略して**プロパティ名,**だけになりました。一見何が起こっているのかわかりにくいように思えるかもしれませんが、この省略記法は頻繁に利用されます。ちょうどこの例のように、省略記法を使うためにこれから作るプロパティ名と同名の変数に値を入れておくということも行われがちです[注4]。プロパティが1つだけのオブジェクトを作る場合などは**{ name }**だけで済む場合もあり、たいへんコンパクトな記述が可能です。

3.1.3 オブジェクトリテラル（2）プロパティ名の種々の指定方法

オブジェクトリテラルにおいてコロンの左のプロパティ名として使えるものは、実は識別子だけではありません。ほかにも使えるものがいくつかありますが、特筆すべきは**文字列リテラル**です。すなわち、プロパティ名として、以下のように**""**や**''**で囲んだ名前を使用することができます。

```
const obj = {
  "foo": 123,
```

注4　もちろん、変数をいちいち経由せずに**プロパティ名: 式**の式部分に直接計算式を書くのが最もプログラムが短くなります。しかし、そうするとオブジェクトリテラルが巨大になってしまい読みにくくなるという問題があります。そのため、いったん変数にプロパティの中身を入れておいてからオブジェクトリテラルを用いるという行為自体は高い頻度で行われます。

```
  "foo bar": -500,
  '↑↓↑↓': ""
};

console.log(obj.foo);          // 123 と表示される
console.log(obj["foo bar"]);  // -500 と表示される
```

このようにプロパティ名として文字列リテラルを用いることには、1つ大きな利点があります。それは、識別子としては使えないような文字列でもプロパティ名にできるという点です。こちらの方法では任意の文字列がプロパティ名として使用可能です[注5]。

言い方を変えれば、オブジェクトリテラル内で""や''で囲まずに宣言できるプロパティ名は一部のみ（名前が識別子で表現できるもののみ）であり、それ以外の名前は""や''が必須だということです。上の例では、最初の"foo":はfoo:でもかまいませんが、"foo bar":はfoo bar:とすることができません。また、前項で説明したとおり、'↑↓↑↓':も↑↓↑↓:とすると文法エラーとなります。

ただし、識別子ではないプロパティ名に対してはobj.fooのような式でアクセスすることができません。のちほど詳説しますが、[ ]の構文を用いる必要があります。

文字列リテラルのほかにもう1つ、オブジェクトリテラル内でプロパティとして使用できるものがあります。それは**数値リテラル**です。次の例のように:の左に数値リテラルを書くことが可能です。

```
const obj = {
    1: "one",
    2.05: "two point o five",
};
console.log(obj["1"]);     // "one" と表示される
console.log(obj["2.05"]); // "two point o five" と表示される
```

ただし、たとえプロパティ名に数値リテラルを書いたとしても、オブジェクトのプロパティ名が文字列であることは変わりません。あくまでオブジェクトリテラルの書き方として数値リテラルの形で書くことが許容されているだけです[注6]。

最後に、プロパティ名を動的に決めるための構文である**計算されたプロパティ名**（computed property name）を解説します。動的というのは、プログラム中での計算によって初めて決まるという意味です。これまで見てきた構文はすべてプロパティ名がソースコードにベタ書き（静的なプロパティ名）でしたが、ここで紹介する構文を使えば、変数名に入っている文字列をプロパティ名にするというようなことが可能になります。この構文は、プロパティ名のところ（コロンの左）に[式]という構文を書きます。お察しのとおり、式を評価した結果の文字列がプロパティ名として用いられます[注7]。具体例は次のとおりです。

```
const propName = "foo";
const obj = {
  [propName]: 123
};
```

注5　厳密には、文字列に加えてさらに**シンボル**もプロパティ名として使用することができますが、本書ではシンボルについては解説しません。

注6　1e3: "prop"のようにコロンの左に特殊な数値リテラルを書いた場合はとくに注意が必要です。数値リテラルとしては1e3は1000を意味するため、これは"1000": "prop"と同じ意味になります。"1e3": "prop"という意味にはなりません。もっとも、こんな書き方をすることはめったにありませんが。

注7　結果が文字列以外だった場合は文字列に変換されます（シンボルの場合を除く）。

```
console.log(obj.foo); // 123 と表示される
```

この例では変数propNameの値は"foo"ですから、[propName]: 123という構文で作られるプロパティの名前はfooです。よって、obj.fooとすると123が表示されました。

この構文を使う際は、型推論に関して気をつけなければならないことがあります。それについては本章のコラム9で説明します。

3.1.4 プロパティアクセス：値の取得と代入

プロパティアクセスとは、オブジェクトのプロパティの値を得たり、プロパティに代入したりすることです。前項までにも少し出てきたように、プロパティアクセスにはuser.ageという構文を用いることができます。これは式.プロパティ名という形の構文で、user.ageの場合はuserが式（変数名は式であり、その変数の中身を取得するという意味になるのでした）であり、ageがプロパティ名です。ageの部分は識別子（➡2.2.2）を与えます（オブジェクトリテラルの項（➡3.1.2）でも説明したように、予約語も可能です）。

この構文は**プロパティの値を取得する**、または**プロパティに代入する**という2種類の用途で使うことができます。プロパティの値を取得する場合は、単純にuser.ageを式として用います。たとえば、console.log(user.age)とすればuserに入っているオブジェクトのageプロパティの値が表示されます。一方、プロパティに値を代入する場合は、変数と同様に代入演算子（➡2.4.8）を用います。=演算子の左にプロパティアクセス構文を配置することで、そのプロパティに代入することができます。さっそく具体例を示します。この例では、最初25だったuser.ageが代入することで26に変わっています。

```
const user = {
  name: "uhyo",
  age: 25,
};

user.age = 26;
console.log(user.age); // 26 が表示される
```

ここでは=演算子を用いましたが、+=などほかの種類の代入演算子ももちろん使用可能です。

プロパティアクセス構文にはもう1種類あり、そちらの構文ではアクセスするプロパティ名を動的に決めることができます。こちらの構文は式1[式2]という形です。ここで式1はオブジェクトを表す式であり、式2はプロパティ名を表す式です。プロパティ名を動的に決めるために[ ]という記号を使うという点が前項の動的なプロパティ名と共通で、わかりやすくなっています。具体例としては、user.ageはuser["age"]と書きなおすことができます。この構文はプロパティ名を式で決めることができる点が特徴であり、これによりどのプロパティにアクセスするかをプログラムで決めることができます。

プロパティ名は文字列であるため、[ ]の中の式はstring型とするのが原則です。ただ、後述の配列（➡3.5）との兼ね合いから、数値（number型）も可能です[注8]。

やや人工的な例ですが、たとえばこんな使い方が考えられます。これはユーザーに数字を入力してもらってその数値が0以上かどうかによって表示を変える例です。

注8　本書には名前しか出てきませんが、実際にはさらにシンボルもプロパティ名として利用可能です。

```
import { createInterface } from 'readline';

const rl = createInterface({
  input: process.stdin,
  output: process.stdout
});

const messages = {
    good: "0以上の数値が入力されました！",
    bad: "負の数値を入力しないでください！"
}

rl.question('数値を入力してください:', (line) => {
  const num = Number(line);
  console.log(messages[num >= 0 ? "good" : "bad"]);
  rl.close();
});
```

このプログラムに123などの数を入力すると「0以上の数値が入力されました！」と表示される一方、-5などを入力すると「負の数値を入力しないでください！」と表示されます。これらのメッセージはあらかじめmessagesオブジェクトのgoodプロパティとbadプロパティに入っています。ポイントは、どちらのメッセージを表示するか決めるためのnum >= 0 ? "good" : "bad"という条件演算子（➡2.4.7）を用いた式です。これはnumが0以上なら"good"という文字列になり、それ以外は"bad"になります。この式はmessages[式]の式の部分で使われているため、numが0以上ならmessages["good"]が、それ以外ならmessages["bad"]が表示されます。

最後に余談ですが、これまで用いてきたconsole.log(...)のような関数は、よく見るとプロパティアクセスの構文を含んでいるように見えますね。実際、これはconsoleオブジェクトが持つlogプロパティを参照しています。このプロパティは関数が入っているので、関数呼び出しの構文で呼び出すことができます。ただし、プロパティに入っている関数（メソッド）を呼び出す際には注意が必要です。詳しくは第5章で説明します（➡5.4.1）。

コラム 8

オブジェクトのプロパティとconst

この項では、代入演算子を用いてuser.ageを書き換える例を紹介しました。注意深い読者の方は、「変数userはconstで宣言されているのに代入演算子を使えるのか」という疑問を持ったかもしれません。すでに見たとおり、答えはYesです。変数がconstで宣言されている場合は変数に再代入することはできませんが、それはあくまで変数そのものに対する規制です。すなわち、次のようにuser自体に別のオブジェクトを再代入する場合はコンパイルエラーになります。

```
const user = {
  name: "uhyo",
  age: 25,
};
```

```
// エラー: Cannot assign to 'user' because it is a constant.
user = {
  name: "John Smith",
  age: 15,
};
```

その一方で、変数に入っているオブジェクトの中身（プロパティ）を書き換えるのはconstによって制限されません。これは3.1.6の話題とも関連しますが、オブジェクトの中身がいくら書き変わろうとも（たとえ全部のプロパティの値を書き換えてしまったとしても）、変数userに入っているのは"同じ"オブジェクトのままだからです。TypeScriptのオブジェクトというのはこのように書き換えて中身を変えることができる存在であり、const変数は自身に"同じ"オブジェクトが入り続けていれば、その中身が書き換えられても文句を言わないのです。

とはいえ、最近はオブジェクトの書き換えを行わないプログラミングスタイルが流行しています。そのため、ケースバイケースではありますが、既存のオブジェクトの書き換えは忌避される傾向にあります。書き換えできないオブジェクトを宣言したい場合は、少しあとで紹介する読み取り専用プロパティ（➡3.2.7）をオブジェクト型の中で使うとよいでしょう。

3.1.5 オブジェクトリテラル（3）スプレッド構文

オブジェクトリテラル中では**スプレッド構文**（spread syntax）と呼ばれる構文を使用することができます。この構文を用いると、オブジェクトの作成時にプロパティを別のオブジェクトからコピーすることができます。スプレッド構文は...式という形の構文で、プロパティ: 式の代わりに使用することができます。

```
const obj1 = {
  bar: 456,
  baz: 789
};

const obj2 = {
  foo: 123,
  ...obj1
};

// obj2は { foo: 123, bar: 456, baz: 789 }
console.log(obj2);
```

この例ではobj2のオブジェクトリテラルの中でスプレッド構文が使われています。これにより、このオブジェクトリテラルはfooプロパティに加えてobj1由来のbarとbazプロパティを持っています。このように、スプレッド構文は既存のオブジェクトを拡張した別のオブジェクトを作りたい場合に有用です。この場合、obj2はobj1にさらにfooプロパティを加えたオブジェクトとなっています。

スプレッド構文と通常のプロパティ宣言が同じプロパティを与える場合、あとに書かれているほうが採用されます。次の例では、obj2では...obj1よりあとにfoo: -9999が書かれているため、obj2のfooプロパティはobj1由来の123ではなく-9999となります。

```
const obj1 = {
  foo: 123,
```

```
  bar: 456,
  baz: 789
};

const obj2 = {
  ...obj1,
  foo: -9999,
};

// obj2は { foo: -9999, bar: 456, baz: 789 }
console.log(obj2);
```

一方、次のように`...obj1`よりも前に`foo: -9999`を置くのはコンパイルエラーとなります。その理由は、`...obj1`によって`foo`が上書きされると決まっているのに、それより前に`foo`を書くのは無意味だからです。

```
const obj1 = {
  foo: 123,
  bar: 456,
  baz: 789
};

// エラー: 'foo' is specified more than once, so this usage will be overwritten.
const obj2 = {
  foo: -9999,
  ...obj1
};
```

スプレッド構文は1つのオブジェクトリテラルの中で複数回使うこともできます。たとえば`{ ...obj1, ...obj2 }`のようなオブジェクトリテラルが可能です。もし`obj1`と`obj2`が同じ名前のプロパティを持つ場合、やはりあとのものが優先されます。この場合は`obj2`にあるものが優先されることになります。

```
const obj1 = {
  foo: 123,
  bar: 456,
};

const obj2 = {
  bar: -999,
  baz: -9999,
};

const obj3 = {
  ...obj1,
  ...obj2
};

// obj3は { foo: 123, bar: -999, baz: -9999 }
console.log(obj3);
```

上の例では、`obj3`には`obj1`と`obj2`の両方のプロパティが含まれています。両方に存在する`bar`については、あとに書かれた`obj2`の`bar`が採用されます。

なお、スプレッド構文によって行われるのはプロパティの**コピー**であるという点に注意してください。コピー元のオブジェクトのプロパティを変更しても、コピー先のオブジェクトには影響しません（例は次項を参照してください）。

3.1.6 オブジェクトはいつ“同じ”なのか

TypeScriptでは、オブジェクトがいつ“同じ”なのかということに注意を払わなければなりません。オブジェクトの等値性に対する理解があいまいだと、同じだと思っていたオブジェクトが同じでなかったり、同じでないと思っていたオブジェクトが同じだったりという事態が発生してプログラムが思わぬ挙動をすることになります。

とくに、TypeScriptではオブジェクトが暗黙にコピーされることはなく、複数の変数（やオブジェクトのプロパティ）に同じオブジェクトが入る場合があります。このような特徴を持つプログラミング言語は珍しくありませんが、それでもなお間違えやすいところです。次の例は、変数fooとbarに入っているオブジェクトが同じである例です。

```
const foo = { num: 1234 };
const bar = foo;
console.log(bar.num); // 1234 と表示される
bar.num = 0;
console.log(foo.num); // 0 と表示される
```

この例では変数fooには{ num: 1234 }というオブジェクトが入っています。これをオブジェクトAと呼ぶことにしましょう。すなわち、{ num: 1234 }というオブジェクトリテラルでオブジェクトAを作成し、それを変数fooに代入したのです。そして、変数barにfooの中身を代入しました。変数fooの中身とはオブジェクトAですから、変数barにはオブジェクトAが入ります。ここで、変数fooとbarにはどちらもオブジェクトAが入っているので、fooとbarが同じオブジェクトであると言えます。ポイントは、fooとbarという2つの変数があるのに対して、それらに入っているオブジェクトの実体はオブジェクトAという1つしかないということです。**図3-1**のように、変数はオブジェクトそのものというより、別のところにあるオブジェクトの実体を指し示すものであると考えるのがよいでしょう[注9]。

図3-1　変数たちとオブジェクトの関係

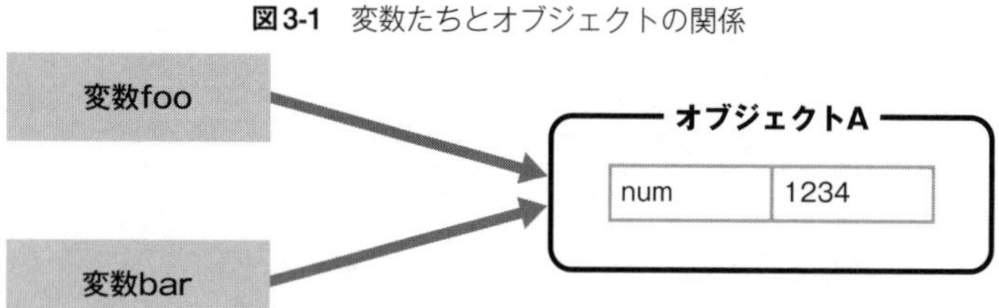

上の例を読み進めると、3行目でbar.numを取得しています。これはオブジェクトAのnumプロパティを取得するという意味になるので、bar.numは1234です。4行目のbar.num = 0という代入も、オブジェクトA

注9　このことは、**参照**（reference）という用語を用いて「変数foo・barに入っているのはオブジェクトAへの参照である」と説明されることもあります。「参照渡し」という用語もありますが、これは別の概念なので注意しましょう。

のnumプロパティに0を代入していることになります。最後に5行目でfoo.numを取得したときについても、fooの中身がオブジェクトAであるためオブジェクトAのnumプロパティの値が取得されます。これはたった今0に書き換えられたばかりでした。

このように、変数にオブジェクトが入っていても、変数がそのオブジェクトを占有しているとは限りません。ほかの場所でも同じオブジェクトを保持しており、そちらからオブジェクトが書き換えられることがあるのです。「オブジェクトはいつ"同じ"なのか」という問いに対する答えは、「**明示的にコピーしなければ同じである**」ということになります。上の例のように「オブジェクトを別の変数に入れる」という操作はオブジェクトをコピーしていないので、同じオブジェクトが複数の変数に入る結果となります。

では、オブジェクトを明示的にコピーするとはどういうことでしょうか。1つの方法は、前項で説明したスプレッド構文を使って次のようにすることです。原則として、別々のオブジェクトを得るにはオブジェクトを別々に作成する必要があります。スプレッド構文はオブジェクトリテラルの中で使える構文であり、オブジェクトリテラルは新しいオブジェクトを作る構文ですから、確かにオブジェクトのコピーになっています。

```
const foo = { num: 1234 };
const bar = { ...foo }; // { num: 1234 } になる
console.log(bar.num); // 1234 と表示される
bar.num = 0;
console.log(foo.num); // 1234 と表示される
```

こうした場合、barはfooのプロパティをコピーして得られた新しいオブジェクトになります。つまり、fooに入るオブジェクトとbarに入るオブジェクトは別々のオブジェクトであるということです（**図3-2**）。これならば、bar.numを書き換えてもfoo.numが影響を受けることはありません。このように、別々のオブジェクトが欲しければ別々にオブジェクトを作成するというのが基本原則です。これを怠ると、別々のオブジェクトを作ることを意図していたのに実は同じオブジェクトが使いまわされていたという事態に陥ります。

図3-2 fooとbarに別々のオブジェクトが入る様子

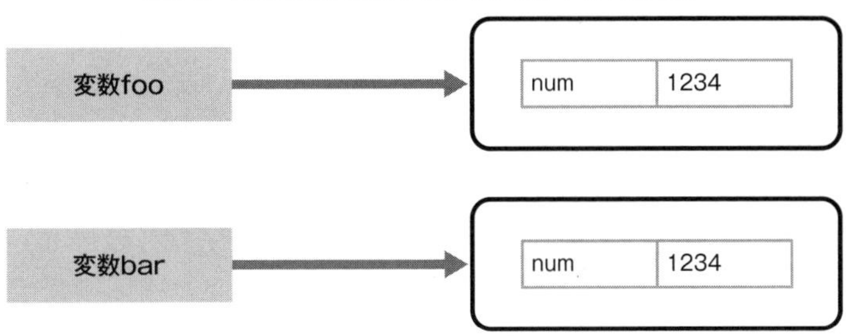

なお、同じ中身のオブジェクトを作るからといって必ずしもスプレッド構文を使う必要はありません。上の例の場合、次のように愚直に書くことも可能です。スプレッド構文を使うと後述の罠にはまりやすいので、このように書くのが望ましいこともあります。

```
const foo = { num: 1234 };
const bar = { num: 1234 };
```

スプレッド構文でオブジェクトをコピーする場合、ネストしたオブジェクトに注意が必要です。スプレッド記法を使う方法はあくまで「各プロパティが同じ値を持つ新しいオブジェクトを作る」というものであり、プロパティの中にオブジェクトが入っていた場合はそれは相変わらず同じオブジェクトのままです。次の**図3-3**の例ではfooとbarは別々のオブジェクトですが、foo.objに入っているオブジェクトとbar.objに入っているオブジェクトは同じオブジェクトです。

図3-3　ネストしたオブジェクトの模式図

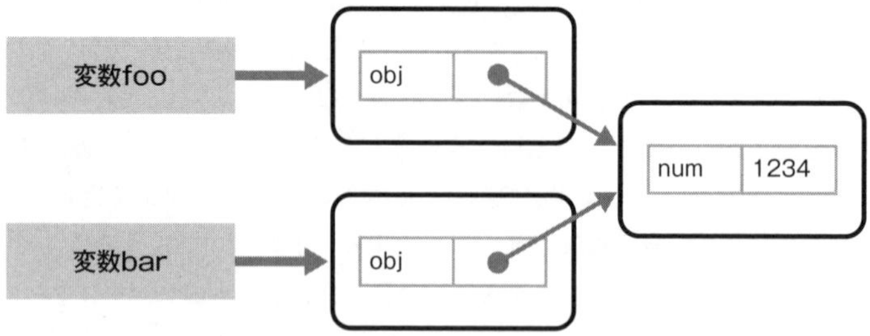


```
const foo = { obj: { num: 1234 } };
const bar = { ...foo };
bar.obj.num = 0;
console.log(foo.obj.num); // 0 と表示される
```

ネストしたオブジェクトも含めて全部コピーしたい（ネストしたオブジェクトも使いまわされないようにしたい）場合の標準的な方法は今のところありません[注10]。スプレッド記法をネストしたオブジェクトに対しても使用する（const bar = { obj: { ...foo.obj } };）のが1つの方法ですが、これは記述が多くなってしまうという欠点があります。これを行ってくれるライブラリはいろいろありますから、それらを用いて行うのが実際のところよくとられる選択肢です。

最後に、オブジェクトに対して一致判定の演算子===（➡2.4.4）を用いた場合の挙動について説明します。オブジェクト同士を===で比較した場合は、両辺が同じオブジェクトである場合にtrueとなります。

```
const foo = { num: 1234 };
const bar = foo;
const baz = { num: 1234 };

console.log(foo === bar); // true と表示される
console.log(foo === baz); // false と表示される
```

この例では、fooとbarは同じオブジェクトなのでfoo === barはtrueとなります。一方、fooとbazは別々に作られたオブジェクトであり同じではないので、foo === bazはfalseとなります。このように、中身がまったく同じだったとしても、別々のオブジェクトは===で比較するとfalseになります。オブジェクト自体が“同じ”かどうかではなく中身が一致しているかどうかで比較したいという場面は多くありますが、そのための標準的な方法は今のところありません。

ちなみに、{ num: 1234 } === 1234のようにオブジェクトとオブジェクト以外を比較した場合は必ずfalseとなります。===ではなく==を使った場合はまた挙動が違いますが、==をあえて使う必要もないので本

注10　Webブラウザ上で動くプログラムの場合、structuredCloneという関数がHTML標準として定義されているためこれが利用可能かもしれません。

書では解説を省略します。

3.2 オブジェクトの型

この節では**オブジェクトの型**について解説します。これまで数値を表すnumber型や文字列を表すstring型などが登場しましたが、ここで登場するのは**オブジェクトを表す型**です。オブジェクト型を用いることで、TypeScriptで扱うオブジェクトの型を宣言・制限できます。オブジェクトはTypeScriptで非常に頻繁に使われるデータですから、それを表すオブジェクト型もまた非常に頻出です。

この節では、さまざまな種類のオブジェクト型を理解し、オブジェクト型を使って型注釈を書く方法を学びます。また、オブジェクト型の扱いを通して自分で型を宣言する方法も学びます。

3.2.1 オブジェクト型の記法

まず最初に、オブジェクト型の記法を学びましょう。VS Code（または自分のお好きなエディタ）で以下のコードを書き、変数objの上にマウスカーソルを乗せてみましょう。すると、変数objの型が表示されます（**図3-4**）。この章ではこれまで変数に型注釈を書いてきませんでしたが、型推論により変数の型は常に存在しています。変数objに入るのはオブジェクトですから、TypeScriptがオブジェクト型を推論してくれたことが期待できます。まずはそれを調べてみましょう。

```
const obj = {
  foo: 123,
  bar: "Hello, world!"
};
```

調べてみると、objの型はこのように表示されます。

```
const obj: {
  foo: number;
  bar: string;
}
```

図3-4 VS Codeで変数objの型が表示されるところ

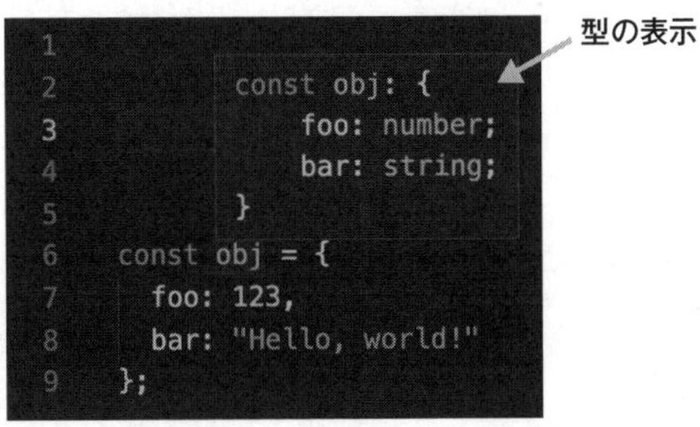

これによれば、変数objの型は{ foo: number; bar: string; }です。{ }や:といった構文が何だかオブジェクトリテラルに似ていますが、厳密には別物です。これを参考に変数objの宣言に型注釈を加えると、次のようになります。これはコンパイルが通る正しいプログラムです。非常にややこしい見た目ですが、真ん中の=の左の{ ... }がオブジェクト型の構文で、右の{ ... }がオブジェクトリテラルの構文であることに注意して読みましょう。

```
const obj: {
  foo: number;
  bar: string;
} = {
  foo: 123,
  bar: "Hello, world!"
};
```

オブジェクト型の構文は、プロパティ名: 型;という宣言を{ }の中に並べるという形をしています。プロパティ名のところは識別子（➡2.2.2）です。これの意味は、宣言された型のプロパティをすべて持つオブジェクトという意味です。今回の例ではfoo: number;とbar: string;の2つが宣言されていますから、{ foo: number; bar: string; }は「number型のfooプロパティとstring型のbarプロパティを持つオブジェクト」の型という意味になります。今回objに代入されているオブジェクトは確かにこの条件を満たしていますね（型推論の結果なので当然なのですが）。

ちなみに、プロパティ名の部分はオブジェクトリテラル（➡3.1.3）と同様に文字列リテラルを使うことができます。識別子ではないプロパティ名に型を指定したいときはこちらを使います。

```
const obj: {
  "foo bar": number;
} = {
  "foo bar": 123,
};
```

3.2.2 オブジェクト型の型チェックと安全性

型を書くことの最も大きな意味は、TypeScriptに型チェックをしてもらえることです。ここでは、オブジェクト型があることでTypeScriptがどのようなチェックを行ってくれるのかを学びます。型チェックを行った結果コードに問題があった場合はコンパイルエラーとなります。

型注釈は変数の宣言につけることができ、もちろんオブジェクト型も例外ではありません。変数の初期化時や代入時に、型が示す条件に合わないオブジェクトを変数に入れようとするとコンパイルエラーが発生します。これはプリミティブ型（number型やstring型）などと同様です。コンパイルエラーの例を見てみましょう。この例では、barプロパティがstring型と宣言されているのに、実際には真偽値が入っているようなオブジェクトを変数objに代入したことが原因でコンパイルエラーが発生します。

```
const obj: {
  foo: number;
  bar: string;
} = {
  foo: 123,
```

```
  // エラー: Type 'boolean' is not assignable to type 'string'.
  bar: true,
};
```

また、宣言されているプロパティを持っていないオブジェクトを代入しようとした場合もコンパイルエラーとなります。次の例は、objに入るオブジェクトはbarプロパティを持つと宣言されているのに、barを持たないオブジェクトを代入しようとしたためコンパイルエラーとなります。

```
// エラー: Property 'bar' is missing in type '{ foo: number; }' but required in type '{ foo: number; bar: string; }'.
const obj: {
  foo: number;
  bar: string;
} = {
  foo: 123,
};
```

このようなチェックのおかげで、変数がオブジェクト型を持っている場合は、その型のとおりのオブジェクトが変数に入っていることが担保されます。変数objが{ foo: number; bar: string; }型を持っているならば、obj.fooには数値が入っていて、obj.barには文字列が入っていることが期待できます。

もちろん、プロパティへの代入も型チェックの対象となります。オブジェクトのプロパティに、宣言と異なる型の値を代入するのはコンパイルエラーです。次の例ではobjの型注釈がありませんが、その場合は代入されているオブジェクトの型を見て型推論が行われるためobjの型はやはり{ foo: number; bar: string; }型となります。よって、obj.fooはnumber型であるため、たとえばobj.fooにnullを代入しようとするとコンパイルエラーが発生します。

```
const obj = {
  foo: 123,
  bar: "Hello, world!",
};
// エラー: Type 'null' is not assignable to type 'number'.
obj.foo = null;
```

逆に、型で宣言されていないプロパティにアクセスしようとするのもまたコンパイルエラーとなります。型で宣言されていないプロパティは存在するとは限らず、それにアクセスするのは危険だからです。

```
const obj = {
  foo: 123,
  bar: "Hello, world!",
};
// エラー: Property 'hoge' does not exist on type '{ foo: number; bar: string; }'.
console.log(obj.hoge);
```

3.2.3 type文で型に別名をつける

ここで、TypeScriptで非常に頻出の文である**type文**を導入します。これはTypeScriptに特有の文であり、JavaScriptに類似の文は存在しません。それもそのはず、これは**型名を宣言する文**だからです。JavaScriptには型という概念がありません[注11]から、type文のようなものはそもそも必要ないのです。

type文の構文はtype 型名 = 型;です。型名としては、変数名と同様に識別子が利用可能です。この文によって、指定された型名が新しく作成され、それは型と同じものとして扱われます。type文は、先述のオブジェクト型に別名をつけることができる点がとくに便利です。

```
type FooBarObj = {
  foo: number;
  bar: string;
};
const obj: FooBarObj = {
  foo: 123,
  bar: "Hello, world!"
};
```

この例では、まずtype文でFooBarObjという型名を作成しました。これにより、FooBarObj型というのは{ foo: number; bar: string; }型の別名となり、同じ意味で使うことができます。type文の次の変数宣言では変数objの型注釈にFooBarObj型を用いています。上記の定義からFooBarObj型というのは{ foo: number; bar: string; }型の別名ですから、「number型のプロパティfooとstring型のプロパティbarを持つオブジェクト」の型となります。

オブジェクトの型は直接書くと{ foo: number; bar: string; }のように長いので、type文を用いて別名をつけて扱いやすくするのが定石です。ただし、たまに「type文でオブジェクト型を宣言しないとオブジェクト型を使用できない」という勘違いをしている人もいますから、注意しましょう。これまでの例ですでに見たように、type文を用いずにオブジェクト型を直接使うことは不可能ではありません。

ちなみに、type文による型名の作成はその型名を使うよりあとでもかまいません。これは、型チェックはあくまでプログラムのコンパイル時に行われるものであり、実際のプログラムの実行とは無関係だからです[注12]。

```
// FooBarObjを宣言する前に使ってもOK
const obj: FooBarObj = {
  foo: 123,
  bar: "Hello, world!"
};
type FooBarObj = {
  foo: number;
  bar: string;
};
```

なお、type文の用途はオブジェクトの型に別名を与えるだけではありません。第6章で解説するさまざまな型を扱うときにも役立つほか、次のようにプリミティブの型に別名を与えることも一応可能です。こうすると、UserId型はstring型と同じ意味になります。すなわち、UserIdと書くのとstringと書くのは型システム上何の違いもありません[注13]。

注11　「JavaScriptは動的型付き言語だから動的型という型があるのではないか」と思った読者の方もいるかもしれませんが、本書では型とは静的型のことであるという立場をとっています。『型システム入門』（Benjamin C. Pierce著、遠藤侑介［ほか］共訳、オーム社、2013年）も参考になるでしょう。

注12　試しに、コンパイル後のJavaScriptファイル（dist/内にあります）を見てみましょう。type文が完全に消えており、ランタイムの挙動に影響を及ぼしていないことが確かめられます。

注13　とくに、このように書いてもいわゆるnewtypeパターンになるわけではないので注意しましょう。

```
type UserId = string;
const id: UserId = "uhyo";
```

あまり意味はありませんが、type文は任意の型に別名をつけられるので、我々が作った型にさらに別名を与えることも可能です。

```
type FooObj = { foo: number };
type MyObj = FooObj;

const obj: MyObj = { foo: 0 };
```

type文に関して間違えやすい点2点を改めて復習しておきましょう。1つは、type文はどんな型にも別名をつけられるのだということです。オブジェクト型にしか使えないといった勘違いをしてはいけません。もう1つは、これはあくまで型に別名をつけるだけであるということです。オブジェクトの型はたとえば`{ foo: number }`のように書く型が実体であり、type文で名前をつけなくても使えます。type文は決して「新たに型を作って利用可能にする」ものではなく、「すでにある型に別名をつける」だけのものであるということは重要です。

3.2.4 interface宣言でオブジェクト型を宣言する

interface宣言は、型名を新規作成する別の方法です。type文では任意の型に対して別名を宣言できましたが、interface宣言で扱えるのはオブジェクト型だけです。interface宣言の構文は`interface` 型名 オブジェクト型です。オブジェクト型は`{ }`で囲まれることを踏まえると、interface宣言は次のように書けます。

```
interface FooBarObj {
  foo: number;
  bar: string;
}
const obj: FooBarObj = {
  foo: 0,
  bar: "string"
};
```

このinterface宣言ではやはり`FooBarObj`という型名を作成しており、その実体は`{ foo: number; bar: string }`という型です。

ほとんどの場合、interface宣言はtype文で代用可能です。しかもtype文のほうがより多くの場面で使えるので、interface宣言は使用せずにtype文のみを使うという流儀もあるようです（筆者もそうです）。実際のところ、特定の場合[注14]を除いてtype文のみを使っておけば困ることはないでしょう。そのため、これからTypeScriptプログラムで開発を行う読者の方はinterface宣言を使う機会が少ないかもしれません。ただ、type文が存在せずinterface宣言のみ利用可能だった時期があった（2014年以前）という歴史的経緯のために、オブジェクトの型を作る際はinterface宣言を使うという手癖がある人も多少いるようです。

注14　詳細な解説は省きますが、Declaration Mergingを行う場合が該当します。これはtype文では不可能で、interface宣言でのみ行うことができます。

3.2.5 任意のプロパティ名を許容する型（インデックスシグネチャ）

インデックスシグネチャはオブジェクト型の中で使用できる特殊な記法です。インデックスシグネチャを用いることで、「どんな名前のプロパティも受け入れる」という性質のオブジェクト型を記述することができます。これまで解説してきたオブジェクト型はプロパティ名が固定されていましたが、プロパティ名が動的に決まる状況ではそれでは扱えないことがあります。そのような状況でインデックスシグネチャが利用されることがあります。

インデックスシグネチャは、オブジェクト型の中に`[キー名: string]: 型;`と書くのが基本的な形です。こうすると、「任意の名前のプロパティが型を持つ」という意味になります。唐突に`string`という記述が出てきていますが、これは「任意の`string`型のキーに対して」という意図を表しています。3.1.4で解説したとおりプロパティ名は文字列で表されますから、これは「任意のプロパティ名に対して」とも言い換えられます。

インデックスシグネチャはたとえば次のように書くことができます。

```
type PriceData = {
  [key: string]: number;
}
const data: PriceData = {
  apple: 220,
  coffee: 120,
  bento: 500
};
// これはOK
data.chicken = 250;
// これはコンパイルエラー: Type '"foo"' is not assignable to type 'number'.
data.弁当 = "foo";
```

`PriceData`は任意のプロパティ名が`number`型を持つと宣言したので、この例では`apple`, `coffee`, `bento`といった名前のプロパティを用いることができています。さらに、`data`の宣言後も`obj.chicken = 250;`のように新たなプロパティを作って代入することができます。一方で、そのようなプロパティは`number`型として宣言されていますから、最後の行のように文字列を代入するのはコンパイルエラーとなります。

コラム 9 インデックスシグネチャに潜む罠

実は、たった今解説したインデックスシグネチャは注意を払いながら使用する必要があります。なぜなら、この機能は**TypeScriptが保証する型安全性を破壊する**ことができるからです[注15]。

すでに解説したように、インデックスシグネチャは任意のプロパティ名が指定した型を持つという意味です。その結果、次のようなことが可能です。

```
type MyObj = { [key: string]: number };
const obj: MyObj = { foo: 123 };
```

注15　実は、9.2.4で解説するnoUncheckedIndexedAccessコンパイラオプションを使えばこの危険性はなくなります。しかし、このオプションは比較的新しいためこのコンパイラオプションが有効になっていないプロジェクトが多くあります。そのため、ここのコラムではこのコンパイラオプションが無効な場合の危険性を解説しています。

```
const num: number = obj.bar;
// undefined と表示される
console.log(num);
```

ここで定義したMyObj型は、任意のプロパティ名がnumber型を持っているようなオブジェクトの型です。これは、言い換えればMyObj型を持つ変数objはどんなプロパティにアクセスしてもnumber型となるということです。obj.barはnumber型なので、number型として宣言した変数numに代入することができます。

しかしながら、実際にこのプログラムを実行すると変数numに入るのは数値ではなくundefinedです。undefinedという値はundefined型（➡2.3.8）を持つ値であり、number型ではありません。ということは、プログラムが型注釈と矛盾した動作をしてしまっていることになります。その直接的な理由は、プログラムを見るとよくわかるように、objというオブジェクトが持っているのは実際にはfooプロパティだけだからです。objはbarというプロパティを持っておらず、それにもかかわらずbarプロパティにアクセスしたためundefinedが得られたのです。一般に、JavaScriptではオブジェクトの存在しないプロパティにアクセスした結果はundefinedとなりますから、TypeScriptでもランタイムの挙動は当然それに従います。

ただし、3.2.2で見たように、存在しないプロパティにアクセスするのはそもそもコンパイルエラーとなるため不可能であるはずです。それを可能にしてしまうというのがインデックスシグネチャの特性です。インデックスシグネチャがあるオブジェクト型では、実際にプロパティが存在するかどうかとは無関係に、「どんな名前のプロパティにもアクセスできる」という特性を持ちます。しかも、この特性により**型安全性**が破壊されてしまうというのが非常に厄介です。

型安全性とは、プログラムが型注釈や型推論の結果に反した挙動をしないことを指します。TypeScriptコンパイラは、プログラムをチェックして必要に応じてコンパイルエラーを発生させることで、コンパイルに成功したプログラムが型安全な挙動をすることを保証しようとします。たとえば、`const num: number = "123";`のようなプログラムはnumber型の変数に文字列を入れようとしており、その挙動は型注釈に反している（型安全ではない）ためコンパイルエラーとなります。

インデックスシグネチャがある場合、前述の特性により型安全性が失われるにもかかわらず、TypeScriptはコンパイルエラーを発生させません。今回の例の場合、obj.barは実際にはundefinedであるにもかかわらず、TypeScriptはobj.barがnumber型であると考えます。このギャップが型安全性が失われる原因です。

プログラムを型安全にするためにTypeScriptを使っているのに、型安全な結果が得られないというのは本末転倒です。ですから、型安全性のためにはインデックスシグネチャの使用は避けるべきです。

さらに、インデックスシグネチャは、明示的に宣言する以外にも型推論によって発生する場合があります。具体的には、動的なプロパティ名（➡3.1.3）を含むオブジェクトリテラルを用いた場合です。次の例のように動的なプロパティ名の型がstringだったときに、オブジェクトリテラルの型がインデックスシグネチャを持ちます。

```
const propName: string = "foo";
// objは{ [x: string]: number }型
const obj = {
  [propName]: 123
};
console.log(obj.foo); // 123 と表示される
```

残念ながら、この型推論は正しくありません。上の例の場合objはfooというプロパティだけを持っていますから、インデックスシグネチャの意味である「任意のプロパティ名がnumber型を持つ」ということにはなっていませんね。propNameに入っているのは「何らかのstring型の値」なのに、型推論の時点で「任意のstring型の値」に変わってしまっています。この挙動は型安全性と利便性を天秤にかけて利便性をとった結果だと思われます。propNameをリテラル型（➡6.2.1）やそのユニオン型（➡6.2.3）にすればこのような危険はありませんから、動的なプロパティ名を使わなければいけない場合はこのことに気をつけましょう。
　インデックスシグネチャを持つオブジェクト型は、オブジェクトを決まった形のデータの集まりとして使うのではなく、動的に任意のプロパティを作成・使用できるようなものとして使うとき（本当にオブジェクトを連想配列として使う場合など）に使用したくなるかもしれません。しかし、インデックスシグネチャが結構古い機能であるという事情もあり、推奨できません。多くの場合はMapオブジェクト（➡3.7.4）で代替できます。Mapオブジェクトは型安全ですから安心して使用しましょう。

3.2.6 オプショナルなプロパティの宣言

　オブジェクト型には**オプショナルなプロパティ**を宣言する機能もあります。オプショナルなプロパティは、あってもなくてもよいプロパティのことです。オプショナルなプロパティを宣言するには、プロパティ名の後ろに?を付加します。たとえば、次の例ではfooプロパティとbarプロパティがあり、さらにオプショナルなbazプロパティを持つオブジェクトの型を宣言しています。

```
type MyObj = {
  foo: boolean;
  bar: boolean;
  baz?: number;
}

const obj: MyObj  = { foo: false, bar: true };
const obj2: MyObj = { foo: true, bar: false, baz: 1234 };
```

　この例ではobjとobj2はどちらもMyObj型を持ちます。前者はbazプロパティがなく、後者はbazプロパティがありますが、どちらもMyObj型に属するものとして認められます。
　オプショナルなプロパティに対しては普通にプロパティアクセスを行うことができます。コラム9で触れたように、存在しないプロパティにアクセスしたときの結果はundefinedです。よって、obj.bazはundefinedとなる一方でobj2.bazは1234という結果が得られます。

```
console.log(obj.baz); // undefined と表示される
console.log(obj2.baz); // 1234 と表示される
```

　ところで、このときobj.bazやobj2.bazの型はどうなっているでしょうか。VS Codeでobj.bazにマウスカーソルを乗せてみると、number | undefined型と表示されます。これは今までに見たことがない記法ですが、その正体はユニオン型（➡6.1）です。ユニオン型の細かな解説はしばらくあとで行いますが、今回の場合は「number型かもしれないしundefined型かもしれない」という意味になります。実際、obj.bazが存在すればnumber型の値が返ってくるし、存在しなければundefinedが返ってきますから、これは妥当な結果ですね。
　なお、number | undefined型の値はnumber型と同じようには使えません。たとえば数値計算を行いたい場合でも、undefinedだったら計算を行えないからです。このようなundefinedかもしれない値を扱う典型的な方法は条件分岐でundefinedの可能性を除外することです。詳しくはやはり第6章で解説しますが、たとえばこのようにします。

```
console.log(obj2.baz * 1000); // これはコンパイルエラー
```

```
if (obj2.baz !== undefined) {
  console.log(obj2.baz * 1000); // これはOK
}
```

3.2.7 読み取り専用プロパティの宣言

オブジェクト型には、プロパティを**読み取り専用**にする機能も備わっています。読み取り専用に指定されたプロパティは、再代入しようとするとコンパイルエラーとなります。読み取り専用プロパティは、オブジェクト型の中でプロパティ名の前にreadonlyを付与することで宣言できます。

```
type MyObj = {
  readonly foo: number;
}
const obj: MyObj = { foo: 123 };
// エラー: Cannot assign to 'foo' because it is a read-only property.
obj.foo = 0;
```

この例ではobjはMyObj型を持ち、そのfooプロパティはreadonlyと指定されているため、obj.fooに再代入しようとするとコンパイルエラーが発生します。

readonlyの使用によって、コンパイラが追加のチェックを行ってくれます。とくにプロパティを変更するつもりがない場面ではreadonlyをつけておくほうがより安全です。間違ってプロパティへの再代入を行ってしまっていないかどうかの面倒をTypeScriptが見てくれるからです。ただし、readonlyの挙動については、安全性の面でやや注意しなければいけない点があります。詳しくは少しあと（➡第4章のコラム18）で解説します。

3.2.8 typeofキーワードで変数の型を得る

ここでは少し横道にそれて、**typeofキーワード**について説明します。これは型を表す特殊な記法であり、typeof 変数名の形でその変数が持つ型を表します。

```
const num: number = 0;
// 型Tはnumber型
type T = typeof num;
// fooはnumber型の変数となる
const foo: T = 123;
```

この例ではtype文（➡3.2.3）を用いてTをtypeof numの別名としています。型注釈にあるように変数numはnumber型の変数ですから、typeof numはnumber型として扱われます。よって、Tはnumber型の別名となり、変数fooはnumber型の変数となります。

この例では変数numの型がnumberであることは型注釈を見れば明らかだったため、あまり意味が感じられないかもしれません。もう少し意味のある例としては、型推論の結果をtypeofを用いて抽出するという使い道があります。

```
const obj = {
  foo: 123,
  bar: "hi"
```

```
};

type T = typeof obj;
const obj2: T = {
  foo: -50,
  bar: ""
};
```

この例では、型Tはtypeof objであるとされています。しかし、今回変数objの型はソースコードに書いてありません。このような場合、これまでにも学習したようにTypeScriptは変数objの型を型推論により決定します。すなわち、objに何が代入されているのかをもとに変数objの型が判断されます。今回の場合、具体的にはobjの型は{ foo: number; bar: string }型となります。よって、Tもまた{ foo: number; bar: string }型となるのです。const obj2: Tとすることによって、obj2はobjと同じ型のオブジェクトであるということになります注16。

このように、型推論の結果を型として抽出・再利用したい場合にtypeofは効果的です。とくに、ランタイムの（すなわち、型ではない）変数宣言から型推論を通じて型を取り出せるというのは実は非常に強力な機能です。

ちなみに、TypeScriptではtypeofには実は2種類ありますので、混同しないように注意してください。1つはここで解説した型のtypeofで、もう1つはtypeof演算子（➡6.3.2）です。この2つは同じtypeofという予約語を使用しますが、使われる場所が違います。前者は型を作るキーワードであるのに対して、後者は演算子なので式を作ります。両者を混ぜるとこんな文が作れるでしょう。

```
const res: typeof foo = typeof bar;
```

typeof fooは型の位置にあるので今回解説したtypeofであり、typeof barは式の位置にあるので演算子のtypeofです。

コラム 10　typeofはいつ使うべきか

たった今解説したtypeof（型のほうです）は、濫用すべきではありません。基本的には、型を書かずにtypeofで型推論結果を取り出すよりも、型をtype文などを使って明示的に宣言するほうがわかりやすいプログラムとなります。かなりTypeScriptに熟練するまでは、本当にtypeofを使うべき場面に出会うことはあまりないでしょう。その意味では、今回学習したことはひとまず頭の片隅に置いておく程度でも十分です。

では、typeofが適しているのはどういう場合でしょうか。それを見極めるためのポイントは、「何が最上位の事実か」を考えることです。基本的に、プログラムを支える前提となる事実はプログラム上に明記されるべきです。そこから自動的に導かれるような付属的な事柄については、（わかりやすさのために明記してもかまいませんが）明記しなくてもよいことがあります。

たとえば、プログラムが何らかのユーザーデータを扱うプログラムだった場合は、ユーザーデータが入ったオブジェクトを表すUser型の定義はプログラムにきちんと書きましょう。

```
type User = { name: string; age: number };
```

注16　もちろん、型に別名をつけずにconst obj2: typeof obj = ...とすることも可能です。

この場合、User型がプログラムの最上位の事実（のひとつ）となります。というのも、このデータはnameとageプロパティを持ちますが、もしユーザーに追加情報としてtelNumberプロパティが増えることになった場合、まず変えるのはこのUser型です。そして、それに付随して残りのプログラムが変わっていくことになります。これが、最上位の事実であるということです。

この例では型が最上位に来ています。そして、実際多くの場合で最上位に来るのは型です。これは、基本的に型は設計を表すものであり、実装は設計に依存して書かれるという点で型よりも下位に来るものだからです。これがtypeofを使う機会があまりない理由です。しかし、たまに型ではなく値が最上位に来る場合があります。typeof型は、そのような場合にそれに付随する型を扱うために出番が来るかもしれません。

これまでに学習した範囲をかなり逸脱しますが、値が最上位にくる例としては次のようなものが挙げられます。

```
const commandList = ["attack", "defend", "run"] as const;

// "attack" | "defend" | "run" 型
type Command = typeof commandList[number];
```

この例ではCommand型を定義しており、それは3種類の文字列リテラル型（➡6.2）のユニオン型（➡6.1）です。また、それらのコマンド文字列の一覧である配列（➡3.5）commandListも定義しています。詳細は省きますが、このようにtypeofを使うことで変数commandListに値として定義された内容から型を抜き出しCommand型を作っています。このとき、commandListという値側を変えるとCommand型が追随して変わることから、値が最上位の定義となっています。これを型が最上位になるように書きなおすと、次のように同じ文字列を2回書くことになり望ましくありません。

```
type Command = "attack" | "defend" | "run";

const commandList: Command[] = ["attack", "defend", "run"];
```

型上位の書き方のまま同じ文字列を2回書かなくて済む方法は存在しません。このような場合に値上位の書き方をすることになります。

3.3 部分型関係

部分型関係（subtyping relation）は、TypeScriptを理解するにあたって非常に重要な概念です。部分型は一見簡単な概念に見えますが、その実たいへん奥が深いしくみです。部分型はTypeScriptの型システムの根幹をなす要素のひとつですから、TypeScriptプログラミングができるようになるためにはぜひとも身につける必要があります。

3.3.1 部分型とは

部分型とは、2つの型の互換性を表す概念です。型Sが型Tの部分型であるとは、S型の値がT型の値でもあることを指します。言葉で説明してもわかりにくいので、例を通して説明します。次の例で定義するFooBarBaz型は、FooBar型の部分型となります。その証拠に、`const obj2: FooBar = obj;`としてもコンパイルエラーとなりません。

```
type FooBar = {
  foo: string;
  bar: number;
}
type FooBarBaz = {
  foo: string;
  bar: number;
  baz: boolean;
}

const obj: FooBarBaz = {
  foo: "hi",
  bar: 1,
  baz: false
};
const obj2: FooBar = obj;
```

FooBarBazがFooBarの部分型であるということは、FooBarBaz型の値はFooBar型の値でもあるということです。const obj2: FooBar = obj;がコンパイルエラーとならないのは、本来FooBarBaz型の値であるobjが、(FooBarBazがFooBarの部分型であることにより) FooBar型でもあるからです。では、なぜFooBarBazはFooBarの部分型なのでしょうか。それを知るために、FooBarBazとFooBarの意味を見直してみましょう。

FooBarは「fooプロパティがstring型でありbarプロパティがnumber型であるオブジェクトの型」です。実は、ここでfooとbar以外のプロパティにはまったく言及していません。つまり、FooBar型の値は、これ以外のプロパティを持っていても持っていなくてもかまわないのです。ただし、持っていないかもしれないプロパティに触るのは危険でありミスの可能性が高いので、FooBar型の値に対してfooとbar以外のプロパティにアクセスするのはコンパイルエラーによって防がれます。

一方で、FooBarBaz型は「fooプロパティがstring型、barプロパティがnumber型、そしてbazプロパティがboolean型であるオブジェクトの型」です。よく見ると、この条件を満たす値 (FooBarBaz型の値) は自動的にFooBar型の条件も満たしています (bazの存在が余計ですが、それはFooBar型の条件には関係ありません)。言い方を変えれば、FooBarBaz型はFooBar型の上位互換の存在です。よって、FooBarBaz型の値はFooBar型の値としても見なされるのです。このように、上位互換であることを型システムの用語で部分型であると言います。これが、FooBarBaz型がFooBar型の部分型である理由です。

ちなみに、TypeScriptにおける部分型関係は**構造的部分型** (structural subtyping) であると言い、これは実用プログラミング言語の中では比較的珍しい特徴です。構造的部分型とは、ここで説明したようにオブジェクト型[注17]のプロパティを実際に比較して部分型かどうかを決める方式を指します。構造的部分型においては、無関係に宣言された2つの型が部分型関係を持つことがあります。実際、先の例のFooBarBazとFooBarはまったく別々に宣言された2つの型ですが、その中身を比較すると前者が後者の部分型となることがわかりました。

一方、ほかのオブジェクト指向プログラミング言語でよく見られるのは**名前的部分型** (nominal subtyping) です。これは「この型はこの型の部分型である」と明示的に宣言されたものだけが部分型と見なされるという

注17 厳密には、部分型関係はオブジェクト型以外の型にも存在する概念です (➡4.3、6.1.1)。

しくみであり、名前的部分型を採用している言語では継承などの構文を用いて部分型関係を宣言できます注18。現在TypeScriptに名前的部分型のしくみはありませんが、TypeScriptでも名前的部分型が欲しいという要望は以前から存在しています。将来的には何らかの形で名前的部分型が利用できるような言語機能が導入されるかもしれません。

3.3.2 プロパティの包含関係による部分型関係の発生

TypeScriptにおいて部分型関係が発生する条件はいろいろあります。前項では「条件を満たす」とか「上位互換」といったあいまいな言葉を用いましたが、ここではしっかりとした言葉で説明します。オブジェクト型の場合、**プロパティの包含関係**によって部分型関係を説明できます。

プロパティの包含関係によって発生する部分型関係は、具体的には2つの条件が満たされれば発生します。型Sと型Tがオブジェクト型だとして、次の2つの条件が満たされればSがTの部分型となります。

1. Tが持つプロパティはすべてSにも存在する。
2. 条件1の各プロパティについて、Sにおけるそのプロパティの型はTにおけるプロパティの型の部分型（または同じ型）である。

言葉ではやはりわかりにくいので、例を2つほど用いて説明します。まず次の例では、HumanはAnimalの部分型です。このことを、2つの条件に照らし合わせて確認しましょう。ここではSがHumanでTがAnimalです。

```
type Animal = {
  age: number;
};
type Human = {
  age: number;
  name: string;
}
```

条件1によれば、Animalに存在するプロパティはすべてHumanにも存在する必要があります。Animalに存在するプロパティはageだけですが、これはHumanにも存在しているので条件1はOKです。条件2については、Humanのageプロパティの型とAnimalのageプロパティの型を比較することになります。今回はどちらもnumberで同じ型なので、条件2も満たされています。よって、HumanはAnimalの部分型であることがわかりました。これにより、Animal型のオブジェクトが必要な場面ではHuman型のオブジェクトを使ってもよいことになります。

もう1つの例としては、こんなものを考えてみます。先ほどのAnimalやHumanを使って3人家族を表すオブジェクトのつもりです。次の例ではHumanFamilyはAnimalFamilyの部分型です。

```
type AnimalFamily = {
  familyName: string;
```

注18 type文の説明で「type文は型に別名をつけるだけであり、新しい型を作るものではない」と解説したのを思い出してください。オブジェクト型に名前をつけずに利用することも可能でした。名前的部分型では、まず型に名前をつけてからそれらの部分型関係を宣言するため、型に何らかの名前をつける必要があるのです。逆に言えば、明示的な部分型関係の宣言がなくても自動的に部分型関係が発生するのが構造的部分型の特徴であり、そのためTypeScriptではオブジェクト型などに名前をつけなくても利用可能で、名前のないオブジェクト型の間にも自動的に部分型関係が発生します。これはTypeScriptでクラスに由来しない「ただのオブジェクト」が広く使われる理由にもなっています。

```
  mother: Animal;
  father: Animal;
  child: Animal;
}
type HumanFamily = {
  familyName: string;
  mother: Human;
  father: Human;
  child: Human;
}
```

やはり2つの条件に沿って考えると、条件1は「AnimalFamilyに存在するプロパティはすべてHumanFamilyにも存在する」となりますが、これはどちらもfamilyName, mother, father, childを持っているので成り立ちます。条件2は、HumanFamilyのそれぞれのプロパティの型がAnimalFamilyの対応するプロパティ型の部分型となっていることを要求しています。まずfamilyNameについては、どちらもstringで同じなのでOKです。次にmotherを見てみると、HumanFamilyのmotherプロパティはHuman型である一方、AnimalFamilyのmotherはAnimal型です。先ほど見たようにHumanはAnimalの部分型ですから、motherの場合は条件2が成り立っています。残りのfather, childの場合も同様であり、やはり条件が成り立っています。このように、条件2により、プロパティの間の部分型関係が全体の部分型関係に寄与することがあります。

厳密な規則として説明するとこのように多少難しく見えますが、基本的には部分型関係は「ある型をほかの型の代わりに使える」とか「ある型をほかの型と見なせる」という直感的な概念に基づくものです。今回もよくよく考えてみれば、HumanFamily型のオブジェクトはAnimalFamily型のオブジェクトの代わりに使用できるはずです。別の言い方をすれば、HumanFamily型のオブジェクトはAnimalFamily型のオブジェクトとしての条件も満たしています。基本的にはこのような直感で考えて問題ありませんが、もし詰まることがあれば本書のこのページを見返しましょう。

3.3.3　余剰プロパティに対する型エラーについて

TypeScriptコードを書いていると、**オブジェクトリテラルに余計なプロパティが存在する**という旨のコンパイルエラーに出会うことがあります。このエラーはプログラムのミスを防ぐのに大きく貢献してくれますが、これまでに出てきたエラーとは毛色が違うため注意が必要です。エラーが発生するコードの例を示します。

```
type User = { name: string; age: number };
const u: User = {
  name: "uhyo",
  age: 26,
  // エラー: Type '{ name: string; age: number; telNumber: string; }' is not assignable to type 'User'.
  //   Object literal may only specify known properties, and 'telNumber' does not exist in type 'User'.
  telNumber: "09012345678"
};
```

ここでは、User型という型注釈を持つ変数uに対して{ name: "uhyo", age: 26, telNumber: "09012345678" }を代入しようとしてエラーが発生しています。エラーの内容は、「Userはnameとageしかプロパティを持たないのにこのオブジェクトリテラルはtelNumberという**余計なプロパティ**を持っている」というものです。User型のオブジェクトにtelNumberプロパティは必要ないので、このエラーが発生するのは助かりますね。

しかし、よくよく考えてみると、**部分型関係**によりこの代入は問題ないはずです。今回代入しようとしたオブジェクトリテラルの型は{ name: string; age: number; telNumber: string }型であり、これはUserの部分型となっています。ということは、この型はUser型の変数に代入できるということです。このことから、たとえこのエラーがなくても型安全性は守られるはずです。つまり、このエラーは型安全性とは関係がないということです。

それにもかかわらずこのようなエラーがあるのは、プログラマーのミスを防止するためです。User型はtelNumberプロパティが存在しない型ですから、telNumberプロパティにアクセスすることは許されません。よって、実際にはtelNumberプロパティを持つオブジェクトをUser型に代入したとしても、どうせアクセスできないのだからまったく無意味なのです。無意味なプログラムはミスである可能性が高いですから、TypeScriptコンパイラがエラーを出してくれています。

このエラーはこのように補助的な性質のものですから、常にチェックが行われるわけではありません注19。このエラーは型注釈がある変数にオブジェクトリテラルを直に代入する場合にのみ発生します注20。コンパイルエラーのメッセージをよく見ると「**Object literal** may ……」と書いてあり、これがオブジェクトリテラルに対するチェックであることがわかります。逆に言えば、次のように変更するとエラーは発生しなくなります。

```
type User = { name: string; age: number };
const obj = {
  name: "uhyo",
  age: 26,
  telNumber: "09012345678"
};
const u: User = obj;
```

こちらの例では、先ほどと同じオブジェクトリテラルがまず型注釈のないobjに代入されます。変数objの型は型推論により{ name: string; age: number; telNumber: string }型となります。そのobjを型注釈Userを持つ変数uに代入していますが、先ほどのエラーは発生しません。これは、{ name: string; age: number; telNumber: string }がUserの部分型であり型システム上の問題がないからです。uに代入されている式はオブジェクトリテラルではなくただの変数であるため、余剰プロパティのチェックは行われません。いったんobjに入れた時点でオブジェクトリテラルの情報が消えてただの{ name: string; age: number; telNumber: string }型の変数になるため、それをUserとして使ってもお咎（とが）めなし、たとえ無駄なプロパティがあっても自己責任となります。これは、objという変数が用意されている以上、objがほかの（telNumberが有効活用されるような）用途で使われるかもしれないからです。複数の用途で使われるobjがたまたまUserとしての側面も持っている（すなわちUserの部分型である）だけかもしれないとなると、必ずしも無駄とは言い切れません。型注釈がある・オブジェクトリテラルを直接代入する、という2条件を満たす場合は無駄かどうかが簡単に判定できるため、このような追加のチェックが入るのです。

注19　というより、常に余剰プロパティをチェックしていたら部分型関係の意味が半減してしまいます。
注20　または、のちのち解説しますが、文脈から型が明らかな場合にも同様のチェックが行われます。

3.4 型引数を持つ型

この節では**型引数**（type parameters）に関する解説をします。型引数は、型を定義するときにパラメータを持たせることができるというもので、ジェネリクス（➡4.4）に少し似ています。型引数が使えるようになると型定義の幅が大きく広がります。

3.4.1 型引数を持つ型を宣言する

型引数は、type文（またはinterface宣言）で型を作成するときに宣言します。型引数を宣言すると、その型引数はその宣言の中（type文の=の右側）でだけ有効な型名として扱われます。たとえば、次の例では型引数Tを持つUser型を宣言しています。型引数を宣言する場合は、このように型名のあとに型引数を< >で囲って書きます。型引数の名前は例によって識別子（➡2.2.2）であり、自分で決めることができます。

```
type User<T> = {
  name: string;
  child: T;
};
```

型引数Tは宣言の中で型として使うことができ、今回はchild: Tとして使っています。この宣言を読み下すと、「User<T>型はnameプロパティがstring型でありchildプロパティがT型であるオブジェクトの型」ということになります。

型引数は複数あってもかまいません。その場合は型引数名を,で区切って< >の中に並べます。また、型引数名は必ずしも上の例のように1文字である必要はありません。たとえば型引数ParentとChildを持つ型Family<Parent, Child>をこのように宣言できます。

```
type Family<Parent, Child> = {
  mother: Parent;
  father: Parent;
  child: Child;
};
```

ちなみに、型引数を持つ型は**ジェネリック型**とも呼ばれます。今回の例に登場したUserやFamilyはジェネリック型です。

3.4.2 型引数を持つ型を使用する

型引数を持つ型（ジェネリック型）を使用する際は、宣言時と同様に< >という記号を用います。たとえば、前項のFamily<Parent, Child>型を使用する場合は次のようにします。

```
const obj: Family<number, string> = {
  mother: 0,
  father: 100,
  child: "1000"
};
```

このように、型引数を持つ型を利用する際は、< >の中に型を書きます。書く型の数は必要な型引数の数と同じです。今回、Family型は2つの型引数を持っているため、この型を使用する際にはFamily< >の中に2つの型を書くことになります。この例ではnumberとstringがコンマで区切られて書かれています。

Family<number, string>は、Familyが持つ2つの型引数ParentとChildにそれぞれnumberとstring型を当てはめた型という意味です。具体的に言えば、Family<number, string>型は{ mother: number; father: number; child: string }型と同じです。実際、上のサンプルではそのような型のオブジェクトリテラルをFamily<number, string>型の変数objに代入することができています。

型引数を持つ型をtype文などを用いて定義した場合は、必ず< >で型引数を指定しなければそれらの型を使用することができません[注21]。言い方を変えれば、型引数を持つ型は、< >を用いてすべての型引数を指定することで初めて型として認識されます。それゆえ、厳密にはFamilyは型ではなく、Family<number, string>といったものが型となります。適切な数の型引数を指定せずに型を使用した場合はコンパイルエラーという結果になります。たとえば、次のようにFamilyを型引数の指定なしで使おうとするとコンパイルエラーになります。

```
// エラー: Generic type 'Family' requires 2 type argument(s).
const obj: Family = {
  mother: 0,
  father: 100,
  child: "1000"
}
```

型引数を持つ型は「型を作るためのもの」と見なせます[注22]。似たような構造を持つ型をいろいろと扱いたい場合に型引数を持つ型が有用です。例で使ってきたFamily<Parent, Child>型については、「同じ型のmotherとfatherプロパティを持ち、さらにchildプロパティを持つ」という構造を表しています。これを用いて、Family<number, string>とかFamily<boolean, boolean>など、この構造を保ちつつさまざまな型を作ることができます。言い換えれば、Familyの定義は具体的な型に言及せずに「構造」にのみ言及していると言えます。これはある種の抽象化であり、それゆえに高度に抽象化されたプログラムを書くためには型引数を持つ型が不可欠です。

3.4.3 部分型関係による型引数の制約

type文において型引数を宣言するとき、extendsという構文を使うことができます。具体的には、型引数の宣言の後ろにextends 型を付加することができます。この構文は、「この型引数は常に型の部分型でなければならない」という**制約**（constraint）を意味します[注23]。

```
type HasName = {
  name: string;
};
type Family<Parent extends HasName, Child extends HasName> = {
  mother: Parent;
```

注21　ScalaやHaskellなどの経験がある方にとっては、「**高カインド型**がない」と言えば伝わりやすいかもしれません。
注22　実際、型引数を持つ型は「**型関数**」と呼ばれることもあります。これは、型を引数（型引数）として受け取って実際の型を作る（返す）関数であると見なす考え方です。
注23　TypeScriptではここを含めていくつかの場面でS extends Tという構文が登場しますが、これは常に「SはTの部分型である」という意味です。

```
  father: Parent;
  child: Child;
};
```

この例では、Familyの2つの型引数Parent, Childはともにextends HasNameという制約を持っています。よって、Familyを使う際に与える型引数はHasNameの部分型でなければいけません。たとえば、次のようなものは制約を満たしていない（numberやstringはHasNameの部分型ではない）ためエラーとなります。

```
// エラー: Type 'number' does not satisfy the constraint 'HasName'.
type T = Family<number, string>;
```

逆に、次のようにFamilyを用いるのはエラーになりません。HumanやAnimalはHasNameの部分型だからです。

```
type Animal = {
  name: string;
};
type Human = {
  name: string;
  age: number;
};

type T = Family<Animal, Human>;
```

ちなみに、extendsの右に書く制約には、ほかの型引数も使うことができます。次の例ではParentに渡される型はHasNameの部分型でなくてはならず、ChildはParentのさらに部分型でなければいけません。

```
type Family<Parent extends HasName, Child extends Parent> = {
  mother: Parent;
  father: Parent;
  child: Child;
};

// これはOK
type S = Family<Animal, Human>;
// これはエラー　(AnimalはHumanの部分型ではないため)
type T = Family<Human, Animal>;
```

3.4.4 オプショナルな型引数

型引数の宣言時には、その型引数を**オプショナルな型引数**（省略可能な型引数）とすることができます。そのためには、型引数の後ろに= 型を付与します。この**型**が省略された場合のデフォルト値として扱われます。

すなわち、オプショナルな型引数を持つ型においては使用時にその型引数を示すのを省略することができます。その場合、省略された部分はデフォルト値（=で指定された型）が渡されたものとして扱われます。

```
type Animal = {
  name: string;
}
type Family<Parent = Animal, Child = Animal> = {
  mother: Parent;
  father: Parent;
```

```
  child: Child;
}
```

この例では、Familyの2つの型引数ParentとChildはどちらもオプショナルな型引数です。つまり、次の例のような使い方が可能となります。

```
// 通常どおりの使い方
type S = Family<string, string>;
// TはFamily<Animal, Animal>と同じ
type T = Family;
// UはFamily<string, Animal>と同じ
type U = Family<string>;
```

Uの場合は2つの型引数のうち1つのみ指定していますが、この場合はより先（左）にある型引数を指定したことになります。つまり、Family<string>というのは2つの型引数ParentとChildのうちParentをstringに指定し、Childの指定を省略するという意味です。今のところ、右だけを指定するといったことはできません。

オプショナルな型引数は、ほとんどの場合はデフォルトで問題ないがたまに型の中身をカスタマイズする必要があるというような場合に有効です。たとえば、type Family<Parent = Human, Child = Human>としておけば、FamilyがFamily<Human, Human>と同じ意味になります。ほとんどの場合家族は人間で構成されるためFamilyと書けばいいが、たまに変な家族を扱う必要があるためFamily<Animal, Human>のような使い方も可能にしたいというようなユースケースをこれでカバーできます。

ちなみに、オプショナルでない型引数とオプショナルな型引数を混ぜても問題ありません。たとえば次のようにすることでChildのみオプショナルにできます。ただし、オプショナルな型引数のあとにオプショナルでない型引数を宣言することはできません。オプショナルな型引数は後ろにまとめる必要があります。

```
type Family<Parent, Child = Animal> = {
  mother: Parent;
  father: Parent;
  child: Child;
}
```

前項のextendsと今回の構文は両方同時に使うことも可能です。その場合は次のように書きます。

```
type Family<Parent extends HasName, Child extends HasName = Animal> = {
  mother: Parent;
  father: Parent;
  child: Child;
}
```

3.5 配列

この節ではいよいよ**配列**（Array）の使い方を学習します。配列はプログラミングにおいて頻出のデータ構造であり、多くのプログラミング言語は配列のサポートを持っています。もちろんTypeScriptも例外ではありません。

配列は、複数のデータをまとめたデータ構造です。そう言われると一見オブジェクトと同じに聞こえますが、配列ではそれぞれのデータに個別にプロパティ名を与えることはありません。また、配列では中身のデータが順番に並んでおり、データの個数が固定されていません。必要ならば、番号（インデックス）で中身のデータを指定してアクセスします。このように、普通のオブジェクトと配列は大きく異なる性質を持ち、それぞれ異なるユースケースのために使われます。

ここでは、配列の作り方・配列の型の表し方など、配列の使い方を学びます。1つ重要なことは、TypeScriptでは**配列はオブジェクトの一種である**ということです。TypeScriptの値はプリミティブとオブジェクトの2種類しかなく、配列はプリミティブではありませんから、必然的にオブジェクトとなります。

3.5.1 配列リテラルで配列を作成する

配列を作る最も基本的な方法は**配列リテラル**です。配列リテラルは`[ ]`の間にいくつかの式をコンマで区切って並べてできる式です。配列リテラルが評価されると、その内容の配列が作られて返されます。たとえば、次のようにすれば`0`, `123`, `-45600`という3つの数値がこの順番で並んだ配列を作ることができます。ちなみに、`console.log`で配列を表示すると`[ 0, 123, -45600 ]`のように配列リテラルと同様の表示法が用いられます。

```
const arr = [0, 123, -456 * 100];
console.log(arr);
```

配列に入っているそれぞれの値のことを**要素**（element）と呼びます。上の例では配列`arr`の要素は`0`, `123`, `-45600`であり、この順番で並んでいます。時々`[]`という形の式を見かけますが、これは要素が0個の配列リテラルです。

また、上の例では配列`arr`の要素はすべて数値（`number`型）でしたが、TypeScriptにおいては配列に複数種類の型を同時に入れることができます。つまり、次のような配列も問題なく作成可能です。

```
const arr2 = [100, "文字列", false];
```

「えっ、じゃあ型はどうなるの？」とお思いの読者もいると思いますが、あとで解説しますのでもう少しお待ちください（➡3.5.3）。

また、配列リテラルの中でも**スプレッド構文**が利用可能です。これは配列の要素の代わりに`...`<u>式</u>という構文を書く構文であり、オブジェクトリテラルのスプレッド構文（➡3.1.5）と似たような動作をします。具体的には、`...`<u>式</u>という構文で<u>式</u>が配列だった場合[注24]、その配列の要素がすべてその位置にコピーされます。

```
const arr1 = [4, 5, 6];
const arr2 = [1, 2, 3, ...arr1];

console.log(arr2); // [1, 2, 3, 4, 5, 6] が表示される
```

この例では`arr2`の配列リテラルにスプレッド構文が使用されており、`1`, `2`, `3`という3つの要素のあとに`arr1`の要素をコピーしています。

注24　正確には配列だけでなくイテレータ（➡本章のコラム12）も使用可能です。

3.5.2 配列の要素にアクセスする

配列からは、プロパティアクセス（➡3.1.4）の構文を用いて要素の値を取り出すことができます。配列のそれぞれの要素は名前を持たないので、代わりに番号（インデックス）を用います。このことから、配列の要素にアクセスすることは**インデックスアクセス**とも呼ばれます。インデックスは0始まりです。すなわち、配列は要素が順番に並んでいるデータ構造ですが、先頭の要素は0番目となります。よって、上述のarrの最初（0番目）の要素を得るにはarr[0]とします注25。ほかの位置の要素についても同様です。


```
const arr = [0, 123, -456 * 100];
console.log(arr[0]); // 0 が表示される
console.log(arr[1]); // 123 が表示される
```

この例ではarrは0, 123, -45600という3つの要素が並んだ配列なので、その0番目を取得すると0という数値が得られます。また、1番目を取得すれば123が得られます。

ところで、[ ]を用いて配列の要素が得られるということは、配列がオブジェクトの一種であるということを示す材料のひとつです。オブジェクトの場合は[ ]の中に来るのはプロパティ名でしたが、配列の場合は0や1といったインデックスです。これは配列が特別扱いされているわけではなく、実は配列は実際に0や1といった名前のプロパティを持ったオブジェクトなのです。つまり、arr[1]という構文で配列の1番目の要素を取得するのは、実際にはarrというオブジェクトの1という名前のプロパティを取得することに相当します。

ところで、プロパティ名は文字列であることに留意すると、arr[1]というのは実際にはarr["1"]と同様に思えます注26。しかし実際には、TypeScriptでは配列のプロパティにアクセスするときのインデックス（プロパティ名）は数値で指定しないとコンパイルエラーとなります。この点はTypeScriptの理解度が高い人が逆に陥りやすい罠ですから、注意しましょう。

このように配列がオブジェクトの一種であることから、配列の要素に対するアクセスはオブジェクトに対するプロパティアクセスと同様に扱われます。もちろん、要素を取得するだけでなく書き換えることもできます。オブジェクトの場合と同様に、これには代入演算子（➡2.4.8）を用います。たとえば、次の例のように配列の要素へ代入を行うことができます。この例では、最初[0, 123, -45600]であった配列arrの1番目の要素に5400を代入したことにより、配列arrが[0, 5400, -45600]に書き換わりました。

```
const arr = [0, 123, -456 * 100];
console.log(arr); // [0, 123, -45600] が表示される

arr[1] = 5400;
console.log(arr); // [0, 5400, -45600] が表示される
```

この配列がconstで宣言された配列arrに入っているにもかかわらず、要素への再代入が行えているという点にも注意しましょう。これも本章のコラム8で述べたのと同じことが当てはまります。たとえ中身が書き換えられても配列は“同じ”オブジェクトのままなので、変数arrには同じオブジェクトが入り続けているのです。

ただし、arrへの再代入はもちろんconstによって禁止されています。別の配列を代入しようとすればエラーになるでしょう。

注25 arr.0はできません。これは、このプロパティアクセスの構文において.の右は識別子ですが、0は識別子ではないことからわかります。

注26 型システムを持たないJavaScriptではこれは正しく、arr[1]の代わりにarr["1"]と書いても配列の1番目の要素にアクセスできます。

```
const arr = [0, 123, -456 * 100];
// これはOK
arr[1] = 5400;
// これはエラー
// エラー: Cannot assign to 'arr' because it is a constant.
arr = [1, 2, 345, 67];
```

3.5.3 配列型の記法

配列という値が存在するということは、**配列の型**もまた存在するということです。配列の型は<u>型</u>[]という特殊な構文で表されます。[]の前にある<u>型</u>は配列の要素の型です。たとえば、number[]という型はnumber型の値を要素に持つ配列を表す型です。

```
// これはOK
const arr: number[] = [1, 10, 100];
// これはコンパイルエラー
// エラー: Type 'number' is not assignable to type 'string'.
const arr2: string[] = [123, -456];
```

この例では変数arrはnumber[]という型注釈を持ち、[1, 10, 100]というその条件を満たす値が代入されているので問題ありません。対して、変数arr2はstring[]という型注釈を持つにもかかわらず[123, -456]という値（number[]型）が代入されているため、コンパイルエラーが発生します。

配列の型にはもう1つ表現方法があります。配列の型はT[]の代わりにArray<T>と表すことができます。このArrayは組み込みのジェネリック型、つまりTypeScriptによって最初から用意されているジェネリック型であり、型引数を1つ持ちます[注27]。型引数は配列の要素の型を表します。T[]とArray<T>に意味の違いはありません。

T[]とArray<T>の使い分けについては好みが分かれます。常にT[]を使うという流派や、簡単なときはT[]で複雑なときはArray<T>というように使い分ける流派が存在するようです。後者については、たとえばこのように使い分けます。

```
// 簡単な型の配列
const arr1: boolean[] = [false, true];
// 複雑な型の配列
const arr2: Array<{
  name: string;
}> = [
  { name: "山田さん" },
  { name: "田中さん" },
  { name: "鈴木さん" }
];
```

ちなみに、number[]のような配列型を見ると、TypeScriptの配列には単一の型（今回はnumber型）の値しか入れられないと思われるかもしれません。実際には、すでに名前だけお馴染みのユニオン型（➡6.1）によって「文字列と数値と真偽値」のように異なる型が混ざった配列の型も表現可能です。

注27 より正確には、型というよりはクラス（➡5.1）に近いものです。

```
// number[]型
const arr = [1, 10, 100];
// (string | number | boolean)[]型
const arr2 = [100, "文字列", false];
```

この例では変数の型注釈がありませんが、この場合は例によって型推論によって配列の型が得られます。このように、配列リテラルに対する型推論では配列型が得られます[注28]。上の例で変数arr2の型を調べてみれば、実際に上記の型が型推論で得られていることがわかります。

3.5.4 readonly配列型

配列型にはもう1つ、**読み取り専用配列型**という種類があります。これは、内容を書き換えられない配列型です。読み取り専用という名前から推測できるように、これはオブジェクトの読み取り専用プロパティ(➡3.2.7)と極めて類似した機能です。

読み取り専用配列型は、readonly T[]のように書きます(Tは型です)。また、ReadonlyArray<T>という別の記法もあります。両者の関係はT[]とArray<T>の関係に似ています。

読み取り専用の配列型に当てはまる配列を作るには、型注釈によってreadonlyと明示します。たとえば、次のようにすることで配列arrを変更不可とすることができます。読み取り専用配列型を持つ配列を変更しようとするとコンパイルエラーが発生します。

```
const arr: readonly number[] = [1, 10, 100];

// エラー: Index signature in type 'readonly number[]' only permits reading.
arr[1] = -500;
```

これはオブジェクトのreadonlyプロパティ(➡3.2.7)とも共通することですが、変更する必要がないオブジェクトや配列の型については積極的にreadonlyを付与することで、プログラムの可読性が向上します。この考え方はletとconstの使い分け(➡第2章のコラム3)にも通ずるところがありますね。次章で解説する関数を作る場合も、配列を引数として受け取る関数では積極的に配列を読み取り専用配列型とすることが推奨されます(➡第4章のコラム18)。

3.5.5 配列の機能を使う

これまでのところ、配列は要素が並んだデータ構造であり、インデックスアクセス(➡3.5.2)によって中身を得たり書き換えたりできることを学びました。配列には、そのほかにもさまざまな操作を行うための**メソッド**[注29]が存在します。配列のメソッドにはたくさんの種類があるので、本書ではそのすべてを網羅するわけではありません。また、配列は比較的頻繁に機能拡張が行われるところで、本書執筆時点で最新の例としては2021年に新しいatメソッドの追加が決まりました。そのため、機会を見つけて配列のメソッドの一覧を一度は眺めておくことをお勧めします(➡コラム11)。ここでは、今の知識で理解できて基本的なメソッドをいくつか紹介します。

配列のメソッドで使用頻度がとくに高いもののひとつが**pushメソッド**です。pushメソッドは、配列の末尾

注28 contextual typing (➡4.2.4) やas const (➡6.5.2) の働きによりタプル型 (➡3.5.7) が推論されることもあります。
注29 オブジェクトのプロパティに入っている関数のことです。メソッドについてはクラスの章 (第5章) で詳しく学びます。

に要素を追加するメソッドです。配列はデータの並びですから、データを増やしたり減らしたりするのは自然な操作です。データを増やす場合にはpushメソッドがよく使われます。

```
const arr = [1, 10, 100];
arr.push(1000);
console.log(arr); // [1, 10, 100, 1000] と表示される

// これはコンパイルエラー:
// Argument of type '"foobar"' is not assignable to parameter of type 'number'.
arr.push("foobar");
```

改めて説明すると、オブジェクトが持つメソッドはこのように<u>オブジェクト</u>.<u>メソッド名</u>(<u>引数</u>)として呼び出します。すでに何度も登場しているconsole.logもメソッド呼び出しです。見方を変えると、これはオブジェクトが持つプロパティ(今回はarr.push)に対して関数呼び出しを行っていると見ることもできます。

この例では、最初3要素であった配列arrにpushメソッドを用いて4つめを追加しました。実際にarrを表示すると、1000が配列の最後の要素として追加されていることが確認できます。今回arrはnumber[]型を持っていますから、arr.pushに渡すことができるのはnumber型の値です。そのため、arr.push("foobar")のような呼び出しは"foobar"がnumber型でないためコンパイルエラーとなります。

ほかにも、配列の末尾ではなく先頭に要素を追加するunshiftメソッドもあります。pushやunshiftのようなメソッドは配列の中身を変更するメソッド[注30]ですから、読み取り専用の配列型(➡3.5.4)に対して使おうとするとコンパイルエラーが発生します。次の例では、「readonly number[]型にpushというプロパティが存在しない」というコンパイルエラーが発生します。普通の配列(number[]型)には存在していたプロパティがreadonly number[]型には存在しないとすることによって、読み取り専用配列に対して破壊的なメソッドが使えないことが表現されています。

```
const arr: readonly number[] = [1, 10, 100];
// エラー: Property 'push' does not exist on type 'readonly number[]'.
arr.push(1000);
```

それ以外によく使用されるメソッドとしてはincludesメソッドがあります。これは、配列が与えられた値を含んでいるかどうかを真偽値で返すメソッドです。こちらは配列を変更しないため読み取り専用配列でも使えます。

```
const arr = [1, 10, 100];
console.log(arr.includes(100)); // true と表示される
console.log(arr.includes(50));  // false と表示される

// これはコンパイルエラー:
// Argument of type '"foobar"' is not assignable to parameter of type 'number'.
console.log(arr.includes("foobar"));
```

配列に含まれている値がincludesメソッドの引数として与えられた場合は返り値がtrueとなり、含まれていない値が与えられた場合は返り値がfalseとなります。また、number[]型の配列のincludesメソッドに与えられるのはやはりnumber型の値のみです。最後の行のようにstring型の値を引数に与えるのはコンパイル

注30　配列やオブジェクトの中身を書き換える関数・メソッドは**破壊的**な関数・メソッドと呼びます。

エラーとなります。

類似のメソッドとしては、trueかfalseかだけでなく与えられた値が配列の何番目に存在しているかを返す（存在していなければ-1を返す）indexOfメソッドなどが存在します。

それ以外には、配列の一部分をコピーした新たな配列を作って返すsliceメソッドや、配列と別の配列をつなげてできる新たな配列を作って返すconcatメソッドなどがあります。また、forEachやmap、filterといったループ・加工系のメソッドもあります。これらは非常に重要なメソッドですが、コールバック関数（➡4.1.10）を必要とするため次章で関数の解説を済ませてから紹介することにします。

また、これはメソッドではありませんが、配列の**lengthプロパティ**もよく用いられます。これは配列の要素数が入っているnumber型のプロパティです。lengthプロパティは配列が操作されて要素数が増減した際には自動的に書き換わります。

```
const arr = [1, 10, 100];
console.log(arr.length); // 3 が表示される
arr.push(1000);
console.log(arr.length); // 4 が表示される
```

繰り返しになりますが、ここで触れた以外にもたくさんのメソッドが存在しています。ぜひ一度は配列のメソッドを全部調べてみましょう。

コラム 11

MDNを活用しよう

この項では「配列のメソッドの一覧を一度は眺めておくことをお勧めします」と述べましたが、そのためにお勧めなのは**MDN**（MDN Web Docs）[注31]です。MDNはMozillaによって運営されているWebサイトで、現在はMozilla外のコントリビューターからの更新も受け付けています。たとえば、MDNの配列のページ[注32]を見れば配列のメソッド一覧が載っています。配列に限らず、JavaScriptやその他Web関連の情報に関してはMDNは比較的高い信頼性を誇っており、網羅性も備えています。もちろん一次情報にあたるのがベストなのですが、JavaScriptの場合は一次情報が言語仕様書となり読解するハードルが高くなっています。初心者のうちから読みに行ける二次情報として、MDNが非常にお勧めです。

逆に言えば、MDN以外のWebサイトを参考にするのは、ある程度慣れてくるまではお勧めできません。インターネット上の情報は玉石混交ですから、自分で情報の取捨選択・信頼性の判断ができるようになるまではインターネット上の情報を何でも鵜呑みにするのは危険です。

インターネット上にも質の高い情報が多くありますし[注33]、本書でTypeScriptの知識をすべて賄えるわけではありません。さらにTypeScriptは進化を続けており本書に載っていない新しい機能も今後出てきます。そのため、TypeScriptの実力を高めるにはいずれインターネットから情報を得ることが必要になります。とはいえ、それは本書を一通り読み終わって基礎をしっかりと身につけてからでも遅くはないでしょう。

なお、MDNはTypeScriptではなくJavaScriptの情報を提供していることに注意してください。たとえば配列にどのようなメソッドが存在しているかという情報は載っていますが、そのメソッドがどのような型を持つのかということについては本書のように明示的に書かれているわけではありません。しかし、メソッドが実際にどのような挙動

注31 https://developer.mozilla.org/ja/
注32 https://developer.mozilla.org/ja/docs/Web/JavaScript/Reference/Global_Objects/Array
注33 筆者も本書の内容を超える高度な内容の記事をインターネット上で公開しています。

をするのかが書かれているのですから、そこから引数や返り値の型が何かを推測することが可能です。

また、お使いのエディタなどを通して型を調べる方法もあります。というのも、配列のメソッドのようにJavaScriptにもともと存在する機能に対する型定義は、標準ライブラリという形でTypeScriptに付属しています。これを見ることでJavaScriptの機能がTypeScriptの型システム上でどう振る舞うのかを調べることができます。たとえばVS Code上で配列の`includes`メソッドの型定義を調べるには、ソースコードの`includes`上で右クリックして「Go to Type Definition」(日本語にしている場合は「型定義へ移動」)を選択すればTypeScriptに付属する型定義ファイル(lib.es2016.array.include.d.ts)が開き、次のように`includes`の型定義が表示されます。関数の型定義の読み方は次章で学習しますが、第1引数として`T`型の値(これは`Array<T>`の`T`です)を受け取り返り値が`boolean`であることなどが読み取れます。

```
includes(searchElement: T, fromIndex?: number): boolean;
```

第1章でも述べたように、TypeScriptの力をつけるためにJavaScriptの知識は必要不可欠です。JavaScriptとTypeScriptは別物だからなどとは思わず、MDNで得られるようなJavaScriptの知識をTypeScriptプログラミングに活用していきましょう。

3.5.6　for-of文によるループ

配列を扱う際に非常に便利なのがfor-of文です。これはループのための構文であり、名前からわかるとおりfor文(➡2.5.6)にたいへん似ています。for-of文はとくに配列の要素を全部順番に処理するのに適しています。

この構文の基本的な形は`for (const `<u>変数</u>` of `<u>式</u>`)` <u>文</u>です[注34]。`of`の左はお馴染みの変数宣言であり、for文の中で使われる新しい変数を宣言します。`of`の右の<u>式</u>として配列を与えることで、その配列の各要素に対して1回ずつ、<u>文</u>を実行することができます。その際、配列の要素が順番に<u>変数</u>に入ります。要素の順番は配列の前から順です。つまり、最初に来るのは配列の0番目の要素、その次は1番目、……となります。具体例として、配列の要素を全部`console.log`で表示してみます。

```
const arr = [1, 10, 100];

for (const elm of arr) {
  console.log(elm);
}
```

このプログラムを実行すると`console.log`が3回実行されて`1`, `10`, `100`の順に表示されます。すなわち、このfor-of文に与えられたブロックは計3回実行されたということです。1回目は`elm`に`1`が入った状態で、2回目は`elm`に`10`が入った状態で、そして3回目は`elm`に`100`が入った状態で実行されました。

配列の要素を用いる際は、インデックスアクセス(➡3.5.2)よりもこのfor-of文を用いる機会が多くなります[注35]。配列というのは要素が何個入っているのか一定しないデータであり、各要素を平等に扱うというのが基本的なユースケースですから、すべての要素に対して順番に処理を行うことができるfor-ofの需要が高くなるのは必然的です。

ところで、上の例では変数は`const`で宣言されています。変数`elm`の値はループごとに入れ替わる(配列の

注34　それ以外の形として、すでに別途宣言された変数を用いる場合は`for (`<u>変数</u>` of `<u>式</u>`)` <u>文</u>という構文も可能ですが、これが実際に使われている場面を筆者は見たことがありません。

注35　for-of文が導入される前(ES2015より前)の時代には、同様の効果を持つ配列の`forEach`メソッドが広く用いられました。

要素が次々入ってくる）にもかかわらず、書き換え不可を表すconstが使われるのは不自然に感じられるかもしれません。実際には、各ループで変数が作りなおされるのでconstで問題ないという理屈となっています。ループの中（上の例だと{ }の中）で変数に再代入したい場合はletを使うことになりますが、そんな場面はめったにないでしょう。たとえば、次のプログラムを実行すると10, 100, 1000と表示されます。elm *= 10のためには変数elmをletで宣言する必要があります。

```
const arr = [1, 10, 100];
for (let elm of arr) {
  elm *= 10;
  console.log(elm);
}
```

なお、このようにelmを書き換えても配列arr本体には影響しません。このプログラムを実行したあとでも配列arrは[1, 10, 100]のままです。この点は間違えやすいので注意しましょう。これは、この変数elmはあくまでarrの各要素が毎回代入されているだけで、arrの中身そのものを参照しているわけではないからです。

コラム 12

TypeScriptのイテレータ

TypeScriptには**イテレータ**（Iterator）という概念が存在します。結論から言えば、本書の範囲を超えるので詳しくは扱いません。ここではコラムの形で名前出しと最低限の解説だけ行っておきます。

イテレータは繰り返し処理のための汎用的なインターフェースです。イテレータを通じて繰り返し処理ができる値のことをJavaScript用語で**Iterable**と呼びます。for-of文のofの右の式には、厳密には配列だけでなくそれ以外のIterableな値を与えることができるのです。配列はもちろんIterableの一種です。ほかのIterableの例としてはMap（➡3.7.4）などがあります。また、実は文字列もIterableです。for-of文に文字列を与えると、その中の文字[注36]が1文字ずつ取り出されてループされます。

Iterableな値からは[Symbol.iterator]メソッドを用いてイテレータを取得可能で、実際にはそのイテレータを通じて繰り返し処理を行います。この処理はfor-of文が内部的に行ってくれますので、我々が直接イテレータを扱う必要はありません。また、Array.entriesのようにイテレータを返す関数もあります。実はイテレータはIterableなので、このような関数から返された値もfor-of文に与えることができます。

3.5.7 タプル型

タプル型（tuple types）とは、要素数が固定された配列型です。タプル型は、要素数が固定されている代わりに、配列のそれぞれの要素に異なる型を与えることができるという特徴を持ちます。number[]のような普通の配列型はこれとは逆の特徴を持っていました。すなわち、要素が何個でもかまわない一方で、すべての要素の型が同じでした。

タプル型の構文は、[ ]の中に型をコンマで並べて書くというものです。たとえば、[string, number]は2要素のタプル型であり、最初（0番目）の要素がstring、1番目の要素がnumber型という意味です。[string, number]型を持つのはたとえば["foo", 0]や["aiueo", -555]といった値です。タプル型の要素にアクセス

注36 この場合の文字はUnicodeコードポイント1つを指します。

すると、次のように要素の位置に応じて異なる型が得られます。また、要素数を超える位置にアクセスするのはきちんとコンパイルエラーとなります。

```
let tuple: [string, number] = ["foo", 0];
tuple = ["aiueo", -555];

const str = tuple[0]; // strはstring型
const num = tuple[1]; // numはnumber型
// エラー: Tuple type '[string, number]' of length '2' has no element at index '2'.
const nothing = tuple[2];
```

プログラミング言語によっては配列とはまったく別の概念としてタプルが存在していますが、TypeScriptにおいてはタプル型は配列型の一種となっています。これは、今のところ土台となるJavaScriptがタプルという概念を持っておらず、配列で代用しているためです。したがって、上の例にもあるようにタプル型の値を作る際は配列リテラルを使用します。

初級者〜中級者のうちは、タプル型を使う機会は限られています。その理由は、タプル型は配列型よりもむしろオブジェクト型と類似する存在だからです。タプルは異なる型の値を組み合わせて1つの値（配列）を組み立てる点が特徴ですが、これは複数の決まったプロパティから成るオブジェクトと同じ特徴ですね。たとえば`[string, number]`と類似したオブジェクト型としては`{ name: string; age: number }`のような型が考えられます。タプル型とオブジェクト型という選択肢があるときに、プログラムのわかりやすさから基本的にはオブジェクト型のほうが好まれます[注37]。ただし、関数の可変長引数（➡4.1.7）などを絡めた高度な型レベルプログラミングをするときは、タプル型は欠かせない要素となります。本書ではそのレベルまで到達しませんが、タプル型のことを覚えておいても損はありません。

タプル型とオブジェクト型の違いは、前者はそれぞれのデータにいちいち名前をつけないという点です。タプル型のデータの中身にアクセスする際は、配列と同様に0番目のデータ・1番目のデータといった形でプロパティアクセスします。この違いは、とくに分割代入（➡3.6）をするときに意識されます。

ただし、**ラベル付きタプル型**（labeled tuple types）という機能もあるため少し話がややこしくなっています。これは、タプル型の各要素の前に<u>識別子</u>`:`という構文を追加で与えることができるものです。次の例で定義されるタプル型は、最初の要素にnameという名前が、次の要素にageという名前がついています。こうすることで、タプル型の各要素が何を表しているのかわかりやすくなります。

```
type User = [name: string, age: number];

const uhyo: User = ["uhyo", 26];

console.log(uhyo[1]); // 26 と表示される
```

ただし、タプル型のラベルは「わかりやすい」以上の意味がとくにありません。上の例のようにタプルの要素にnameやageをつけたとしても、`uhyo.name`などとしてタプルの要素を取得することはできません。あくまで`uhyo[0]`や`uhyo[1]`とする必要があります[注38]。

注37　ReactのuseStateのように、あえてオブジェクト型よりもタプル型を選択する場合もないわけではありません。

注38　型定義はランタイムの挙動に影響を与えない（➡1.2.1）という原則を思い出しましょう。タプル型のラベルは型定義の中にしか存在せずランタイムに使われないのです。タプル型の値はランタイムではあくまで`["uhyo", 26]`のような配列であり、ランタイムには名前の情報は消えています。ランタイムでも名前でアクセスしたければ、タプルではなくオブジェクトを使いましょう。

タプル型にはいくつかの亜種があります。そのひとつが読み取り専用タプル型です。これはreadonly [string, number]のように書く型で、オブジェクトのreadonlyプロパティ(➡3.2.7)や読み取り専用配列(➡3.5.4)と同様に要素を書き換えることができないバージョンのタプル型です。

次はオプショナルな要素を持つタプル型で、[string, number, string?]のように書きます。この型は、最後のstring型の要素があってもなくてもよいという意味です。たとえば、["uhyo", 26]のような2要素の配列や["uhyo", 26, "hello"]のような3要素の配列は、どちらも[string, number, string?]型として扱うことができます。この型を持つ変数tupleがあったとすると、tuple[2]の型はstring | undefinedとなります。これはオプショナルなプロパティ(➡3.2.6)と同じ挙動ですね。

もう1つ可変長タプル型というものもありますが、これはやや難しいので別の機会に紹介します(➡6.7.3)。

コラム 13 配列の要素にアクセスするときの密かな危険性

TypeScriptプログラムを書くときは、安全なプログラムを書くように気をつけなければいけません。実際のところ、多くの場面ではTypeScriptコンパイラが危険なプログラムをコンパイルエラーという形で咎(とが)めてくれます。

しかし、残念ながらTypeScriptがサポートをしてくれない場面がいくつか存在しています。そのような場面では我々が自ら気を遣う必要があります。そのうちのひとつが**配列へのインデックスアクセス**です。

根本的には、これはインデックスシグネチャの危険性(➡本章のコラム9)と同じ話です。配列に対してはarr[1]のようにして好きな位置の要素にアクセスできますが、実は存在しない位置の要素にアクセスすることができます。TypeScriptでは存在しないプロパティにアクセスすると得られるのはundefinedですから、次のように型と実際の値が食い違う現象が起き得ます。

```
const arr = [1, 10, 100];
const num: number = arr[100];
console.log(num); // undefined と表示される
```

この例ではarrはnumber[]型の配列で、要素数は3です。つまり、arr[0]からarr[2]までしか要素が存在しません。それにもかかわらずこのプログラムではarr[100]にアクセスしています。

型情報の上ではnumber[]はnumber型の配列ですから、要素が何個あるかといった情報は存在しません。そもそも配列型というのは、要素が何個あるのか型上ではわからない(すなわち、要素が何個でもいい)という特徴付けの型でした。そのため、実際には(ランタイムには)存在しない要素にアクセスできてしまうのはある意味当然です[注39]。あらかじめ要素の個数が判明している場合はタプル型のほうが適しています[注40]。

デフォルトのコンパイラオプションでは、number[]という配列型においては何番目の要素にアクセスしようと要素の型はnumberです。よってarr[100]はnumber型の式と見なされ、number型の変数numに代入可能です。しかし、ランタイムではarrに100番目の要素は存在しないため、arr[100]はundefinedとなります。ここで、number型の変数にundefinedが入っているという不整合が発生してしまいました。これが配列のインデックスアクセスに潜む危険性です。一度TypeScriptの型と実際の状態に不整合が生じた時点で、TypeScriptに見えている前提条件が崩れるため、そこから先はTypeScriptが保証してくれるはずの安全性は何の役にも立たなくなります。そのため、このような危険性は未然に回避しなければいけません。

危険性を回避する1つの方法は、arr[100]のような**インデックスアクセスは極力使用しない**というものです。配

注39 いわゆる依存型システムではこのような場合も型チェックできるのですが、TypeScriptには依存型はありません。

注40 前項で2要素タプル型のtuple[2]にアクセスしてコンパイルエラーが出たことを思い出しましょう。あれは、型レベルで要素数が判明していたからできたことです。

列の要素を用いるときは、代わりにfor-of文（➡3.5.6）などの方法を用いることでこの危険性を回避します。インデックスアクセスがどうしても必要な場面というのは発生しますが、避けられる場面では避けるのが吉です。

また、TypeScript 4.1から追加されたnoUncheckedIndexedAccess（➡9.2.4）を用いて回避する方法もあります。ただ、こうすると危険性はなくなるもののインデックスアクセスが使いにくくなるため、結局インデックスアクセスを使用しない方向に舵を切ることになるでしょう。

3.6 分割代入

分割代入（destructuring assignment）は、その名のとおり新たな代入の方法です。ES2015で登場して以来、分割代入はJavaScript・TypeScriptでのプログラミングにおいて欠かせないものとなりました。分割代入により、オブジェクトから値を取り出して変数に代入するという操作を簡単に書くことができます。

分割代入は関数定義（➡4.1.1）と組み合わせるもまた強力なのですが、ここではひとまず基本の形を学習します。

3.6.1 オブジェクトの分割代入（1）基本的なパターン

最初に**オブジェクトの分割代入**について解説します。オブジェクトの分割代入の構文を用いることで、オブジェクトからプロパティを取得し変数に代入するという操作を簡単に記述できます。分割代入の構文はパターン = 式で、従来は変数名であった=の左にパターンと呼ばれる構文を書きます。分割代入は代入がある場所ならどこでも使うことができます。すなわち、letやconst（➡2.2）による変数宣言や、代入演算子（➡2.4.8）と一緒に使うことができます。まずは最も基本的な例をお見せします。

```
const { foo, bar } = obj;
```

これは「objのfooプロパティを変数fooに、objのbarプロパティを変数barに代入する」という意味です。このように、分割代入では1つの=で複数の変数に代入することができます。分割代入を使わずに書くならば、上の例は次のプログラムとおおよそ同じ意味になります。

```
const foo = obj.foo;
const bar = obj.bar;
```

こちらの書き方に比べると、分割代入のほうがfooやbar、そしてobjを1回しか書かなくてよい点でよりすっきりしています。

ここで見たように、分割代入において最も基本的なパターンは{ }の中に識別子をコンマで区切って並べた形です。この識別子は、取得したいオブジェクトのプロパティ名を指し示す役割と、それを入れる変数名を決める役割を併せ持っています。そのため、オブジェクトのプロパティの中身をプロパティと同名の変数に入れたい場合にしかこのパターンは用いることができません。

とはいえ、分割代入においてこのパターンは非常によく用いられます。普段書かれる分割代入は、かなりの割合がこの「プロパティ名と同じ名前の変数に代入する」タイプです。そもそも、TypeScriptにおいてオブジェクトをそのまま取り回すことは多くありません。たいていの場合に興味があるのはオブジェクトの中身（プロパティ）です。ですから、必要なプロパティはさっさと変数に入れてしまってシンプルに取り扱えるようにするのが吉です。そのときの変数名については、多くの場合わざわざプロパティ名と別の名前を使う必要がありません。逆説的ではありますが、同じ名前にしたほうがこのようにシンプルな構文を使うことができるため、同じ名前の変数が用いられる傾向にあります。

ただし、場合によってはプロパティ名と別の名前の変数を使いたいことがあります。分割代入はそのような需要にも対応しています。その場合の構文は**プロパティ名: 変数名**です。こちらの構文では、識別子で書けないプロパティ名にも対応できます。つまり、オブジェクトリテラルの場合と同様に、プロパティ名を文字列リテラルで記述することができます。次のように、パターンの中ではこれらの構文を混ぜて使うことができます。


```
const {
  foo,
  bar: barVar,
  "foo bar": fooBar
} = obj;
```

こうすると、変数fooにはobj.fooが、変数barVarにはobj.barが、そして変数fooBarにはobj["foo bar"]が入ります。

ところで、分割代入を使うにあたっては、1つ注意すべきことがあります。それは**分割代入で宣言された変数には型注釈がつけられない**という点です。このような変数の型は型推論によって決められます。つまり、基本的には変数の型はその変数に入るプロパティの型と同じになります。上の例で考えると、たとえばobj.barがstring型なら変数barVarはstring型になります。

また、分割代入の場合ももちろん型チェックが行われます。存在しないプロパティを分割代入で取得しようとするのはコンパイルエラーとなります。

```
const obj = {
  str: "hello, world!",
  num: 1234
};

const {
  // エラー: Property 'foo' does not exist on type '{ str: string; num: number; }'.
  foo
} = obj;
```

この例ではobjの型は{ str: string; num: number; }であり、存在するプロパティはstrとnumの2つです。よって、分割代入によってfooプロパティを取得しようとするのはコンパイルエラーになります。

3.6.2 オブジェクトの分割代入（2）ネストしたパターン

分割代入はさらなる可能性を秘めています。それは、**ネストしたパターン**です。ネストしたパターンはネストしたオブジェクトから値を取り出したいときに有用です。ネストしたオブジェクトというのは、オブジェクトのプロパティにさらにオブジェクトが入っているという以下のようなオブジェクトを指します。このような複雑な構造のオブジェクトはTypeScriptプログラミングでは頻出です。

```
const nested = {
  num: 123,
  obj: {
    foo: "hello",
    bar: "world"
  }
}
```

このようなオブジェクトに対しては、パターンをネストさせることによってネストの内側のプロパティを取得することができます。具体的には、パターン中のプロパティ: 変数名に出てくる変数名をパターンに変えることができ、その場合はプロパティ: パターンとなります。基本的な分割代入では=の左の変数名の代わりにパターンを書きましたが、「変数名の代わりにパターンを書く」ことが共通していますね[注41]。

この構文により、当該プロパティの中身に対してさらに分割代入を行うことができます。実際に上記のオブジェクトnestedに対してネストしたパターンによる分割代入をやってみると、このようになります。

```
const { num, obj: { foo } } = nested;

console.log(num); // 123 と表示される
console.log(foo); // "hello" と表示される
```

numについてはこれまでと同様で、変数numにはnested.numの値、すなわち123が入ります。ポイントはfooです。今回、分割代入のパターン中のobj:の右側にネストしたパターン{ foo }があります。これは、nested.objに対して{ foo }というパターンによる分割代入を行ったのと同じになります。nested.objは{ foo: "hello", bar: "world" }だったので、変数fooには"hello"が代入されます。もちろん変数fooの型はstring型となります。

この例では2段階にネストしたパターンを用いましたが、パターンは何段階でもネストさせることが可能です。とはいえ、実用されるのはせいぜい2段階か、多くても3段階程度でしょう。

3.6.3　配列の分割代入

分割代入には配列バージョンも存在します。配列に対する分割代入には、[ ]で囲まれたパターン（配列パターン）を用います。この中に変数名をコンマ区切りで並べることによって、配列の各要素を取得することができます[注42]。

```
const arr = [1, 2, 4, 8, 16, 32];

const [first, second, third] = arr;
console.log(first); // 1 が表示される
console.log(second); // 2 が表示される
console.log(third); // 4 が表示される
```

この例では、[first, second, third]という3要素の配列パターンを用いて分割代入を行っています。よっ

注41　オブジェクト全部を変数に入れる代わりに、分割代入のパターンを用いてオブジェクトの一部だけを取り出すのだと考えると理解しやすいかもしれません。逆に、{ ... }ではなく変数名を書くこともパターンの一種であり、オブジェクトを分割するのではなく丸ごとその変数に入れるという意味であると再解釈することもできます。

注42　厳密には配列パターンによる分割代入の対象にできるのは配列だけではなく、Iterable（➡本章のコラム12）全般を対象にすることができます。

て、配列arrの最初の3要素がこの配列パターンに当てはめられてそれぞれの要素が変数に代入されます[注43]。具体的には、変数firstにはarrの最初の要素である1が、変数secondにはその次の要素である2が、そして変数thirdにはさらにその次の要素である4が代入されます。この例を分割代入を用いずに書きなおすならば次のようになるでしょう。見比べると、分割代入によってarrと何回も書く必要がなくなっていることがわかります。

```
const first = arr[0];
const second = arr[1];
const third = arr[2];
```

配列パターンによる分割代入においても、変数に型注釈を与えることができない点は変わりません。配列パターンで分割代入される変数の型は、当たり前ですが配列の要素型となります。前の例ではarrの型はnumber[]型でしたから、変数first, second, thirdはnumber型が与えられることになります。

オブジェクトパターンと同様に、配列パターンもネストさせることが可能です。それどころか、オブジェクトパターンと配列パターンを混ぜて使うこともできます。たとえば、obj.arr[0]を変数fooに入れたければ次のような分割代入を行います。

```
const { arr: [foo] } = obj;
```

ここで使われているパターンは、オブジェクトパターンの中にネストした配列パターンが入っているという形をしています。これは、obj.arrに対して[foo]というパターンで分割代入を行い、それによりobj.arr[0]がfooに入っていると読むこともできます。

逆に配列パターンの中にオブジェクトパターンを入れることも可能です。次の例では、変数nameにarr[0].nameが代入されるでしょう。

```
const [{ name }] = arr;
```

また、配列パターンにはもう1つ機能があります。それは、**空白を用いて要素をスキップできる**というものです。これは、配列の最初の要素には興味がないがそれ以降の別の要素を取得したいという場合に有効です。配列パターンの中で空白を使うには、変数名やパターンを書く場所に何も書かないようにします。たとえば、配列arrの1番目・3番目・5番目の要素を取得したい場合は次のように書けます（最初が0番目であることに注意してください）。

```
const arr = [1, 2, 4, 8, 16, 32];

const [, foo, , bar, , baz] = arr;
console.log(foo); // 2 が表示される
console.log(bar); // 8 が表示される
console.log(baz); // 32 が表示される
```

配列[1, 2, 4, 8, 16, 32]を[, foo, , bar, , baz]という配列パターンに当てはめると、配列パターン内の1, 4, 16に対応する位置は空白なのでこれらの値は捨てられます。2は変数fooに、8は変数barに、32

注43　配列の長さ（6）と配列パターンの長さ（3）が一致していなくてもよいという点に注意してください。通常は配列パターンのほうが短くなるように使います。パターンに入りきらなかった値については無視されます。配列パターンの長さを配列そのものよりも長くしてしまうと、変数にundefinedが入ってしまう（➡本章のコラム13）ため気をつけなければいけません。

は変数bazに当てはまりますので、これらの値がそれぞれの変数代入されます。

ちなみに、タプル型（➡3.5.7）の値が配列を使って表現されることから、配列パターンによる分割代入はタプル型に対しても使用できます。それどころか、ただの配列よりもタプル型に使う機会のほうが多いと言っても過言ではないかもしれません[注44]。タプル型に対して分割代入を行った場合、それぞれの変数の型はタプル型の対応する要素の型になります。

```
const tuple: [string, number] = ["uhyo", 26];
// myNameはstring型、ageはnumber型になる
const [myName, age] = tuple;

console.log(myName); // "uhyo" と表示される
console.log(age); // 26 と表示される
```

3.6.4 分割代入のデフォルト値

分割代入には**デフォルト値を指定する**という機能があります。オブジェクトパターンや配列パターンにおいて変数名のあとに= 式を付加することで使用します。その変数にundefinedが入るとき、その代わりに=の右の式が評価されてその値が変数に入ります。この機能は、おもにオプショナルなプロパティ（➡3.2.6）を持つオブジェクトを分割代入するときに有用です。分割代入によって取得しようとしたプロパティが存在しなかった場合はundefinedが得られますが、この機能を用いるとその場合に代わりの値を代入することができます。

```
type Obj = { foo?: number };
const obj1: Obj = {};
const obj2: Obj = { foo: -1234 };

// 変数fooには500が代入される
const { foo = 500 } = obj1;
console.log(foo);
// 変数barには-1234が代入される
const { foo: bar = 500 } = obj2;
console.log(bar);
```

この例では{ foo = 500 }や{ foo: bar = 500 }というオブジェクトパターンが用いられています。= 500を無視すればこれは{ foo }と{ foo: bar }というすでに見た形になります。よって、前者のパターンはobj1.fooの値を変数fooに代入していることになります。また、後者はobj2.fooの値を変数barに代入しています。

デフォルト値の構文（今回は= 500）の効果は、分割代入の対象となっているオブジェクトが当該プロパティを持っていない場合[注45]に発揮されます。今回分割代入の対象となっているオブジェクトのうちobj1はfooプロパティを持っていません。3.2.6で述べたように、このようなobj1に対してobj1.fooにアクセスするとundefinedが得られます。しかし、今回は= 500というデフォルト値の構文を用いていますから、fooにはundefinedではなくデフォルト値の500が代入されます。分割代入を用いずに同じ処理を書くとすれば、このようになるでしょう。

注44　理由のひとつとしては、タプル型は要素数があらかじめわかっているため、存在しないインデックスの要素を取得しようとすることがなくより安全であるという点が挙げられます。

注45　より正確には、プロパティが存在しない場合だけでなく、存在するがundefinedが入っているという場合にもデフォルト値が用いられます。

```
const foo = obj.foo !== undefined ? obj.foo : 500;
```

分割代入によってこのロジックを簡潔に書くことができるのはたいへん便利ですが、分割代入の構文によって何が起こるのかを直観的に判断することは難しくなっています。というのも、`const { foo = 500 } = obj;`が上のコードと同じ意味であることを理解するには分割代入に関する暗黙の知識が必要です。とくに、「undefinedでなければ」ということがコード上に明確に書かれていないため、いつ`= 500`が採用されるのかは記憶しておく必要があります。

そのため、「**デフォルト値はundefinedのみに対して適用される**」ということは覚えておく価値があります。とくに、デフォルト値はnullに対しては何も行いません（??演算子（➡2.4.6）ともこの点で挙動が異なるので注意しましょう）。次のプログラムでは、fooは123ではなくnullとなります。

```
const obj = { foo: null };

const { foo = 123 } = obj;
console.log(foo); // null が表示される
```

以上のような挙動は記憶しておくのが望ましいものの、型があるというTypeScriptの特徴を活かして変数の型を調べるのも挙動を調べる助けとなります。上の例で変数fooの型を調べてみましょう。そうすれば、その型がnullであり、fooに123という数値が入る可能性がないことがわかります。それと対照的なのが次の例です。こちらの例では変数fooはnumber型となります。

```
type Obj = { foo?: number };
const obj1: Obj = {};
// fooの型はnumber型
const { foo = 500 } = obj1;
```

`obj1.foo`は`number | undefined`型（number型の値またはundefined型の値であることを表す）ですが、デフォルト値の指定があることで変数fooにundefinedが入る可能性が排除されています。それにより、変数fooの型はただのnumber型となっているのです。

このように、TypeScriptは変数の型を適切に決めてくれます。これによって、万一我々がデフォルト値の動作を忘れたとしても大問題になることはあまり多くはないでしょう。自分が書いたプログラムの意味を理解するのは重要なことではありますが、TypeScriptの手助けもありますから安心して分割代入を使いましょう。

ちなみに、`=` 式によるデフォルト値は変数に対してだけではなく、ネストしたパターンに対して`パターン = 式`の形で使用することもできます。

```
type NestedObj = {
  obj?: {
    foo: number
  }
};
const nested1: NestedObj = {
  obj: { foo: 123 }
};
const nested2: NestedObj = {};
```

```
// 変数foo1には123が代入される
const { obj: { foo: foo1 } = { foo: 500 } } = nested1;
// 変数foo2には500が代入される
const { obj: { foo: foo2 } = { foo: 500 } } = nested2;
```

今回は分割代入のパターンがやや複雑で、`{ obj: { foo: foo1 } = { foo: 500 } }`となっています。慎重に読み解くと、これは`{ obj: パターン = 式 }`の形になっていることがわかります。パターンに当てはまるのが`{ foo: foo1 }`であり、式に当てはまるのが`{ foo: 500 }`です。そもそも、NestedObjの型はネストしたオブジェクトであるobjプロパティを持つオブジェクトの型ですが、objプロパティはオプショナルです。すなわち、objプロパティは存在しないかもしれません。これにより、`{ obj: { foo: foo1 } }`というパターンで分割代入を行おうとするとエラーになります。存在しない（undefinedの）値に対して`{ foo: foo1 }`による分割代入を行うことはできないからです。この問題は、objにデフォルト値を与えることで解決できます。よって、今回はobjプロパティが存在しなかったときのために`{ foo: 500 }`というデフォルト値を用意しています。nested1の場合は`nested1.obj`が存在しているためそれに対して`{ foo: foo1 }`による分割代入が行われ、foo1は123となります。一方、nested2は`nested2.obj`が存在しないため、デフォルト値の`{ foo: 500 }`が用いられ、それに対して`{ foo: foo2 }`による分割代入が行われます。これがfoo2が500となる理由です。

3.6.5 restパターンでオブジェクトの残りを取得する

分割代入の機能はもう1つあります。それは**restパターン**です。restパターンにはオブジェクトパターンの中で使うものと配列パターンの中で使うものがあり、どちらも`...`という記号が用いられるのが特徴です。まず、オブジェクトのrestパターンの例を示します。

```
const { foo, ...restObj } = obj;
```

この例では`...restObj`の部分がrestパターンです。restパターンはこのように`...変数名`という形の構文であり、使用する場合はオブジェクトパターンの一番最後でのみ使用できます（`{...restObj, foo}`のようにrestパターンのあとでほかの要素を用いることはできません）。また、restパターンを複数並べるようなこともできません。restパターンによって示された変数には、**分割代入されたオブジェクトの残りのプロパティ**をすべて持つ新たなオブジェクトが代入されます。上の例では、まずobjのfooプロパティの値が変数fooに代入されます。変数restObjには新たなオブジェクトが代入され、objのfoo以外のプロパティがrestObjにコピーされます。具体例としてはこのようになります。

```
const obj = {
  foo: 123,
  bar: "string",
  baz: false,
};

const { foo, ...restObj } = obj;

console.log(foo); // 123 が表示される
console.log(restObj); // { bar: "string", baz: false } が表示される
```

分割代入されるオブジェクトobjはfoo, bar, bazの3つのプロパティを持ちます。それを{ foo, ...restObj }というパターンで分割代入した場合、obj.fooは変数fooに代入され、restObjにはobjのbarプロパティとbazプロパティがコピーされたオブジェクトが代入されます。もちろん、型も適切に付与されます。この例の場合、変数restObjは{ bar: string; baz: boolean }型が与えられます。

restパターンは、イミュータブル注46な方法でオブジェクトを操作するのに活躍することがあります。上の例ではrestObjは「objからプロパティfooを取り除いたオブジェクト」であると見なせます。このオブジェクトは新しいオブジェクトであり、もともとのオブジェクトobjには影響を与えることなく作られています。

配列パターンにおけるrestパターンも同様に...変数名という形です。これは配列パターンの最後の要素として使用することができます。1回だけ使えるという点もオブジェクトパターンの場合と同様です。配列パターン内におけるrestパターンは、その位置以降のすべての要素を新たな配列にコピーするという意味になります。

```
const arr = [1, 1, 2, 3, 5, 8, 13];

const [first, second, third, ...rest] = arr;
console.log(first); // 1 が表示される
console.log(second); // 1 が表示される
console.log(third); // 2 が表示される
console.log(rest); // [3, 5, 8, 13] が表示される
```

3.7 その他の組み込みオブジェクト

ここまでに出てきたオブジェクトは、ただのオブジェクトと配列のどちらかです。しかし、TypeScriptではそれ以外の種類のオブジェクトも存在します。最終的にはカスタマイズされたオブジェクトを自分で作れるようになりますが、それにはクラスの解説（第5章）を待っていただかなければいけません。

ここでは、TypeScriptにもともと存在している特殊なオブジェクト（組み込みオブジェクト）について解説します。ただし、本書では組み込みオブジェクトについて網羅的な説明を行うわけではありません。本章のコラム11でも触れましたが、実際にこれらのオブジェクトを使用する際にはさらに下調べを行ったほうがよいでしょう。プログラミングを習得するというのはオブジェクトの使い方を暗記するということではなく、必要に応じて自分で調べられるだけの基礎知識をつけるということなのです。この節では必要なときに自分で調べられるように、組み込みオブジェクトの名前と機能について最低限の紹介を行います。

また、実はTypeScriptではプリミティブがオブジェクトのような振る舞いをすることがあります。これについても合わせて解説します。

3.7.1 Dateオブジェクト

Dateオブジェクトは、日時を表す組み込みオブジェクトです。1つのDateオブジェクトはある特定の日時の情報を保持しており、Dateオブジェクトが持つメソッドによってその情報を取得したり、日時を書き換えたりすることができます。少し第5章の内容を先取りしますが、Dateオブジェクトはnew演算子（➡5.1.1）を用

注46　既存のオブジェクトを破壊的に変更することを避け、違うデータが欲しい場合は必ず新しいオブジェクトを作るという手法。

いて作成できます。最も単純なDateオブジェクトの作成方法はnew Date()という式によるものであり、このように作られたDateオブジェクトはその時点の現在の日時を保持しています。

```
const d = new Date();
console.log(d); // 現在の日付と時刻が表示される
```

ほかにもgetFullYearメソッドで西暦を取得したり、getMonthで月を取得したり[注47]といった方法で日時データの中身を得ることができます。たとえばd.getFullYear()という関数呼び出しの返り値は2021とか2022といった数値となります。DateオブジェクトはsetFullYearなどのメソッドを持ち、これらによってDateオブジェクトに内包されている日時データを書き換えることができます。たとえばd.setFullYear(2030);とするとdが表す日時が2030年になります（月・日などはそのままです）。

日時データをプログラムで扱う際は**ISO 8601形式**というフォーマットで扱うのが一般的ですが、Dateオブジェクトはこの形式にも対応しています。ISO 8601形式では日時を2020-02-03T15:00:00+09:00といった文字列で表します。これは2020年2月3日の15時ちょうどを意味しており、最後の+09:00というのはオフセット（協定世界時から9時間進んでいる時刻帯であること）を表します。このような形式をDateオブジェクトに変換するには、new Dateの引数に文字列を渡します。

```
const d = new Date("2020-02-03T15:00:00+09:00");
console.log(d);
```

逆に、DateオブジェクトのtoISOStringメソッドを呼ぶことでISO 8601形式の文字列に変換することが可能です。

また、もう1つ日時データを扱うときに用いられる表現として、数値による表現があります。これは**UNIX時間**と呼ばれるものの一種であり、1970年1月1日の0時0分（協定世界時）から経過した時間をミリ秒単位で表したものです。このような数値による表現はDateオブジェクトのgetTimeメソッドによって得ることができます。逆に数値からDateオブジェクトを得るにはnew Date(数値)とします。数値1つという簡潔なデータで日時を表現できることからこの表現が使われる場面は多くあります。

数値による表現の例

```
const date = new Date("2020-02-03T15:00:00+09:00");
const timeNum = date.getTime();
console.log(timeNum); // 1580709600000 と表示される

const date2 = new Date(timeNum);
console.log(date2); // Mon Feb 03 2020 15:00:00 GMT+0900 (日本標準時) と表示される
```

最後に、Date.now()というメソッド[注48]を紹介します。これは、現在時刻を数値表現で得るメソッドであり、(new Date()).getTime()と同様の動作となります。このようなメソッドが用意されていることからも、数値表現の需要の高さがうかがえます。

```
console.log(Date.now()); // 現在時刻を表す数値が表示される
```

注47　Dateオブジェクトは1月が0、2月が1、……という数値による表現で月を扱うので注意しましょう。

注48　Dateオブジェクト（本項の例のdやdate）ではなく、Dateという変数そのものが持つメソッドであることに注意してください。このようなメソッドは静的（static）メソッドと呼ばれます（➡5.1.5）。

ただ、Dateオブジェクトは使いにくいオブジェクトとしても知られています。日時操作のやりにくさ、現在のトレンドに反してミュータブルなオブジェクトであること、タイムゾーン周りの扱いが難しいことがその理由です。本書執筆時にはTemporalという新しい組み込みオブジェクト群の導入が進んでいる状況であり、もしかしたらあなたがこれを読んでいるころにはDateよりもTemporalが主流になっているかもしれません。

3.7.2 正規表現オブジェクト（1）正規表現の基本

正規表現（Regular Expression）とは、文字列に対して複雑な条件で検索を行うことができる機能で、多くのプログラミング言語に備わる機能です。TypeScriptでは、正規表現を利用するには**正規表現オブジェクト**を作る必要があります。正規表現はさまざまな機能を持っており、それだけで何十ページも割けるポテンシャルを持っています。しかし、本書では例によってあっさりとした解説で終わらせます。最も基本的なユースケースは本項でカバーしていますが、正規表現を使ってやりたいことがある場合は自分でよく調べることをお勧めします。

正規表現オブジェクトはnew RegExpとして作成することも可能ですが、それよりも**正規表現リテラル**によって作る機会が多いでしょう。正規表現リテラルは/ab+c/igのような形の式であり、/ /で正規表現の構文を囲む形をしています。また、後ろにフラグ（この例ではigの部分）を付加することができます。フラグは今のところi, g, m, s, u, yの6種類があり、その有無によって正規表現の意味やメソッドの動作が少し変化します（**表3-1**）。

正規表現は文字列に関する条件を表すものです。特殊な文字を含まない正規表現（/abcde/など）は、その文字列自体であることが条件となります。/abcde/という正規表現は「abcdeという文字列である」という条件になります。正規表現では特殊な構文を用いていろいろな条件を表すことができます。たとえば、上の例で使われている+という構文は直前の文字の1回以上の繰り返しという意味で、ab+cにおいてはbが繰り返しの対象です。つまり、ab+cという正規表現は「まずaという文字があり、その後bという文字が1回以上繰り返し、その次にcという文字がある」という条件を表しています。この条件に合致する文字列としては、abcやabbc、abbbbbbbbbcなどが挙げられます。ちなみに、正規表現に合致することを**マッチする**と呼びます。/ab+c/はabcやabbcなどの文字列にマッチすることになります。

ここで、正規表現オブジェクトの使い方を少し見てみましょう。正規表現オブジェクトが持つメソッドのうち最も基本的なものはtestです。これはstring型の引数を受け取りboolean型の返り値を返すメソッドで、与えられた文字列の中に正規表現の条件に合致する部分文字列が含まれていればtrueが返されます。

表3-1　正規表現のフラグ一覧

フラグ	意味
i	大文字・小文字を区別せずにマッチする
g	文字列中の1ヵ所ではなくすべての箇所にマッチする
m	^や$が文字列の先頭・末尾だけでなく行の先頭・末尾にマッチする
s	.に改行文字も含む
u	文字列をUTF-16コードユニット列ではなくUnicodeコードポイント列として扱う
y	指定された開始位置（lastIndex）からのみマッチする

```
const r = /ab+c/;

console.log(r.test("abbbbc")); // true と表示される
console.log(r.test("Hello, abc world!")); // true と表示される
console.log(r.test("ABC")); // false と表示される
console.log(r.test("こんにちは")); // false と表示される
```

この例からわかるように、与えられた文字列全体が正規表現にぴったり合致する必要はありません。文字列の中のどこか一部分が正規表現にマッチしていれば十分です。r.test("Hello, abc world!")がtrueを返しているのはこのためです。この文字列の中のabcという部分がab+cという正規表現に合致していますね。

正規表現の構文はいくつかの種類に分類できます。1つは+と同様に前の文字につくタイプです（**表3-2**）。もう1つは文字クラスと呼ばれるもので、複数種類の文字をひとまとめに表す構文です。[ ]という構文は、[ ]の中に並べた文字のうちどれか1つにマッチします。たとえば[abc]は「aまたはbまたはc」です。これと+を組み合わせて作った[abc]+という正規表現は、aやababaaccacaやbccccなどの文字列にマッチします[注49]。[ ]の中では-記号を用いて、文字コードによる範囲表記が可能です。たとえば[a-z]は「aからzまで」なので、半角小文字アルファベットのいずれかという意味になります。[ ]の先頭に^を添加して[^a-z]のようにすると、意味が逆転し「[a-z]以外のすべての文字」という意味になります。組み込みの文字クラスもいくつか存在し、それらはバックスラッシュで始まる記法を持ちます（**表3-3**）。バックスラッシュは特殊記号のエスケープという意味も持ちます。たとえば.（ピリオド）という文字にマッチする正規表現は\.と書く必要があります。

表3-2　前の文字につくタイプの記号

記号	意味
*	前の文字の0回以上の繰り返し。ab*cはabbcなどだけでなくacにもマッチする
?	前の文字はあってもなくてもよい（0回または1回現れる）。ab?cはacとabcにマッチする
{数値}	前の文字が数値回繰り返す。ab{3}cはabbbcと同じ
{数値,}	前の文字が数値回以上繰り返す。ab{3,}cはabbbcやabbbbbbbcなどにマッチする
{数値1,数値2}	前の文字が数値1回以上数値2回以下繰り返す。ab{3,5}cはabbbc, abbbbc, abbbbbcにマッチする

表3-3　文字クラス（一部のみ紹介）

記号	意味
\s	すべての空白文字（スペース、タブ、改行など）にマッチする
\S	\sにマッチしないすべての文字にマッチする
.	改行以外のすべての文字にマッチする[注50]
\d	半角数字にマッチする。[0-9]と同じ
\D	半角数字以外にマッチする。[^0-9]と同じ
\w	[a-zA-Z0-9_]と同じ

注49　a・b・cのどれか一種類だけではなく、これらの文字が入り混じった文字列にもマッチするという点に注意してください。これは、[abc]がまずa・b・cのどれかに定まってから+で繰り返されるのではなく[abc]というパターン自体が+によって繰り返されており、繰り返された[abc]のそれぞれが別々にa・b・cのいずれかにマッチすると理解できます。

注50　正規表現がsフラグを持つ場合は、改行も含むすべての文字にマッチします。

これらとは別に、位置にマッチする構文も存在します。その代表例が^と$です。^は文字列の先頭を意味する記号であり、たとえば/^abc/とするとこの正規表現は文字列の先頭にあるabcにのみマッチします。

```
const r = /^abc/;
console.log(r.test("abcdefg")); // true と表示される
console.log(r.test("Hello, abcdefg")); // false と表示される
```

3.7.3　正規表現オブジェクト(2) 正規表現を使う方法

正規表現を活用する方法は、前項で学習したtestメソッドのほかにもいくつかあります。利用される頻度が高いのは文字列が持つメソッド（➡3.7.5）で、具体的にはreplaceとmatchの2つです。replaceメソッドは文字列.replace(正規表現, 置換文字列)という形で用います[注51]。replaceメソッドが呼ばれると、文字列の中で正規表現にマッチする部分が置換文字列で置換された新しい文字列が返されます。正規表現がgフラグを持たない場合は一番最初にマッチした部分だけが置換される一方、gフラグを持っている場合はマッチする部分すべてが置換されます。ちなみに、ほかにreplaceAllというメソッドもあり、これは名前が示すとおり常にマッチする部分すべてを置換します。ただし、replaceAllメソッドを使う際も正規表現にgをつけるのは必須です[注52]。

```
// "Hello, foobar world! abbc" と表示される
console.log("Hello, abbbbbbbc world! abbc".replace(/ab+c/, "foobar"));
// "Hello, foobar world! foobar" と表示される
console.log("Hello, abbbbbbbc world! abbc".replace(/ab+c/g, "foobar"));
```

matchメソッドは文字列.match(正規表現)という形で用います。返り値は正規表現が文字列にマッチするならば文字列の配列[注53]であり、マッチしないならばnullです。これにより、返り値がnullかどうかを判定することで正規表現が文字列にマッチするかどうかを判定できます。matchの特色は、マッチした場合の返り値にあります。返り値の配列は、マッチした部分文字列に加え、正規表現の**キャプチャリンググループ**（capturing group）にマッチした文字列の情報を含んでいます。キャプチャリンググループとは、正規表現中で使える( )という構文で、正規表現の適当な部分を囲むことができるものです。たとえば/a(b+)c/という正規表現は、/ab+c/という正規表現のb+の部分をキャプチャリンググループで囲ったものです。matchメソッドを用いて正規表現にマッチさせた場合[注54]、返り値の配列はそれぞれのキャプチャリンググループにマッチした部分文字列を含んでいます。配列の0番目の要素は正規表現にマッチした文字列の全体であり、1番目の要素は最初のキャプチャリンググループにマッチした文字列、以下同様です。

```
const result = "Hello, abbbbbbc world! abc".match(/a(b+)c/);
if (result !== null) {
  console.log(result[0]); // "abbbbbbc" と表示される
  console.log(result[1]); // "bbbbbb" と表示される
```

注51　第1引数に正規表現ではなく文字列を渡す形もあり、この場合その文字列が置換されます。第2引数に関数を渡す形もありますが、こちらの詳しい説明は省略します。

注52　gフラグのない正規表現を渡すとランタイムエラーになってしまいます。これは、gフラグが「すべてにマッチする」という意味を持っており、gフラグがないのにreplaceAllだからといってすべてにマッチさせてしまうのは混乱のもとだからだと思われます。replaceAllは、第1引数に正規表現ではなく文字列を渡す際に便利です。

注53　実はこの配列はただの配列ではなく、indexやgroupsなどいくつかの追加プロパティを持ちます。

注54　マッチする部分文字列が複数存在する場合は最初のものになります。マッチした部分文字列すべてを扱えるmatchAllメソッドも存在しますが、詳細は省略します。

```
}
```

この例では、/a(b+)c/という正規表現は"Hello, abbbbbbc world!"という文字列の一部にマッチするため、resultはnullではなく文字列の配列となります。ただし、TypeScriptコンパイラは文字列が正規表現にマッチするかどうかを静的に判断しないため、resultはnullになる可能性があると判断します。そのため、resultの要素にアクセスするにはresult !== nullという条件判定をする必要があります。result[0]は正規表現/a(b+)c/にマッチした部分文字列となります。よって、今回は"abbbbbbc"となります。result[1]はその中の最初のキャプチャリンググループにマッチした部分です。今回キャプチャリンググループは(b+)なので、result[1]は"bbbbbb"です。このようにmatchメソッドは、複雑な条件にマッチさせつつキャプチャリンググループによって詳細な情報も取得したいという贅沢な用途に向いています。

また、ES2018では**名前付きキャプチャリンググループ**（named capturing group）の機能が導入されました。これは(?<グループ名> ...)という構文を持ち、その名のとおりキャプチャリンググループに名前をつけることができる機能です。名前付きキャプチャリンググループにより、普通のキャプチャリンググループは「1番目」「2番目」のように扱う必要がありわかりにくいという問題が解消されます。名前付きキャプチャリンググループにマッチした部分は、matchの返り値の配列の要素ではなく、返り値の配列のgroupsプロパティに現れます。下の例のように、配列のインデックスではなくグループ名が結果に現れるのがわかりやすいですね。

```
const result = "Hello, abbbbbbc world! abc".match(/a(?<worldName>b+)c/);
if (result !== null) {
  console.log(result.groups); // { "worldName": "bbbbbb" } と表示される
}
```

なお、matchメソッドに渡す正規表現がgフラグを持っていた場合はmatchメソッドの挙動が変化し、キャプチャリンググループが無視される代わりに正規表現にマッチする部分文字列がすべて列挙された配列を返します。

```
const result = "Hello, abbbbbbc world! abc".match(/a(b+)c/g);
console.log(result); // ["abbbbbbc", "abc"] と表示される
```

ここで紹介したのは正規表現の機能のほんの一部分です。ほかには正規表現のexecメソッドや文字列のsplitメソッドなどでも正規表現が使用できます。正規表現の大多数のユースケースは本書で解説した内容でカバーできますが、より複雑なことを達成したい場合はさらなる下調べが必要かもしれません。

3.7.4 Mapオブジェクト・Setオブジェクト

TypeScriptで密かによく使われる組み込みオブジェクトが**Map**です。Mapはいわば**真の連想配列**です。すなわち、特定の値（キー）に対して対応する値を保持する機能を持ち、そのようなキー・値のペアを好きなだけ保持することができるオブジェクトです。この特徴はただのオブジェクトと似ていますね。ただのオブジェクトも、それぞれのプロパティをキー－値ペアと見ることができます。

Mapは、ただのオブジェクトよりも連想配列として優れています。とくに、キーとして任意の値を用いることができる点が重要です。オブジェクトの場合はプロパティ名は原則として文字列でしたが、Mapではそれ以外の値もキーとして用いることができます。キーとしてはプリミティブだけでなく、オブジェクトも使用することができます。

Mapの最も主要なメソッドは2つです。すなわち、Mapに新しいキー－値ペアを追加するsetメソッドとMapから指定したキーのデータを得るgetメソッドです。Mapが作られた直後は何もデータを持っていませんが[注55]、setメソッドでデータを追加できます。そうして追加したデータはgetメソッドで取得できます。

```
const map: Map<string, number> = new Map();
map.set("foo", 1234);

console.log(map.get("foo")); // 1234 と表示される
console.log(map.get("bar")); // undefined と表示される
```


この例ではMap<string, number>型の変数mapを用意しており、その中身はnew Map()です[注56]。こうすることで変数mapの中身は空のMapオブジェクトとなります。型としてはMapは2つの型引数を取る型であり、Map<string, number>というのはキーがstring型であり中身がnumber型であるようなMapオブジェクトの型を意味します。

Map<K, V>型のオブジェクトはsetメソッドを持ち、第1引数はK型、第2引数はV型です。setメソッドは第1引数の値をキーとして、第2引数の値を自身に保存します。今回の場合mapはMap<string, number>型なので、setメソッドはstring型の引数とnumber型の引数を受け取り、前者をキーとして後者の値を保存することになります。map.set("foo", 1234)というのは、mapに"foo"をキーとして1234という値を保存するという意味でした。

一方、Map<K, V>型のgetメソッドはK型の引数（キー）を受け取り、そのキーで保存されたV型の値を返します。ただし、そのキーで保存されている値がない場合は返り値はundefinedとなります。すなわち、getメソッドの返り値はV型またはundefined型であり、ユニオン型（➡6.1）を用いて表現するとV | undefined型となります。上記の例では、map.get("foo")は1234というnumber型の値を返しています。これは、mapにはあらかじめ"foo"をキーとして1234という値が保存されていたからです。一方、map.get("bar")はundefinedです。これは、mapに"bar"をキーとする値は保存されていないからです。

このように、Mapオブジェクトは何らかのキーに結び付けてデータを保存しておく機能を持ちます。今回はキーがstring型でしたが、どんな型でもMapのキーに利用可能です。

Mapのメソッドとしてはほかにhasがあります。これはキー（K型の値）を受け取り、そのキーに結び付いた値を持っていればtrueを、持っていなければfalseを返すメソッドです。また、deleteメソッドはキー（K型の値）を受け取ってそのキーに結び付いた値を削除します。さらに、clearメソッドは呼び出すとMapオブジェクトの中身をすべて消去します。ほかには、使われる機会は多くありませんがkeys, values, entriesというメソッドを持っており、これらを用いるとMapの中のデータをすべて列挙することができます。これらの返り値はイテレータ（➡本章のコラム12）であり、for-of文（➡3.5.6）などで処理することができます。

次に、Setについても軽く触れておきます。SetはMapの簡易版のようなオブジェクトで、型としてはSet<T>のように型引数を1つ取ります。Set<T>はその名のとおり**集合**を表すオブジェクトで、最初は空[注57]ですが、addメソッドでT型の値を集合に追加したり、deleteメソッドで値を取り除いたりすることができます。そして、hasメソッドで値が現在Set内に存在するかどうかを調べることができます。MapとSetは使いどこ

注55　引数なしでMapコンストラクタを呼んだ場合。

注56　第5章で解説しますが、const map = new Map<string, number>();とすることもできます。いずれにせよ、変数宣言の段階でMapのキーと値の型（stringとnumber）は明記する必要があります。

注57　new Set()として作成した場合。

ろが異なりますが、Setはキーだけで値のないMapであるとも考えることができ、ある意味で非常に似たオブジェクトです。

また、MapとSetに類似したオブジェクトとしてWeakMapとWeakSetというものが存在しています。これらはMapやSetと同じ機能を持ちますが、2つ違いがあります。1つは、キーとしてオブジェクトしか許されないことです（値は何でもかまいません）。もう1つは、列挙系のメソッド（keys, values, entries）が存在しないことです。これらの特徴から、キーがオブジェクトであり、列挙系のメソッドを使わない場合はMap/SetではなくWeakMap/WeakSetの採用を検討する余地があります。

あまり細かくは触れませんが、WeakMapやWeakSetはキーのオブジェクトに対する参照が弱参照であるという特徴を持ちます。これはキーのオブジェクトがガベージコレクタに収集されるのを妨げないという意味です。

そもそも、JavaScriptの処理系の多くはガベージコレクションを行います。というのも、プログラム中ではオブジェクトリテラルなどによってたくさんのオブジェクトが作られ、それらはプログラムの実行中はマシンのメモリ上に実体を持っています。大部分のオブジェクトは、作られて少し使われたあとは用済みとなり、二度と使われなくなります。このようなオブジェクトをメモリ上に保持し続けるのはメモリの無駄なので削除すべきですが、JavaScriptには明示的にオブジェクトをメモリから削除する機能はありません。そこで、いらなくなったオブジェクト（プログラムのどこからも参照されなくなったオブジェクト）を処理系が見つけて自動的にメモリから削除します。この工程がガベージコレクションです。

ガベージコレクトされるかもしれないオブジェクトをキーに用いる際は、MapよりもWeakMapを使ったほうが有利です。なぜなら、通常のMapでオブジェクトをキーに用いた場合は、Map自体がガベージコレクトされない限りキーとして用いられたオブジェクトもガベージコレクションの対象とならないからです。つまり、本来ならばもうガベージコレクトされてもいいオブジェクトが、Mapでキーとして使われているせいでメモリ上に保持し続けられてしまうという場合があります。一方でWeakMapならば、オブジェクトがWeakMapのキーとして使われていても（ほかの部分で使われていなければ）おかまいなしにそのオブジェクトはガベージコレクトされるのです[注58]。

3.7.5 プリミティブなのにプロパティがある？

プロパティを持つというのは、オブジェクトの最も基本的な特徴です。逆に言えば、オブジェクト以外の値、すなわちプリミティブはプロパティを持ちません。それにもかかわらず、TypeScriptではプリミティブがプロパティやメソッドを持っているように見える挙動が存在します。具体的には、そのような挙動を持つのは**文字列**と**数値**、そして**BigInt**です。

たとえば、正規表現の項（➡3.7.3）では文字列がmatchメソッドを持つと説明しました。ほかの例として、文字列はlengthというプロパティも持ちます。これはその文字列の文字数を保持するnumber型のプロパティです[注59]。

注58　このような違いが発生する理由は、Mapオブジェクトが生き残っていれば列挙系のメソッドを用いてキーの値を取得できるからです。逆に言えば、列挙系のメソッドを廃することでキーのガベージコレクションを可能にしたのがWeakMapであると見ることもできます。WeakMapはset, get, has, deleteの4つのメソッドしかありませんから、WeakMapのキーとなったオブジェクトにアクセスする手段を別途で持っていない場合、WeakMapからそのキーで保存された値を取り出す手段はもはやなく、WeakMap内にそのオブジェクトをキーとする値があるかどうかはわからなくなります。これにより、WeakMap内で使われているキーをガベージコレクトすることが正当化されます。

注59　TypeScriptの文字列はUTF-16で表現されており、lengthプロパティは正確にはコードユニットの数です。UTF-16でサロゲートペアで表される文字（U+10000以上のコードポイントを持つ文字）については文字列のlengthプロパティでは2とカウントされます。詳細は省きますが、U+10000以上のコードポイントを持つ文字も1文字と数えたい場合は[...str].lengthなどの方法があります。

```
const str = "Hello, world!";
console.log(str.length); // 13 と表示される
```

ほかにも文字列のメソッドがいくつかあるので、気になる方は調べてみましょう。いずれにせよ、文字列はプリミティブの一種でありオブジェクトではないはずなのに、実際にはプロパティが存在しているように見えます（メソッドもプロパティの一種でしたね）。

厳密な説明としては、実はプリミティブに対してプロパティアクセスを行うたびに一時的にオブジェクトが作られます。文字列のlengthプロパティやmatchメソッドなどは、厳密にはこの一時的なオブジェクトが持つプロパティです。この一時的なオブジェクトは、プロパティアクセスが終了したら消えます。とはいえ、これはほとんどの場合我々の目には見えない機構なので、「プリミティブもプロパティを持っている」という認識でもとくに問題になることはありません。

ちなみに、擬似的にプロパティを持つという性質により、TypeScriptの型システム上ではプリミティブがオブジェクト型に適合することがあります。たとえば文字列（string型）はlengthプロパティを持っていますから、次のように定義されたHasLength型の変数に文字列を代入することができます。

```
type HasLength = { length: number };
const obj: HasLength = "foobar";
```

このように、TypeScriptのオブジェクト型は実はその中身が本当にオブジェクトである保証をしないのです。HasLength型は実は「number型のlengthプロパティを持つ値の型」であり、オブジェクトに制限されていません。もし真にオブジェクトである値のみを取り扱いたい場合にはobject型（➡6.7.1）を用いることになります。

こうなると、{}という型の扱いが問題になります。これはプロパティが1つもないオブジェクト型ですが、TypeScriptは構造的部分型を採用しているため、何かプロパティがあるオブジェクトでも{}型の値として認められます。言い方を変えれば、{}型は値に何の制限もかけていない型であるということです。実のところ、{}型はnullとundefined以外のあらゆる値を受け入れます。

```
// これらはOK
let val: {} = 123;
val = "foobar";
val = { num: 1234 };
// これはコンパイルエラー
val = null;
// これもコンパイルエラー
val = undefined;
```

このように、{}型の変数にはオブジェクトだけでなく数値や文字列などの値も代入することができます。ただし、nullとundefinedだけは例外です。この理由は、JavaScriptにおいてnullとundefinedはプロパティアクセス時にランタイムエラーが発生する唯一の値である[注60]ため、オブジェクト型の範疇（はんちゅう）にないと考えられたからでしょう。nullとundefinedも含めて任意の値を取り得る型が欲しい場合は、unknown型（➡6.6.3）を使うことになります。

注60　これ以外のプリミティブは本項で解説した機構により一時的なオブジェクトへのプロパティアクセスとして扱われるため、ランタイムエラーにはならずにundefinedが得られます。TypeScriptではそのようなアクセスはコンパイルエラーとなるため深く考える必要はありませんが。

3.8 力試し

第3章ではオブジェクトについて学びました。そこで、今回の力試しでは実際にオブジェクトを使うプログラムを書いてみましょう。

3.8.1 データ処理をしよう

今回の力試しでは、簡単なデータ処理をやってみましょう。コンマと改行で区切られた文字列を読み込んで、オブジェクトの配列を組み立てます。これはいわゆるCSVと呼ばれるデータ構造ですが、今回はCSVの読み込みを完璧に実装する必要はありません。典型的なデータを読み込むことができれば大丈夫です。今回は、オブジェクトを作って扱うプログラムを実際に手を動かして書いてみるのを目標としてみましょう。

雛形のプログラムを次に示します。次のプログラムにコードを足してUser[]型の変数usersを定義しましょう。

```
type User = {
  name: string;
  age: number;
  premiumUser: boolean;
}

const data: string = `
uhyo,26,1
John Smith,17,0
Mary Sue,14,1
`;

// ここにコードを足す

for (const user of users) {
  if (user.premiumUser) {
    console.log(`${user.name} (${user.age})はプレミアムユーザーです。`);
  } else {
    console.log(`${user.name} (${user.age})はプレミアムユーザーではありません。`);
  }
}
```

このプログラムでは変数dataにデータとなる文字列が入っています。文字列は複数行からなり、1つの行が1つのユーザー(User)を表します。各行はコンマ(,)で区切られた3つの部分からなり、最初がユーザーの名前(name)、真ん中がユーザーの年齢(age)、そして最後が1ならそのユーザーはプレミアムユーザー(premiumUser)であり、0ならプレミアムユーザーではありません。

このようなデータを読み取り、その結果をUserの配列として表すというのが今回のお題です。このプログラムを実行して次のように表示されるようになれば合格です。

```
uhyo (26)はプレミアムユーザーです。
John Smith (17)はプレミアムユーザーではありません。
Mary Sue (14)はプレミアムユーザーです。
```

ヒント：

- 文字列を特定の区切り文字により分割したい場合は、splitメソッドが使用可能です。
- 改行文字の表し方は2.3.6で学習しましたね。
- データの最初と最後の改行文字に注意しましょう。

3.8.2 解説

解答例を示します（追加部分のみ）。

解答例

```
const users: User[] = [];

const lines = data.split("\n");
for (const line of lines) {
  if (line === "") {
    continue;
  }
  const [name, ageString, premiumUserString] = line.split(",");
  const age = Number(ageString);
  const premiumUser = premiumUserString === "1";

  users.push({
    name,
    age,
    premiumUser
  });
}
```

上から見ていきましょう。今回は、結果を入れる配列usersを最初に空の配列として用意します。あとからpushでこの配列にUserオブジェクトを足していきます。

次にデータ文字列dataをsplitメソッドで1行ごとに分解します。引数で渡されている"\n"は改行文字（LF）です。返り値は配列（string[]型）であり、今回のデータの場合は次のような5要素の配列となります。

```
[
  "",
  "uhyo,26,1",
  "John Smith,17,0",
  "Mary Sue,14,1",
  ""
]
```

最初と最後にある""という要素にご注意ください。今回データの最初と最後に改行がある（テンプレート文字列リテラルの開始・終了を表す`の直後・直前で改行している）ため、splitで分割した際はその位置でも分割されます。

このデータを1行ずつ処理するために、配列linesに対してfor-of文を用いています。変数lineには"", "uhyo,26,1",……といった文字列が順番に入ることになります。今回空文字列は無視したいので、if文でその処理を書いています。それが終わると行データの処理です。再びsplitメソッドを用いて,で区切られた各部分に分解しています。今回は配列の分割代入（➡3.6.3）を用いて3つの部分を別々の変数に入れています。これらの変数、具体的にはname、ageString、premiumUserStringの3つは、string[]型の配列を分割代入して得られたのですべてstring型です。

今回、User型のオブジェクトはstringだけでなくnumber型やboolean型の値から作る必要があるので、文字列の変換を次に行っています。具体的には、年齢はNumber関数（➡2.3.10）でnumber型の値に変換しています。また、premiumUserに関しては値が"1"ならtrueと見なすことにしました。

3つのデータがそろったら、オブジェクトリテラル（➡3.1.2）を用いてオブジェクトを作り、それを配列のpushメソッドに引数として渡しています。3つのプロパティはすべて省略記法を用いています。

最終的には、usersは次のようなデータとなります（console.logでusersを表示してみましょう）。

```
[{
  "name": "uhyo",
  "age": 26,
  "premiumUser": true
}, {
  "name": "John Smith",
  "age": 17,
  "premiumUser": false
}, {
  "name": "Mary Sue",
  "age": 14,
  "premiumUser": true
}]
```

今回もあまり長いプログラムではありませんが、オブジェクトの作成・操作や分割代入などの基本的な操作を活用したプログラムとなっています。オブジェクトを扱うTypeScriptプログラムの雰囲気をつかんだら次に進みましょう。

3.8.3　別解

ここではもう1つ別の解答例も紹介しておきます。

```
const users: User[] = data.split("\n")
  .filter(line => line !== "")
  .map(line => {
    const [name, ageString, premiumUserString] = line.split(",");

    return {
      name,
      age: Number(ageString),
      premiumUser: premiumUserString === "1"
    };
  });
```

　こちらの解答例は次章で出てくる知識を使っています（➡4.1.10など）。ですから今理解できる必要はありません。わかりやすさ重視の先ほどの解答例とは異なり、こちらはよりすっきりした書き方となっています。次章を読み終わったら戻ってきて上のプログラムを解読してみるのもよいでしょう。

第4章

TypeScriptの関数

この章では関数（function）について学習します。関数はほとんどのプログラミング言語で採用されている概念です。TypeScriptにおいても、関数を使わずに一定以上の規模のTypeScriptプログラミングを行うのはまったく現実的ではありません。
関数はプログラム分割の手段であり、プログラムの一部分を関数としてまとめることができます。そうすることで、同じ処理を再利用できるのに加えて、わかりやすいプログラムになるという利点もあります。
加えて、TypeScriptでは関数は値の一種であるという点も見逃せません。関数を変数に入れたり、関数の引数に別の関数を渡したりといったこともできるのです。関数を値として扱うことで、高度に抽象化されたプログラムを書くことが可能となります。

4.1 関数の作り方

この節でまず学ぶのは、**関数**をどのように作るのかです。関数という概念自体はすでに登場していましたが、console.logなどの既製の関数を使うばかりで自ら関数を作ってはいませんでした。関数を自ら作れるようになれば、書くことができるTypeScriptコードの幅が大きく広がります。関数を作る方法はいろいろなものが存在しますから、1つずつ見ていきましょう。

4.1.1 関数宣言で関数を作る

関数を作る最も ベーシックな方法は、**関数宣言**（function declaration）によるものです。関数宣言は文の一種であり、1行で書くとfunction 関数名(引数リスト): 返り値の型 { 中身 }という形の構文です。これを見てわかるとおり、関数宣言は関数名、引数リスト、返り値の型、そして中身という4つの構成要素から成ります。関数名は変数名と同じ扱いを受けるため、識別子である必要があります。返り値の型は型注釈の一種であり、その関数の返り値の型を宣言します。

関数の中身（function body）は、その関数を呼び出したときに実行されるプログラムのことです。この位置には文を複数書くことができます。また、関数は引数を受け取ることができます。その場合は引数リストに変数名: 型と書くことで引数を宣言します。関数に渡された引数の値はここで宣言された変数の中に入ります。引数として宣言された変数は、その関数の中でのみ有効です。引数が複数ある場合はコンマで区切って並べます（オブジェクトリテラルや配列リテラルの場合と同様に、最後の引数の後ろにコンマを置くことも許されています）。では、関数宣言の例を見てみましょう。

```
function range(min: number, max: number): number[] {
  const result = [];
  for (let i = min; i <= max; i++) {
    result.push(i);
  }
  return result;
}

console.log(range(5, 10)); // [5, 6, 7, 8, 9, 10] と表示される
```

この例ではrangeという関数を宣言しています。引数はminとmaxの2つであり、どちらもnumber型と宣言されています。また、返り値の型はnumber[]型、つまりnumberの配列型です。意味としては、minからmaxまでの数値を並べた配列を返すというものです[注1]。

呼び出す側は、rangeの宣言に従って引数を渡すことで関数rangeを使うことができます。今回のrange(5, 10)という使用例では引数minに対して5を、引数maxに対して10を渡しています。引数はどちらもnumber型ですから、それに従ってnumber型の引数を渡さなければいけません。もしrange("5", "10")のように違う型の引数を渡したり、range(5)のように引数の数を間違えたりした場合はコンパイルエラーとなります。

注1　number型は小数も含みますが、この例では小数が渡された場合のことは深く考えていません。実用の際はご注意ください。

引数を間違えたことによるコンパイルエラーの例

```
// エラー: Argument of type 'string' is not assignable to parameter of type 'number'.
range("5", "10");
// エラー: Expected 2 arguments, but got 1.
range(5);
```

次に、関数の中身に目を向けると、最後に書かれている**return文**が目にとまります。これは関数の中で使える文であり、`return 式;`という構文を持ちます。return文が実行されると、関数の実行を終了して与えられた式が関数の返り値となります。return文は関数の実行を終了するので、return文よりも後ろに書かれた文は実行されません。今回のrange関数を見るとreturn文は1ヵ所で、`return result;`と最後に書いてあるので返り値は必ずresultであることがわかります。この関数は実行すると配列resultを作成し、for文で中身を詰めてから返すのです。

return文に対しても型チェックが行われます。この例ではrangeの返り値はnumber[]型であると宣言されているので、return文で返すのはnumber[]型の値でなければいけません。よって、そうでないものをreturn文で返そうとした場合はコンパイルエラーとなります。たとえば、関数の最後の行を`return max;`のように変更するとコンパイルエラーとなります。

```
function range(min: number, max: number): number[] {
  const result = [];
  for (let i = min; i <= max; i++) {
    result.push(i);
  }
  // エラー: Type 'number' is not assignable to type 'number[]'.
  return max;
}
```

このエラーは「number型はnumber[]型に代入可能ではない」という意味で、代入可能（assignable）という言葉がややわかりにくいですが、これはnumber型の値をnumber[]型として扱おうとしていることに対するコンパイルエラーです。今回返り値がnumber[]型であると宣言しているにもかかわらず、return文によりnumber型の値（max）をそこに当てはめようとしているためこのエラーが発生しました。

ちなみに、関数宣言は**巻き上げ**（hoisting）という特有の挙動を持ちます。これは、関数宣言より前にその関数が使えるというものです。たとえば、今回の例は次のように書き換えて、rangeの宣言をその使用よりもあとに持ってくることができます。

```
console.log(range(5, 10)); // [5, 6, 7, 8, 9, 10] と表示される

function range(min: number, max: number): number[] {
  const result = [];
  for (let i = min; i <= max; i++) {
    result.push(i);
  }
  return result;
}
```

このように、関数宣言によって作られた関数はプログラムの実行開始時から[注2]すでに存在しています。

注2　より正確には、そのスコープ（➡4.5）に入ったときからです。また、第7章では複数ファイルからなるプログラムも登場しますが、その場合は当該ファイルを実行するときから存在していることになります。

4.1.2 返り値がない関数を作る

関数には、返り値があるものとないものがあります。前項のrangeは返り値がある関数でしたが、これまで使ってきたconsole.logなどは返り値がない関数でした。返り値がない関数を宣言するためには、返り値の型として**void型**という特殊な型を使用します。

たとえば、引数nを受け取って"Hello, world!"とn回表示するだけの、返り値のない関数は次のように書けます。

```
function helloWorldNTimes(n: number): void {
  for (let i = 0; i < n; i++) {
    console.log("Hello, world!");
  }
}

helloWorldNTimes(5);
```

関数helloWorldNTimesは、返り値の型にvoid型を示すことによって返り値がないことを宣言しています。返り値をvoidとした関数の特徴は、return文を書かなくてもよいことです。実際、上の例でもreturn文は書かれていません。この場合、関数は最後まで実行されると何事もなく終了します。

ただし、void型の返り値の関数でもreturn文を書くことがあります。それは、おもに早期リターン（early return）と呼ばれる書き方をしたい場合です。これは次の例のように、条件分岐の結果に応じてreturn文を用いて関数の実行をそこで中断させる書き方です。返り値がない場合のreturn文はreturn;と書きます。ちなみに、今回の例は返り値がない場合ですが、返り値がある場合でも早期リターンは可能です。

```
function helloWorldNTimes2(n: number): void {
  if (n >= 100) {
    console.log(`${n}回なんて無理です！！！`);
    return;
  }
  for (let i = 0; i < n; i++) {
    console.log("Hello, world!");
  }
}

helloWorldNTimes2(5);
helloWorldNTimes2(150);
```

今度の例では、nに100以上の数が渡された場合はn回ループせずに別のメッセージを出力するように関数helloWorldNTimesを変更しました。これにより、helloWorldNTimes2(150);という呼び出しは「150回なんて無理です！！！」とだけ出力して終了します。この判定は関数の最初のif文で行われており、n >= 100という条件を満たした場合はメッセージをconsole.logで出力したあとreturn文を実行しています。これにより、helloWorldNTimes2の実行はここで終了し、その次のfor文は実行されません。この書き方はreturnを使わずにifとelseで書くこともできますが、どちらを使うべきかは人によって好みが分かれるようです。本書としては、むやみにネストが深くならないように早期リターンを活用することをお勧めします。

コラム 14

return文とセミコロン省略の罠

第2章のコラム7では、セミコロンの省略について紹介しました。関数の返り値を示すreturn文も最後に;があるため例外ではなく、末尾のセミコロンを省略できます。次の例のtoSeconds関数は時間・分・秒で与えられた期間を秒数に直して返す関数ですが、このように2通りの書き方ができます。

```
function toSeconds(hours: number, minutes: number, seconds: number): number {
  // セミコロンを省略しないreturn文
  return hours * 3600 + minutes * 60 + seconds;
  // セミコロンを省略したreturn文
  return hours * 3600 + minutes * 60 + seconds
}
```

実は、このセミコロンの省略とreturnを組み合わせた場合に注意しなければいけない点があります。それは、セミコロンの省略機能によってreturn文が途切れてしまうかもしれないという点です。先の例は返り値の式が長いので、見やすいように次のように書き換えたくなったとしましょう。つまり、返り値を3行に分けて書いてreturnの直後にも改行を入れたとします。

```
function toSeconds(hours: number, minutes: number, seconds: number): number {
  return
      hours * 3600
      + minutes * 60
      + seconds;
}
```

実は、こうするとこのプログラムはコンパイルエラーとなってしまいます。なぜなら、このプログラムは次と同じであり、returnの直後のセミコロンが省略されたと見なされてしまうからです。これは返り値がない関数となりますから、返り値の型がnumberと書いてあるのに適合しないためコンパイルエラーが発生します。

```
function toSeconds(hours: number, minutes: number, seconds: number): number {
  return; // ←このセミコロンが省略されたと扱われる
      hours * 3600
      + minutes * 60
      + seconds;
}
```

ここから得られる教訓は、return文はreturnと返り値の間に改行を入れてはいけないということです。改行を入れると、そこでセミコロンが補われてしまいます。TypeScriptでは型チェックがありますから、このミスが大事に至ることはあまりないでしょう。とはいえ、この罠にはセミコロンを省略しない人でもはまりがちですから、注意が必要です。

4.1.3 関数式で関数を作る

関数を作るもう1つの方法は、**関数式**（function expression）を用いるものです。前の項で説明した関数宣言との大きな違いは、それが文なのか式なのかです。ここで学習する関数式は、その名のとおり式によって関数を作ることができます。

基本的な構文は、function（引数リスト）: 返り値の型 { 中身 }です。前の項の関数宣言とほとんど変わりませんが、functionの直後の関数名がありません注3。この構文は式であり、式の評価結果が関数式によって作られた関数そのものとなります。よって、作った関数を利用するには変数に入れることになります注4。次の例では、関数calcBMIを関数式を用いて定義します。この関数は、数値heightとweightプロパティを持つHumanオブジェクトを受け取ってBMIの値を計算するという関数です。

```
type Human = {
  height: number;
  weight: number;
};
const calcBMI = function(human: Human): number {
  return human.weight / human.height ** 2;
};
const uhyo: Human = { height: 1.84, weight: 72 };
// 21.266540642722116 と表示される
console.log(calcBMI(uhyo));
```

この例はちょっと複雑ですが、これまでの解説をもとに解読できます。最初に宣言されているHuman型はnumber型のheightとweightプロパティを持つオブジェクトの型であり、calcBMI関数の引数の型として使われています。変数calcBMIはconstによる変数宣言で作られており、=の右側には3行にわたって関数式が書かれています。これにより変数calcBMIの中身は関数式によって作られた関数となり、その後calcBMIを関数として使用することができます。関数式自体は簡単ですね。返り値の型がnumberで、引数リストの中身はhuman: Humanであり、中身はreturn文1つだけです。

関数式の最後の}の後ろに;（セミコロン）があることに注意してください。これはconst 変数名 = 式;という変数宣言に属するセミコロンです。関数宣言のときはそれ自体が単独の文として扱われたためセミコロンは不要でしたが、関数式の場合はこのようにほかの式に組み込んで使うことになります。

ちなみに、関数の引数に対しては分割代入（➡3.6）を行うことも可能です。分割代入の基本は「変数名の代わりにパターンを書く」ことでしたが、関数引数では引数名の代わりにパターンを書くことができます。こうすると、引数として渡されたオブジェクトの中身を取り出して変数に入れることができます。上の関数の引数humanを分割代入で書き換えるとこのようになります。

```
type Human = {
  height: number;
  weight: number;
};
const calcBMI = function({ height, weight }: Human): number {
  return weight / height ** 2;
};
const uhyo: Human = { height: 1.84, weight: 72 };
// 21.266540642722116 と表示される
console.log(calcBMI(uhyo));
```

今回は引数リストが{ height, weight }: Humanであり、humanと書かれていた部分がパターンに変わり

注3　関数式でも関数名を書くことは可能ですが、多くの場合は書く意味がないため書かれません。

注4　一応、関数式で作った関数を変数に入れずにすぐに呼び出すことも可能です（このやり方にはIIFE（Immediately Invoked Function Expression）という名前がついています）。

ました（ちなみに、このようにパターンに対して型注釈をつけることが可能です）。この場合、引数として渡されたHumanオブジェクトを丸ごと変数に代入するのではなく、変数heightとweightに分割して代入するという意味になります。上の例でcalcBMIに渡されているuhyoはheightが1.84でweightが72のオブジェクトですから、それがcalcBMIに渡されたとき、この関数の中では変数heightに1.84が、変数weightに72が代入されます。変数宣言時の分割代入と同様に、こうすることでhuman.と2回書かなくてもよいという利点があります。

関数式により関数が作れることは、本章の冒頭で述べた「**関数も値の一種である**」という点を強調しています。TypeScriptの値はプリミティブとオブジェクトに分類できましたが、関数はプリミティブではないのでオブジェクトです（➡本章のコラム15）。関数は値（**関数オブジェクト**）であり、だからこそ今回の例のように関数を変数に代入することができるのです。その点で、関数式というのは値を作る働きを持つという点でリテラルに近い存在であると言えます。

関数呼び出しの構文は関数名(引数)という形を用いてきましたが、実は関数名のところにはあらゆる式を当てはめることができます。式の結果が関数オブジェクトとなれば、その関数が呼び出されるのです。calcBMI(obj)という呼び出しも、calcBMIという式が変数から関数オブジェクトを取得して、それを呼び出していると解釈することができます。

関数式の注意点としては、関数宣言とは異なり巻き上げ機能は持たないという点が挙げられます。関数宣言は特別でしたが、関数式の場合はただの変数宣言と組み合わせて使います。ただの変数宣言の場合、プログラムは上から下に実行されるため、まだ宣言されていない変数を使うことはできません。前の例では関数式で作った関数はconst宣言により変数calcBMIに入ります。これは、const宣言よりも前にcalcBMIを使うことができないということを意味しています。constなどで宣言された変数を宣言よりも前に使おうとした場合はコンパイルエラーが発生します。

```
const uhyo: Human = { height: 1.84, weight: 72 };
// エラー: Block-scoped variable 'calcBMI' used before its declaration.
console.log(calcBMI(uhyo));

type Human = {
  height: number;
  weight: number;
};
const calcBMI = function({
  height, weight
}: Human): number {
  return weight / height ** 2;
};
```

なお、4.1.1の関数宣言で作られた関数と、ここで解説した関数式で作られた関数には性質の違いはとくにありません。関数宣言で作られた関数も、実は関数オブジェクトが変数に入ったものとなっています。

4.1.4 アロー関数式で関数を作る

アロー関数式（arrow function expression）は、前項で説明した関数式（function関数式）に代わるもう1つの関数式です。名前が示すとおり、アロー関数式は式の一種であり、評価されると関数を作って返します。アロー関数式の構文は(引数リスト): 返り値の型 => { 中身 }です。=>というトークンが特徴的で、これがアロー関数式という名称の由来です。例として、前項の関数calcBMIをアロー関数式で書き換えるとこのようになります。

```
type Human = {
  height: number;
  weight: number;
};
const calcBMI = ({
  height, weight
}: Human): number => {
  return weight / height ** 2;
};
const uhyo: Human = { height: 1.84, weight: 72 };
// 21.266540642722116 と表示される
console.log(calcBMI(uhyo));
```

function関数式もアロー関数式も、関数を作る式であるという点では非常に似ています。アロー関数のほうがあとから導入された構文である[注5]ためいくつかの点でアロー関数のほうが使い勝手が良く、function関数式よりもアロー関数式のほうが好んで使用されます[注6]。具体的には、アロー関数式のほうがfunction関数式よりも簡潔な構文を持っています。とくに、functionという長いキーワードを書かなくてもよい点が評価されています。また、次項で解説する省略記法(➡4.1.5)も使い勝手がよく重宝されます。加えて、のちのち解説するthisの扱いについてもアロー関数が有利です(➡5.4.2)。

4.1.5 アロー関数式の省略形

アロー関数式の省略形は、簡単な関数を定義するときに有用な構文です。これは(引数リスト): 返り値の型 => 式という構文を持ち、通常のアロー関数との違いは=>の右に表れています。通常のアロー関数では{ }の中に複数の文を書くことができましたが、省略形では書けるのは式が1つだけであり、この式がアロー関数の返り値となります。つまり、省略形を通常の形に直すと、(引数リスト): 返り値の型 => { return 式; }となります。

例として、同じ関数を普通の書き方と省略形で書いてみると以下のようになります。省略形のほうが{ }とreturnを省略してより短く書けるようになっていることがわかりますね。

```
// 普通の書き方
const calcBMI = ({
  height, weight
}: Human): number => {
  return weight / height ** 2;
};

// 省略形
const calcBMI = ({
```

注5　function関数式は初期から存在する一方、アロー関数はES2015で追加された構文のひとつです。

注6　逆にfunction関数式にできてアロー関数式にできないこととして「コンストラクタを作る」ことが挙げられますが、この機能はクラス(➡5.1)がある現在ではあまり使われません。このため、function関数式をあえて使う場面はかなり少なくなっています。

```
  height, weight
}: Human): number => weight / height ** 2;
```

省略形ではいきなり返り値を計算するような関数しか書くことができないため、複雑な処理には向いていません。それでも省略形の出番は多く、とくにコールバック関数（➡4.1.10）を書くときによく使われる傾向にあります。本書でも今後は積極的に省略形を使用していくので、例を通して使いどころを理解していきましょう。

アロー関数の省略形においては、はまりやすい罠が1つあります。それは、返り値の式としてオブジェクトリテラルを使いたい場合です。この場合は、次の例のcalcBMIObjectのようにオブジェクトリテラルを( )で囲む必要があります。これは、( )で囲まないと=>の右の{ }がオブジェクトリテラルではなく通常の（省略形でない）アロー関数の中身を囲む{ }であると見なされてしまうからです。=>の直後を(から始めることで=> { }の形になるのを回避し、これにより通常の形ではなく省略形であることを明確にしています。なお、( )は式を囲んで使う構文で、( )で囲んでもとくに式の意味は変わりません。(2 + 3) * 2のように計算順を制御したいときにも利用できますが、このように単独での使い道も存在するのです。

```
type Human = {
  height: number;
  weight: number;
};
type ReturnObj = {
  bmi: number
}
// 正しい書き方
const calcBMIObject = ({
  height, weight
}: Human): ReturnObj => ({
  bmi: weight / height ** 2
});

// これはコンパイルエラーが発生
// エラー: A function whose declared type is neither 'void' nor 'any' must return a value.
const calcBMIObject2 = ({
  height, weight
}: Human): ReturnObj => {
  bmi: weight / height ** 2
};
```

ちなみに、上の例のcalcBMIObject2で発生しているコンパイルエラーは「ReturnObj型の値を返す関数なのに返り値を何も返していない」ということを言っています。=>の右の{ }がオブジェクトリテラルではなく通常のアロー関数の中身を囲む括弧であると見なされた結果、中身がbmi: weight / height ** 2のみでありreturn文がないと思われたのです[注7]。

4.1.6 メソッド記法で関数を作る

関数を作る方法としては**メソッド記法**によるものも存在します。この記法はオブジェクトリテラルの中で使用することができる、プロパティを定義する記法の一種です（➡3.1.2）。この記法はプロパティ名(引数リスト):

注7　これは偶然にも構文エラーにはなりません。式文にラベルがついた形であると解釈されます。

返り値の型 { 中身 }という形をとります。プロパティ名という部分で、この記法により作られるプロパティ（メソッド）の名前を指定します。

```
const obj = {
  // メソッド記法
  double(num: number): number {
    return num * 2;
  },
  // 通常の記法 + アロー関数
  double2: (num: number): number => num * 2,
};

console.log(obj.double(100));  // 200 と表示される
console.log(obj.double2(-50)); // -100 と表示される
```

この例ではオブジェクトリテラルによって作られたオブジェクトが変数objに代入されています。このオブジェクトはdoubleとdouble2という2つのメソッド（関数オブジェクトが入ったプロパティ）を持ち、そのうちdoubleはメソッド記法で作られています。比較対象として、通常のプロパティ宣言記法（プロパティ名: 式）とアロー関数式で作ったメソッドdouble2も定義しました。これらの宣言はオブジェクトリテラルの一部ですから、doubleやdouble2はobjが持つメソッドとなり、obj.doubleやobj.double2という形で参照できます。今となれば、メソッド呼び出しのobj.double(100)のような式は関数(引数)という関数呼び出しの構文のうち関数の部分がobj.doubleというプロパティアクセスの式になったものと理解できますね。

メソッド記法を使う場合と使わない場合には細かな違いがありますが、詳しいことはのちのち解説します。簡単に触れておくと、1つは関数の部分型関係の扱い（➡本章のコラム17）であり、もう1つはthisの扱い（➡5.4）です。

4.1.7　可変長引数の宣言

可変長引数は、関数が任意の数の引数を受け取れるようにすることです。TypeScriptでは、**rest引数**（rest parameters）構文を用いることで可変長引数を実現できます。これは...引数名: 型という形の構文であり、関数宣言の引数リストの最後で1回だけ使用できます。たとえば、与えられた引数をすべて合計した数を返すsum関数はrest引数構文を用いてこのように定義できます。

```
const sum = (...args: number[]): number => {
  let result = 0;
  for (const num of args) {
    result += num;
  }
  return result;
};

console.log(sum(1, 10, 100)); // 111 と表示される
console.log(sum(123, 456));   // 579 と表示される
console.log(sum());           // 0 と表示される
```

このように関数がrest引数を持つ場合、関数呼び出し時に自動的に配列が作られ、そのrest引数で宣言された変数に入ります。配列の中身は関数の可変長部分に与えられた引数すべてです。例のsum関数の場合引数リ

ストには...args: number[]のみがあるため、与えられた引数はすべて可変長部分に入ったと見なされ、argsはsumに与えられた引数すべての配列となります。具体的には、例の最初のsum呼び出しではargsは[1, 10, 100]という配列になります。2回目の呼び出しでは[123, 456]、3回目の呼び出しでは[]です。

なお、rest引数にも型注釈が必要ですが、型は必ず配列型（またはタプル型）でなければなりません。今回の例でもnumber[]という配列型が使われています。それ以外の型を指定してしまうと次のようなコンパイルエラーが発生します。

```
// エラー: A rest parameter must be of an array type.
const sum = (...args: number) => {
};
```

ちなみに、rest引数は通常の引数と併用できます。最初に述べたとおり、この場合rest引数は引数リストの最後になければいけません。通常の引数とrest引数を併用したい場合は次のようにします。次の例ではsum関数はrest引数の前にbaseという引数を持つので、sumに与えられた最初の引数がbaseになり、残りが可変長部分としてargsに入ります。引数が1つも与えられなかった場合はbaseに相当する引数が与えられなかったことになるのでコンパイルエラーとなります。エラーメッセージの意味は「最低1つの引数が必要だが、与えられた引数が0個である」という意味です。

```
const sum = (base: number, ...args: number[]): number => {
  let result = base * 1000;
  for (const num of args) {
    result += num;
  }
  return result;
}

console.log(sum(1, 10, 100)); // 1110 と表示される
console.log(sum(123, 456));   // 123456 と表示される
// エラー: Expected at least 1 arguments, but got 0.
console.log(sum());
```

この場合のrest引数の挙動としては、たとえばsum(1, 10, 100)という関数呼び出しでは引数baseに1が入り、argsには[10, 100]が入ります。

4.1.8 関数呼び出しにおけるスプレッド構文

前項では可変長引数の宣言について学習しました。ここではそれに関連するトピックとして、関数呼び出し時に使用できる**スプレッド構文**について学習しましょう。これは、関数呼び出しの引数として...<u>式</u>という構文を用いることができるというものです。

復習すると、関数呼び出しは<u>関数</u>(<u>引数リスト</u>)という形の式であり、<u>引数リスト</u>はいくつかの式をコンマで区切ったものでした。たとえば、sum(a, b, a + b)はsumという関数をa、b、a + bという3つ式を引数として呼び出しています。この場合は3つの式の値が順番に評価され、その結果となる値がsumに引数として渡されます。

実は、引数リストにおいては式の代わりに...<u>式</u>という形の構文を使用可能です。この場合、<u>式</u>として期待

されるのは配列です注8。そして、その配列が持つ値をすべて順番に引数に渡すという意味になります。例を見て理解しましょう。

```
const sum = (...args: number[]): number => {
  let result = 0;
  for (const num of args) {
    result += num;
  }
  return result;
};

const nums = [1, 2, 3, 4, 5];

console.log(sum(...nums)); // 15 が表示される
```

関数sumは前項のものですが、今回はsumの関数呼び出しがsum(...nums)となっており、スプレッド構文を使用しています。今回numsが[1, 2, 3, 4, 5]という配列であることから、これはsum(1, 2, 3, 4, 5)と同じ意味になります。よって、sum(...nums)の返り値は15です。

スプレッド構文は、普通の引数と混ぜたり、複数使うこともできます。たとえば、sum(...nums, 6, ...nums)のようなことも可能です。

また、スプレッド構文は、この例のように可変長引数と一緒に使われることが多くあります。なぜなら、配列の要素が何個あるかは一般には不明だからです。この例でのnumsはnumber[]型の変数ですが、これはnumberの配列という意味であり、その要素が何個であるかはわかりません。何個あるかわからない引数を受け取る関数というのは、多くの場合可変長引数の関数ですね。

当然ながら、これには型システム上のチェックが入ります。たとえば、次の例のsum3をsum3(...nums)として呼び出すことはできません。これはコンパイルエラーとなります。なぜなら、sum3は3つの引数を受け取るところ、number[]型であるnumsの要素は3つとは限らず、3つの引数を渡せないかもしれないからです。実際numsの要素は3つじゃないかとお思いかもしれませんが、その情報はnumsの型であるnumber[]には乗っていません。よって、sum3(...nums)の型チェックではnumsは要素数不明の何らかの配列という扱いになります。エラーメッセージで言われているように、このような要素数不明の配列は可変長引数（rest引数）に渡さなければいけません。

```
const sum3 = (a: number, b: number, c: number) => a + b + c;

const nums = [1, 2, 3];
// エラー: A spread argument must either have a tuple type or be passed to a rest parameter.
console.log(sum3(...nums));
```

このコンパイルエラーを回避したければ、numsの要素数が3であるという情報を型に残す必要があります。これはタプル型（➡3.5.7）を用いることで可能です。具体的には、[number, number, number]という型をnumsに与えます。こうすれば、sum3(...nums)でsum3に与えられる引数が3つであることが型から明らかであるため、sum3(...nums)でコンパイルエラーが発生しません。

注8　より正確には、配列以外のイテレータ（➡第3章のコラム12）でもかまいません。複数の要素を持つという点が重要です。

```
const sum3 = (a: number, b: number, c: number) => a + b + c;

const nums: [number, number, number] = [1, 2, 3];
console.log(sum3(...nums)); // 6 と表示される
```

こうすれば固定長引数の関数に対してもスプレッド構文が使えます。いちいちタプル型の型注釈を書くのが面倒ですが、しばらくあとで紹介するas const（➡6.5.2）を用いると楽になります。もっとも、固定長引数の関数に対してスプレッド構文を用いた関数呼び出しをする必要はあまりありません。可変長引数関数と組み合わせて使うのが主であると理解しても間違いはないでしょう。

4.1.9 オプショナル引数の宣言

関数は、**オプショナルな引数**を持つこともできます。これは、渡してもいいし渡さなくてもいい引数のことです。オプショナルな引数の出番はいろいろな場面であります。たとえば、関数の引数がほとんどのユースケースで同じになる場合はその値をデフォルト値として省略可能にし、ほかの値を渡したいときだけ引数を渡すようにすることができます。

オプショナルな引数の宣言方法は2つあり、デフォルト値を指定する場合と指定しない場合で異なる構文を用います。まずはデフォルト値を指定しない場合です。この場合は引数名?: 型という構文を用います。普通の引数と比べると、?という記号が増えていることがわかりますね。これはオブジェクト型のオプショナルなプロパティ（➡3.2.6）の記法と類似しています。

次の例では関数toLowerOrUpperの2つめの引数upperがオプショナルな引数として宣言されています。これにより、関数toLowerOrUpperを使う側は第2引数として真偽値を渡すか、あるいは第2引数を渡さないという選択肢を選ぶことができます。ちなみに、コード例中に出てきているtoUpperCaseやtoLowerCaseは文字列が持つメソッドであり、前者は文字列をすべて大文字にした文字列を、後者はすべて小文字にした文字列を返します。今回定義した関数toLowerOrUpperは、1つの関数で両方の機能を兼ね備えるというたいへん便利な関数です[注9]。

```
const toLowerOrUpper = (str: string, upper?: boolean): string => {
  if (upper) {
    return str.toUpperCase();
  } else {
    return str.toLowerCase();
  }
}

console.log(toLowerOrUpper("Hello"));        // "hello" と表示される
console.log(toLowerOrUpper("Hello", false)); // "hello" と表示される
console.log(toLowerOrUpper("Hello", true));  // "HELLO" と表示される
```

オプショナル引数が省略された場合、その引数に入るのはundefinedです。つまり、例の最初のtoLowerOrUpper呼び出しでは、変数strの中身が"Hello"で、変数upperの中身がundefinedとなります。条件分岐時にはundefinedはfalseに変換される（➡2.3.10）ため、この場合の返り値はstr.toLowerCase()となります。

注9　もちろんこれは冗談です。実際のプログラムではこんな関数を作ってはいけません。異なる機能をわざわざ1つの関数に詰め込む意味はありませんからね。

このことから、オプショナル引数として宣言されている引数の型は自動的にundefined型とのユニオン型となります。実際にVS Codeでupperにマウスカーソルを乗せるなどしてupperの型を調べてみれば、boolean | undefined型となっていることがわかるでしょう。余談ですが、このことにより、オプショナルな引数には明示的にundefinedを渡すことも可能です。もちろん、真偽値やundefined以外を渡すのは型に合いませんからコンパイルエラーです。

```
console.log(toLowerOrUpper("Hello", undefined)); // "hello" と表示される
```

次に、デフォルト値を指定する場合の構文を説明します。この場合は**変数名: 型 = 式**という構文となります。?を用いない代わりに= **式**という部分が追加されました。この式は引数が渡されなかった場合に評価され、結果がデフォルト値として用いられます。たとえば先ほどの例をこちらの構文で書き換えると、このようになります。

```
const toLowerOrUpper = (str: string, upper: boolean = false): string => {
  if (upper) {
    return str.toUpperCase();
  } else {
    return str.toLowerCase();
  }
}

console.log(toLowerOrUpper("Hello"));           // "hello" と表示される
console.log(toLowerOrUpper("Hello", false)); // "hello" と表示される
console.log(toLowerOrUpper("Hello", true));  // "HELLO" と表示される
```

デフォルト引数の構文を使うことで、関数内から見るとupperがundefinedである可能性はなくなりました(upperの型を調べてみましょう)。引数が省略された場合、upperはデフォルト値のfalseとなります。一方で、外側から見るとこの関数の挙動は先ほどと何も変わりません(どちらも外から見ると引数を省略可能な関数に見えます)。すなわち、この引数はやはり省略可能です。それどころか、undefinedを渡すことも可能です(その場合は関数内部ではやはりデフォルト値になります)。

ここまでの例ではオプショナルな引数は1つだけでしたが、複数のオプショナル引数を宣言することも可能です。ただし、オプショナル引数よりあとに普通の引数を宣言することはできません。これをやってみると以下のようなコンパイルエラーとなります。エラー文は「必須の引数がオプショナル引数のあとに来ることはできません」という意味です。

```
// エラー: A required parameter cannot follow an optional parameter.
const toLowerOrUpper = (str?: string, upper: boolean): string => {
```

こういうことをやりたくなった場合は引数の順番を変えるか、あるいはオプションをオブジェクトで受け取るように書き換えましょう。ちなみに、rest引数とオプショナル引数の併用は可能で、その場合オプショナル引数→rest引数という順番に並べます。

コラム 15

関数もオブジェクトの一種である

この章の冒頭で、**関数は値の一種である**と述べました。TypeScriptでは値はプリミティブかオブジェクトのどちらかであり、関数はプリミティブではありませんから、必然的に関数はオブジェクトであるということになります。このことは、関数もほかのオブジェクトと同じように変数に代入したり、関数の引数にしたりできるということを意味しています。後者については次項により詳しい解説があります。その意味では、{}のようなオブジェクトリテラルで新しいオブジェクトを作る行為と、()=> {}のような関数式で新しい関数を作る行為は非常に似ています。

余談として、関数オブジェクトが持つプロパティの例としてnameプロパティを紹介します。これはその関数の名前が入っています。名前は、基本的には関数が作られたときに代入された変数名と同じです。

```
function foo(): void {}
const bar = (): void => {};

console.log(foo.name); // "foo" と表示される
console.log(bar.name); // "bar" と表示される
```

当然ながら、関数オブジェクトがnameプロパティ(中身は文字列)を持つということは、次のように定義されたHasName型の変数に関数オブジェクトを代入できるということです。この点からも、関数が値の一種であることが伝わってきますね。

```
function foo(): void {}

type HasName = { name: string };
const obj: HasName = foo;
```

ただし、ここで紹介したnameプロパティをプログラムに組み込むのはやめておいたほうがよいでしょう。せいぜいがデバッグに使うくらいです。その理由は、今時のJavaScript/TypeScriptプログラムはビルドの過程で最小化(なるべくファイルサイズが小さくなるようにプログラムを書き換えること)されるからです。最小化ではプログラムの挙動が変わらないようにしますが、変数名については最小化の際に短く書き換えるのが普通です。ファイルサイズの小ささという目的のためには変数名の書き換えは欠かせません。そのため、変数名を書き換えた結果として関数名(nameプロパティ)も変わってしまうことになり、これに依存したプログラムはビルドすると挙動が変わってしまいます。変数名に依存してプログラムの挙動が変わるというのは非常に例外的な事象ですから、これはしかたがありません。変なバグを避けるためにも、nameプロパティは実用すべきではありません。

4.1.10 コールバック関数を使ってみる

コールバック関数はTypeScriptプログラミングにおいて頻出のパターンで、**関数の引数として関数を渡す**ことを指します。引数として渡される関数のことをコールバック関数と呼びます。コールバック関数という概念はたいへん偉大なもので、これにより関数がより高度な抽象化を提供できるようになっています。

TypeScriptプログラミングでよくコールバック関数のお世話になるのは**配列**のメソッドを使うときです。配列はコールバック関数を受け取るメソッドをいくつも持っています。その中でも代表的なのがmap関数であり、これは渡されたコールバック関数を配列の各要素に適用[注10]した結果から成る新しい配列を返します。

```
type User = { name: string; age: number };
const getName = (u: User): string => u.name;
const users: User[] = [
  { name: "uhyo", age: 26 },
  { name: "John Smith", age: 15 }
];

const names = users.map(getName);
console.log(names); // ["uhyo", "John Smith"] と表示される
```

これがmapの使用例です。関数getNameは与えられたUserオブジェクトからnameプロパティを取り出して返す関数で、それをusers.mapの引数に与えています。こうするとusers.mapはusersの各要素にgetNameを適用することで作られた新しい配列を返します。返り値の配列は、必然的にもとの配列と同じ長さになります。今回はusersの最初の要素にgetNameを適用すると"uhyo"が得られ、次の要素にgetNameを適用すると"John Smith"が得られるので、namesはこれらを並べた配列となります。なお、usersはUser型の要素を持つ配列だったので、users.mapに渡される関数getNameは引数としてUser型を受け取る関数でなければなりません。もちろんこれも型システムによりチェックされているのですが、その話題は次の節に譲ります。一方、mapのコールバック関数については返り値の型にはとくに制限がありません。今回は返り値がstring型なのでnamesはstring[]型になりますが、たとえば返り値がnumber型の関数を渡せばnamesはnumber[]型となります[注11]。

当然ながら、users.mapは実際に各要素に対してgetNameを呼び出しています。このことは、getNameの処理の中にconsole.logを仕込んでみればわかるでしょう。

```
type User = { name: string; age: number };
const getName = (u: User): string => {
  console.log("u is", u);
  return u.name;
};
const users: User[] = [
  { name: "uhyo", age: 26 },
  { name: "John Smith", age: 15 }
];

const names = users.map(getName);
console.log(names); // ["uhyo", "John Smith"] と表示される
```

これを実行すると次のように表示されます。

```
u is {name: "uhyo", age: 26}
u is {name: "John Smith", age: 15}
["uhyo", "John Smith"]
```

このことから、getNameが確かに2回呼ばれていることがわかります。

注10　値xと関数fがあるとき、f(x)という関数呼び出しを行うことを「fをxに適用（apply）する」と呼びます。このため、関数呼び出しのことを英語でfunction callのほかにfunction applicationと呼ぶこともあります。

注11　これはのちほど学習するジェネリクス（➡4.4）のおかげです。

なお、コールバック関数を用いるときは、上の例のgetNameのように一度変数に入れるのではなく、関数式を直接引数として与えることのほうが多いでしょう。最初の例を書き換えて変数getNameを使わないようにするとこうなります。

```
type User = { name: string; age: number };
const users: User[] = [
  { name: "uhyo", age: 26 },
  { name: "John Smith", age: 15 }
];

const names = users.map((u: User): string => u.name);
console.log(names); // ["uhyo", "John Smith"] と表示される
```


こちらの例では、従来一度変数getNameに入っていた式が直接users.mapの引数に渡されています。コールバック関数は関数に渡される（今回はusers.mapに渡される）ためだけに作られることが多く、このように変数に入れずに直接関数式を渡したほうがプログラムの見通しが良くなることが多いため推奨します。

改めて見てみると、配列のmapメソッドはコールバック関数によって「配列の各要素に何らかの処理をして新しい配列を作る」という操作をうまく再利用可能な形で提供できていることがわかります。コールバック関数によって「何らかの処理」の部分をmapを使う側が指定できるようになっています。もしコールバック関数が使えなければ、処理ごとに別々のmap関数を提供する必要があり、使いものにならなかったでしょう。

配列はコールバック関数を活かしたメソッドをほかにも多く持っています。たとえば、配列の要素のうち、コールバックで指定された条件を満たす要素のみを残してできた新しい配列を返すfilterメソッドが挙げられます。具体的には、返り値がboolean型のコールバック関数を渡すことで、各要素に対してそれを呼び出して結果がtrueだった要素のみが残されます。ほかにもeveryメソッドやsomeメソッド、findメソッドなどもよく使われます。簡単に例だけ示しておきます。

```
// 20歳以上のユーザーだけの配列
const adultUsers = users.filter((user: User) => user.age >= 20);
// すべてのユーザーが20歳以上ならtrue
const allAdult = users.every((user: User) => user.age >= 20);
// 60歳以上のユーザーが1人でもいればtrue
const seniorExists = users.some((user: User) => user.age >= 60);
// 名前がJohnで始まるユーザーを探して返す
const john = users.find((user: User) => user.name.startsWith("John"));
```

ちなみに、コールバック関数を引数として受け取るような関数は**高階関数**（higher-order function）と呼ばれることがあります。配列のmapメソッドやfilterメソッドなどはすべて高階関数です。

4.2 関数の型

TypeScriptでは関数も値ですから、**関数を表す型**があります。これまでは「関数の引数の型」や「関数の返り値の型」に注目してきましたが、関数自体も値である以上、関数という値自体を表す型も存在します。それが**関数型**です。

関数型の理解は非常に重要です。前節の最後でコールバック関数について解説したばかりですが、users.mapのように関数を引数として受け取る関数を自分で書きたい場合を考えてみましょう。関数定義の際には引数の型を書かなければいけません。引数として受け取りたいのは関数なので、引数の型として書くべきなのは関数型です。関数型の書き方を知らなければ、コールバック関数を受け取る関数を自分で書くことすらできないのです。それではTypeScriptプログラミングはままなりませんから、本節でしっかりと関数型を理解しましょう。

4.2.1 関数型の記法

さっそく、関数型の記法を学んでいきましょう。よくよく考えると、我々はすでに関数宣言や関数式を使って「関数が入った変数」を作ってきました。実は、TypeScriptの型推論により、それらの変数の型は適切な関数型となっています[注12]。たとえば次の関数xRepeatの型を、VS Codeなどを使って調べてみましょう。ちなみに、ここで出てきたrepeatメソッドは文字列が持つメソッドで、文字列（今回は"x"）をnum回繰り返した文字列を返します。

```
const xRepeat = (num: number): string => "x".repeat(num);
```

実際に調べてみると、xRepeatの型は次のようになっています。

```
(num: number) => string
```

何だかアロー関数（➡4.1.4）とよく似た形ですが、これが関数型の記法です。具体的には、関数型は**(引数リスト) => 返り値の型**という形を持ちます。引数リストの部分は**引数名: 型**をコンマで区切ったものであり、アロー関数式の場合と同じ記法が使えます。rest引数（➡4.1.7）やオプショナル引数（➡4.1.9）の記法についても関数型の中で使うことができます。この場合、それぞれ「可変長引数を持つ関数」や「オプショナル引数を持つ関数」を表す型になります。

いくつかほかの例を見ましょう。最も基本的な「引数を受け取らず返り値がない関数」を表す関数型は() => voidと書けます。また、「0個以上任意の数の数値を受け取って数値を返す関数」を表す関数型はrest引数の構文を用いて(...args: number[]) => numberと書けます。

関数型も型の一種であるため、次の例のようにtype文で別名をつけたり型注釈に使用したりすることができます。

```
type F = (repeatNum: number) => string;

const xRepeat: F = (num: number): string => "x".repeat(num);
```

次の例のように、型に合わない関数を変数に代入するのはコンパイルエラーとなります。これは、関数型もほかの型と変わらない型チェックを受けることができることを示しています。今回のコンパイルエラーは、変数funは型注釈のとおりF2型ですが、実際に代入しようとしている関数の型は(num: number) => voidであるため代入できないという意味です。

```
type F2 = (arg: string, arg2: string) => boolean;
// エラー: Type '(num: number) => void' is not assignable to type 'F2'.
```

注12　関数式にはもともと引数の型も返り値の型も明記してあったので、それを関数型に当てはめるだけで推論というほどのものでもありませんが、これも型推論というしくみの一部です。

```
const fun: F2 = (num: number): void => console.log(num);
```

ところで、鋭い読者の方は関数型の記法について違和感を覚えたところがあるのではないでしょうか。それは、引数名の存在です。型の世界では、関数はどんな型の引数を受け取るのかが重要であって、引数の名前が何かというのはどうでもよいことです。引数の名前というのはその関数の内部実装において使われるものであって、外からその関数を使う際には引数名は無関係だからです。つまり、(arg: string) => booleanのような型において、引数がstring型であるという情報には意味がありますが、引数名がargであるという情報は余計です注13。

実際、関数型中の引数名は型チェックに影響しません。つまり、型チェックにおいて、型が同じなら引数名が違っても関数型は同じと見なされます。たとえば、(foo: number) => void型と(bar: number) => void型は同じと見なされ、前者の型を持つ関数を後者の型を持つ変数に代入することも可能となっています。2つ前の例でも、よく見るとFの引数名はrepeatNumである一方で実際のアロー関数式の引数名はnumですが、型チェックに通っています。

では、なぜ型チェックに影響しない引数名の情報がわざわざ型に書かれているのでしょうか。それはエディタの支援機能を充実させるためです。先ほどの例（下に再掲）を例に説明します。

```
type F = (repeatNum: number) => string;

const xRepeat: F = (num: number): string => "x".repeat(num);
```

このコードの下に、VS Codeなどの適当なエディタでxRepeat(と入力してみましょう。次に入力すべきはxRepeatの引数ですが、そのことを示す表示が出現するはずです（**図4-1**）。この表示はrepeatNum: number部分を強調しており、今はnumber型の引数repeatNumを入力しているのであるということを示しています。このrepeatNumという引数名は型Fから取られています注14。このように適切な引数名を型に書いておけば、使う側がどのような引数を与えればいいのか判断する材料となります。関数の型というのはそれだけでドキュメントになる（関数の使い方を型という形で示している）ものですが、引数名という追加情報によってさらにそれが充実することになるのです。

図4-1 VS Codeで入力に応じて型情報が表示されるところ

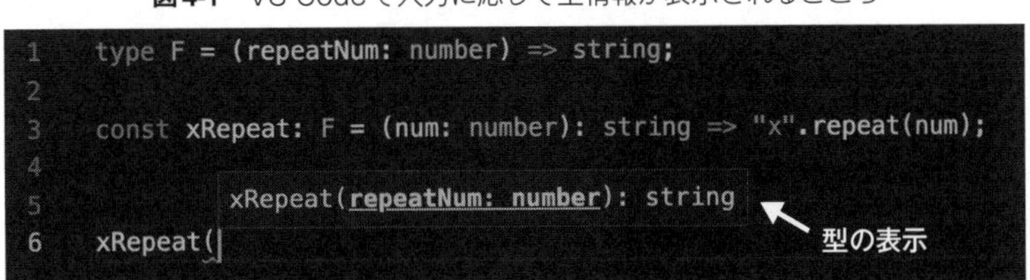

よって、関数型を書く際は、引数名も意識して書くようにするといいかもしれません。とはいえ、筆者もどんな名前にするか迷うことがあり、argなど適当な名前で済ましてしまうことも結構あるのですが。繰り返し

注13 実際、関数型言語などではこの型をstring -> booleanのように書けるものもあり、引数名が必要でないことを裏付けています。

注14 xRepeatに実際に代入されている関数式ではなく、あくまでxRepeatの型から取られている点に注目しましょう。これはこのような補完が型情報ベースで行われていることを示しています。

ますが、型に書く引数名はあくまでコーディング支援の充実のためであり、型チェックに何か影響があるわけではありません。

4.2.2 返り値の型注釈は省略可能

TypeScriptでは、実は関数を作る際に返り値の型を書くのを省略することができます。これまでに学習した関数宣言やアロー関数式などの構文には、必ず**:** 型という構文で返り値の型を明記する部分がありました。実はこの部分は省略することができるのです。

返り値の型を明記しなかった場合、関数の返り値の型はお馴染みの**型推論**によって決められます。これは変数宣言における型推論とたいへん類似しています。変数宣言では変数の型注釈を明記しなくても推論により変数の型が決まるのでしたね。

例で見てみましょう。次の例では、関数xRepeatの返り値の型は明記されていません。

```
const xRepeat = (num: number) => "x".repeat(num);
```

しかし、変数xRepeatの型を調べてみると(num: number) => stringとなります。これは、xRepeatの返り値の型が型推論によってstringと判定されたということを意味します。今回xRepeatの返り値は"x".repeat(num)という式（を評価した結果）ですが、string型の値が持つrepeatメソッドはstring型の値を返すので、この式はstring型です。これによりxRepeatの返り値がstring型であると推論されます。

また、関数が返り値を返さない場合もやはり型注釈を省略できます。次の関数gは返り値を返しません。この場合、gの返り値はvoid型（➡4.1.2）になります。

```
const g = (num: number) => {
  for (let i = 0; i < num; i++) {
    console.log("Hello, world!");
  }
};
```

4.2.3 返り値の型注釈は省略すべきか

前項では関数の返り値の型は書かなくてもよいことを解説しました。このように、関数の返り値の型は「明示する」と「明示せずに型推論に任せる」という2つの選択肢がありますが、これらは一長一短です。

まず、関数の返り値の型を明示する場合、書く量が多くなるのがデメリットです。とくに、非常に短いコールバック関数などは中身を見ればどんな値が返るのかすぐにわかることが多く、型の情報は不要に感じられます。

裏を返せば、関数の中身が長い場合は返り値の型を明示する利点が増すということです。関数を作る理由のひとつに、関数のインターフェースを介してプログラムを抽象化することが挙げられます。つまり、関数を使う側は関数の説明と型だけを見ればよく、関数の中身を知らなくてもよい状態を作ることが関数を作る理由のひとつです。その場合、返り値の型を知るために関数の中身を読まなければいけないのは本末転倒です。ただ、TypeScriptが型推論によって関数の返り値の型を調べているので、実は関数の中身を読まなくてもその関数の型を調べれば返り値はわかります。最近のエディタはinlay hintsという機能でこれを表示してくれるので、こちらのメリットは薄くなってきています。

返り値の型を明示する利点はもう1つあり、むしろこちらのほうが重要です。それは、関数内部で返り値の型に対して型チェックを働かせられるという点です。本章の最初のほうで説明したとおり（➡4.1.1）、返り値の型として宣言した型と食い違う型の値を返そうとした場合、return文でエラーとなります（アロー関数の省略形の場合はreturn文ではありませんが、この場合ももちろんチェックは行われます）。これにより実装ミスを未然に防ぐことができます。

とくに、返り値の型注釈がある場合とない場合でコンパイルエラーの発生位置が変わる場合があります。次の例をもとに解説します。

```
function range(min: number, max: number): number[] {
  const result = [];
  for (let i = min; i <= max; i++) {
    result.push(i);
  }
  return result;
}

const arr = range(5, 10);
for (const value of arr) console.log(value);
```

この例はrange関数という関数を定義して使用しています。変数arrには[5, 6, 7, 8, 9, 10]という配列が入り、その要素をfor-of文（➡3.5.6）で順番に表示しているので、このプログラムを実行すると「5」「6」「7」「8」「9」「10」と順番に表示されます。

これは何の問題もないプログラムですが、rangeの最後のreturn result;を書き忘れるというありがちなミスをしてしまった場合を想定してみましょう。実際にやってみると、rangeの宣言部分でコンパイルエラーが発生します。

```
// A function whose declared type is neither
// 'void' nor 'any' must return a value.
function range(min: number, max: number): number[] {
  const result = [];
  for (let i = min; i <= max; i++) {
    result.push(i);
  }
}

const arr = range(5, 10);
for (const value of arr) console.log(value);
```

エラーメッセージは、「返り値の型注釈がvoidでもanyでもない関数は値を返す必要があります」という意味です。今回返り値がnumber[]型であると明記しているのにrangeが何も返り値を返していないことをTypeScriptが検出してくれています。このように、関数rangeの内部のミスが関数rangeに対するコンパイルエラーとして検出されるのはたいへんうれしいですね。

一方で、rangeに返り値の型注釈が書かれていなかったらどうなるでしょうか。この状態でreturn文を忘れたとすると、コンパイルエラーは別の場所で発生します。

```
function range(min: number, max: number) {
  const result = [];
  for (let i = min; i <= max; i++) {
```

```
    result.push(i);
  }
}

const arr = range(5, 10);
// Type 'void' must have a '[Symbol.iterator]()'
// method that returns an iterator.
for (const value of arr) console.log(value);
```

このように、for-of文でarrを使う部分でエラーが発生しました。エラーメッセージはやや高度な内容ですが、arrはvoid型でありイテレータではないのでfor-of文でループすることはできないという意味です。ポイントは、関数rangeの定義ではコンパイルエラーが起きないということです。今回関数rangeは返り値の型注釈を持たないため、型推論により返り値の型はvoid型と推論され、これにより変数arrの型がvoid型となってのちのちコンパイルエラーを引き起こしました。このように、同じミスをしたにもかかわらず、関数の返り値の型注釈のありなしによってコンパイルエラーの位置が変わってしまいました。

言うまでもなく、関数内のミスは関数内でコンパイルエラーを検出できるほうがうれしいですから、返り値の型を明示するほうに軍配が上がります。また、返り値の型を明示しなかった場合、1つのミスによってプログラムの複数箇所でコンパイルエラーが発生することもあり、原因がわかりにくい事態になる可能性もあります。エラーメッセージを見ても、型注釈を書かなかったほうがわかりにくいエラーメッセージになっています。これは、プログラマーがTypeScriptコンパイラに与える情報（型注釈）が少なかったために、コンパイラが正しくプログラマーの意図を読み取れなかったとも解釈できます。型注釈を書くことで、プログラマーの意図がコンパイラに正しく伝わり、その結果としてよりわかりやすいエラーメッセージを得ることができるのです。

さらに抽象的な言い方をすれば、これは返り値の型を明示する場合としない場合では“真実の源”が異なるということです。返り値の型を明示した場合はその型が絶対的な真実と見なされ、それに食い違う場合はコンパイルエラーとなります。先ほどの例で言えば、関数rangeの返り値の型をnumber[]と明示したので「関数rangeはnumber[]型の値を返す」ということが絶対的な真実として認識され、rangeの中身がそれと反していたためコンパイルエラーとなりました。一方で、返り値の型を明示しなかった場合は返り値の型は型推論によって決められます。これは関数の中身のコードがその関数の返り値の型を決めるということであり、返り値の型に関しては関数の中身全体が“真実の源”となっているということです。言い方を変えれば、TypeScriptコンパイラは型注釈がない場合、関数の中身からプログラマーの意図を読み取ろうとするということです。最後の例では関数rangeに返り値の型注釈がなくreturn文もありませんでしたから、関数rangeは返り値がない関数を意図していると推論され、rangeの返り値の型がvoidとなります。

関数の中身が真実の源となるということは、関数の中身が返り値を返さない（返り値がvoid型である）と主張していればそれが正しいと見なされるということです。たとえ中身の実装を間違えたとしても、関数の中身が真実の源ならばそれが“正しい”ということになってしまいます。その結果として、コンパイルエラーはrangeの返り値を使う側で発生しました。これは言うなれば、「rangeの返り値はvoid型なのだから、それを配列だと思って使う側が悪い」と言われているようなものです。返り値の型を書かないということは、もはやTypeScriptコンパイラは関数の中身（が示す返り値の型）を疑うことをしないということなのです。

以上のことから、関数の返り値の型を明示するかどうかは“真実の源”がどこにあるかを考えながら決めるとよいでしょう。関数の返り値の型を省略するのは、「関数の中身が真実である」と思う場合です。逆に、「この関数はこの型の値を返すべきである」という真実を別に用意したいならば、返り値の型を明示すべきです。

基本的には返り値の型を明記したほうが有利なので、返り値の型は必ず書くという派閥もあります。

4.2.4 引数の型注釈が省略可能な場合

TypeScriptにおいて、関数の宣言の際は原則として引数の型注釈を書かなければいけません。返り値の型とは異なり、引数の型を気軽に省略することはできません。しかし、引数の型を省略できる場面がいくつか存在します。それはいわば"逆方向の型推論"が働く場合です。TypeScriptにおいて、通常の型推論は「式からその式自体の型が推論される」という挙動を指します。たとえば次の文では変数xRepeatの型注釈がありませんが、xRepeatに代入されている式を見ることで、xRepeatの型が(arg: number) => stringであると自動的に判定されます。


```
const xRepeat = (arg: number): string => "x".repeat(arg);
```

一方、逆方向の型推論は、式の型が先にわかっている場合に、それをもとに式の内部に対して推論が働くことを指します。わかりやすいのは、変数宣言のときに変数に型注釈がある場合です。実際の例を見てみましょう。

```
type F = (arg: number) => string;
// この関数式は引数の型を書かなくてもOK
const xRepeat: F = (num) => "x".repeat(num);
```

この例では変数xRepeatの宣言にFという型注釈がついています。これはnumber型の引数を受け取ってstring型の値を返す関数の型です。変数xRepeatにはアロー関数式が代入されていますが、この式中の引数numには型注釈がありません。これが可能なのは、逆方向の型推論が働くからです。この関数式がF型の変数に代入されるということは、この関数式がF型を持っていなければならないということです。今Fはnumber型の引数を受け取る関数の型だったので、関数式の引数numの型はnumber型であると推論することができます[注15]。実際、上記のコードの変数numの型をエディタなどを用いて調べてみると、確かにnumber型となっています。逆方向の推論の機能は、すでにわかっていること（関数の引数の型）を何度も書かなくてよいという点でたいへん優れた機能です。

ちなみに、このような逆方向の推論のことをTypeScriptではcontextual typingと呼んでいます。文脈（推論の対象となる式の周りの型情報）をもとにして式の中の型を推論するというニュアンスです。上の例では、文脈というのは式が代入される先の変数の型情報のことです。

逆方向の推論が働く場面として重要なものがもう1つあります。それは、関数引数の場合です。これによって、コールバック関数は多くの場合引数の型を書かなくてもよくなります。

```
const nums = [1, 2, 3, 4, 5, 6, 7, 8, 9];
const arr2 = nums.filter((x) => x % 3 === 0);
console.log(arr2); // [3, 6, 9] と表示される
```

これは、配列が持つfilterメソッドを用いて配列numsから3の倍数のみ抽出した新たな配列を作る例です。この例ではコールバック関数(x) => x % 3 === 0がfilterメソッドの引数として渡されており、引数xに

注15　よくわからないという方は、xRepeatが呼び出されるときのことを考えてみましょう。xRepeatはF型なので、xRepeatを呼び出すときはnumber型の引数が渡されます。つまり、xRepeatに入っている関数が受け取る引数の型はnumber型であることが保証されているということです。これにより、わざわざnumberと明示しなくても関数式の引数numの型をnumberと確定させることができます。

は型注釈がありません。これはやはり逆方向の推論によるものです。具体的には、filterの型定義によりfilterが受け取るコールバック関数の型が判明しているため、これを用いて逆方向の推論が行われます。まず、numsはnumber[]型の変数であり、nums.filterは(value: number) => unknown型のコールバック関数を引数として受け取ります[注16]。つまり、コールバック関数(x) => x % 3 === 0は(value: number) => unknown型でなければならないということがあらかじめ判明しているのです。先ほどと同様にこの情報が文脈として働くため、引数xの型を書かずともこれがnumber型であることが判明します。そのため、この引数xは型注釈を書かなくてもよいのです。

逆方向の推論は、おもにここまでに紹介した変数の型注釈がある場合とコールバック引数の場合に可能になります。ほかのパターンとしては、次の例のように文脈上の型がオブジェクト型を伝播してくる場合があります。

```
type Greetable = {
  greet: (str: string) => string;
}
const obj: Greetable = {
  greet: (str) => `Hello, ${str}!`
};
```

今度の例では、obj: Greetableという文脈からの型を直接受けているのはオブジェクトリテラルですが、その中の関数式へと文脈が伝播しています。オブジェクトリテラル全体がGreetable型を持つなら、そのgreetプロパティは(str: string) => string型を持つだろうという理屈です。これにより、関数式の引数strはstring型に推論されます。

さて、この項では場合により関数式における引数の型を省略できることを学習しました。いつ型を省略できていつ省略できないのか、完全に区別できるようになるまでには時間がかかるかもしれません（「書かなくてもわかるときは書かなくてよい」と考えればだいたい正しいですが）。書かなくてもよいのか書かないといけないのか迷ったときは、とりあえず省略してみるのが1つの手です。省略できないのに省略してしまったときはコンパイルエラーで教えてもらえるからです。ただ、知識がないとエラーの文面が少しわかりにくいので、今のうちに慣れておきましょう。実際にやってみると次のようなエラーメッセージとなります。次の例では、型を省略できない場面なのに引数numの型を書いていないことでエラーが発生しています。

```
// Parameter 'num' implicitly has an 'any' type.
const f = (num) => num * 2;
```

エラーメッセージはParameter 'num' implicitly has an 'any' type.です。引数numに言及しているのは妥当ですが、後半の「暗黙的に型がanyになります」というのは一見何を言っているのかわかりませんね。まず、これは少しあとで解説するany型（➡6.6.1）に言及しています。また、このエラーメッセージはnoImplicitAnyというコンパイラオプション（➡9.2.3）に関係しています。未解説の要素が2つも絡んだエラーメッセージなのでこの場で理解できなくてもかまいません。詳細は9.2.3で解説しますので、ひとまず引数の型注釈が足りないとこのようなコンパイルエラーが出ることを覚えておきましょう。

最後に、型注釈を書かなくてよいとき限定の省略記法を紹介します。アロー関数式の引数が1つだけで引数に型注釈がない場合、引数を囲む( )を省略できます。たとえば、コールバック関数の例を書き換えるとこのようにできます。引数xの周りの括弧がなくなり、アロー関数式全体はx => x % 3 === 0という形になりました。

注16　実際には第2引数以降も存在してもっと複雑なのですが、ここでは簡略化して説明しています。

```
const arr2 = nums.filter(x => x % 3 === 0);
```

ただでさえ簡潔なアロー関数式がより簡潔に書けるようになりますが、この省略形を好んで使用するかどうかは意見が分かれるようです。

コラム 16 TypeScriptの型推論は強いのか

TypeScriptの型推論は、逆方向の推論などの工夫が凝らされています。しかし、決して「TypeScriptは型推論が強い言語である」とは言えません。むしろ、いわゆる関数型言語の素養がある読者ならば、ここまで読んで「TypeScriptの型推論は大したことがないな」という感想を持ったとしても不思議ではありません。

言語によってはHindley-Milner型推論のような強力な型推論アルゴリズムを持ちあわせており、TypeScriptの型推論はそれに比べると限定的です。そのため、より強力な型推論機構を取り入れているプログラミング言語に比べると、TypeScriptでは型を明示的に書かなければいけない場面が多くあります。

ただ、筆者はこれがTypeScriptの言語デザインの方針であると考えています。TypeScriptでは変数の作成時（変数宣言や関数の引数の宣言時）にその変数の型が決まることを原則としており、その範囲で型推論を行っているのです。

それはそれとしても、TypeScriptの型システムは非常に強力です。とくに第6章で解説するような高度な機能はほかの名だたる言語と比べても独自性があり、高い表現力を持っています。TypeScriptの型システムは、推論力よりも表現力の高さを重視していると言うことができます。

4.2.5 コールシグネチャによる関数型の表現

TypeScriptで関数型を表現する方法は、実はもう一種類あります。それは**コールシグネチャ**（call signature）によるものです。コールシグネチャはオブジェクト型（➡3.2.1）の中で使用できる構文であり、**(引数リスト): 返り値の型;** という形をしています。この場合、そのオブジェクト型には「関数である」という意味が付与されます。このようにオブジェクト型の構文を用いて関数であることを表現できるのは、関数がオブジェクトの一種であることを踏まえれば不思議なことではありません。さらに、コールシグネチャを用いることで「プロパティを持った関数」の型を表現することができるようになります。

たとえば、次のコードで定義されるMyFunc型は、boolean型のプロパティisUsedを持つオブジェクトであると同時にnumber型を受け取る関数でもあるような値の型です。

```
type MyFunc = {
  isUsed?: boolean;
  (arg: number): void;
};

const double: MyFunc = (arg: number) => {
  console.log(arg * 2)
};

// doubleはisUsedプロパティを持つ
double.isUsed = true;
console.log(double.isUsed);
```

```
// doubleは関数として呼び出せる
double(1000);
```

MyFunc型はオブジェクト型として定義されていますが、その中身はプロパティの定義とコールシグネチャが同居しています。この場合、上の例で示したようにMyFunc型は「プロパティを持つ」という性質と「関数である」という性質を両方満たすオブジェクトの型となります。ここでは簡単に書くため、isUsedプロパティはオプショナルなプロパティとしています。こうすると、関数式で作られるただの関数（isUsedプロパティを持っていない）をMyFunc型の値として認めてもらい、変数doubleに入れることができます。その後isUsedプロパティをセットしています。このようにすることで、関数として使うことができて独自のプロパティも持つオブジェクトが作れました。

このように独自のプロパティを持つ関数オブジェクトは、実はあまり使われる機会がありません。わざわざ関数にプロパティとして値をくっつけなくても、関数とは別に値を保持しておけば事足りるからです。

それにもかかわらずこのような型を宣言する機能が用意されているのは、ひと昔前のJavaScriptでこのようなやり方がよく行われており、それに対応する型をTypeScriptで書けるようにするためであると考えられます。たとえばjQueryというライブラリでは$という変数を通してさまざまな機能が提供されます。$("button.foo")のように$を関数として呼び出すだけでなく、$.ajaxのように$に存在するメソッドを使うこともできます。このようなやり方はモジュールシステム（➡第7章）の普及により廃れつつありますが、TypeScriptでこのようなライブラリを扱うこともないわけではないため、そのために必要な機能が用意されています。

ちなみに、普通の関数型もコールシグネチャで表すことができます。次の例の型FとGは同じ意味となります。普通の関数型で表せるものをわざわざコールシグネチャで表す意味はあまりありませんが、覚えておいて損はありません。

```
type F = (arg: string) => number;
type G = { (arg: string): number; };
```

また、実はオブジェクト型がコールシグネチャを複数持つことも可能です。たとえば次の型SwapFuncは、「string型を引数として渡すとnumber型を返し、number型を引数として渡すとboolean型を返す」という挙動の関数を表します。これは普通の関数型では表現できない型ですね[注17]。そのような型に適合する関数は関数オーバーローディングの構文を用いることで作成可能ですが、関数オーバーローディングの構文は最近はあまり使われないので本書では省略します。

```
type SwapFunc = {
  (arg: string): number;
  (arg: number): boolean;
}
```

注17　一応は、ジェネリクス（➡4.4）、ユニオン型（➡6.1）、conditional types（➡6.7.5）を組み合わせて頑張ることで表現可能です。

4.3 関数型の部分型関係

型を学習するうえで、その型を取り巻く**部分型関係**がどうなっているのかを理解することは非常に重要です。本節では関数型に関わる部分型関係について解説します。

そもそも部分型関係って何だろうと思った方は、オブジェクト型の部分型関係（➡3.3.1）を復習しましょう。端折って言えば、ある型Aの値が必要な場合に、別の型Bを持つ値で代用することができるとき、BはAの部分型であると言います。この節では、どのようなときに関数型の間に部分型関係が発生するのか学習します。

4.3.1 返り値の型による部分型関係

関数型の部分型関係のうち最も簡単なのは、**返り値の型**により部分型関係が発生する場合です。SがTの部分型ならば、同じ引数リストに対して(<u>引数リスト</u>) => Sという関数型は(<u>引数リスト</u>) => Tという関数型の部分型となります。

これは考えてみれば難しい話ではありません。SがTの部分型ということはS型の値をT型の値の代わりに使えるということですから、関数から返ってきたS型の値をT型と見なすことで、「S型の値を返す関数」は「T型の値を返す関数」の代わりに使えるのです。実際にやってみるとこのようになります。

```
type HasName = {
  name: string;
}
type HasNameAndAge = {
  name: string;
  age: number;
}

const fromAge = (age: number): HasNameAndAge => ({
  name: "John Smith",
  age,
});

const f: (age: number) => HasName = fromAge;
const obj: HasName = f(100);
```

最初に定義した2つのオブジェクト型は、HasNameAndAgeがHasNameの部分型という関係にあります。ここに先ほどの理屈を適用することで、(age: number) => HasNameAndAgeが(age: number) => HasNameの部分型であることがわかります。上の例ではこのことを実際に確かめています。関数fromAgeは(age: number) => HasNameAndAge型ですが、これを(age: number) => HasName型の変数fに代入することができていますね。

今のところ、引数の型が同じでなければこの理屈は通じないことに注意してください。これも当たり前の話で、引数が違う関数は基本的に異なる使い方を持ちますから、一方を他方の代わりに使うということはそもそも考えられません。ただし、異なる引数リストに対しても部分型関係が発生する可能性があり、それは次項以降で解説していきます。

ところで、このプログラムを実行すると最終的にobjにどんなオブジェクトが入るか考えてみましょう。答えは{ name: "John Smith", age: 100 }です。ほかのプログラミング言語を経験した読者は「objにHasName型を与えたのだから余計なageは消されてnameだけのオブジェクトになるのではないか」と考えたかもしれません。しかし、TypeScriptではそのようなことは起こりません。そもそも、fとfromAgeは異なる型の変数ですが、その中身は同じ関数オブジェクトです（➡3.1.6）。よって、どちらを呼び出したとしても、（型は異なるかもしれませんが）ランタイムに得られる結果はまったく同じです。今回の場合、この関数オブジェクトの実装はnameとageを持つオブジェクトを返すようになっています。そのため、f(100)という関数呼び出しにおいてもobjには両方のプロパティを持つオブジェクトが入ります。

このように、TypeScriptでは部分型関係の影響により、型情報に比べてより情報の多いオブジェクト（言い換えれば型情報に書かれている型の部分型に属するオブジェクト）が得られることがあります。別の言い方をすれば、TypeScriptでは、型情報に合わせて情報が削られるようなことは起こりません。TypeScriptには「型情報がランタイムの挙動に影響を与えない」という原則（➡1.2.1）があったことを思い出しましょう。型情報はあくまで型システムの中の話であり、コンパイルエラーを出すために使われるのみでランタイムの挙動には影響を与えません。もしランタイムでオブジェクトから情報を削りたければ、そのような実装をランタイムに書くしかなく、TypeScriptが型情報に応じて自動的にやってくれるということはないのです。

部分型関係についてはもう1つ紹介すべきことがあります。返り値の部分型関係に関しては、void型が少し特殊な振る舞いをするのです。というのも、どんな型を返す関数型も、（同じ引数を受け取って）void型を返す関数型の部分型として扱われます。言い方を変えれば、void型は返り値がないことを表す型ですから、どんな値を返す関数であっても「何も返さない関数」の代わりに使うことができるということです。これは、返り値を無視すればいいだけなので妥当ですね。具体的なプログラムで表すとこういう感じです。

```
const f = (name: string) => ({ name });
const g: (name: string) => void = f;
```

関数fは(name: string) => { name: string; }型の関数ですが、これは(name: string) => void型の変数gに代入することができます。

4.3.2　引数の型による部分型関係

次は、引数の型が違う関数型同士の部分型関係に進みましょう。型Sが型Tの部分型であるとき、「Tを引数に受け取る関数」の型は「Sを引数に受け取る関数」の型の部分型となります[注18]。ただし、もちろんほかの条件はそろえてある必要があります。これもやはり「S型の値はT型の値の代わりになる」という原則に基づいて考えれば理解しやすいでしょう。「Tを引数に受け取る関数」は、実はS型の引数を受け取っても大丈夫です。なぜなら、S型の引数はT型と見なせるので、T型の引数が欲しいところにS型の値を受け取っても、それをT型の値として使うことができるからです。つまり、「Tを引数に受け取る関数」は「Sを引数に受け取る関数」としても扱えるのです。これはまさに、「Tを引数に受け取る関数」が「Sを引数に受け取る関数」の部分型であるということです。

次の例のHasNameAndAge型はHasName型の部分型です。つまり、「HasNameを引数に受け取る関数」の型は

注18　前項で解説した返り値の型の部分型関係に比べると、部分型関係の向きが逆になっているという罠があるので注意してください。この項の説明を正確に理解するためには、「どちらの型がどちらの型の部分型なのか」を慎重に確認しながら読み進めていく必要があります。

「HasNameAndAgeを引数に受け取る関数」の型の部分型になるということです。具体的に書くと、(obj: HasName) => voidは(obj: HasNameAndAge) => voidの部分型です。これは、(obj: HasName) => void型の値（関数）は(obj: HasNameAndAge) => void型の値（関数）として扱うことができるということです。よって次の例のように、(obj: HasName) => void型を持つ関数showNameを(obj: HasNameAndAge) => void型の変数gに代入することができます。

```
type HasName = {
  name: string;
}
type HasNameAndAge = {
  name: string;
  age: number;
}

const showName = (obj: HasName) => {
  console.log(obj.name);
};
const g: (obj: HasNameAndAge) => void = showName;

g({
  name: "uhyo",
  age: 26,
});
```

こうすると、変数g（に入っている関数showName）が実際に受け取るのはHasNameAndAge型の引数ですが、それはHasName型としても扱えるため関数は問題なく動作します。上の例では、gを呼び出すと結局関数showNameに引数として{ name: "uhyo", age: 26 }が渡されて、それに対してobj.nameを出力するので"uhyo"が出力されます。showNameの引数の型はHasName型なので本来は{ name: "John Smith" }のような形のオブジェクトが要求されておりageは余計ですが、objが余計なプロパティを持っていたとしてもshowNameの動作には影響がありません（だからこそHasNameAndAgeはHasNameの部分型だと言えるのでしたね）。

ここでは引数が1つの引数の例を考えましたが、引数が複数あっても考え方は同じです。1つの引数の型だけが部分型関係にあって残りの引数が同じ場合もやはり部分型関係が発生します。たとえば、(obj: HasName, num: number) => void型は(obj: HasNameAndAge, num: number) => void型の部分型です。この場合も理屈は同じで、第1引数のobjはHasNameAndAge型の値を受け取ってもHasName型と見なせるので、前者の型の関数を後者の型の関数として扱っても問題ありません。第2引数は同じなのでそのまま使えますね。

また、複数の引数が同時に部分型関係にある場合も関数型に部分型関係が発生します。具体例としては、(obj: HasName, obj2: HasName) => void型は(obj: HasNameAndAge, obj2: HasNameAndAge) => void型の部分型となります。

さらには、引数による部分型関係は、前項で説明した返り値の型による部分型関係と組み合わさっていてもかまいません。たとえば、(obj: HasName) => HasNameAndAge型は(obj: HasNameAndAge) => HasName型の部分型となります。この例では、引数と返り値の型の両方が、(obj: HasName) => HasNameAndAgeが(obj: HasNameAndAge) => HasNameの部分型となるための材料として働いています。

ただし、複数の部分型関係が同居している場合、それらがすべて同じ向きでなければ関数型の部分型関係にはつながりません。たとえば、(obj: HasName, obj2: HasNameAndAge) => void型と(obj: HasNameAnd

Age, obj2: HasName) => void型という2つの型があった場合、これらは部分型関係を持ちません。第1引数と第2引数では部分型関係の向きが逆であり、両方合わせるとどちらがどちらの上位互換とも言えなくなるからです。

関数の部分型関係は複雑なので、別の視点からも説明します。関数型の返り値の型は関数型の**共変**（covariant）の位置にあると言い、関数型の引数の型は**反変**（contravariant）の位置にあると言います。同じような形（どちらも関数型で引数の数が同じなど）の型FとGがあるとき、型Fが型Gの部分型となるためには、FやGを構成するそれぞれの型に対して、共変の位置にあるものについては順方向の部分型関係が成立し、反変の位置にあるものについては逆方向の部分型関係が成立している必要があります。

たとえば、Fを(obj: HasName, num: number) => HasNameAndAge型、Gを(obj: HasNameAndAge, num: number) => HasName型とします。これらはどちらも引数2個の関数型という同じ形をしています。そして、この形の型は3つの構成要素を持ちます。すなわち、第1引数の型、第2引数の型、返り値の型の3つです。引数の型はどちらも反変の位置にあり、返り値の型は共変の位置にあります。

ここで、「SがTの部分型であること」をS <: Tという記号で書くことにしましょう。FとGの構成要素を見ると、第1引数の型はそれぞれHasNameとHasNameAndAgeで、これはHasName :> HasNameAndAgeという関係にあります。第2引数の型は同じなので考える必要はありません[注19]。返り値の型については、HasNameAndAge <: HasNameという関係にあります（第1引数のときと実質的には同じですが、Fが左、Gが右という位置関係を維持して書いています）。実は、以上のことからF <: Gである、つまりFはGの部分型であると言えます。なぜなら、共変の位置にある返り値の型については順方向（<:という方向）の部分型関係が成り立つ一方で、反変の位置にある引数の型については逆方向（:>という方向）の部分型関係が成り立っているからです。

この共変・反変というとらえ方は応用が利く考え方で、関数型に限らずいろいろな部分型関係を共変・反変の概念で説明できます。少し前にオブジェクト型に対する部分型関係（➡3.3.2）を解説しましたが、これも実は「オブジェクトのプロパティの型はオブジェクト型から見て共変の位置にある」と考えれば済む話です[注20]。

どのような考え方がしっくり来るかは人によって違うでしょうから、いろいろ試してみて自分なりに理解することを目指しましょう。

4.3.3 引数の数による部分型関係

関数型の間には、**引数の数の違いによる部分型関係**も発生します。ある関数型Fの引数リストの末尾に新たな引数を追加して関数型Gを作った場合、FはGの部分型となります。

さっそく具体例を見ましょう。次の例で定義するUnaryFuncはnumber型の引数1つを受け取ってnumber型を返す関数の型であり、BinaryFuncはnumber型の引数2つを受け取ってnumber型を返す関数の型です。このとき、UnaryFuncはBinaryFuncの部分型です。すなわち、変数binを見るとわかるように、UnaryFuncをBinaryFuncの代わりに使うことができます。

```
type UnaryFunc = (arg: number) => number;
type BinaryFunc = (left: number, right: number) => number;
```

注19　厳密には、同一の型同士には部分型関係があると見なしたほうが話が簡単なので、そう考えるのが普通です。たとえば、number :> numberであると言えます。

注20　ただし、余計なプロパティがある場合については別個に考える必要があります。余計なプロパティの場合も共変・反変の考え方に乗せるのは、「オブジェクト型のプロパティ名一覧（➡6.4.2）はオブジェクト型に対して反変である」と考えれば可能です。

```
const double: UnaryFunc = arg => arg * 2;
const add: BinaryFunc = (left, right) => left + right;

// UnaryFuncをBinaryFuncとして扱うことができる
const bin: BinaryFunc = double;
// 20 が表示される
console.log(bin(10, 100));
```

この例では変数binはBinaryFuncなので、10, 100という2つの引数を渡しています。しかし、プログラムを見るとわかるとおりbinに入っているのはarg => arg * 2という関数であり、これは引数を1つしか受け取りません。このような場合、余った引数は捨てられます。すなわち、binに与えられた最初の引数である10がargに入り、2番目の引数である100は捨てられます。よって、bin(10, 100)は20になります。

このように、余計な引数を無視することにより、関数が本来受け取る引数よりも多くの引数を渡すことが可能です。このことを関数の部分型関係として表現すると、引数の少ない関数型はより引数が多い関数型の部分型になると言えるのです。

前回までに説明したような法則と、今回説明した引数の数による部分型関係を組み合わせることも可能です。つまり、関数型FとGについて、「Fの引数の数はGの数以下」「両方に存在する引数については反変の条件を満たす」「返り値については共変の条件を満たす」という条件をすべて満たせばFはGの部分型となるのです。

コラム 17 メソッド記法と部分型関係

メソッド記法は、オブジェクトリテラルの中で関数を作成するための記法です（➡4.1.6）。実は、型にもメソッド記法が存在します。下の例ではObjというオブジェクト型を定義しており、funcは通常の関数型で、methodはメソッド記法で宣言されています。オブジェクト型の中でメソッド記法を用いて関数型を表現する場合、メソッド名(引数リスト): 返り値の型;という記法になります。

メソッド記法で宣言された関数型については、この節で説明してきた関数の部分型関係の法則が一部当てはまらないことがあるため、注意が必要です。

```
type HasName = { name: string };
type HasNameAndAge = { name: string; age: number };
type Obj = {
  func: (arg: HasName) => string;
  method(arg: HasName): string;
}

const something: Obj = {
  func: user => user.name,
  method: user => user.name,
}

const getAge = (user: HasNameAndAge) => String(user.age);

// エラー: Type '(user: HasNameAndAge) => string' is not assignable to type '(arg: HasName) => string'.
something.func = getAge;
```

```
// これはエラーが発生しない
something.method = getAge;
```

この例には3つの関数型が登場します。まず変数getAgeに入っているのは(user: HasNameAndAge) => string型の関数です。次に、something.funcは通常の関数型で表現された(arg: HasHame) => string型を持ちます。最後に、something.methodはメソッド記法で表現された(arg: HasName): string型です。後ろ2つはどちらも「HasNameを受け取りstringを返す関数」という意味なので基本的には同じです。

しかし、部分型関係が関わると、メソッド記法で宣言された関数型は特殊な挙動をします。それは、メソッド記法で宣言された関数が関わる部分型関係の判定の際に、引数の型に関わる条件が緩くなるというものです。通常、関数の引数は反変の位置にあるため、関数型の部分型関係が成立するためには引数の型について逆向きの部分型関係が成り立つ必要があります。一方、メソッド記法で宣言された関数の場合は、引数の型についてどちらか一方の向きの部分型関係が成り立てばOKというように条件が緩和されます[注21]。

このことは、上の例では最後の4行に現れています。通常は、(user: HasNameAndAge) => string型は(arg: HasName) => string型の部分型ではない（引数の部分型関係が逆）ので、getAgeをsomething.funcに代入することはできずコンパイルエラーとなります。一方、something.methodに対してはgetAgeを代入することができています。これは、部分型関係の条件が緩和され、引数の部分型関係が逆でも部分型関係成立と見なされるからです。

まとめると、メソッド記法で宣言された関数型においては、部分型と見なされるための条件が本来よりも緩くなっています。実はこの条件緩和は望ましいものではなく、TypeScriptが持つ型安全性を破壊してしまう一因となります。たとえば先ほどの例では、something.methodにHasName型の引数を渡すことができますが、実際にそこに入っているgetAge関数はHasNameAndAge型の引数を必要とするためこれは妥当ではありません。

このことから、必要がなければメソッド記法で関数型を定義するのは避けて通常の記法を用いるべきです。このような仕様になっているのは、歴史的経緯や、安全性よりも利便性を優先したことによるものです。メソッド記法にはこのような罠が潜んでいるということは頭の片隅に置いておいても損はないでしょう。

コラム 18　読み取り専用プロパティの部分型について

少し前にオブジェクトの読み取り専用プロパティや読み取り専用配列について解説しました（➡3.2.7、3.5.4）。このコラムでは、読み取り専用プロパティと部分型関係について考えます。まずは配列の場合です。

実は、普通の配列は読み取り専用配列の部分型となります。つまり、型Tに対して、T[]という型はreadonly T[]型の部分型となります。別の言い方をすれば、T[]型の値はreadonly T[]型の値が必要なときに代わりに使えるということです。

なぜかと言えば、T[]のほうができることが多いからです。T[]型は読み取り・書き込みが両方できる配列の型である一方、readonly T[]は読み取りのみが可能です。たとえば、関数が引数としてreadonly T[]型を要求する場合、その関数は与えられた配列から読み取りのみを行います。よって、そこに読み取り・書き込みに対応したT[]型の値を与えるのは問題ありません。

読み取り専用配列型を受け取る関数の例

```
function sum(nums: readonly number[]): number {
  let result = 0;
  for (const num of nums) {
```

注21　この性質を引数の型が「共変かつ反変」、すなわち双変（bivariant）であると呼ぶことがあります。

```
    result += num;
  }
  return result;
}

// sumにはreadonly number[]型を与えることができる
const nums1: readonly number[] = [1, 10, 100];
console.log(sum(nums1)); // 111 と表示される
// sumにはnumber[]型も与えることができる
const nums2: number[] = [1, 1, 2, 3, 5, 8];
console.log(sum(nums2)); // 20 と表示される
```


この例では、関数sumは引数としてreadonly number[]型の値を受け取ります。この関数は内部で引数numsに対して読み取りしか行わないので、number[]型ではなくreadonly number[]型で十分なのです。この関数sumには、readonly number[]型やnumber[]型の値を与えることができます。

逆に、T[]型を受け取る関数に対してreadonly T[]型の値を与えることはできません。関数が読み取り・書き込みに両対応したT[]型を要求するということは関数内部で配列に対して書き込みが行われる可能性があるということであり、読み取りのみが可能なreadonly T[]型ではその要件を満たすことができないからです。言い方を変えれば、readonly T[]型はT[]型の部分型ではないということです。

普通の配列型を受け取る関数の例

```
function fillZero(nums: number[]): void {
  for (let i = 0; i < nums.length; i++) {
    nums[i] = 0;
  }
}

// fillZeroにはnumber[]型を与えることができる
const nums1: number[] = [1, 10, 100];
fillZero(nums1);
console.log(nums1); // [0, 0, 0] と表示される

// fillZeroにreadonly number[]型を与えるのはコンパイルエラー
const nums2: readonly number[] = [1, 1, 2, 3, 5, 8];
// エラー: Argument of type 'readonly number[]' is not assignable to parameter of type 'number[]'.
// The type 'readonly number[]' is 'readonly' and cannot be assigned to the mutable type 'number[]'.
fillZero(nums2);
```

ここから言えることは、内部で配列に書き込みを行わない関数ならば、引数の型はreadonly配列型にしたほうがよいということです。そのほうが、より幅広い値を引数として受け取ることができます。より一般的な言い方をすれば、関数の引数の型は必要以上に厳しくせず、関数の処理に必要な必要最低限の型にすべきです。

さて、配列だけでなくオブジェクトにもreadonlyプロパティが存在します。ということは、オブジェクトに関してもやはり「読み書き可能なプロパティを持つオブジェクト」は「readonlyプロパティを持つオブジェクト」の部分型となり、逆は成り立たないはずです。

しかし、実際にはオブジェクト型に関しては、TypeScriptのチェックは不完全です。具体的には、次の例のように「普通のオブジェクトを受け取る関数」に「readonlyプロパティを持つオブジェクト」を渡すことができるのです。

```
type User = { name: string };
type ReadonlyUser = { readonly name: string };

const uhyoify = (user: User) => {
  user.name = "uhyo";
};

const john: ReadonlyUser = {
  name: "John Smith"
};
// これはコンパイルエラー（john.nameはreadonlyなので）
// エラー: Cannot assign to 'name' because it is a read-only property.
john.name = "Nanashi";

// これはエラーにならない！
uhyoify(john);

// readonlyなのにnameが変えられてしまった
console.log(john.name); // "uhyo" と表示される
```

ここでjohnはReadonlyUser型のオブジェクトであり、そのnameプロパティがreadonlyプロパティであることからjohn.nameに代入することはできません。しかし、uhyoify関数にjohnを渡すことによってjohn.nameを書き換えられてしまいました。これがTypeScriptのチェックの不完全性です。このuhyoify関数はnameプロパティの書き込みが可能な型であるUser型を受け取るのでnameプロパティを変更する可能性があります（そして実際変更します）。ですから、ReadonlyUser型であるjohnを引数として渡せるのはおかしな話です。それにもかかわらずこれはコンパイルが通り、readonlyプロパティであるnameプロパティが変えられてしまうという結果になりました。

このチェックの不完全性は歴史的経緯を鑑みた意図的な選択ですが、オブジェクトについてはreadonlyプロパティを過信し過ぎるとこのような場合に意図せざる結果になることがあります。注意しましょう。

4.4 ジェネリクス

ジェネリクス（generics）とは、**型引数を受け取る関数を作る機能**のことです。ジェネリクスはTypeScriptプログラミングにおいて欠かすことができない機能のひとつです。

この本を前から順番に読んでいる方にとっては、型引数という概念はすでに馴染み深いものでしょう。型引数は次のようにtype文と組み合わせて使えるものでした（➡3.4）。

```
type User<N> = {
  name: N;
}
```

一方、ジェネリクスにおいては型引数を持つのは**関数**です。そして、型引数に何が入るのかは関数を呼び出す際に決まります。さっそく詳しく見ていきましょう。

4.4.1 関数の型引数とは

型引数を持つ関数（**ジェネリック関数**）を宣言する際には、関数名のあとに**<型引数リスト>**という構文を付け足すのが基本の形です。型引数を持つ関数はたとえばこのように作ることができます。型引数リストの中で宣言した型引数（今回はT）は、引数リストの中や返り値の型に使用することができるほか、関数の中でも使用できます。

```
function repeat<T>(element: T, length: number): T[] {
  const result: T[] = [];
  for (let i = 0; i < length; i++) {
    result.push(element);
  }
  return result;
}

// ["a", "a", "a", "a", "a"] が表示される
console.log(repeat<string>("a", 5));
// [123, 123, 123] が表示される
console.log(repeat<number>(123, 3));
```

ここで定義したrepeat関数は、elementをlength回繰り返してできた配列を返す関数です。この関数は1つの型引数Tを持っています。そして、関数を呼び出す側はそれに対応する具体的な型を型引数として与えます。具体的には、関数呼び出しは**関数<型引数たち>(引数たち)**という形をとります。

今回の例ではrepeatを2回使用しており、両者で異なる型引数を与えています。1回目はrepeat<string>("a", 5)という式ですが、これはrepeatという関数にstringという型引数を与えて、普通の引数として"a"と5を与えています。2回目の型引数はnumberで、普通の引数は123と3です。

このように、型引数を持つ関数は呼び出すたびに異なる型引数を与えることができます。別の言い方をすると、型引数に何を当てはめるのかは、関数を使う側がそのたびに決めることができます。型引数を与えることで、今回の呼び出しにおける関数の具体的な型が決定します。1回目のrepeatの呼び出しでTにstringを与えたときは、repeatの関数定義内のTがstringで置き換えられます。実際に、repeat<string>("a", 5)におけるrepeatの型を調べてみましょう（VS Codeの場合、この部分のrepeatにマウスを乗せてください）。そうすると、型引数が当てはめられたあとの関数の型を見ることができます。今回はこのように表示されます。

```
function repeat<string>(element: string, length: number): string[]
```

これはrepeatの型定義のTが全部stringに置き換えられた形です。つまり、これが与えられた型引数を反映した形であり、ここでのrepeatは(element: string, length: number) => string[]型の関数として振る舞います。よって、最初の引数として与えるのはstring型でなければなりません。実際、今回は"a"という文字列を与えています。また、返り値はstring[]型となりますから、repeat<string>("a", 5)という式はstring[]型を持ちます。2回目の呼び出しも同様です。今度はTにnumberを与えたため、今度はrepeatは(element: number, length: number) => number[]型として振る舞います。

型引数が決まったあとはジェネリック関数も普通の関数と同様に振る舞います。たとえば型引数Tにstringを与えたのに普通の引数に数値を与えるような呼び出しは、型が合わないためコンパイルエラーとなります。

コンパイルエラーの例

```
// エラー: Argument of type 'number' is not assignable to parameter of type 'string'.
repeat<string>(0, 10);
```

型引数を持つ関数は、どんな型に対しても通用するようなロジックを持つ関数に適しています。今回のrepeat関数は「与えられた値を指定の数繰り返してできた配列を返す」という関数であり、第2引数（繰り返す数）は必然的にnumber型になる一方で、第1引数（繰り返される値）はどんな値でも動作できます。実際、今回の例では"a"や123といった異なる型の値に対してrepeatを使うことができました。repeatの実装はelementに対して何か具体的な操作をするわけではありませんから、elementがどんな値だろうとおかまいなしです。このような場合にジェネリクスが適しています。

また、今回は返り値の型にもTが出てきます。このように、「入力はどんな値でもいいが入力の型によって出力の型も決まる」というのがジェネリクスの基本的なユースケースです。今回は、string型の値が与えられればそれを繰り返してstring[]型の値を返し、number型の値が与えられればそれを繰り返してnumber[]型の値を返す、というように入力の値によって出力の値が決まっています。

「入力がどんな値でもいいな」と思った場合にはジェネリクスが使える可能性が高いですから、積極的に使っていきましょう。

4.4.2　関数の型引数を宣言する方法

前項では関数宣言で型引数を宣言する方法と、関数呼び出し時に型引数を渡す方法を学びました。関数の作り方はいろいろありましたから、次はそれぞれの場合にどのように型引数を宣言するのかを学びましょう。

まず、function関数式の場合は関数の名前がないことがあります。その場合はfunctionの直後に型引数リストを書きましょう。

```
const repeat = function<T>(element: T, length: number): T[] {
  const result: T[] = [];
  for (let i = 0; i < length; i++) {
    result.push(element);
  }
  return result;
}
```

また、アロー関数式の場合は引数リストの前にいきなり型引数リストを書きます。

```
const repeat = <T>(element: T, length: number): T[] => {
  const result: T[] = [];
  for (let i = 0; i < length; i++) {
    result.push(element);
  }
  return result;
}
```

メソッド記法の場合もやはりメソッド名のあと・引数リストの前に置きます。

```
const utils = {
  repeat<T>(element: T, length: number): T[] {
```

```
    const result: T[] = [];
    for (let i = 0; i < length; i++) {
      result.push(element);
    }
    return result;
  }
}
```

いずれの場合も型引数リストが普通の引数のリストの直前に置かれるという点が共通しています。このように覚えると覚えやすいでしょう。

ここまでは型引数が1つの例を見てきましたが、もちろん型引数リストが複数ということも可能です。その場合はコンマで型引数を区切ります。


```
const pair = <Left, Right>(left: Left, right: Right): [Left, Right] => [left, right];
// pは[string, number]型
const p = pair<string, number>("uhyo", 26);
```

また、extends（➡3.4.3）やオプショナル型引数（➡3.4.4）は関数の型引数でも同様に使用可能です。たとえば、repeatの型引数をstring型のnameプロパティを持つオブジェクトに限りたければ次のようにできます。

```
const repeat = <T extends {
  name: string;
}>(element: T, length: number): T[] => {
  const result: T[] = [];
  for (let i = 0; i < length; i++) {
    result.push(element);
  }
  return result;
}

type HasNameAndAge = {
  name: string;
  age: number;
}

// これはOK
// 出力結果:
// [{
//   "name": "uhyo",
//   "age": 26
// }, {
//   "name": "uhyo",
//   "age": 26
// }, {
//   "name": "uhyo",
//   "age": 26
// }]
console.log(repeat<HasNameAndAge>({
  name: "uhyo",
  age: 26,
}, 3));
```

```
// これはコンパイルエラー
// エラー: Type 'string' does not satisfy the constraint '{ name: string; }'.
console.log(repeat<string>("a", 5));
```

最後のコンパイルエラーは「与えられたstringという型は{ name: string; }の部分型であるという条件を満たしていません」ということです。

4.4.3 関数の型引数は省略できる

多くの場合、型引数を持つ関数を呼び出す側では型引数の指定を省略することができます。これは、type文で宣言された型引数を持つ型（➡3.4.1）にはない特徴です。

たとえば、前項まで例に使ってきたrepeat関数の場合、repeatを使う側で<string>のように型引数を明示する必要はありません。明示しなかった場合、**型推論**により補われます。

```
function repeat<T>(element: T, length: number): T[] {
  const result: T[] = [];
  for (let i = 0; i < length; i++) {
    result.push(element);
  }
  return result;
}

// resultはstring[]型となる
const result = repeat("a", 5);
```

この例の最後の行に注目すると、今までrepeat<string>("a", 5)だったところがrepeat("a", 5)となり、< >で型引数を渡すところが省略されています。このように、型引数を持つ関数を呼び出すときは型引数の指定を省略することができます。このとき、Tは引数の型から推論されます。

今回の場合、引数elementはT型ですが、その引数には"a"が渡されています。これは文字列なので、TypeScriptは今回はTとしてstring型が意図されていると推論し、自動的にTにstring型を当てはめます。実際、repeat("a", 5)の返り値が入っている引数resultの型を調べるとstring[]型となっています。関数repeatの返り値の型はT[]だったはずですから、これがstring[]になっているというのはTがstringに推論されたという証拠です。

また、型引数がどのように推論されたか調べる方法はほかにもあります。4.4.1のときと同様に、repeat("a", 5)という式のrepeatの型を調べてみれば次のように表示されるはずです。

```
function repeat<string>(element: string, length: number): string[]
```

repeatの型引数を明示的に指定しなくてもrepeat<string>となっていることがわかります。これは、今回のrepeatの呼び出しではTがstringに推論されたということを意味しています。

型引数の指定を省略できるという機能により、ジェネリック関数の利便性は大きく向上しています。多くの場合、関数を使う側は型引数の存在を意識する必要すらありません。ただrepeat("a", 5)と書くだけでstring[]型の値が得られ、repeat(100, 10)と書けば今度はnumber[]型の値が得られます。ジェネリック関数は、「好きな値で呼び出せばいい感じの型の返り値を返してくれる関数」として機能することになります。

ただし、そのような便利な関数を作るためには、関数を定義する側で型引数を宣言するという一苦労が必要というわけです。利便性・汎用性が高い関数を作るために、上手に型引数を使いましょう。

4.4.4 型引数を持つ関数型

ところで、「型引数を持つ関数」の型はどうなっているのでしょうか。実は、関数型には型引数の情報も含まれます。

```
const repeat = function<T>(element: T, length: number): T[] {
  const result: T[] = [];
  for (let i = 0; i < length; i++) {
    result.push(element);
  }
  return result;
}
```

たとえば、このrepeat関数の型を調べてみましょう。すると、以下のような結果になるはずです。

```
<T>(element: T, length: number) => T[]
```

これがrepeat関数の型です。今までの関数型に加えて最初に型引数リストが加わっており、やはりアロー関数を踏襲した記法になっています。

これもれっきとした関数型の一種ですから、この構文は我々が「型引数を持つ関数型」の型を定義したいときにも使えます。たとえば、repeat関数のように「型引数Tを持ち、T型の引数とnumber型の引数を受け取ってT[]型の値を返す関数」を表す型は次のように書けます。このようにrepeatを宣言したとしても、今までと同様に使うことができます。

```
type Func = <T>(arg: T, num: number) => T[];

const repeat: Func = (element, length) => {
  const result = [];
  for (let i = 0; i < length; i++) {
    result.push(element);
  }
  return result;
};
```

普段はわざわざ型引数を別に宣言することはありませんが、「型引数を取る関数を引数に受け取る高階関数」のようなものを定義したい場合はこの記法の出番となりますから、頭の片隅に置いておきましょう。

コラム 19 型引数はどのように推論されるのか

4.4.3では、型引数の指定が省略された場合は引数から推論されると述べました。これについてもう少し詳しく見てみましょう。基本的な場合はすでに述べましたが、次のような場合はどうでしょうか。

```
function makeTriple<T>(x: T, y: T, z: T): T[] {
```

```
  return [x, y, z];
}

const stringTriple = makeTriple("foo", "bar", "baz");
```

これは与えられた3つの値を引数に並べた配列を返す関数です。上の例のように3つの引数に文字列を与えて呼び出せば、型引数Tはstringと推論されるので、stringTripleはstring[]型となります。

では、次の場合はどうなるでしょうか。T型の引数が複数あるのをいいことに、それぞれの引数に別々の型を指定してしまいました。

```
const mixed = makeTriple("foo", 123, false);
```

この場合はコンパイルエラーとなります。

```
// エラー: Argument of type 'number' is not assignable to parameter of type 'string'.
const mixed = makeTriple("foo", 123, false);
```

なぜなら、この場合も型引数Tはstringに推論されているからです。その結果すべての引数の型はstring型となり、2番目の引数でstring型の引数に数値を与えようとしているためエラーとなります。このように、型引数が省略された場合はなるべく前の引数を用いて推論されます。

また、文脈からの型（➡4.2.4）が推論に用いられることもあります。たとえば、次の例ではdoubleの型引数は文脈から決められます。

```
function double<T>(func: (arg: T) => T): (arg: T) => T {
    return (arg) => func(func(arg));
}

type NumberToNumber = (arg: number) => number;

const plus2: NumberToNumber = double(x => x + 1);
console.log(plus2(10)); // 12 と表示される
```

この例は少し読み解きにくいかもしれませんが、doubleは「関数funcを与えられると、そのfuncを2回繰り返して返すという新しい関数を作って返す」という働きをする関数です。この関数は型引数Tを取り、引数として(arg: T) => T型の値を取り、返り値は(arg: T) => T型です。具体例を見ると、下から2行目のdouble(x => x + 1)の結果は新たな関数であり、「与えられた数値に2を足して返す」という関数になります。なぜなら、doubleが返すのはコールバック関数x => x + 1を2回適用するという関数だからです。

今回、doubleの返り値を入れるplus2変数にはあらかじめNumberToNumberという型注釈が与えられています。これは「number型を受け取りnumber型を返す関数」という意味の型です。これを頼りにして、省略されたdoubleの型引数Tはnumberに推論されます。なぜなら、doubleの返り値は(arg: T) => T型の値であり、これをNumberToNumberに当てはめる必要があります。関数の形を比較すると必然的にTに入るのはnumber型となります。

このようにして、文脈の型情報を用いて型引数Tに入る型が決められました。今回は与えられた引数x => x + 1から型情報を推論できないので文脈の情報が用いられています。もしdouble((x: string) => x + " ")のように引数から型情報を推論できる場合はそちらが優先されます（この場合はTがstringになり、返り値の型(arg: string) => stringがNumberToNumberに当てはまらないためコンパイルエラーとなります）。

このように、TypeScriptは可能な限り省略された型引数を推論しようとします。しかし、たまにうまく推論できない場合があります。その場合は型引数はunknown型（➡6.6.3）に推論されます。たとえば、先ほどの例でplus2の型注釈を省略した場合がそうなります。

```
function double<T>(func: (arg: T) => T): (arg: T) => T {
    return (arg) => func(func(arg));
}
// エラー: Object is of type 'unknown'.
const plus2 = double(x => x + 1);
```

この場合省略されたdoubleの型引数Tを決定するための情報がないため、Tはunknown型になります。その結果doubleの引数の型は(arg: unknown) => unknownとなり、x => x + 1のxの型がunknownになります。そして、unknown型の値に対しては+を用いることができないのでここでコンパイルエラーが発生するのです注22。

このように、型引数がunknownに推論された場合は推論のための情報が足りていません。この場合は注釈を補ってあげましょう。先ほどのようにplus2に型注釈を補うか、あるいはdouble<number>(x => x + 1)とするのがより簡単です。

4.5 変数スコープと関数

これまで散々使い倒してきた「変数」ですが、ここまであまりしっかりした解説をしていませんでした。この節では、より変数への理解を深めるために**スコープ**について解説します。

4.5.1 変数のスコープとは

変数は、何らかの**スコープ**に属しています。スコープとは、端的に言えば変数の有効範囲です。変数がどのスコープに属するのかは、変数がどこで宣言されたかによって決まります。

変数は、その変数が属するスコープの内部でしか使用することができません。このことは今までの例を通して感覚的に理解していた方も多かったと思いますが、ここまでしっかりと解説していませんでした。

一番わかりやすいのは**関数スコープ**でしょう。すべての関数は関数スコープを持ち、関数の中で宣言された変数は関数スコープに属します。これにより、関数の中で宣言された変数はその関数の中でしか存在しません。

```
const repeat = function<T>(element: T, length: number): T[] {
  // この変数resultはrepeatの変数スコープに属する
  const result: T[] = [];
  for (let i = 0; i < length; i++) {
    result.push(element);
  }
  return result;
};

// 関数の外には変数resultは存在しない
// エラー: Cannot find name 'result'.
console.log(result);
```

注22 よくよく考えれば、x + 1を頼りにしてxがnumber型であると突き止めて、それを頼りにTをnumberに推論することも頑張ればできそうに思えます。しかし、TypeScriptはそこまでの推論は行いません。これは、本章のコラム16で説明した「TypeScriptでは変数の作成時にその変数の型が決まる」という原則に関係しています。引数xの型は型注釈によって決まるか、そうでなければあくまで文脈から決まる（➡4.2.4）のであって、使われ方から決まるのではないのです。

この例は、関数repeatの中で宣言された変数resultが、関数repeatの中でしか存在しないことを示しています。関数の外でresultと書くとコンパイルエラーが発生します。意味は「resultという名前が見つかりません」であり、まさにresultという変数が関数の外では存在していないことを表していますね。

ちなみに、関数の引数もその関数のスコープに属します。上の例では引数elementとlengthは関数repeatのスコープに属しています。

スコープは、変数宣言の影響範囲を狭くするという意義があります。関数の中で変数を好き勝手に作っても、その関数の中にしか変数の影響は及びません。これにより、関数の外部から、関数の中でどんな処理をしているのか、どんな変数を宣言しているのかといったことを知る必要がなくなります。逆に、関数内部では、中のことだけを考えて変数を好き勝手に作っても問題ありません。実際、先の例のrepeat関数は中でresultという変数を作っていますが、repeat関数を使う側はそんなものは預かり知るところではありません。このように、プログラムの影響範囲を局所的にしてプログラムの読み書きを簡単にするというのがスコープの大きな意義です。

あるスコープの中では、同じ名前の変数を複数回宣言することはできません。そのようなプログラムはコンパイルエラーとなります。次の例では関数repeatの中（repeatの関数スコープの中）でresultという変数が2回宣言されているためコンパイルエラーとなります。

```
const repeat = function<T>(element: T, length: number): T[] {
  const result: T[] = [];
  for (let i = 0; i < length; i++) {
    result.push(element);
  }
  // エラー: Cannot redeclare block-scoped variable 'result'.
  const result = [];
  return result;
};
```

また、関数の外側で宣言した変数も、やはりスコープに属します。プログラムの中でほかの関数の中でない場所で宣言された変数が属するスコープは、トップレベルスコープやモジュールスコープと呼ばれます。上の例ではrepeatという変数がモジュールスコープに属しています。モジュールスコープはファイル全体にわたって存在するスコープです。よって、モジュールスコープで宣言した変数はそのファイルの中ならどこでも使えることになります。

また、consoleなどあらかじめ用意されている変数もあり、このような変数が属しているのはグローバルスコープです。将来的に複数ファイルにまたがるプログラムを書くようになった場合、モジュールスコープに属する変数はそれぞれのファイル（モジュール）の中でしか使えませんが、グローバルスコープに属する変数はどのファイルでも使用することができます。

目ざとい読者は、ここまで読んで**スコープがネストしている**ことに気づいたでしょう。モジュールスコープはファイル全体を包むスコープである一方で、関数スコープはそのファイルの中で宣言される関数の中に発生するスコープです。よって、関数スコープはモジュールスコープに包含された状態で存在しています。

そして、内側のスコープからはより外側のスコープの変数にアクセスすることができます。たとえば、先ほどのrepeat関数を少し変えて、何回繰り返すかあらかじめ決まっていることにしてみます。

```
const repeatLength = 5;
const repeat = function<T>(element: T): T[] {
```

```
  const result: T[] = [];
  for (let i = 0; i < repeatLength; i++) {
    result.push(element);
  }
  return result;
};

console.log(repeat("a")); // ["a", "a", "a", "a", "a"] と表示される
```

ここで、repeatの関数スコープの中からrepeatLengthという変数を参照しています。変数repeatLengthは、関数スコープではなくその外のモジュールスコープに属していますが、このように関数スコープの中からアクセスすることができます。

なお、内側と外側に同じ名前の変数がある場合、より内側のスコープが優先されます。たとえば次のようにすると、repeatLengthという変数はモジュールスコープとrepeatの関数スコープの両方に存在します。このように、異なるスコープならば同じ変数名を宣言しても何の問題もありません。そして、この場合repeatの中で参照されるrepeatLengthは関数スコープで宣言されたrepeatLengthになります。こちらのほうがより内側だからです。

一方で、例の最後の行のように関数repeatの外（モジュールスコープ）で変数repeatLengthにアクセスした場合は、関数スコープではなくモジュールスコープの変数repeatLengthがアクセスされます。これは、その位置は関数スコープの中ではないため、一番内側のスコープがモジュールスコープとなるからです。

```
const repeatLength = 5;
const repeat = function<T>(element: T): T[] {
  const repeatLength = 3;

  const result: T[] = [];
  for (let i = 0; i < repeatLength; i++) {
    result.push(element);
  }
  return result;
};

console.log(repeat("a"));  // ["a", "a", "a"] と表示される
console.log(repeatLength); // 5 と表示される
```

4.5.2　ブロックスコープと関数スコープ

ブロックスコープは、関数スコープに並んで重要なスコープです。その名のとおり、**ブロック**の範囲に対して発生するのがブロックスコープです。すべてのブロックに対してブロックスコープが発生し、ブロックの中で宣言された変数はそのブロックスコープに属することになります。ブロックは2.5.2で解説した構文であり、**{ ... }**という形を持つ文の一種でした。

さっそく具体例を見ましょう。次の例の関数sabayomiは、年齢ageを受け取って20歳以上ならば5歳サバを読んで返す関数です。

```
function sabayomi(age: number) {
  if (age >= 20) {
```

```
    const lie = age - 5;
    return lie;
  }
  return age;
}
```

この例ではif文に付随するブロックがあり、変数lieはそのブロックの中で宣言されています。これにより、変数lieは関数sabayomiの関数スコープではなく、さらにその内側にあるブロックスコープに属することになります。その結果、変数lieは当該ブロックの中でのみ使用可能になります。次のようにブロックの外では変数lieは存在せず、参照しようとするとlieが存在しないというコンパイルエラーになります。

```
function sabayomi(age: number) {
  if (age >= 20) {
    const lie = age - 5;
    return lie;
  }
  // エラー: Cannot find name 'lie'.
  console.log(lie);
  return age;
}
```

もちろん、異なるスコープならば同じ変数名を使うことができますから、次のようにブロックを分ければ同じ変数名を複数回登場させることも可能です。このように、ブロックスコープによって変数の有効範囲を関数スコープよりもさらに狭くすることができます。変数の有効範囲が狭ければ狭いほど見通しの良いプログラムとなりますから、ブロックスコープは積極的に活用しましょう。

```
function sabayomi(age: number) {
  if (age >= 30) {
    const lie = age - 10;
    return lie;
  }
  if (age >= 20) {
    const lie = age - 5;
    return lie;
  }
  return age;
}
```

なお、for文（➡2.5.6）の（　）の中で変数を宣言した場合、その変数は「for文の中のみ」という特殊なスコープを持ちます注23。

```
function sum(arr: number[]) {
  let result = 0;
  // この変数iはfor文の中のみのスコープに存在
  for (let i = 0; i < arr.length; i++) {
    result += arr[i];
  }
```

注23　より厳密には、for文の実行に際して「for文内全体」と「for文の中の各実行」に対応する2つのスコープが作られます。この2つの区別は、ループ内で作られた関数オブジェクトがfor文のスコープの変数を参照する際にそのループ時点での値を維持し続けるために必要です。

```
  // ここで変数iを使うのはエラー
  // エラー: Cannot find name 'i'.
  console.log(i);
  return result;
}
```

コラム 20

varによる変数の宣言

これまで、変数を宣言する方法として letとconstの2種類を学習しました。実は、変数宣言にはもう1つvarによるものが存在します。ES2015でletとconstが導入されるまでは、変数宣言の手段はvarのみでした注24。そのため、ひと昔前のコードを見るとvarがたくさん使われているのを見ることができます。現在ではvarはletとconstに取って代わられたため、基本的には使われません。

このvarは古い構文のため、letやconstで宣言された変数とは少し異なる特徴を持ちます。具体的には、**ブロックスコープに属さない**こと、そして**複数回宣言できる**ことです。たとえば、先ほど出てきた関数sabayomiはこんな書き方ができるでしょう。

```
function sabayomi(age: number) {
  var lie = age;
  if (age >= 20) {
    var lie = age - 5;
  }
  return lie;
}
```

変数lieがvarで2回宣言されていますが、varにはブロックスコープという概念がないため、直近の関数スコープに属することになります。すなわち、2回宣言されたlieはどちらもsabayomiの関数スコープに属することになり、つまり同じ変数を2回宣言していることになります。すでに学習したように(同じスコープに属する)同じ変数を宣言するのはletやconstではエラーとなりますが、varでは許されます。2回目の変数宣言var lie = age - 5;はただの代入lie = age - 5;と同じように扱われます(varで宣言された変数はletと同様に再代入できます)。

いくらvarだろうと同じ変数を複数回宣言するのは褒められたことではありませんが、このようなことをしているコードを見かけることもあるかもしれません。これから書く新しいコードでvarを使うことはまずないはずですが、古いコードを触る機会に備えてvarも知っておいて損はないでしょう。

4.6 力試し

第4章では、TypeScriptプログラミングの要のひとつである関数の作り方について学びました。今回の力試しでは、自分の手でいろいろな関数を作ることで関数に慣れましょう。

注24 変数を宣言せずにいきなり代入することでグローバル変数が作られるというものもありますが、これは特殊な場合を除いて行われません。

4.6.1 簡単な関数を書いてみよう

まずは簡単な関数を作ってみましょう。第2章の力試しで実装したFizzBuzzを思い出してください。

```
for (let i = 1; i <= 100; i++) {
  if (i % 3 === 0 && i % 5 === 0) {
    console.log("FizzBuzz");
  } else if (i % 3 === 0) {
    console.log("Fizz");
  } else if (i % 5 === 0) {
    console.log("Buzz");
  } else {
    console.log(i);
  }
}
```

この実装のうち、for文の中の処理を関数に抜き出してみましょう。つまり、次のように呼び出して使える関数getFizzBuzzStringを実装してください。

```
for (let i = 1; i <= 100; i++) {
  const message = getFizzBuzzString(i);
  console.log(message);
}
```

このように大きな処理の一部を関数に抜き出すのは良いこととされています。処理が関数という単位に細かく分割され、それぞれの処理にきちんと名前がつけられていることでプログラムの見通し（読解しやすさ）が良くなるからというのがおもな理由です。TypeScriptのような静的型付き言語では、関数の引数・返り値の型を明記することで処理の流れ・データの流れがわかりやすくなることが期待できます。型情報はプログラムの安全性を高めるだけでなく、プログラムの読解の助けにもなるのです。ほかにも、ユニットテストが書きやすくなるという利点があります。

では、getFizzBuzzStringができたらもう1つ関数を増やしてみましょう（うまく書けたか自信がない方は先に次の解説を見てから戻ってきてもかまいません）。今度は配列を返す関数です。上のコードは第2章の知識の範囲で書かれたコードだったので、ループに普通のfor文を使っていました。しかし、本書執筆時点で最もモダンなループ構文はfor-of文です。そこで、上のコードのfor文もfor-of文で書き換えてみましょう。具体的には、次のようにsequence(1, 100)と呼び出すと[1, 2, 3, ..., 100]という100要素の配列を返す関数を実装してください。

```
for (const i of sequence(1, 100)) {
  const message = getFizzBuzzString(i);
  console.log(message);
}
```

このfor-of文はsequence(1, 100)が返した配列に対して順にループし、変数iには1から100までの数値が順番に入ります。そのため、このコードはもとのコードと同じ動作をするはずです。

4.6.2 解説

今回はgetFizzBuzzStringとsequenceという2つの関数を出題しました。まず、getFizzBuzzStringの実装としては次のようなものが考えられます。関数宣言はfor文の前にあってもあとにあってもかまいません（関数宣言は巻き上げが行われるため）。

```
function getFizzBuzzString(i: number) {
  if (i % 3 === 0 && i % 5 === 0) {
    return "FizzBuzz";
  } else if (i % 3 === 0) {
    return "Fizz";
  } else if (i % 5 === 0) {
    return "Buzz";
  } else {
    return i;
  }
}

for (let i = 1; i <= 100; i++) {
  const message = getFizzBuzzString(i);
  console.log(message);
}
```

このように処理を関数に抜き出した場合、分岐処理の中でreturn文を使うパターンがプログラムのわかりやすさの向上に有効です。また、このように抜き出すことでプログラム中でのconsole.logの使用が1回になっている点も見逃せませんね。以前のプログラムでは各分岐の中にconsole.logが独立して書かれていましたが、本来は分岐すべきは「何を出力するか」だけであり、「console.logを使って出力する」ということはどの場合でも共通しているため分岐の中に書くべきではありませんでした。関数という道具を使うことで、この問題をうまく解決しています（一応条件演算子を使ってもこれは可能ですが、式が長くなるので推奨しません）。

上の例ではgetFizzBuzzStringの返り値の型注釈がありませんが、調べてみるとnumber | "FizzBuzz" | "Fizz" | "Buzz"型となっています。これは第6章で学習する型なのでまだ理解できなくてもかまいません。しかし、上の関数に既習の知識で型注釈を与えるのは困難です。その理由は、この関数が場合により文字列を返したり数値を返したりしているからです。もともとの実装とは少し異なりますが、数値を返す場合を文字列を返すように実装を変更することでstringの型注釈を与えることができるでしょう。

```
function getFizzBuzzString(i: number): string {
  if (i % 3 === 0 && i % 5 === 0) {
    return "FizzBuzz";
  } else if (i % 3 === 0) {
    return "Fizz";
  } else if (i % 5 === 0) {
    return "Buzz";
  } else {
    return String(i);
  }
}
```

では、次にsequence関数です。典型的な実装は次のようになります。

```
function sequence(start: number, end: number): number[] {
  const result: number[] = [];
  for (let i = start; i <= end; i++) {
    result.push(i);
  }
  return result;
}

for (const i of sequence(1, 100)) {
  const message = getFizzBuzzString(i);
  console.log(message);
}
```

この実装では、for文でstartからendまで変数iの値を変化させ、すべてを配列にpushして返しています。出題時には「モダンなループ構文はfor-of文なので」という触れ込みでしたが、この関数sequenceの実装の中では結局普通のfor文を使っています。これでは一見無意味に見えますが、そうでもありません。このように関数を分けることは、普通のfor文のような取り扱いが難しい構文を小さい関数の中に閉じ込めるという意味もあります。とくに今回の場合、for文に付随するletがsequenceの中に閉じ込められた点が注目に値します。第2章のコラム3で解説したように、letはプログラムの可読性を下げます。そのため、letを使う必要がある場合でもそのletの影響範囲を狭くすることでプログラムの可読性を向上させることができるのです。上の例ではletが関数sequenceの中に閉じ込められて、それを使うfor-of文の側ではletではなくconstを使えるようになりました。

4.6.3 コールバック関数の練習

コールバック関数（➡4.1.10）という概念はTypeScriptプログラミングをするうえでとても重要です。コールバック関数を使いこなすことは、ただ単に複雑な実装をできるというだけではなく、プログラムをうまく設計できるようになるためにも必要です。そこで、コールバック関数を受け取る関数を自分で書くことでコールバック関数に慣れておきましょう。

ここでは、練習として配列に対するmap関数を自分で書いてみましょう。ここで言うmap関数とは、配列と関数を受け取って、配列の各要素に対して関数を適用し、返り値を集めてできた新しい配列を作って返す関数です。

配列というのは要素の型がいろいろある（string[]やnumber[]）ので最終的にはジェネリクス（➡4.4.1）を用いた関数定義としたいところです。いきなりそれはハードルが高いという方は、まずmapが受け取る配列の型と、mapが返す配列のほうは両方number[]に決め打ちしておきましょう。次のコードの穴を埋めて動くようにしてください。

```
function map(array: number[], callback: /* ここを埋める */): number[] {
  /* ここを埋める */
}

const data = [1, 1, 2, 3, 5, 8, 13];
```

```
const result = map(data, (x) => x * 10);
// [10, 10, 20, 30, 50, 80, 130] と表示される
console.log(result);
```

この例でmapの第2引数に渡されているのは(x) => x * 10という、与えられた数を10倍して返すコールバック関数です。ですから、関数mapを呼び出すと与えられた配列の各要素にこれを適用してできた新しい配列、すなわち与えられた配列の全要素を10倍した配列が返されるはずです。この問題はmapの内部実装を書く、すなわちコールバック関数を扱う練習でもありますが、同時にコールバック関数を受け取る関数の型宣言を書く練習でもあります。忘れてしまった方はこの機会に復習しましょう。

上の問題ができたら、次はmapの引数や返り値をnumber[]固定ではなくしてみましょう。どんな要素型を持つ配列でも受け取れるようにするには、ジェネリクスが必要です。また、受け取る配列と返す配列の型が同じでなくてもよいようにしましょう。たとえば、引数がnumber[]で返り値がboolean[]というような呼び出しもできるようにしてください。具体的には、次のようなコードが（もちろんコンパイルエラーなしで）動くようにしてみましょう。このコードは数値の配列を、その数値が0以上ならtrue、0未満ならfalseに変換した真偽値の配列にするコードです。


```
const data = [1, -3, -2, 8, 0, -1];

const result: boolean[] = map(data, (x) => x >= 0);
// [true, false, false, true, true, false] と表示される
console.log(result);
```

自信がある方はさっそく実装してみましょう。まだよくわからない方は以下のヒントを参考にしてみてください。

ヒント：

- 型引数は「呼び出しごとに変化する型」を表すものとして使用します。
- 今回、呼び出しごとに変化する型は「mapに与えられる配列の要素の型」と「mapから返される配列の要素の型」の2つがあります。

4.6.4 解説

まず、引数の型と返り値の型がnumber[]に固定されたバージョンのmapは次のように実装できます。

```
function map(array: number[], callback: (value: number) => number): number[] {
  const result: number[] = [];
  for (const elm of array) {
    result.push(callback(elm));
  }
  return result;
}
```

引数callbackの型が(value: number) => numberとなっています。これは「number型の引数を受け取りnumber型の値を返す関数の型」ですね。関数なので、mapの実装内ではcallback(elm)のように呼び出すことができます。このように、コールバック関数を受け取る関数（高階関数）を作ることで、汎用的な処理を関

数に抜き出しつつ、その中に毎回違う処理を埋め込むことができます。今回の場合、汎用的な処理とは「配列の各要素を読み取って新しい配列を作る」という部分であり、毎回違う処理というのは「各要素を新しい配列の要素へ変換する」という部分です。変換というのはある値を入力として受け取り、別の値を出力することですから、TypeScriptでは変換を関数として表すのが適しています。それを実践しているのがコールバック関数なのです[注25]。

次に、ジェネリクスを用いるバージョンは次のようになります。

```
function map<T, U>(array: T[], callback: (value: T) => U): U[] {
  const result: U[] = [];
  for (const elm of array) {
    result.push(callback(elm));
  }
  return result;
}
```

注目すべきは、mapが2つの型引数T, Uを持っている点です。Tはもとの配列の要素の型を表し、Uは新しい配列の要素の型を表します。型引数を持つ関数を定義するときは、このように「呼び出しごとに変化する型」が何なのかをまず洗い出し、それを型引数として用意しましょう。そうすれば、あとは普通の関数宣言と同じように型を書くことができます。

まず、与えられる引数arrayは配列ですが、この配列の要素の型はTであると決めたので、引数arrayの型はT[]と宣言できます。返り値の型も同様に、U[]と宣言できます。コールバック関数の型についても、もとの配列の要素（T型）を新しい配列の要素（U型）に変換する関数なので、「Tを受け取ってUを返す」という型を書けばOKです。よって、(value: T) => Uとなります。

関数宣言で用意した型引数は関数の中でも使うことができるので、変数resultにU[]という型注釈をつけるのに活用しています。型引数は一見すると実体がなくてよくわからないものですが、一度宣言すれば関数内では普通の型と同じように使うことができます。たとえばarrayはT型の要素を持つ配列なので、for-of文で作った変数elmは自動的にT型に推論されます。また、resultはU型の要素を持つ配列でresult.pushにはU型の値を渡す必要がありますが、callback(elm)はちゃんとU型の値となっています。なぜなら、callback関数はT型の値を受け取ってU型の値を返すと型注釈がされているからです。ここでcallbackに与えられているelmという引数は確かにT型ですね。

今後、理路整然としていて使い回しがきく関数やデータ構造を作りたければ、ジェネリクスは避けては通れません。ぜひ身につけましょう。

注25　変換以外のものを表すコールバック関数もあります（返り値がvoid型の関数など）。

第5章

TypeScriptのクラス

オブジェクト指向言語にはクラス（class）という機能を備えるものが多くあります。TypeScriptも例外ではなく、クラスを利用するための種々の構文が存在します。
クラスという概念は、プログラミング言語によって多少違いがあります。前章まで見てきたように、TypeScriptではオブジェクトを作るために必ずしもクラスを介する必要はありません。
TypeScriptにおけるクラスは、一定の形のオブジェクトを作成するための便利な手段として使われています。また、筆者の経験では、ミュータブルな使い方がされるオブジェクトやメソッドを持つオブジェクトを複数作りたい場合にクラスがよく使われる傾向があります。これからこの章で解説していきますが、クラスの利点としてはnewという統一的な構文でオブジェクトの初期化を行えることや、値の名前空間と型の名前空間にまたがった名前を定義できることが挙げられます。

5.1 クラスの宣言と使用

まずは、**クラス**の基本的な使い方を学習しましょう。冒頭で少し触れたように、クラスのおもな用途はオブジェクトの作成でした。とくに、同じプロパティやメソッドを持ったオブジェクトをいくつも作成したい場合にクラスが適しています。クラスによって作成されたオブジェクトは**インスタンス**（instance）と呼ばれます。

クラスを使うには、まずクラスを宣言して、それからnew構文を使ってそのクラスのインスタンスを作成します。こう見ると、クラスはある意味で関数と似ているところがあります。関数もまず関数を宣言して、それから関数を呼び出して結果を得るものでしたね。

5.1.1 クラス宣言とnew構文

クラスを使うには、まずクラスを宣言します。そのために使うのが**クラス宣言**（class declaration）です。クラス宣言は文の一種であり、`class クラス名 { ... }`という構文を持ちます。クラス名には、変数名や関数名と同様に識別子を使用することができます。`...`の部分はクラス定義の本体です。具体的なことはのちのち解説しますが、この部分でインスタンスがどのようなプロパティを持つか規定します。また、new演算子を用いた`new クラス()`という式により、クラスのインスタンスを作成できます。

クラスの例

```
class User {
  name: string = "";
  age: number = 0;
}

const uhyo = new User();
console.log(uhyo.name); // "" が表示される
console.log(uhyo.age); // 0 が表示される

uhyo.age = 26;
console.log(uhyo.age); // 26 が表示される
```

この例では、`new User()`によりUserクラスのインスタンスを作成して変数uhyoに代入しています。構文の詳細は次項で解説しますが、Userクラスはnameプロパティとageプロパティを持ちます。これにより、newで作られたインスタンスはこれらのプロパティを持った状態で作られます（それぞれ`""`と`0`を初期値に持ちます）。これらはただのプロパティなので、通常のオブジェクトと同じように代入して書き換えることも可能です（例の最後の2行）。

このように、クラスを用いると、最初からいくつかのプロパティを持ったオブジェクトを`new User()`のような簡潔な式で生成することができます。ここで使われている`()`というのは関数呼び出しの`()`と同じで、引数を渡すことも可能です（コンストラクタの項（➡5.1.4）で説明します）。ただし、引数がない場合（`()`の場合）はこれを省略して`new User`とすることが可能です。

なお、クラスが使用可能になるのはクラス宣言よりあとです。関数宣言（➡4.1.1）とは異なり、巻き上げはありません。宣言するより前にクラスを使用しようとした場合はコンパイルエラーが発生します。

```
// エラー: Class 'User' used before its declaration.
const uhyo = new User();

class User {
  name: string = "";
  age: number = 0;
}
```

コラム 21

クラスも変数である

実は、クラス宣言は関数宣言と同様に「クラスが入った変数」を作成する構文です。つまり、new User()というのは「Userクラスのインスタンスを作成する」という構文でしたが、この構文は正確にはnew 式(引数リスト)という形であり、今回は式の部分がUserという変数名だったのです。よって、new User()は、正確に言えば「Userという変数に入っているクラスのインスタンスを作成する」ということです。これを理解すると、たとえばクラスを別の変数に入れたりオブジェクトのプロパティにすることができます。

```
class User {
  name: string = "";
  age: number = 0;
}

// Userクラスが入ったオブジェクト
const obj = {
  cl: User
};

// new obj.cl でUserのインスタンスが作成できる
const uhyo = new obj.cl();
console.log(uhyo.age); // 0 が表示される
```

このように、TypeScriptでは式に表れる識別子は必ず変数を表します。関数やクラスもすべて「変数に入ったオブジェクト」という形で統一的に扱われるのです。関数を関数オブジェクトと呼ぶことがあるのと同様に、クラスであるオブジェクトは**クラスオブジェクト**と呼ぶことがあります。上の例では、Userがクラスオブジェクトです。

5.1.2 プロパティを宣言する

ここからは、クラス宣言の機能を詳説していきます。まずは、最も基本的な機能であるプロパティの宣言です。前項で少し触れたように、クラス宣言にはプロパティの宣言を含めることができます[注1]。ここで宣言されたプロパティは、newによって作られたインスタンスにあらかじめ備わっています。プロパティ宣言の基本の形はプロパティ名: 型 = 式;です。=の右の式はそのプロパティの初期値です。

前回出てきた例を再掲します。ここで宣言したUserクラスは、string型のプロパティnameとnumber型のプロパティageを持ちます。初期値はそれぞれ""と0です。よって、new User()として作ったUserクラスの

注1　本書ではプロパティという用語で説明していますが、クラスに対して宣言されるプロパティは**フィールド**（field）とも呼ばれます。

インスタンスは最初からこれらのプロパティを持っています[注2]。

```
class User {
  name: string = "";
  age: number = 0;
}

const uhyo = new User();
console.log(uhyo.name); // "" が表示される
console.log(uhyo.age);  // 0 が表示される
```

ちなみに、new User()という式の型（すなわちUserクラスのインスタンスの型）はUser型となります。User型とは何かという疑問もあるでしょうが、クラスと型の関係についての詳しい解説は5.2で行いますのでそれまでお待ちください。

なお、プロパティ宣言には初期値を省略した<u>プロパティ名</u>: <u>型</u>;という構文もありますが、これはコンストラクタ（➡5.1.4）と併用しなければいけません。今の段階で省略を行うとコンパイルエラーとなります。これは、考えてみれば当たり前ですね。たとえばstring型のプロパティならば、インスタンスを作った瞬間からstring型の値が入っていなければいけません。そのためには、インスタンスを作ると同時にプロパティに入れるための初期値が必要です[注3]。

コンパイルエラーの例

```
class User {
  name: string = "";
  // エラー: Property 'age' has no initializer and is not definitely assigned in the constructor.
  age: number;
}
```

また、クラス宣言ではオプショナルなプロパティ（➡3.2.6）や読み取り専用のプロパティ（➡3.2.7）を宣言することも可能です。これらはオブジェクト型の機能でしたが、クラスにおいても使用可能です。オブジェクト型とクラスの関係については5.2で詳しく解説します。

オプショナルなプロパティの例

```
class User {
  name?: string;
  age: number = 0;
}

const uhyo = new User();
console.log(uhyo.name); // undefined が表示される
uhyo.name = "うひょ";
console.log(uhyo.name); // "うひょ" が表示される
```

この例では、?によってnameプロパティがオプショナルなプロパティとして宣言されています。オプショナルなプロパティは値があってもなくてもよいので、このように初期値を省略することができます。通常のオブジェ

注2　=の右の式は、クラスのインスタンスが作られる際に評価されます。つまり、たとえば=の右に関数呼び出しを書いていた場合、そのクラスがnewされるたびに関数が呼び出されます。

注3　初期値は明記する必要があります。たとえばnameはstring型だから自動的に初期値として""が入る、のようなことも不可能です。このことは、TypeScriptでは型がランタイムに影響しないという原則からわかります。

クトと同様に、プロパティの値がない場合はundefinedが得られます。

読み取り専用プロパティの例

```
class User {
  readonly name: string = "";
  age: number = 0;
}

const uhyo = new User();
// エラー: Cannot assign to 'name' because it is a read-only property.
uhyo.name = "うひょ";
```

こちらは読み取り専用プロパティの例です。オブジェクト型と同様にプロパティ名の前にreadonlyと付加することで宣言できます。読み取り専用プロパティに代入しようとするのはコンパイルエラーとなります。

5.1.3　メソッドを宣言する

クラス宣言の中では、**メソッド**（method）の宣言も書くことができます。プロパティの場合と同様に、クラス宣言の中にメソッドの宣言を書いた場合、そのクラスのインスタンスは自動的にそのメソッドを持った状態で作成されます。クラスにおけるメソッド宣言の構文は、オブジェクトリテラルのメソッド記法（➡4.1.6）と同じです。ただし、オブジェクトリテラルの中ではないため、複数のメソッドを宣言する場合にコンマでつなぐ必要はありません。

次の例では、前項のUserクラスに自身が20歳以上かどうか調べるisAdultメソッドと、ageプロパティを書き換えるsetAgeメソッドを追加してみます。こうすることで、UserのインスタンスはisAdultメソッドとsetAgeメソッドを持つようになります。

```
class User {
  name: string = "";
  age: number = 0;

  isAdult(): boolean {
    return this.age >= 20;
  }

  setAge(newAge: number) {
    this.age = newAge;
  }
}

const uhyo = new User();
console.log(uhyo.isAdult()); // false が表示される

uhyo.setAge(26);
console.log(uhyo.isAdult()); // true が表示される
```

突然thisというものが出てきていますが、これは自分自身を表します。これまた奥が深い機能なので、thisについての詳しい解説は5.4までお待ちください。ここでは、uhyo.isAdult()などはuhyoというオブジェクトに対するメソッド呼び出しなので、その場合はthisはuhyoになるということだけ認識しておけば大丈夫です。

つまり、uhyo.isAdult()というメソッド呼び出しはuhyo.ageが20以上ならtrueを返します。実際、最初はuhyo.ageが初期値の0なので結果がfalseですが、次にuhyo.setAge(26)という関数呼び出しでuhyo.ageに26を代入したことで、もう一度uhyo.isAdult()を呼び出すと結果がtrueになりました。

メソッドやthisの良いところは、同じ機能を持ったオブジェクトを簡単に量産することができるところです。Userの各インスタンスはisAdultのように自分自身を参照して計算するメソッドを持っていますが、Userのインスタンスを複数作った場合、thisのおかげでそれぞれのインスタンスが独立して動作することができます。次の例では、uhyo.ageを変更するとuhyo.isAdult()の結果が変わりますが、baby.isAdult()には影響がありません。これは、uhyo.isAdult()の中ではthisがuhyoである一方、baby.isAdult()の中ではthisがbabyだからです。thisの存在によって、uhyo用とbaby用に別々のメソッド定義を書く必要がなく、共通のメソッド定義を使えるのです。

```
// Userのインスタンスを2つ作成
const uhyo = new User();
const baby = new User();

uhyo.age = 26;

console.log(uhyo.isAdult()); // true が表示される
console.log(baby.isAdult()); // false が表示される
```

5.1.4 コンストラクタ

コンストラクタは、newによりインスタンスが作成される際に呼び出される関数です。コンストラクタのおもな使い道はインスタンスのプロパティを初期化することですが、それ以外にもさまざまな応用が可能です。

コンストラクタを定義するには、クラス宣言の中にconstructorという名前のメソッド宣言を書きます。この関数がコンストラクタとなり、newの評価中に呼び出されます。コンストラクタが引数を受け取る場合は、それに応じた引数をnew時に与える必要があります。コンストラクタの中ではthisが使用でき、newによって作られるインスタンスを操作することができます。

例として、Userのnameプロパティとageプロパティの初期値をコンストラクタに引数として渡せるようにしてみましょう。

```
class User {
  name: string;
  age: number;

  constructor(name: string, age: number) {
    this.name = name;
    this.age = age;
  }

  isAdult(): boolean {
    return this.age >= 20;
  }
}
```

```
const uhyo = new User("uhyo", 26);
console.log(uhyo.name);        // "uhyo" が表示される
console.log(uhyo.isAdult()); // true が表示される
```

Userクラスをこのように定義した場合、new Userには引数を2つ渡す必要があります。コンストラクタの宣言に合わせて、最初の引数nameにはstring型の値を、次の引数ageにはnumber型の値を渡します。今回コンストラクタの中では与えられた引数をそのままthisのname・ageプロパティに代入しています。これがこれらのプロパティの初期化の役割を果たします。コンストラクタ内のthisは、new Userの結果となる（つまりのちのち変数uhyoに代入される）オブジェクトです。また、コンストラクタの呼び出しはnew Userの最中に行われるため、new Userの処理が完了した時点でコンストラクタの呼び出しも完了しています。これにより、今回作ったUserのインスタンスであるuhyoは最初からnameプロパティに"uhyo"が、またageプロパティには26が入っています。このように、外から与えられた入力に応じてプロパティの初期値を決めたいという場面は多く、その場合にコンストラクタによる初期化が適しています。

また、今回はクラス宣言の中で定義されているnameとageプロパティには初期値が与えられていないことにも注目してください。5.1.2で説明したようにプロパティに初期値がない場合はコンパイルエラーが発生しますが、コンストラクタの中でプロパティに代入されている場合はエラーになりません。これは、コンストラクタ内でプロパティに代入すれば、newの処理が完了した時点（インスタンスの作成が完了した時点）ではプロパティには何らかの値が代入されていることが確約できるからです。逆に言えば、コンストラクタの中でプロパティの初期化をしていない場合はやはりコンパイルエラーとなるでしょう。次の例ではnameはコンストラクタ中で代入されているので問題ありませんが、ageが代入されていないためエラーとなります。エラーメッセージに「definitely」とあることからわかるとおり、コンパイルエラーを回避するにはコンストラクタ中でプロパティに確実に代入されることがTypeScriptコンパイラに伝わらなければいけません。if文などにより特定の場合しかプロパティに代入されないロジックになっている場合や、実際には確実に代入されるものの複雑過ぎてTypeScriptコンパイラに理解できなかった場合などはエラーになります。

エラーの例

```
class User {
  name: string;
  // エラー: Property 'age' has no initializer and is not definitely assigned in the constructor.
  age: number;

  constructor(name: string, age: number) {
    this.name = name;
  }
}
```

また、コンストラクタ内でもthisのプロパティの値を使うことができますが、初期化よりも前に使用した場合はコンパイルエラーとなります。こちらもよく考えてみれば理由がわかります。プロパティageはnumber型として宣言されているのに、this.ageに何か代入する前はnumber型の値が入っていないからです。

エラーの例

```
class User {
  name: string;
  age: number;
```

```
  constructor(name: string, age: number) {
    // エラー: Property 'age' is used before being assigned.
    console.log(this.age);
    this.name = name;
    this.age = age;
    // これはthis.ageに代入済なのでOK
    console.log(this.age);
  }
}
```

コンストラクタにはもう1つ独自の特徴があります。それは、自身の読み取り専用プロパティにも代入できるという点です。

```
class User {
  name: string;
  readonly age: number;

  constructor(name: string, age: number) {
    this.name = name;
    // これはOK
    this.age = age;
  }

  setAge(newAge: number) {
    // エラー: Cannot assign to 'age' because it is a read-only property.
    this.age = newAge;
  }
}

const uhyo = new User("uhyo", 26);
// エラー: Cannot assign to 'age' because it is a read-only property.
uhyo.age = 27;
```

この例ではUserのageプロパティは読み取り専用ですが、コンストラクタの中で`this.age`に代入するのは許されます。コンストラクタ以外のほかのメソッド（`setAge`）ではこれは許されません。もちろん、`uhyo.age = 27`のようにインスタンスのプロパティに直接代入するのもだめです。この挙動は、読み取り専用プロパティが「いったんオブジェクトを作ったら変更できない」という意味だからと考えれば理解できます。コンストラクタはオブジェクトを作っている最中の操作なので、読み取り専用プロパティでも変更するのが許されるのです。

5.1.5 静的プロパティ・静的メソッド

クラス宣言には**静的プロパティ**（static property）・**静的メソッド**（static method）の宣言を含むことができます。これらは、通常のプロパティ・メソッドの宣言の前に`static`とつけることで宣言します。静的プロパティ・メソッドは、インスタンスではなく**クラスそのもの**に属するプロパティ・メソッドです。

というのも、TypeScriptにおいては、クラスというものはそれ自体が一種のオブジェクト（より正確には関数オブジェクトの一種）です。これは、クラス自身もプロパティを持つことができるということを意味しています。では、さっそく例を見てみましょう。次の例では、Userクラスに静的プロパティ`adminName`と静的メソッド getAdminUser を追加してみました。

```
class User {
  static adminName: string = "uhyo";
  static getAdminUser() {
    return new User(User.adminName, 26);
  }

  name: string;
  age: number;

  constructor(name: string, age: number) {
    this.name = name;
    this.age = age;
  }

  isAdult(): boolean {
    return this.age >= 20;
  }
}

console.log(User.adminName);  // "uhyo" が表示される
const admin = User.getAdminUser();
console.log(admin.age);       // 26 が表示される
console.log(admin.isAdult()); // true が表示される

const uhyo = new User("uhyo", 26);
// エラー: Property 'adminName' does not exist on type 'User'. Did you mean to access the static member 'User.adminName' instead?
console.log(uhyo.adminName);
```

この例ではUserクラスはadminNameという静的プロパティおよびgetAdminUserという静的メソッドを持ちます。これらはUserというオブジェクトそのものが持つプロパティ・メソッドですから、User.adminNameやUser.getAdminUserというプロパティアクセスにより参照できます。一方で、静的プロパティはインスタンスのプロパティではありませんから、Userのインスタンスであるuhyoに対してadminNameプロパティを取得しようとしてもコンパイルエラーとなります（最後の行）。エラーメッセージをよく見ると、「adminNameは（Userのインスタンスのプロパティではなく）Userの静的プロパティですよ」という親切なものになっています。

静的プロパティ・メソッドは、クラスと強く関連した値や関数を用意しておきたい場合に使うのがよいでしょう。今回のUser.getAdminUserという例では、getAdminUserがUserクラスと関連した関数であることがわかりやすくなっています。とくに、User.getAdminUserの返り値がUserクラスのインスタンスであることが強く示唆されています。

ただ、静的プロパティの利用が必須であるという場面はあまりありません。今回の例でも、adminNameやgetAdminUserといった変数をUserとは別個に用意することが可能です。筆者はどちらかといえば別々にするのを好むタイプで、実は静的プロパティはめったに使いません。クラスとそれに関連する値を積極的に静的プロパティにまとめるか、それとも別々にするかは好みによるところも大きいようです[注4]。

注4 フロントエンド開発などtree shakingの重要性が大きい場面では、別々にすることの恩恵が大きいため別々にするのが望ましいでしょう。一方で、プライベートプロパティ（➡5.1.9, 5.1.10）との兼ね合いで静的プロパティ・メソッドが望ましい場合もあります。

5.1.6　3種類のアクセシビリティ修飾子

クラス宣言内のプロパティ宣言・メソッド宣言には、**アクセシビリティ修飾子**（accessibility modifier）を付加することができます。これはpublic, protected, privateの3種類があり、これまでのように何も書かなかった場合はpublicと同じになります。アクセシビリティ修飾子を用いると、そのプロパティ・メソッドにどこからアクセスできるかを型システム上で制御することができます。

具体的には、private修飾子を付加されたプロパティ（メソッドも含む）はクラスの内部からしかアクセスできなくなります。すなわち、そのクラスのコンストラクタやメソッドなどの中でのみ当該プロパティにアクセスすることができます。クラスの外でprivateなプロパティにアクセスしようとすると、コンパイルエラーとなります。

次の例では、お馴染みのUserクラスのageプロパティをprivateプロパティにしました。また、isAdultにpublic修飾子をつけてみましたが、これは今まで（何もつけない場合）と変わりません。修飾子をすべてつける方向に統一したい場合にはpublicが役に立つでしょう。

```
class User {
  name: string;
  private age: number;

  constructor(name: string, age: number) {
    this.name = name;
    this.age = age;
  }

  public isAdult(): boolean {
    return this.age >= 20;
  }
}

const uhyo = new User("uhyo", 26);
console.log(uhyo.name);       // "uhyo" が表示される
console.log(uhyo.isAdult()); // true が表示される
// エラー: Property 'age' is private and only accessible within class 'User'.
console.log(uhyo.age);
```

プロパティageがprivateプロパティとなったことで、例の最後の行はコンパイルエラーが発生します。これは、Userクラスの定義の外で、Userのインスタンスであるuhyoのageプロパティにアクセスしようとしたことが原因です。このageプロパティはprivateプロパティとして宣言されているので、この場所ではアクセスが許可されないのです。

一方で、Userのコンストラクタや isAdultメソッドの中でもthis.ageという形でageプロパティへのアクセスがありますが、これは許可されます。これらはUserクラスの定義の内部だからです。

一見するとprivate修飾子はプロパティの使い道を制限するばかりの不便な機能に思えますが、そんなことはありません。これは、可能ならletよりもconstを使うべきである（➡第2章のコラム3）のと似ています。機能が制限されているほうが、考慮すべきことが少なくなる分だけより優れているとさえ言っても過言ではなく、privateを使える場面ではむしろ積極的に使うべきです（5.1.9も参照）。

Userクラスの場合、ageプロパティをprivateにしたことでこのクラスの意味が少し変わりました。今や、isAdultを通じて間接的にしかageプロパティの情報にアクセスすることができません。Userのインスタンスは従来「名前と年齢を持ったユーザーを表すオブジェクト」でしたが、年齢を外部から取得できなくしたことによって「年齢は不明だが20歳以上かどうかは判定できるオブジェクト」に変わりました。

このようにprivateとなったプロパティはある種の「内部実装」であり、インスタンスを使う側からは無関係の存在となります。Userインスタンスを使う人にとっては「isAdultで年齢が20歳以上かどうか判定できる」ことのみが重要であり、内部でageプロパティを取り扱っていることは関知するところではありません。

これがprivate修飾子の使い道です。すなわち、private修飾子はインスタンスのプロパティやメソッドを外向きのインターフェースと内部実装とに区分します。これにより、インスタンスのインターフェース（外からアクセス可能なプロパティやメソッド）をシンプルにしつつ、裏ではより複雑な実装を持つことができます。今回の例では、Userインスタンスから外向きに見えているのはnameとisAdultだけですが、isAdultの実装では裏でageが使われています。

ここまでpublicとprivateの例を見ましたが、もう1つprotectedというアクセシビリティ修飾子も存在します。これはクラスの継承（➡5.3）を行う場合に意味がありますので、詳しくは継承を学習したあとに説明します。ここでも簡単に説明しておくと、クラス定義の外部からアクセスできないという点で、protectedはprivateに類似しています。違う点は、protectedはそのクラス自身だけでなく、そのクラスを継承するクラス（子クラス）からもアクセスできるという点です。たとえば、Userクラスを継承するPremiumUserクラスを定義した場合、UserのprivateプロパティはPremiumUserの宣言内からはアクセスできませんが、protectedだった場合はアクセスできます。

5.1.7 コンストラクタ引数でのプロパティ宣言

少し前のコンストラクタの項（➡5.1.4）で、受け取った引数をそのままプロパティの初期化に利用するという例を示しました。実は、TypeScriptではこれをより簡単に書くことができる構文が用意されています。それは、コンストラクタの引数名に前回学習したアクセシビリティ修飾子を付加するというものです。

前回のUserクラスは次のような形をしていました。このクラスのインスタンスはnameプロパティとageプロパティを持ち、それらはコンストラクタが呼び出された際に初期化されます。初期化の際には、コンストラクタが引数として受け取った値がそのままプロパティに代入されます。

```
class User {
  name: string;
  private age: number;

  constructor(name: string, age: number) {
    this.name = name;
    this.age = age;
  }
}
```

これは、今回学習する構文を用いると次のように簡略化することができます。

```
class User {
  constructor(public name: string, private age: number) {}
```

```
}
```

まず、コンストラクタの引数名の前にpublic・privateという修飾子がつきました。これにより、これはコンストラクタの引数であると同時にプロパティ宣言であると見なされます。すなわち、これでUserクラスのnameプロパティとageプロパティを宣言したことになります。言い方を変えれば、これはコンストラクタの外にpublic name: string;とprivate age: number;を書いたのと同じ効果を持ちます。修飾子は必ず必要なので、publicの場合でも明示しないとプロパティ宣言としては扱われない(従来どおりのただの引数になる)という点に気をつけましょう。

さらに、このようにコンストラクタの引数内で宣言されたプロパティにおいては、コンストラクタに渡された引数が自動的に初期値になります。つまり、もともとの例にあったthis.name = name;とかthis.age = age;に相当する処理が自動的に行われるということです。これによって、この構文を使った場合はもともとの書き方に比べてクラス宣言がずいぶんシンプルになっています。とくに、プロパティを宣言することと、そのプロパティにコンストラクタ内で初期値を代入することの2つの処理が1つの構文でまとめて行えるという点がコードの短さに貢献しています。なお、この場合コンストラクタの引数名は、引数名であると同時にプロパティ名としても扱われます。

この例では、コンストラクタにほかの処理がなかったのでコンストラクタの中身の処理が何もなくなりました。もちろん、プロパティの初期化以外にやりたいことがある場合はその処理をコンストラクタ内に書くことができます。

「コンストラクタでプロパティを初期化する」という処理は頻出なので、この構文を用いることでクラス宣言を簡略化できる機会は多いでしょう。ただ、コンストラクタの宣言で同時にプロパティを宣言するというのは、プロパティ宣言を1ヵ所にまとめられないというデメリットもあります。このデメリットを嫌ってコンストラクタの引数でのプロパティ宣言を使わないという人もいるようです。

また、実はこのコンストラクタ内でのプロパティ宣言はJavaScriptにはなくTypeScript特有のものです。この点を嫌ってこの構文を使わないというタイプの人もいるようです(実は筆者もこのタイプです)。そもそもpublicやprivateといった修飾子はTypeScript特有の機能で、ただのJavaScriptにはありません。よって、素のJavaScriptにはこのような構文は存在しないのです。JavaScriptでは必ずthis.name = name;のような処理を明示的に書く必要があります。

5.1.8 クラス式でクラスを作成する

これまではクラス宣言を用いてクラスを作ってきましたが、もう1つ**クラス式**(class expression)による作成も可能です。クラス宣言とクラス式の関係は、ちょうど関数宣言と関数式の関係に似ています。

クラス式は、クラス宣言と同様の構文を式として使用できるものです。ただし、クラス式の場合はクラス名の識別子部分を省略して、class { ... }という構文が使用可能です。これも関数式と同様ですね。

クラス式を用いることで、たとえばこのようにUserクラスを宣言することができます。最初の文はconst User = クラス式;の形になっており、クラス式が式であることが実感できますね。クラス式の中身はこれまでと同じです。クラス式の結果はクラスオブジェクト、つまり従来のクラス宣言で作られるクラスと同じです。この文ではそれが変数Userに代入されています。こうしてできたUserはこれまでと同様に使用できます。繰り返しになりますが、クラスも結局クラスという種類が入ったただの変数であることがわかりますね。

```
const User = class {
  name: string;
  age: number;

  constructor(name: string, age: number) {
    this.name = name;
    this.age = age;
  }

  public isAdult(): boolean {
    return this.age >= 20;
  }
};
// Userは今までと同様に使用可能
const uhyo = new User("uhyo", 26);
console.log(uhyo.name);         // "uhyo" が表示される
console.log(uhyo.isAdult()); // true が表示される
```


ただし、クラス式の中ではprivateやprotectedなプロパティが使用不可能であるという制限があるので注意しましょう。この点も含め、基本的にはクラス式よりクラス宣言のほうが便利ですので、クラス式が必要となる場面はあまりありません。とはいえ、動的にクラスを生成したい場合に使うことがあるかもしれませんので、頭の片隅に入れておいて損はないでしょう。

5.1.9 もう1つのプライベートプロパティ

プライベートプロパティとは、クラスの内部からしか参照できないプロパティです。5.1.6で説明したとおり、TypeScriptではprivate修飾子を付加して宣言されたプロパティはプライベートなプロパティとなります。しかし、実はTypeScriptにはプライベートプロパティの機能がもう1つあります。それは、#プロパティ名のように先頭に#をつけた名前のプロパティを使うというものです。このように#をつけた名前で宣言されたプロパティは、privateなプロパティと同様にそのクラスの中でのみアクセス可能です。

これまで使ってきたUserクラスのageプロパティをこの機能でプライベートプロパティにすると、このようになります。

```
class User {
  name: string;
  #age: number;

  constructor(name: string, age: number) {
    this.name = name;
    this.#age = age;
  }

  public isAdult(): boolean {
    return this.#age >= 20;
  }
}

const uhyo = new User("uhyo", 26);
console.log(uhyo.name);         // "uhyo" が表示される
```

```
console.log(uhyo.isAdult()); // true が表示される
// エラー: Property '#age' is not accessible outside class 'User' because it has a private identifier.
console.log(uhyo.#age);
```

このように、#がプロパティ名の一部であるかのようにプロパティ宣言を記述し、プロパティアクセスの際もthis.#ageのように#を含んだプロパティ名でアクセスします。なお、これをthis["#age"]のように書き換えることはできません。こうすると、#がプライベートプロパティの宣言ではなく普通のプロパティ名の一部と見なされてしまうからです。ややこしいですが、#のプライベートプロパティを使用する際はobj.#propのような記法のアクセスのみ可能であると理解しましょう[注5]。

ここまで読んだ方が当然抱くであろう疑問は、「なぜプライベートプロパティを作る方法が2つあるのか」そして「どちらを使えばよいのか」ということでしょう。なぜ2つあるのかについては、一言で言えば歴史的経緯によるものです。実はprivate修飾子による方法はTypeScript独自のもので、#による方法はJavaScript（ECMAScript）に由来するものです。後者は比較的最近できた機能で、それ以前はJavaScriptにプライベートプロパティの機能はありませんでした。TypeScriptはJavaScriptに対する型システム上の拡張の一環として、早い時期からprivate修飾子という形でクラスにプライベートプロパティの機能を追加していたのです。

これから書くコードにおいてどちらを使えばいいかについては諸説あります。実はprivateと#は同じプライベートプロパティでも挙動の違いがあります。簡単に言えば、privateはTypeScriptの独自機能なのでコンパイル時のチェックしか行われません。JavaScriptにコンパイルされたあとは普通の（publicな）プロパティと同じであり、ランタイムでは普通のプロパティと同じように振る舞います。これは、型システムの影響を受けない機能やメタプログラミング用の機能を用いたり、あるいは型システムを欺いたりすることで、外からprivateなプロパティの値を見られてしまう可能性があるということを意味しています[注6]。一方、#はJavaScriptの機能なのでランタイムでもプライベート性が守られており、外から見ることは不可能です。また、継承（➡5.3）を多用する場合も#のほうが便利な場面があります（➡本章のコラム23）。

まとめると、#のほうがランタイムにも防御されるためより厳格なプログラムを書くことができます。ですから、迷ったら#を使えばよいというのが筆者の意見です。ただ、TypeScriptを使っているならばコンパイル時のチェックがあればほぼ問題ないので、今までどおりprivateでいいという意見もあります。また、コンパイル先のECMAScriptバージョン（targetコンパイラオプション）がES2015以上でないと#は使用できません。ES2015未満の環境を扱うときは必然的にprivateを使うことになります。

5.1.10 クラスの静的初期化ブロック

クラスに比較的最近入った新機能に、**静的初期化ブロック**（static initialization block）という機能があります。俗にstaticブロックとも呼ばれます。

これはクラス宣言の中にstatic { ... }という構文を書けるというもので、この{ ... }はブロックです。つまり、中には文を書くことができます。もちろんブロックに複数の文を含んでもかまいません。このブロックは、クラス宣言の評価の最中に実行されます。たとえば、次の例を実行すると「Hello」「uhyo」「world!」の順番で出力されます。

注5　#識別子の形を**プライベート識別子**（private identifier）と言います。プライベートプロパティはプライベート識別子でのみアクセス可能です。
注6　たとえば、JSON.stringifyを使用するとオブジェクトのprivateなプロパティも出力されます。一方で、#によるプライベートプロパティは出力されません。

```
console.log("Hello");
class C {
  static {
    console.log("uhyo");
  }
}
console.log("world!");
```

一見すると、staticブロックの代わりにクラスの直前か直後に文を書けばいいように思われます。しかし、staticブロックの需要がある場合がいくつかあります。とくに、staticブロックは「クラスの中」と見なされるので、staticブロックの中ではプライベートプロパティ（➡5.1.9）にアクセスが許されます。例として、次のようなUserクラスを考えてみましょう。

```
class User {
  #age: number = 0;
  getAge() {
    return this.#age;
  }
  setAge(age: number) {
    if (age < 0 || age > 150) {
      return;
    }
    this.#age = age;
  }
}
```

今回のUserクラスは前項とは異なり、#age自体はプライベートプロパティであるものの、getAgeとsetAgeメソッドにより外から年齢を読んだり書き込んだりすることができます。ただし、年齢は0以上150以下に制限されています。それ以外の年齢をsetAgeに渡すと無視されてしまいます。このような実装にすると、Userインスタンスの#ageはsetAgeを通してしか変更することができないため、0〜150の範囲に収まらない値を#ageに設定することは不可能です。これもまたプライベートプロパティの典型的な活用例です。

ここからが本題です。次の例では、staticブロックを使用することで、この制限を強引に突破したスーパーユーザーを作ります。

```
class User {
  static adminUser: User;
  static {
    this.adminUser = new User();
    this.adminUser.#age = 9999;
  }

  #age: number = 0;
  getAge() {
    return this.#age;
  }
  setAge(age: number) {
    if (age < 0 || age > 150) {
      return;
    }
```

```
    this.#age = age;
  }
}

console.log(User.adminUser.getAge()); // 9999 と表示される
```

いきなりthisが登場しましたが、staticブロック内でのthisは今まさに宣言されているクラスオブジェクトそのものを表します。今回の場合thisはUserクラスであり、this.adminUserはすぐ上で静的プロパティとして宣言されていたUser.adminUserのことです。さて、UserはsetAgeを通じてしか#ageに書き込めないようにすることで年齢の制限を実装していましたが、staticブロック内ならば#ageを直接書き換えることでこの制限を突破することができます。このようにして、#ageが9999の特別なユーザーをUser.adminUserとして作ることができました。

以上のように、staticブロックは文を"クラス宣言の一部"として書くことができます。クラス宣言の一部なればこそ、プライベートプロパティへのアクセスを通じた特権的な処理が可能になるのです。

5.1.11　型引数を持つクラス

クラスは**型引数**を持つことができます。これまで、型そのもの（➡3.4）や関数（➡4.4）が型引数を持つことができました。クラスの型引数はその両者を合わせたような性質を持っています。

さっそく型引数を持つクラスの例を示します。本節で使ってきたUserクラスを改造して何らかのデータを持てるようにしました。

```
class User<T> {
  name: string;
  #age: number;
  readonly data: T;

  constructor(name: string, age: number, data: T) {
    this.name = name;
    this.#age = age;
    this.data = data;
  }

  public isAdult(): boolean {
    return this.#age >= 20;
  }
}

// uhyoはUser<string>型
const uhyo = new User<string>("uhyo", 26, "追加データ");
// dataはstring型
const data = uhyo.data;

// johnはUser<{ num: number; }>型
const john = new User("John Smith", 15, { num: 123 })
// data2は{ num: number; }型
const data2 = john.data;
```

これまでとの違いは、クラス宣言でUser<T>というようにクラス名のあとに型引数リストが書かれていることです。Tには型が入りますから、これによりUser<string>やUser<number>といったインスタンスを作ることができます。クラスの型引数は、クラスの定義内で使用することができます。User<T>の定義を見ると、今回の型Tはdataプロパティの型として使われています。よって、User<string>のインスタンスはdataプロパティがstring型である一方で、User<number>のインスタンスはdataプロパティがnumber型となります。このように、いろいろな型に対応しており、インスタンスごとに異なる型を保持できるようにしたい場合は型引数を持つクラスが適しています。

クラスが型引数を持つ場合、**コンストラクタの呼び出し時**に型引数を指定することができます。具体的な構文はnew クラス<型引数リスト>(引数リスト)です。引数リストの括弧の前に型引数リストを書くという構文は関数呼び出しの場合と同じですね。これにより、型引数を指定しながらインスタンスを作成することができます。たとえば、new User<string>(...)ならば型引数Tにstringが入ったUser<string>型のインスタンスとなります。なお、今回のコンストラクタの第3引数の型を見るとTとなっています。このように、コンストラクタの引数の型注釈にも型引数を使うことができます。今回Tにstringを入れたならば、第3引数にはstring型の値を渡さなければいけません。

ところで、例のconst john = ...のところを見ると、new User呼び出しの際に型引数リストが省略されています。実は、関数の型引数が省略できる（➡4.4.3）のと同様に、newでクラスのインスタンスを作成する場合も型引数リストが省略できます。この場合、型引数はやはり引数の型から推論されます。具体的には、第3引数で渡されたオブジェクトが{ num: number; }型であることから、Userに与えられた型引数Tは{ num: number; }型であると推論されます。これにより、johnはUser<{ num: number; }>型のインスタンスとなります。

以上のように、型引数を持つクラスは、User<string>のようなインスタンス型を生み出すという点で、型引数を持つ型（➡3.4）と同じ特徴を持ちます。その一方で「new呼び出し時に型引数を指定できる」「型引数の省略も可能」という特徴は型引数を持つ関数（➡4.4）と同様です。このように、型引数を持つクラスは両方の特徴を併せ持っています。

5.2 クラスの型

前節ではクラスの基本的な使い方を一通り学習し、クラス宣言やクラス式を用いてクラスを作成したり、new式を用いてクラスのインスタンスを作成したりすることができるようになりました。次は、クラスという機能を型システムの側面から見るとどうなるかについて学習しましょう。

5.2.1 クラス宣言はインスタンスの型を作る

クラス宣言の重要な特徴のひとつは、**クラスオブジェクトという値を作るものであると同時に、インスタンスの型を宣言するものである**ということです。インスタンスの型というのは、読んで字のごとくクラスのインスタンスが持つ型です。たとえば、次の例では変数uhyoにはUserのインスタンスが入っているわけですが、この変数uhyoの型は何でしょうか。変数の型が明示されていなければ型推論で決まるということを思い出せば、これは式new User()の型は何かという問いでもあります。

```
class User {
  name: string = "";
  age: number = 0;

  isAdult(): boolean {
    return this.age >= 20;
  }
}

const uhyo = new User();
```

答えはUser型です。つまり、変数uhyoはUser型という型を持っているのです。このUserという型はクラス宣言によって作られたものであり、Userクラスのインスタンスが持つ型です。Userという型名は普通の型と同様に使えますから、次のように型注釈を書くこともできます。

```
const uhyo: User = new User();
```

このように、クラス宣言でUserというクラスを作成した場合は同時に同じ名前のUser型も作成されます。Userクラスそのものはすでに説明したとおり「クラスオブジェクトが入った変数User」でしたが、それとは別に型名としてのUserも作られているというのが面白い点です。クラスオブジェクトの実体と、そのインスタンスを表す型をセットで作成できるのがクラス宣言の型システム的な特徴です。

ちなみに、User型、すなわちUserクラスのインスタンスの特徴は、実際には「string型のプロパティnameとnumber型のプロパティageを持ち、() => boolean型のisAdultメソッドを持つ」ということです。ですから、実はnew Userで作られていないオブジェクト（Userのインスタンスではないオブジェクト）でも、この特徴を満たすものはUser型として扱うことができます。これはTypeScriptが構造的部分型付けを採用していることから説明できます。あくまでUser型は「string型のプロパティnameとnumber型のプロパティageおよび() => boolean型のisAdultメソッドを持つ」ことが特徴なのであり、new Userという式はそのような特徴を持ったオブジェクトを作る便利な手段という位置付けです。

```
class User {
  name: string = "";
  age: number = 0;

  isAdult(): boolean {
    return this.age >= 20;
  }
}
// これはもちろんOK
const uhyo: User = new User();
// これもOK!
const john: User = {
  name: "John Smith",
  age: 15,
  isAdult: () => true
};
```

なお、これはクラス宣言に特有の挙動であり、クラス式にはそのような効果はありませんので注意しましょう。言い換えれば、クラス宣言を次のように書き換えるとUser型は作られなくなります。よって、Userを型として使おうとすると、Userという型はないというコンパイルエラーとなります。これは不便ですから、クラスを作る場合はとくに事情がなければクラス宣言で作るとよいでしょう。

```
const User = class {
  name: string = "";
  age: number = 0;

  isAdult(): boolean {
    return this.age >= 20;
  }
};

// これはOK
const uhyo = new User();
// エラー: 'User' refers to a value, but is being used as a type here. Did you mean 'typeof User'?
const john: User = new User();
```

また、すでに5.1.11で触れていましたが、クラスが型引数を持つ場合はクラス宣言によって作られる型もやはり型引数を持つ型となります。次の例では型引数を持つUserクラスを宣言しているため、User<string>といった型を型注釈に使うことができます。

```
class User<T> {
  name: string;
  #age: number;
  readonly data: T;

  constructor(name: string, age: number, data: T) {
    this.name = name;
    this.#age = age;
    this.data = data;
  }
}

const uhyo: User<string> = new User("uhyo", 26, "追加データ");
```

コラム 22

変数名の名前空間と型名の名前空間

これまで何気なく「変数を作る」とか「型を作る」といった説明をしてきました。たとえばconst宣言は変数を作る構文である一方、type文は型を作る構文です。また、クラス宣言はクラスオブジェクトという値（が入った変数）と、同名の型を同時に作成する構文であることは、つい先ほど説明したばかりです。

このことを正確に理解するには、**名前には2種類ある**ことを理解する必要があります。すなわち、変数名と型名です。これらは**別々の名前空間**に属しています。名前空間というのは、ここでは単に名前の所属先・分類であると思ってかまいません。プログラムでは多くの名前を扱いますが、実はそれらは2種類ある名前空間に分けて管理されているのです。プログラム中では識別子によって名前を参照しますが、識別子はそれが書かれた状況によって、変数名であるか型名であるか（どちらの名前空間に属する名前を指しているのか）が判断されます。

このように言葉で説明すると難しく聞こえますが、実際の例を通してみると難しくはありません。次のプログラムではItem、apple、orangeという3つの名前が宣言されます。このうち、Itemは型名の名前空間に属す一方、appleとorangeは変数名の名前空間に属します。なぜなら、Itemはtype文で宣言されている（型名である）一方でappleとorangeはconstで宣言されている（変数名である）からです。

```
type Item = {
  name: string;
  price: number;
}

const apple: Item = {
  name: "りんご",
  price: 200
};
const orange: Item = {
  name: "みかん",
  price: 150
};

console.log(apple, orange);
```

当然ながら、Itemは型名を書くべきところで使わなければならず、appleとorangeは変数名を書くべきところで使わなければなりません。型名を書くべきところで変数名を使ったり、変数名を書くべきところで型名を使ったりするとコンパイルエラーとなります。次の例では、1つめのコンパイルエラーは型名を書くべきところでappleという変数名を書いたことによるエラーで、「appleという名前は値を参照する（＝変数名である）のに型名として使われている」というメッセージです。2つめはその逆で、「Itemという名前は型名なのに、値として（＝変数名として）使われている」というエラーです。このように、式の中など値を扱う文脈で出てくる名前は変数の名前空間に属する名前である（＝変数名である）必要があり、逆に型を扱う文脈で出てくる名前は型名の名前空間に属する必要があるのです。

コンパイルエラーの例

```
type Item = {
  name: string;
  price: number;
}

const apple: Item = {
  name: "りんご",
  price: 200
};
// エラー: 'apple' refers to a value, but is being used as a type here. Did you mean 'typeof apple'?
const orange: apple = {
  name: "みかん",
  price: 150
};
// エラー: 'Item' only refers to a type, but is being used as a value here.
console.log(Item);
```

面白いのは、これら2つの名前空間は独立しているということです。つまり、次のようなコードにより同じ名前を両方の名前空間に作ることができます。

```
// 型名の名前空間にItemを作成
type Item = {
  name: string;
  price: number;
}
// 変数名の名前空間にItemを作成
const Item: Item = {
  name: "りんご",
  price: 200
};
// このItemは型名のItem
const orange: Item = {
  name: "みかん",
  price: 150
};
// このItemは変数名のItem
console.log(Item);
```

このコードでは、まずtype文により型名の名前空間にItemを作りました。次に、constにより変数名の名前空間にItemを作りました。その結果、Itemは変数名としても型名としても使えるようになりました。両者は別々に宣言されたものであり、たまたま同じ名前ですが無関係です。

こんなことをしても問題が起きないのは、両者が別々の名前空間に属するからです。Itemを使う側も文脈によってどちらの名前空間のItemを指しているのか判断できるので、両方にItemという名前があっても問題ありません。もっとも、こんなことをすると明らかにややこしいので、強い理由がなければやるべきではありません。

最後に、クラスに話を戻しましょう。お察しのとおり、クラス宣言というのは**両方の名前空間に同時に名前を作成する構文**だったのです。次の例のclass User { ... }というクラス宣言は、変数名としてのUserと型名としてのUserを同時に作成します。この例の最後の文にはUserが2回出てきますが、2回のうち最初のほう（uhyo: User）は型名としてのUserである一方、あとのほう（new User()のUser）は変数名としてのUserです。

```
class User {
  name: string = "";
  age: number = 0;
}

const uhyo: User = new User();
```

これがクラス宣言という構文の最大の特徴であると言ってもかまいません。また、変数名と型名を同時に作成する場合のモデルケースともなっています。ここでは、変数名のほうのUserは、User型のオブジェクトを作成するための手段（new User()）を提供するものです。変数名と型名の両方に同じ名前を作成する場合は、このような関係にするのが望ましいでしょう。逆に、これを逸脱すると理解しにくいプログラムとなってしまいます。

5.2.2 newシグネチャによるインスタンス化可能性の表現

クラスが「クラスオブジェクトが入った変数」であることはすでにご存知のとおりです。クラスオブジェクトはnew クラスオブジェクト()という式によりそのインスタンスを作成できます。では、**クラスオブジェク**

トそのものの型はどんなものでしょうか。言い換えれば、次のようにUserクラスを宣言したならば、変数Userが持つ型はどのように表現できるでしょうか。

```
class User {
  name: string = "";
  age: number = 0;
}
```

クラスオブジェクトの特徴はnewで呼び出してインスタンスを作れることですが、実はこれを表現する型の記法があります。それは、new（引数リスト）=> インスタンスの型という記法です。関数型の記法と非常に類似しており、関数型の先頭にnewがついた構文をしていますね。さっそく試してみましょう。

```
class User {
  name: string = "";
  age: number = 0;
}

type MyUserConstructor = new () => User;

// UserはMyUserConstructor型を持つ
const MyUser: MyUserConstructor = User;
// MyUserはnewで使用可能
const u = new MyUser();
// uはUser型を持つ
console.log(u.name, u.age);
```

この例ではMyUserConstructor型をnew () => User型の別名として定義しています。この型は「引数なしでnewで呼び出すことができて、生成されるインスタンスがUser型であるようなオブジェクトの型」です。これは、まさに変数Userに入っているクラスオブジェクトが満たす条件ですね。よって、MyUserConstructor型の変数MyUserにUserを代入することができます。実際、これはnew MyUser()のように使うことができ、そうするとUser型のインスタンスが得られます。

この型はクラスオブジェクトそのものを扱うプログラムを書きたい場合に出番がありますが、そんな機会はあまり多くないかもしれません。いざ必要になったときにこのページを見返せるように、頭の片隅にとどめておきましょう。

ちなみに、**newシグネチャ**というコールシグネチャ(➡4.2.5)の亜種も存在します。これはオブジェクト型の中でnew（引数リスト）: インスタンスの型という記法を用いるもので、これを使うと前述のMyUserConstructorは次のように書き換えられます。

```
type MyUserConstructor = {
  new (): User;
};
```

これの使いどころはコールシグネチャと同様であり、newで呼び出せると同時にそれ自身もプロパティやメソッドを持つというオブジェクトを表現したい場合に使えます。クラスの場合は静的プロパティ・メソッド(➡5.1.5)がまさにそれに該当しますから、コールシグネチャよりは使い道があるかもしれません。

5.2.3 instanceof演算子と型の絞り込み

与えられたオブジェクトがあるクラスのインスタンスかどうかを判断するinstanceofという演算子が存在します。演算子なのでこれは式を作る構文であり、具体的には値 instanceof クラスオブジェクトという形をしています（instanceofの両辺はどちらも式です）。返り値は真偽値であり、値が与えられたクラスオブジェクトのインスタンスならばtrueを、そうでなければfalseを返します。試しに使ってみると、こんな感じになります。

```
class User {
  name: string = "";
  age: number = 0;
}

const uhyo = new User();
// uhyoはUserのインスタンスなのでtrue
console.log(uhyo instanceof User);
// {}はUserのインスタンスではないのでfalse
console.log({} instanceof User);

const john: User = {
  name: "John Smith",
  age: 15,
};
// johnはUserのインスタンスではないのでfalse
console.log(john instanceof User);
```

この例では3回instanceofを使っていますが、uhyo instanceof Userのみがtrueを返します。とくに、john instanceof Userがfalseを返す点は間違えやすいので注意してください。変数johnはUser型ですが（➡5.2.1）、それでもjohn instanceof Userはfalseです。これは、Userのインスタンスとはあくまでnew User()によって作られたオブジェクトを指すのであり[注7]、User型に適合するオブジェクトを別の手段で作ったとしてもUserのインスタンスとは扱われないからです。john instanceof Userは「johnがUser型である」という判定ではなく、あくまで「johnがUserクラスのインスタンスである」という判定です。言い方を変えれば、instanceofはランタイムにオブジェクトがどう作られたかを見ている一方で、User型は構造的部分型の原則に則り型システム上のオブジェクトの構造だけを見ているのです。

この演算子の特徴は**型の絞り込み**をサポートしているという点です。これは、if文や条件演算子による条件分岐の中でより具体的な型情報が得られる機能です。今回学習したinstanceof演算子も型の絞り込みに対応しています。たとえば、次の例ではHasAge型のオブジェクトを受け取る関数getPriceが、受け取ったオブジェクトがUserのインスタンスだった場合に追加処理を行います。

```
type HasAge = {
  age: number;
}
```

注7　実際にはJavaScriptの強力なメタプログラミング機能により、new User()以外の手段でUserのインスタンスを作ることも可能です。本書のレベルを超えるので詳細は割愛しますが、Userのインスタンスとは厳密にはプロトタイプチェーン上にUser.prototypeを持つようなオブジェクトを指しています。

```
class User {
  name: string;
  age: number;

  constructor(name: string, age: number) {
    this.name = name;
    this.age = age;
  }
}

function getPrice(customer: HasAge) {
  if (customer instanceof User) {
    if (customer.name === "uhyo") {
      return 0;
    }
  }
  return customer.age < 18 ? 1000 : 1800;
}

const customer1: HasAge = { age: 15 };
const customer2: HasAge = { age: 40 };
const uhyo = new User("uhyo", 26);

console.log(getPrice(customer1)); // 1000 と表示される
console.log(getPrice(customer2)); // 1800 と表示される
console.log(getPrice(uhyo));      // 0 と表示される
```

関数getPriceはHasAge型のオブジェクトを受け取り、オブジェクトのageプロパティの値によって異なる値を返します。ただし、オブジェクトがUserのインスタンスで、しかも名前が"uhyo"だった場合は特別に0を返します。ここで、customer instanceof Userというif文により型の絞り込みが行われています。お使いのエディタで調べてみると、このif文の中と外では変数customerの型が異なるはずです。中ではcustomerはUser型ですが、外ではHasAge型です。これがinstanceofによる型の絞り込みの効果です。このif文の中ではcustomerがUserのインスタンスであることが保証されていますから、その型をUser型にしてもよいという判断がされたわけですね[注8]。型がUser型になったことで、customer.nameというプロパティアクセスができるようになりました。HasAge型のままではこれはできません。HasAge型にはnameプロパティがないからです。

サンプルを実行してみると、実際にgetPriceにUserのインスタンスであるuhyoを渡すと0が返ってくることがわかります。なお、User型はHasAgeの部分型（➡3.3.1）ですから、HasAge型を受け取る引数に対してUser型の値を渡すのは問題ありません。

また、今回はわかりやすいようにif文を二重にしましたが、&&演算子を用いて以下のようにしても問題ありません。この場合、&&の左で行われた型の絞り込みが右で適用されます。

```
if (customer instanceof User && customer.name === "uhyo") {
  return 0;
```

注8　先ほど「instanceofはUserクラスのインスタンスかどうか判定するのであってUser型かどうか判定するものではない」と述べたばかりなのに「customer instanceof Userを満たせばUser型になる」という説明がされて不思議に思ったかもしれません。これはよく考えてみればわかります。というのも、User型のオブジェクトだからといってUserのインスタンスであるとは限りませんが、UserのインスタンスならばUser型であるとは言えるのです。これにより、このような絞り込みが可能になっています。

```
}
```

ここで学習したinstanceofは、実は使う機会がそう多くはありません。どちらかと言えばメタプログラミング的な領域でinstanceofが使われることが多く、上の例のようにビジネスロジックにinstanceofを組み込むのは得策ではありません。その理由は、一言で言えばTypeScriptの流儀と異なり混乱するからです。TypeScriptではクラスを使わずにデータを表現することも多くあります。第3章ではクラスを使わずともさまざまなオブジェクト型が表現可能であることを学びましたね。それゆえ、「クラスである」ことに依存したロジックは望ましくありません。

しかも、先ほど見たように「User型のオブジェクトである」ことと「Userクラスのインスタンスである」ことはまったく同じ意味ではありません。前述のように、User型であったとしてもUserクラスのインスタンスであるとは限らないのです（逆は普通成り立ちますが）。TypeScriptでは、クラスはあくまでオブジェクト型を宣言し、そしてその型のオブジェクトを宣言するための便利な方法を提供するためのしくみであると理解しましょう。ロジックはあくまで型システムで記述できるべきであり、クラスという機構を前提としたinstanceofに頼るべきではないのです。先ほどの例は、その意味では反面教師にすべき例だと言えます。

とはいえ、型の絞り込みは便利なので使いたいと思った方もいるかもしれません。TypeScriptで型の絞り込みは最重要項目のひとつなので、そう思った方はとても素質があります。ご安心ください、少し先（➡6.3）でクラスに頼らずに型の絞り込みを行うさまざまな手段を紹介します。

5.3 クラスの継承

TypeScriptのクラスは、ほかの多くの言語と同様に**継承**の機能を持っています。継承とは、あるクラスに機能を追加・拡張した別のクラスを作成する機能です。

あるクラス（親クラス）を継承して作った別のクラス（子クラス）のインスタンスは、親クラスのインスタンスの代わりに使用できるという特徴があります。言い換えれば、子クラスのインスタンスの型は親クラスのインスタンスの型の部分型になるということです。この特徴から、部分型関係にある複数のオブジェクト型を定義したい場合、とくにそれらの挙動（メソッドの実装）に共通点があるような場合に継承を活用可能です。

ただし、継承を使うとプログラムの設計が複雑になる傾向があります。とくに、どのようなロジックを表すために継承を用いればいいのかについては確たる答えがないようです。裏を返せば、継承はそれだけできることが多い機能だということでもあります。とはいえ、TypeScriptはクラスがなくても何とかなるプログラミング言語ですから、あえてクラスの機能を、それも継承という比較的複雑な機能を使うかどうかについては慎重な判断が必要です。場合に応じた判断ができるようになるために、この節で継承という機能をしっかりと理解しましょう。

5.3.1 継承（1）子は親の機能を受け継ぐ

継承は、クラス宣言・クラス式においてextendsキーワードを使うことで行います。具体的には、class <u>クラス名</u> extends <u>親クラス</u> { ... }という構文になります。クラス式の場合はクラス名を省略できますが、その場合はclass extends **親クラス**という形になります。こうして作られたクラスは、指定された親クラスを継承する子クラスとなります。

では、さっそく継承の例を見てみましょう。次の例ではUserを継承したPremiumUserクラスを作成します。PremiumUserは、Userクラスの機能に加えてさらにrankプロパティを持ちます。

```
class User {
  name: string;
  #age: number;

  constructor(name: string, age: number) {
    this.name = name;
    this.#age = age;
  }

  public isAdult(): boolean {
    return this.#age >= 20;
  }
}

class PremiumUser extends User {
  rank: number = 1;
}

const uhyo = new PremiumUser("uhyo", 26);
console.log(uhyo.rank);        // 1 が表示される
console.log(uhyo.name);        // "uhyo" が表示される
console.log(uhyo.isAdult()); // true が表示される
```

ここで、PremiumUserの宣言は、Userを継承している以外はrankプロパティの宣言があるだけです。この場合、PremiumUserはUserのすべての機能（プロパティ・メソッド・コンストラクタ）を持つのに加え、追加でrankプロパティを持つクラスとなります。

よって、まずPremiumUserのコンストラクタの使い方はUserコンストラクタと同じになります。すなわち、Userコンストラクタの宣言に従い、文字列と数値を引数として渡します。それらはnameプロパティと#ageプロパティに入ります。こうしてできたインスタンス（上の例ではuhyo）はUserのプロパティ・メソッドを使用可能です。実際、PremiumUserのインスタンスであるuhyoに対してuhyo.nameを参照したりisAdultメソッドを使用したりすることができます。もちろんPremiumUserで宣言されたrankプロパティも使用可能です。

PremiumUserはUserの機能をすべて持っていますから、PremiumUser型はUser型の部分型となります。よって、次の例のように、User型が必要なところにPremiumUser型のオブジェクトを渡しても問題ありません。

```
function getMessage(u: User) {
  return `こんにちは、${u.name}さん`;
}

const john = new User("John Smith", 15);
const uhyo = new PremiumUser("uhyo", 26);

console.log(getMessage(john)); // "こんにちは、John Smithさん" と表示される
console.log(getMessage(uhyo)); // "こんにちは、uhyoさん" と表示される
```

これが、継承の一番基本的な使い方です。継承を用いることで、あるクラスの部分型となる別のクラスを作ることができるのです。

5.3.2 継承（2）親の機能を上書きする

子クラスは、親の機能を上書き（オーバーライド）することもできます。そのためには、親が持つ機能を子クラスで再宣言します。たとえば、PremiumUserでは常にisAdultがtrueを返すように変更したい場合、このようにします。

```
class User {
  name: string;
  #age: number;

  constructor(name: string, age: number) {
    this.name = name;
    this.#age = age;
  }

  public isAdult(): boolean {
    return this.#age >= 20;
  }
}

class PremiumUser extends User {
  rank: number = 1;

  // ここでisAdultを再宣言
  public isAdult(): boolean {
    return true;
  }
}

const john = new User("John Smith", 15);
const taro = new PremiumUser("Taro Yamada", 15);

console.log(john.isAdult()); // false が表示される
console.log(taro.isAdult()); // true が表示される
```

ただし、再宣言には条件があり、子クラスのインスタンスは親クラスのインスタンスの部分型であるという原則を守らなければいけません。PremiumUserはUserを拡張したものである以上、Userとして使用可能でなければならないのです。具体的には、Userクラスのis Adultは() => boolean型ですから、PremiumUserクラスのisAdultはこれに合致する（型が() => booleanかその部分型となる）必要があります。よって、たとえばisAdultの返り値をstring型に変えたりした場合はコンパイルエラーとなります。

```
class PremiumUser extends User {
  rank: number = 1;

  // エラー: Property 'isAdult' in type 'PremiumUser' is not assignable to the same property in base type 'User'.
```

```
  public isAdult(): string {
    return "大人です！";
  }
}
```

オーバーライドは、親クラスの既存機能の挙動を変えた新しいクラスを作りたいという場合に有効ですね。

また、コンストラクタもオーバーライドすることができます。ただし、その場合は子クラスのコンストラクタの中に**super呼び出し**を含める必要があります。たとえば、PremiumUserクラスではコンストラクタの引数を1つ増やしてrankプロパティの初期値も指定できるようにしたいと思った場合、次のようにPremiumUserのコンストラクタを定義します。

```
class PremiumUser extends User {
  rank: number;

  constructor(name: string, age: number, rank: number) {
    super(name, age);
    this.rank = rank;
  }
}

const uhyo = new PremiumUser("uhyo", 26, 3);
console.log(uhyo.name); // "uhyo" が表示される
console.log(uhyo.rank); // 3 が表示される
```

ここで出てきたsuper呼び出しとは、**親クラスのコンストラクタを呼び出す**ための特別な構文です。PremiumUserの親クラスはUserですから、PremiumUserのコンストラクタは「まずUserのコンストラクタを処理する。さらにthis.rank = rank;を実行する」と読むことができます。実際、このコンストラクタを呼び出して得られたuhyoはuhyo.nameで"uhyo"と表示されます。これは、Userのコンストラクタがthis.nameに"uhyo"を代入したからです。

このsuper呼び出しで与える引数は親クラスのコンストラクタの引数と合致する必要があります。今回はUserのコンストラクタがname: stringとage: numberを要求するため、それに従ってsuperに引数を渡しています。

また、super呼び出しは必須です。つまり、一般のメソッドとは異なり、コンストラクタの場合は挙動を完全に書き換えることは不可能で、必ず親のコンストラクタを拡張する（親のコンストラクタの処理を含む）形で定義しないといけないということです。実際、PremiumUserのコンストラクタの機能は「Userコンストラクタの機能に加えてthis.rankを初期化する」という形で実装されています。よくよく考えてみればこれは当たり前です。コンストラクタの中で初期値を代入すればプロパティ宣言の初期値を省略できる（➡5.1.2）ということを学習しましたが、これはクラスのインスタンスの作成時は必ずコンストラクタが呼び出されるという前提があるからできることです。PremiumUserインスタンスはUserインスタンスの一種ですから、PremiumUserインスタンスが作成された際にUserのコンストラクタが呼び出されなければ、（PremiumUserの一部として使われている）Userクラスのロジックが破綻してしまいます。

ただし、super呼び出しに与える引数をどう用意するかは子クラスの自由です。たとえば、PremiumUserはすべて100歳ということにして次のようなコンストラクタ定義にすることも可能です。

```
class PremiumUser extends User {
  rank: number;

  constructor(name: string, rank: number) {
    super(name, 100);
    this.rank = rank;
  }
}
```

注意点としては、super呼び出しは必ずしもコンストラクタの一番先頭にある必要はありませんが、コンストラクタ内でthisにアクセスするより先に行わなければなりません[注9]。これを破った場合はその旨を知らせるコンパイルエラーが出ます。

エラーの例

```
class PremiumUser extends User {
  rank: number;

  constructor(name: string, age: number, rank: number) {
    // エラー: 'super' must be called before accessing 'this' in the constructor of a derived class.
    this.rank = rank;
    super(name, age);
  }
}
```


5.3.3 override修飾子とその威力

前項で説明したオーバーライドに関連して、TypeScriptにはoverrideというキーワードが用意されています。これはクラス内のプロパティやメソッドの宣言に修飾子として付加することで、それがオーバーライドであると宣言する効果を持ちます。

前項のコードでoverrideを使ってみると、次のようになります（PremiumUserクラスのisAdultメソッドの宣言に注目してください）。

```
class User {
  name: string;
  #age: number;

  constructor(name: string, age: number) {
    this.name = name;
    this.#age = age;
  }

  public isAdult(): boolean {
    return this.#age >= 20;
  }
}

class PremiumUser extends User {
```

注9　この制限がある理由は、本書では扱いませんでしたがコンストラクタでreturn文を使うことでnewにより作られるインスタンスを差し替えることができるという機能があり、それとの兼ね合いのためです。

```
  rank: number = 1;

  public override isAdult(): boolean {
    return true;
  }
}
```

オーバーライドではないものに対してoverride修飾子をつけた場合はコンパイルエラーとなります。次の例ではオーバーライドではないrankプロパティに対してoverride修飾子をつけたため、「継承元であるUserにrankが宣言されていないのでoverride修飾子はつけられない」というエラーが発生しています。

```
class PremiumUser extends User {
  // エラー: This member cannot have an 'override' modifier because it is not declared in the base class 'User'.
  override rank: number = 1;

  public override isAdult(): boolean {
    return true;
  }
}
```

このように、override修飾子を使ってオーバーライドを明示することができます。ただしデフォルトの設定ではoverrideの使用は必須ではありません。前項で見たようにoverrideを使わなくてもオーバーライドは可能であり、overrideを使っても使わなくても実際の挙動が何か変わるわけではありません[注10]。あくまでoverrideはオーバーライドを明示・宣言するだけのものであり、もし間違っていたらコンパイルエラーとして指摘してもらうために書くものです。

このoverride修飾子は、noImplicitOverrideコンパイラオプションと組み合わせることで強力な効果を発揮します。noImplicitOverrideコンパイラオプションはデフォルトでは有効ではありません。有効化するためにはtsconfig.jsonで設定します。

noImplicitOverrideの有効下では、オーバーライドには必ずoverride修飾子をつける必要があります。つけなかった場合はコンパイルエラーとなります。次の例では、isAdultがUserのisAdultをオーバーライドしているのにoverride修飾子をつけなかったため、コンパイルエラーとなります。

```
// noImplicitOverride下ではコンパイルエラーが発生
class PremiumUser extends User {
  rank: number = 1;

  // エラー: This member must have an 'override' modifier because it overrides a member in the base class 'User'.
  public isAdult(): boolean {
    return true;
  }
}
```

override修飾子とnoImplicitOverrideコンパイラオプションにより、「オーバーライドしたつもりができてい

注10　overrideはTypeScriptに特有の機能であり、JavaScriptにはありません。JavaScriptにトランスパイルすると消えてしまいます。そのため、overrideの有無はコンパイルエラーの有無にのみ影響し、それによってランタイムの挙動が変わることはありません。

なかった」あるいは「オーバーライドするつもりがないのにオーバーライドしてしまった」といったミスを防ぐことができます。

たとえば、Userがリファクタリングされて isAdult の代わりに isChild を実装することになったとしましょう。PremiumUser 側を直すのを忘れて isAdult の宣言が残っている場合、これは「オーバーライドしたつもりができていなかった」という状態になります。

```
class User {
  name: string;
  #age: number;

  constructor(name: string, age: number) {
    this.name = name;
    this.#age = age;
  }

  public isChild(): boolean {
    return this.#age < 20;
  }
}
```

```
class PremiumUser extends User {
  rank: number = 1;

  // オーバーライドのつもりだったが、オーバーライドではなくなってしまった！
  public isAdult(): boolean {
    return true;
  }
}
```

つまり、PremiumUser はもはや無関係の isAdult を独自に実装しているだけで、しかも恐らく isAdult はどこからも使われない状態になっています。しかも、PremiumUser は User を継承しているため、PremiumUser は依然として isChild をサポートしていますが、その実装は User と同一です。こうなると、PremiumUser は本来の機能（常に大人扱いをする）を実装できておらず、バグが生まれた状態になってしまっています。

このようなバグは、あらかじめ PremiumUser の isAdult を override とマークしておくことで防ぐことができたでしょう。User 側で isAdult を isChild に変えた時点で、PremiumUser 側で isAdult のままだとコンパイルエラーとなります。これにより、バグが発生する前に修正の必要性に気づくことができます。

```
class PremiumUser extends User {
  rank: number = 1;

  // エラー: This member cannot have an 'override' modifier because it is not declared in the base class 'User'.
  public override isAdult(): boolean {
    return true;
  }
}
```

このように、継承とオーバーライドにまつわるミスを防ぐために override 修飾子が有用です。さらに、そもそも override をつけ忘れることを防ぐために noImplicitOverride コンパイラオプションがあります。

ちなみに、public overrideのように複数の修飾子をつける場合は決められた順番で書かなければいけません。override publicのように異なる順番でつけると、コンパイルエラーとなります。順番が決められていることの本質的な意味はとくにありませんが、無用な流派の違いを生み出さないために順番が固定されたと考えられます。

5.3.4 privateとprotectedの動作と使いどころ

アクセシビリティ修飾子（➡5.1.6）について学習した際、protectedは外部からはアクセスできないが子クラスからはアクセスできるプロパティ・メソッドを表すものであると述べました。逆に、private修飾子および#によるプライベートプロパティ（➡5.1.9）は、たとえ子クラスからであってもアクセスできません。

たとえば、前回の例でPremiumUserは10歳以上ならisAdult()がtrueを返すように変更したい場合、困ったことになります。次のようにするとコンパイルエラーが発生してしまいます。

```
class User {
  name: string;
  #age: number;

  constructor(name: string, age: number) {
    this.name = name;
    this.#age = age;
  }

  public isAdult(): boolean {
    return this.#age >= 20;
  }
}

class PremiumUser extends User {
  public isAdult(): boolean {
    // エラー: Property '#age' is not accessible outside class 'User' because it has a private
identifier.
    return this.#age >= 10;
  }
}
```

このエラーの原因は、#ageがあくまでUserに属するプライベートプロパティであって、その子クラスであるPremiumUserといえどもアクセスできないからです。

これに対応する方法は設計指針に応じていくつかありますが、最も手軽なのはプライベートプロパティをやめることでPremiumUserクラスからもアクセスできるようにする方法です。この場合、クラスの外からアクセスできる必要はないためprotectedが適しています。#記法のprotected版はありません。ということで、次のように書き換えると目的を達成できます。

```
class User {
  name: string;
  protected age: number;

  constructor(name: string, age: number) {
```

```
    this.name = name;
    this.age = age;
  }

  public isAdult(): boolean {
    return this.age >= 20;
  }
}

class PremiumUser extends User {
  public isAdult(): boolean {
    return this.age >= 10;
  }
}

const miniUhyo = new PremiumUser("uhyo", 15);
const john = new User("John Smith", 15);

console.log(miniUhyo.isAdult()); // true が表示される
console.log(john.isAdult());     // false が表示される

// これはエラー: Property 'age' is protected and only accessible within class 'User' and its subclasses.
console.log(miniUhyo.age);
```

このように、クラスの外（インスタンスを使うだけのプログラム）からはアクセスされたくないが、子クラスがロジックを拡張することを許すという場合にprotectedが適しています。

しかし、安易なprotectedの使用はプログラムの複雑化・メンテナンス性の低下につながります。今回は子クラスがageを読むだけでしたが、場合によっては子クラスが勝手にageを書き換えるかもしれません。その結果としてもともとUserに書かれていたロジックが予期せぬ影響を受けてバグを発生させる可能性があります。

一例として、Userの定義を次のように書き換えてみましょう。

```
class User {
  name: string;
  private age: number;
  private _isAdult: boolean;

  constructor(name: string, age: number) {
    this.name = name;
    this.age = age;
    this._isAdult = age >= 20;
  }

  public isAdult(): boolean {
    return this._isAdult;
  }
}
```

これは、isAdultの返り値をコンストラクタの中であらかじめ計算してthis._isAdultに保存しておき、isAdultメソッドが呼び出されたらそれを返すだけという実装です。このような実装は、isAdultの計算に時間がかかるようなケースには現実味があります。この実装は、ageがprivateならば何の問題もありません。自身のageプロパティが自身の関知しないところで書き換えられる可能性が存在しないため、isAdultの結果が常に正しいことが明らかだからです。ところが、これをprotectedにすると問題が発生します。たとえば、ageをprotectedにしてPremiumUserを次のように実装してみると問題が明るみに出ます。

```
class User {
  name: string;
  protected age: number;
  private _isAdult: boolean;

  constructor(name: string, age: number) {
    this.name = name;
    this.age = age;
    this._isAdult = age >= 20;
  }

  public isAdult(): boolean {
    return this._isAdult;
  }
}

class PremiumUser extends User {
  // プレミアムユーザーは自分の年齢を編集できる
  public setAge(newAge: number) {
    this.age = newAge;
  }
}

const uhyo = new PremiumUser("uhyo", 26);
console.log(uhyo.isAdult()); // true が表示される

uhyo.setAge(15);
console.log(uhyo.isAdult()); // true が表示される
```

PremiumUserにだけ自分の年齢を再設定できるsetAgeメソッドが存在するとした場合、uhyo.setAgeを呼び出したあとにuhyo.isAdult()の結果が想定どおりでなくなってしまいます。言うまでもなく、Userがageの書き換えを想定した実装になっておらず、ageが書き換えられても_isAdultを計算しなおさないからです。

このように、protectedを使う場合は子クラスによる影響も考えたうえでUserのロジックを実装する必要があります。一方、privateならばそのプロパティに関するロジックをそのクラスの外から隔離することができます。今回ならば、ageは勝手に書き換えられないということがUserの中だけ見れば保証され、isAdultのあのような実装が正当化されます。

子クラスが勝手に親クラスを継承するのだから、子クラスの側が気をつけて実装すべきであると思われたかもしれません。しかし実際のところ、あえてprivateではなくprotectedを使用することは、子クラスによる好き勝手な干渉を受け入れるという意思表示にもなっています。ですから、子クラスによって勝手に書き換えられたら破綻するような実装にすべきではありません。極力privateや#を使用することで、バグが起きにくいプログラムを書くことができます。

コラム

23 継承で明らかになるprivateと#の差異

5.1.9ではprivateと#の違いに触れましたが、実は継承に関してもprivateと#の違いが1つあります。実は、privateプロパティは親と子で同じ名前のプライベートプロパティを定義できませんが、#ならばできます。

```
class User1 {
  private age = 0;
}
// エラー: Class 'SuperUser1' incorrectly extends base class 'User1'.
//         Types have separate declarations of a private property 'age'.
class SuperUser1 extends User1 {
  private age = 1;
}

class User2 {
  #age = 0;
}
class SuperUser2 extends User2 {
  // これはOK
  #age = 1;
}
```

この例では親クラスと子クラスで同じageというプライベートプロパティを定義しており、privateの場合はエラーが出ますが#の場合は問題ありません。#の場合、User2の#ageとSuperUser2の#ageはたまたま同じ名前の無関係のプロパティであると見なされます。

このような違いが発生する理由は、以前説明したprivateがコンパイラによるチェックのみである一方で#はランタイムのチェックであるということに関係しています。まず、#に関してはプロパティ名の名前空間（➡本章のコラム22）がクラスごとに独立して存在すると考えるのがよいでしょう。つまり、User2内の#ageとSuperUser2内の#ageは別々の名前空間で管理されるため、名前が同じでも問題にならないのです。User2の定義内で#ageと書けばそれはUser2の#ageのことだし、SuperUser2の定義内で#ageと書けばそれはSuperUser2の#ageのことです。#のプロパティはクラス宣言内でしか使用できませんから、このような挙動が可能となっています。これはちょうど、変数名と型名で同じ名前を別々に定義できるのと似ていますね。どちらも、どの名前空間を指しているのか（変数名か型名か）はそれが書かれた場所によって区別できるという点で共通しています。

そもそも、#のプライベートプロパティはランタイムの防御によって外部から守られるため、クラス外からはその存在すら検知することができません。ですから、User2を継承したSuperUser2であってもUser2の#ageの存在は検知できません。たとえSuperUser2が同じ名前の#ageを定義したとしても、User2の#ageに対して影響を与えるべきではありませんから、必然的にまったく別々のプロパティとなるしかないのです[注11]。

一方、privateによるプライベートプロパティはあくまでコンパイル時のチェックであり、JavaScriptにコンパイルしたらただのプロパティとなります。#ではないただのプロパティはクラスごとに区別されたりしませんから、User1とSuper1は同じageプロパティを宣言していることになってしまいます（User1のageをSuper1のageがオーバーライドしているとも言えます）。これだと相互干渉が発生してしまうので、このような宣言はコンパイラにより拒否されるのです。

注11 「すでに親クラスのUser2で#ageが使われているのでSuperUser2内で同じ名前の#ageを使うとエラーになる」という挙動にすればよいと思われたかもしれません。しかし、そうするとUser2が#ageを持つということを外部から検知する手段が生まれてしまうことになるため、やはり望ましくありません。

これらのことから、継承を多用したい場合はprivateよりも#に軍配が上がりますね。#はprotectedに相当する機能を持ちませんが、前項でも触れたように、継承を多用する場合はそもそもprotectedを極力避けるべきです。

5.3.5 implementsキーワードによるクラスの型チェック

クラスを作成する際は**implementsキーワードによる追加の型チェック**を利用可能です。構文はclass クラス名 implements 型 { ... }です。継承と併用する場合はextendsよりあとにimplements 型を書きます。

これは、そのクラスのインスタンスは与えられた型の部分型であるという宣言となります。クラスの宣言がこの条件を満たしていない場合はコンパイルエラーとなります。

次の例では、User型（Userクラスのインスタンスの型）がHasNameの部分型であることを宣言しています。HasName型はstring型のプロパティnameを持つオブジェクトの型であり、User型も同じプロパティを持つのでUser型は実際HasNameの部分型です。

```
type HasName = {
  name: string;
}

class User implements HasName {
  name: string;
  #age: number;

  constructor(name: string, age: number) {
    this.name = name;
    this.#age = age;
  }

  public isAdult(): boolean {
    return this.#age >= 20;
  }
}
```

Userの定義を変えてUser型からnameプロパティを消すと、次のようにコンパイルエラーが発生します。エラーメッセージは、HasNameにはnameプロパティが必要だがUserには存在しないと指摘しています。

```
type HasName = {
  name: string;
}
// エラー: Class 'User' incorrectly implements interface 'HasName'.
//        Property 'name' is missing in type 'User' but required in type 'HasName'.
class User implements HasName {
  #age: number;

  constructor(age: number) {
    this.#age = age;
  }

  public isAdult(): boolean {
```

```
    return this.#age >= 20;
  }
}
```

クラスを定義する際にそれをある型に適合する（部分型となる）ことを意図しているならば、implementsが適しています。ただし、TypeScriptは構造的部分型を採用しているため、部分型関係を作るのにimplementsは必須ではありません。言い換えれば、implementsを書かなくても必要な要件（string型を持つnameプロパティの存在）を満たしていればUserは自動的にHasNameの部分型となります。その点で、この機能は関数の返り値の型注釈（➡4.2.3）と似ています。関数の返り値の型は型注釈を書かなくても型推論により決定されるため書く必要がありませんが、型注釈を書くことで関数内部で返り値に対する型チェックを行えるようになるのでした。それと同様に、implementsを書くことにより、User型をHasNameの部分型にするという目的をUserのクラス宣言においてチェックすることができます。このチェックがなければ、UserのインスタンスをHasNameだと思って使おうとした段階でコンパイルエラーが発生するでしょう。宣言の意図を明確化したいときは積極的にimplementsを使いましょう。

5.4 this

本章のこれまでの説明では、クラス宣言内でthisというキーワードが使われてきました。5.1.3ではthisは自分自身を表すとだけ説明していましたね。それだけわかっていればほとんどthisを使いこなせるも同然なのですが、この節ではもう少し詳しくthisについて説明します。

5.4.1 関数の中のthisは呼び出し方によって決まる

すでに解説したとおり、thisは基本的には自分自身を表すオブジェクトであり、おもにメソッドの中で使われます。そして、関数の中のthisが具体的に何を指すのかは**関数の呼び出し方によって決まる**のです。

メソッドは、オブジェクトのプロパティに入った関数オブジェクトです。それゆえ、メソッドを呼び出す際はuhyo.isAdult()のように関数をオブジェクト.メソッド名の形で参照します。呼び出されたメソッドの中でthisが何であるかはこのときに決まります。具体的には、.の左のオブジェクトがその中でのthisになります。この例ではthisはuhyoですから、uhyo.isAdultが中でthis.ageを参照したならば、それはuhyo.ageに相当します。このようにして実現されるthisのしくみは、同じクラスから生み出される複数のインスタンスオブジェクトがそれぞれ独立し、自分自身のデータを参照できるようにするための面白いしくみです。

ちなみに、同じクラスの複数のインスタンスがある場合、それらが持つメソッドは同じ関数オブジェクトです。このことは次のように確かめられます。

```
const uhyo = new User("uhyo", 26);
const john = new User("John Smith", 15);

console.log(uhyo.isAdult === john.isAdult); // true が表示される
```

このように、クラス宣言中でメソッドを定義した場合、メソッドの関数オブジェクトは複数インスタンスの間で共有されています。これにより、クラスのインスタンスをいくつ作っても同じ中身の関数オブジェクトが量産されることがなく、経済的です。この挙動は言語仕様上はprototypeというしくみによって実現されていますが、本書では割愛します。関数オブジェクトが共有されているということはどのインスタンスのメソッドも関数としてはまったく同じということであり、それでもなおインスタンスごとに異なる挙動（それぞれのインスタンスのメソッドが自分自身を参照する）を実現するためにthisのしくみが存在すると言えます。

さて、thisの中身が関数の呼び出し方によって決まるということは、変な呼び出し方をするとうまく動作しないということでもあります。具体的には、thisを使う関数を、メソッド呼び出しの記法を用いずに呼び出した場合が問題です。次のようにすると、isAdult()の呼び出しでランタイムエラーが発生してしまいます（エラーメッセージは状況によって変わります）。

```
class User {
  name: string;
  #age: number;

  constructor(name: string, age: number) {
    this.name = name;
    this.#age = age;
  }

  public isAdult(): boolean {
    return this.#age >= 20;
  }
}

const uhyo = new User("uhyo", 26);

const isAdult = uhyo.isAdult;
// ランタイムエラー: attempted to get private field on non-instance
console.log(isAdult());
```

ここではuhyo.isAdultに入っている関数オブジェクトを変数isAdultに入れたあと、それを呼び出しています。この場合、当該関数オブジェクトは<u>オブジェクト</u>.isAdult()の形で呼び出されていません。このようにメソッド記法を使わずに関数が呼び出された場合、その中でのthisの値はundefinedとなります[注12]。よって、this.#ageはundefinedに対して#ageプロパティを取得しようとしたことになるためランタイムエラーが発生するのです。関数内のthisの値がundefinedになるだけなので絶対にランタイムエラーとなるわけではありませんが、多くの場合thisの使い道はプロパティを参照することであるため、ランタイムエラーとなる場合が多いでしょう。

ここからわかることは、thisを使うオブジェクトのメソッドは原則としてメソッド記法で呼ぶべきであるということです。そうしなければ、今回見たように意図しない結果となる可能性があります。使い方を誤るとランタイムエラーになってしまうのは、TypeScriptのthisの残念な点でもあります。thisの正しくない状態での使用はコンパイルエラーで防げてもよいように思えますが、TypeScriptの仕様上今のところ防ぐことができません。そのため、メソッドとして提供されている関数は、（内部でthisを使っているかどうか定かでないと

注12　strictモードの場合。非strictモードの場合はthisはグローバルオブジェクトとなります。現在のTypeScript開発は原則すべてstrictモードで行われるので、undefinedになると覚えておいて問題ありません。strictモードはES5で導入された概念で、有効にすると古くて問題のある言語仕様が修正された環境になります。

しても）メソッド記法で使うことを推奨します。

ちなみに、thisはクラスの専売特許ではありません。たとえば次のようにすれば、クラスを用いずにthisを使うことも可能です。

```
const user = {
  name: "uhyo",
  age: 26,
  isAdult() {
    return this.age >= 20;
  }
};

console.log(user.isAdult()); // true が表示される
user.age = 15;
console.log(user.isAdult()); // false が表示される
```

この例ではuserオブジェクトに定義されたisAdultメソッドの中でthisを使っています。このメソッドはuser.isAdult()の形で呼び出されるので、メソッド内のthisはuserを指すことになります。この場合もやはり、メソッド呼び出しの記法を用いないとthisが想定どおりになりませんので注意してください。

とにかく、関数内でのthisの値は呼び出され方によって決まるということは覚えておきましょう。ただ、これには1つ例外があります。それがアロー関数です。次の項ではアロー関数とthisの挙動について学習します。

5.4.2 アロー関数におけるthis

アロー関数（➡4.1.4）はthisに関して特殊な性質を持ちます。具体的には、アロー関数は**thisを外側の関数から受け継ぎます**。これは、プログラムが現在のスコープだけでなくその外側のスコープに属する変数を使用できるのと似ています。ですから、アロー関数は**自分自身のthisを持たない**と言い換えることもできます。自身のthisを持たないゆえに、アロー関数内のthisはその外側の関数におけるthisと同じなのです[注13]。

たとえば、UserクラスにfilterOlderメソッドを追加したいとしましょう。このメソッドはUserの配列を受け取り、その中から自身より年上のUserインスタンスのみを抽出した配列を返すメソッドです。これは配列のfilterメソッド（➡3.5.5）を使えばこのように書けます。

```
class User {
  name: string;
  #age: number;

  constructor(name: string, age: number) {
    this.name = name;
    this.#age = age;
  }

  public isAdult(): boolean {
    return this.#age >= 20;
  }
```

注13 関数の中以外の場所でアロー関数を使用した場合、アロー関数内のthisはundefinedとなります。これも、アロー関数の外（どの関数にも属さない場所）でthisがundefinedであることに合致しています。なお、厳密には関数の中以外の場所でthisがどうなるかはスクリプトかモジュールか（➡第7章のコラム34）によって異なります。

```
  public filterOlder(users: readonly User[]): User[] {
    return users.filter(u => u.#age > this.#age);
  }
}

const uhyo = new User("uhyo", 25);
const john = new User("John Smith", 15);
const bob = new User("Bob", 40);

const older = uhyo.filterOlder([john, bob]);
// [ User { name: "Bob" } ] と表示される
console.log(older);
```

この例では[john, bob]という配列をuhyo.filterOlderに渡した結果としてbobのみの配列を得ています。実際、olderをconsole.logで表示してみるとnameが"Bob"であるUserオブジェクト、すなわちbobのみが表示されます。

明らかに、今回重要なのはfilterOlderの定義内にあるusers.filter(u => u.#age > this.#age)という式です。この式はusers.filterを呼び出す際にコールバック関数としてアロー関数を渡しています。このアロー関数の中でu.#ageとthis.#ageを比較しており、すなわちここでthisが使用されています。

このthisは、filterOlderメソッド内でのthisと同じです。なぜなら、アロー関数内のthisは外側の関数のthisを受け継いでおり、今回外側の関数とはfilterOlderだからです。uhyo.filterOlder(...)としてこのメソッドが呼び出された場合はメソッド内でのthisはuhyoになります。外側の関数のthisを受け継ぐというアロー関数の性質により、u => u.#age > this.#ageというアロー関数の中のthisもuhyoになります。これにより、uhyo.filterOlderを呼び出すと、与えられたUserインスタンスのうちuhyoよりも#ageが大きいものを抽出した配列が返るのです。

今回users.filterに渡したアロー関数はfilterメソッドのコールバック関数であり、users.filterの内部処理の一環として何らかの方法で呼び出されます。しかし、普通の関数とは異なり、アロー関数をどのように呼び出したかはアロー関数内のthisがどうなるかにまったく影響しません。アロー関数内のthisがどうなるかは、呼び出され方にかかわらず、アロー関数を作った側によって予測可能なのです。これは非常にうれしい性質ですね。

このようなメソッドは、アロー関数がないと書くのが少し面倒になります。上の例のfilterOlderを普通の関数式を使って書く場合、次のように書くとコンパイルエラーとなってしまいます。このエラーは、function関数式内のthisの型が不明であると訴えています。なぜthisの型が不明かといえば、これはアロー関数ではないためthisの値は呼ばれ方によって決まるところ、この関数はusers.filterにコールバック関数として渡されているのでどう呼ばれるかわからないからです[注14]。

```
public filterOlder(users: User[]): User[] {
    // エラー: 'this' implicitly has type 'any' because it does not have a type annotation.
    return users.filter(function(u) {return u.#age > this.#age });
  }
```

注14　細かいことを言えば、配列のfilterメソッドは言語仕様で定められているので調べればthisが何かはわかります。また、実はfilterはコールバック関数が呼ばれるときのthisの値を指定する機能を密かに持っています。とはいえ、この機能はあまり使われませんし、より一般の場合を考えるとやはり自分で呼び出さない関数の中でのthisの値に依存するのはやめたほうがよいでしょう。

コンパイルエラーをよく読むと「型注釈がないため」と書かれています。これは、thisが何であるかという型注釈を書くことでコンパイルエラーを解消できることを意味しています。関数内でthisが何であるかを明示したいときは、引数リストの先頭にthisと書いて型を示す特殊な記法を使います。これは実際の引数が増えるわけではなく、あくまで関数内のthisの型を示すためだけのものです。

```
public filterOlder(users: User[]): User[] {
    return users.filter(function(this: User, u) {return u.#age > this.#age });
  }
```

こうするとコンパイルエラーが消えて一見うまくいったかのように見えますが、残念ながら実行するとランタイムエラーが発生してしまい期待どおりの結果とはなりません。たとえthisの型を宣言しても、実際にその関数を呼び出すのはusers.filterであり、users.filterは気を利かせた呼び方をしてくれないのです。そもそも、users.filterメソッドはuhyoのことなど知りませんから、users.filterから呼び出されたコールバック関数内でthisがuhyoになることを期待するのは無理筋です。それならばコンパイルエラーとなるのが望ましいですが、TypeScriptの型チェックはthis周りがどうにも弱く、thisの型指定が無視されてしまいます。この点から、筆者は関数内のthisの型を宣言する機能の使用はあまり推奨しません。

もとの話題に戻しましょう。結局、この関数式内でfilterOlder内のthisを参照するためには、あらかじめthis（またはthis.#age）を別の変数に退避しておく必要があります。このとき退避に使う変数名を何にするかでいくつかの派閥がありましたが、筆者は_this派でした。退避するとコードは以下のようになります。こうすれば期待どおりに動作します。

```
public filterOlder(users: User[]): User[] {
    const _this = this;
    return users.filter(function(u) {return u.#age > _this.#age });
  }
```

とはいえ、このようなテクニックも過去のものです。外側の関数からthisを受け継ぐ性質を持ったアロー関数がES2015で導入されたことによって、コールバック関数を作る際にthisを退避する必要がなくなったのです。そもそも、コールバック関数は普通それがどのように呼ばれるかが明らかでないので、独自のthisを持つ理由がありません[注15]。これにより、アロー関数が普通の関数よりも優位な立ち位置を獲得し、とくに意図がない場合は関数を作る際にアロー関数が使われるようになったのです。

5.4.3 thisを操作するメソッド

関数内のthisはその関数の呼び出し方によって決まるということはすでに学習しましたが、具体的な呼び方はこれまでに2種類出てきました。すなわち、関数()のように普通に呼び出すか、obj.メソッド()のようにメソッドとして呼び出すかです。前者の呼び出し方ではthisはundefinedとなり、後者の呼び出し方ではthisはobjとなりました。

この項では、それ以外の特殊な方法を学習します。これらはメタプログラミング気味な機能なので、普段のプログラミングではあまり使わないでしょうが、覚えておいても損はない機能です。まず紹介するのは、関数オブジェクトが持つapplyメソッドとcallメソッドです。これらはどちらも、関数の中でのthisを指定しつ

注15 実は、jQueryなどのES2015より前から存在するライブラリでは、コールバック関数を特定のthisで呼び出すようになっていることがあります。しかし、アロー関数の登場もあって、最近はこのような慣習はなくなりました。

つ関数呼び出しを行うメソッドです。

まずapplyメソッドは、func.apply(obj, args)の形で呼び出すことで、「関数funcを、中でのthisをobjにして呼び出す」という意味になります。返り値はfuncを呼び出して得られた返り値そのままです。もう1つの引数argsはこのときfuncに与えられる引数すべてを配列に入れたものです。たとえばthisをobjにしてfunc(1, 2, 3)に相当する関数呼び出しを行いたい場合は、func.apply(obj, [1, 2, 3])とします。例によって、Userクラスでも試してみましょう。

```
class User {
  name: string;
  #age: number;

  constructor(name: string, age: number) {
    this.name = name;
    this.#age = age;
  }

  public isAdult(): boolean {
    return this.#age >= 20;
  }
}

const uhyo = new User("uhyo", 25);
const john = new User("John Smith", 15);

console.log(uhyo.isAdult()); // true が表示される

// uhyo.isAdultを、johnをthisとして呼び出す
console.log(uhyo.isAdult.apply(john, [])); // false が表示される
```

最後の行でapplyメソッドを使っています。すると、uhyo.isAdultをapplyメソッドを使って呼び出した結果がfalseになります。なぜなら、thisをjohnとして呼び出したため、uhyo.isAdultの中で行われた判定はjohn.#age >= 20に相当するものだからです。なお、今回のように関数に与える引数がない場合、第2引数の[]は省略してuhyo.isAdult.apply(john)のように書くこともできます。

もう1つのcallメソッドも機能は同じですが、呼び出される関数に渡す引数の与え方が異なります。こちらの場合、引数は配列にまとめずにcallの第2引数以降を使って1つずつ渡します。すなわち、func.apply(obj, [1, 2, 3])と同じことをするためにはfunc.call(obj, 1, 2, 3)とします。これだけの違いですから、使いやすいほうを使用しましょう。

ちなみに、applyとcallは関数オブジェクトが持つメソッドなのでこのようにメソッド記法で呼び出しましたが、別の方法もあります。それはReflect.applyです。Reflectというのはグローバル変数としてあらかじめ用意されているオブジェクトで、メタプログラミングのための機能を持つメソッドがまとまっています。Reflect.applyはその中のひとつです。これを使うと、func.apply(obj, args)はReflect.apply(func, obj, args)と書くことができます。Reflect.callはありません。

最後にもう1つ、関数オブジェクトが持つメソッドであるbindを紹介します。これは、もとの関数と同じ処理をするが、thisが固定されている新しい関数オブジェクトを作るという効果を持ちます。たとえば、func.

bind(obj)のようにした場合、返り値として「呼び出し時のthisがobjに固定されたfunc関数」が得られます。こうして得られた関数は、呼び出し方に左右されずに常にthisがobjになります。これもUserクラスで試してみましょう。

```
class User {
  name: string;
  #age: number;

  constructor(name: string, age: number) {
    this.name = name;
    this.#age = age;
  }

  public isAdult(): boolean {
    return this.#age >= 20;
  }
}

const uhyo = new User("uhyo", 25);
const john = new User("John Smith", 15);

// thisがuhyoに固定されたisAdult
const boundIsAdult = uhyo.isAdult.bind(uhyo);

console.log(boundIsAdult()); // true が表示される
console.log(boundIsAdult.call(john)); // true が表示される
```

ここではuhyo.isAdult.bindによりboundIsAdultを作りました。これは、thisがuhyoに固定されたuhyo.isAdultです。試してみると、メソッド記法を用いずにboundIsAdultを呼び出したり、先ほど習ったばかりのcallを使ってboundIsAdultを呼び出したりしても、常にtrueが返ってきます。これは、呼び出し方にかかわらずboundIsAdultの中では常にthisがuhyoであり、uhyo.#age >= 20の評価結果が返されるからです。

この性質はアロー関数と少し似ていますね。bindメソッドを用いて作られた関数は作られた瞬間にその中でのthisが決定しており、外から覆すことはできません。アロー関数も、作られた瞬間にその中でのthisが決まっています（外側のthisと同じになります）。なお、アロー関数の中のthisも、apply, call, bindなどで操作することはできません。

余談ですが、bindメソッドはthisを固定するだけでなく、関数の引数をあらかじめ固定する機能もあります。詳しく知りたい方は調べてみましょう。

ともあれ、以上でthisにまつわる言語仕様はあらかた解説し終わりました。JavaScript・TypeScriptにおけるthisの挙動は複雑怪奇と言われることもありますが、このように整理すれば理解するのはそう難しくもないのではないでしょうか[注16]。

注16　非strictモード時の挙動など、昔は今よりも考慮すべきことが多かったというのも理由のひとつです。

5.4.4 関数の中以外のthis

thisはおもに関数内で使われるものですから、これまでは関数内のthisがどうなるかを中心に学習してきました。最後に、関数内以外のthisについてもまとめておきます。

まず、プログラムの一番外側、ほかの関数の中ではない場所（トップレベル）においては、5.4.2でも触れたとおりthisはundefinedになります[注17]。

また、クラス宣言内では特殊ケースが2つあります。次のように、クラス宣言内にあるプロパティ宣言の初期値指定には式を書くことができましたね。ここでのthisは、コンストラクタ内のthisと同じく、new時に作られるインスタンスを指します。これは、プロパティの初期値の式はインスタンスを作るときに評価されるので自然ですね。

```
class A {
  foo = 123;
  bar = this.foo + 100;
}

const obj = new A();
console.log(obj.bar); // 223 と表示される
```

この例では、new A()としてAのインスタンスを作る際に、インスタンスのfooプロパティには123が、barプロパティにはthis.foo + 100が代入されます。このときthis.fooは123になります。なぜなら、クラス宣言中のプロパティ宣言は上から順に評価されてインスタンスに代入されていき、barを代入する際はすでにfooの評価が終わっていてthis.fooに123が入っているからです。

ちなみに、クラスではプロパティだけでなくメソッドも宣言できましたが、メソッドは関数なのでこれまでに学習した「関数の中のthis」の法則が適用されます。ただし、結果としてプロパティの初期化式のthisとメソッドの中のthisは同じもの（クラスのインスタンス）を指します。次の例ではbar =の右のthis.fooとgetFooの中のthis.fooは同じ意味ですね。むしろこうしないと、プロパティとメソッドでthisが別物になり混乱のもとになってしまいます。

```
class A {
  foo = 123;
  bar = this.foo + 100;
  getFoo() {
    return this.foo;
  }
}

const obj = new A();
console.log(obj.bar, obj.getFoo()); // 223 123 と表示される
```

もう1つの特殊ケースは、静的プロパティ（➡5.1.5）および静的初期化ブロック（➡5.1.10）です。静的プロパティの初期化式の中やstaticブロックの文の中でもthisを使うことができ、このthisはクラスオブジェクトそのものを指します。

注17　非strictモードではグローバルオブジェクトになります。TypeScriptで非strictモードプログラムを書く機会はほぼないのであまり気にする必要はありません。

```
class A {
  static foo = 123;
  static bar = this.foo * 2;
  static {
    console.log("bar is", this.bar); // "bar is" 246 と表示される
  }
}
```

この例に登場しているthisはどちらもAを指しています。static foo = 123;はA.fooを123にするということですから、その直後のstatic bar = this.foo * 2におけるthis.fooは123になっており、結果としてA.barには246が代入されます。staticブロックからもこのA.barをthis.barとして参照できます。

static系の場合はthisではなくクラス名を明示的に書いても動きますが、クラス名を明示的に書かずにthisを使うほうがクラス名の変更に強いため望ましいでしょう。

コラム 24 組み込みオブジェクトとクラス——配列の継承を例に——

この章では、クラスについて学習してきました。ここで、**組み込みオブジェクト**とクラスの関係性に目を向けてみましょう。

組み込みオブジェクトとは、配列（➡3.5）やMap・Set（➡3.7.4）、Date（➡3.7.1）など、TypeScriptにあらかじめ用意されているオブジェクトたちのことです。すでに学習したとおり、組み込みオブジェクトはそれぞれ独特のプロパティやメソッドを持っています。たとえば、配列はpushメソッドを持ち、それを呼び出すことで配列に要素を追加できます。また、これらの組み込みオブジェクトはnew Map()やnew Date()のようにnewを用いて作ることができるのでした。これらの点で、組み込みオブジェクトはクラスにとても類似しています。

実際、組み込みオブジェクトはある種のクラスであると言えます[注18]。それゆえ、new Mapのようにして作られたMapオブジェクトはMapのインスタンスであると言えます。実際、instanceof演算子（➡5.2.3）で調べると、MapオブジェクトはMapのインスタンスであることがわかります。

```
const map = new Map<string, number>();

console.log(map instanceof Map); // true と表示される
```

ここでは組み込みオブジェクトの中でも配列を例にとり、もう少し詳しく見ていきます。以前、T型の要素を持つ配列の型はT[]またはArray<T>として表す（➡3.5.3）ことを学びました。前者は後者の省略記法と見ることができます。Array<T>はTという型引数を持つArray型ということですが、お察しのとおり、このArrayというのがクラスに相当します。つまり、配列というのはArrayクラスのインスタンスであると言えます。

これが意味するのは、実は配列は配列リテラル（➡3.5.1）だけでなくnew Arrayによっても作ることができるということです。たとえば、引数なしのnew Array()は空の配列[]に相当します。また、Arrayは型引数を取るクラスでしたから、new Array<number>()のように型引数を明示したインスタンスの作成も可能です。こうすると、Array<number>型、すなわちnumber[]型の配列ができます。このように、要素の型を明示しながら配列を作るというのは配列リテラルにはできない芸当です。もっとも、配列リテラルの型は要素から推論されるので、ほとんどの場合配列リテラルでも困らないのですが。要素からうまく推論できない場合も、const arr: number[] = [];のよう

注18　厳密には、ECMAScript仕様書では組み込みオブジェクトはprototypeを用いて定義されていますから、組み込みオブジェクトはクラスとは異なるという見方もあります。しかし、実用上は組み込みオブジェクトをクラスだと見なして問題ありません。

に配列を入れる変数に型注釈を明示すればカバーできます。

さらに、Arrayコンストラクタは引数をいくらでも取ることができ、それらは作られる配列の要素となります。たとえば、new Array(1, 3, 57)は[1, 3, 57]という配列リテラルと同じ結果になります。

ただし、Arrayコンストラクタには注意すべき点があります。引数として数字が1つだけ渡された場合、たとえばnew Array(10)のような場合は異なる意味となるのです。この場合、「長さ10の配列」という意味になります注19。

このような一貫性のない挙動は初期のJavaScriptに由来するものです。このため、new Arrayの使用はお勧めできません。できる限り配列リテラルを使いましょう。

さて、Arrayがクラスであるということは、継承ができるということです。Arrayだけでなく、多くの組み込みオブジェクトは継承に対応しています。ここでは、練習としてArrayにrepeatメソッドを追加したRepeatArrayを定義してみます。RepeatArrayのrepeatメソッドは、自身の要素を指定された回数だけ繰り返してできる新しいRepeatArrayを返すものとしましょう。

```
class RepeatArray<T> extends Array<T> {
  repeat(times: number): RepeatArray<T> {
    const result = new RepeatArray<T>();
    for (let i = 0; i < times; i++) {
      result.push(...this);
    }
    return result;
  }
}

// [1, 2] に相当するRepeatArrayを作成
const arr = new RepeatArray(1, 2);
// pushで [1, 2, 3] にする
arr.push(3);
// arr.repeat(3) は [1, 2, 3, 1, 2, 3, 1, 2, 3] に相当するRepeatArray
const repeated = arr.repeat(3);

// RepeatArray(9) [1, 2, 3, 1, 2, 3, 1, 2, 3] と表示される
console.log(repeated);
```

このrepeatの実装は少し面白いですね。新しいRepeatArrayを用意して、繰り返しの数だけresult.push(...this)を呼び出すことで、自身の中身全体をresultに複数回追加しています。この構文は関数呼び出しのスプレッド構文（➡4.1.8）です。ここでのthisはRepeatArrayのインスタンスであり、RepeatArrayがArrayを継承しているためこのようなことが可能になっています。

配列を拡張したオブジェクトを作りたい場合は、Arrayを継承したくなることがあるかもしれません。もっとも、RepeatArrayのインスタンスは配列リテラルで作れないため少し不便だったり、独自のクラスはシリアライズできなくて不便注20だったりしますから、あえて継承を用いてメソッド記法を用いずとも、repeat(arr, 3)のような普通の関数にすることのほうが実際には多いでしょう。

ただ、前者の点については、実はArrayはこのユースケースを考慮した静的メソッドofを持っています。これは与えられた引数から配列（Arrayインスタンス）を返す関数であり、たとえばArray.of(1, 2, 3)は[1, 2, 3]という配列を返します。こちらにはnew Arrayの罠がなく、Array.of(10)としてもちゃんと[10]を得ることができます。

注19　ただし、中身となる要素は与えられていないので、長さが10だけど中身がないという特殊な状態になります。詳細は省略しますがこれは非常に特殊かつ厄介な状態で、避けるべきです。

注20　普通の配列はJSONなどで表現可能ですが、RepeatArrayのような独自のオブジェクトは復元可能なシリアライズ手段を持ちません。たとえば、JSON文字列に変換するとただの配列になります。

そして、RepeatArrayはArrayを継承しているためofも受け継いでおり、RepeatArray.of(1, 2)のようにインスタンスを作ることが可能です。Array.ofは配列リテラルと同じであるためあまり必要がありませんが、Arrayを継承した場合にも簡単にインスタンスが作れるように用意されているのです。

5.5 例外処理

TypeScriptの基本的な構文はすでに大部分が説明されていますが、ここで説明する**例外処理**がまだ残っていました。例外とは、**ランタイムエラー**のことです。TypeScriptではプログラムのミスの多くをコンパイルエラーとして検出してもらえるとはいえ、コンパイル時には検知できないミスというのは多く存在します。また、外部とデータをやり取りするようなプログラム（ファイルの読み書きなど）の場合も、外的要因による失敗（エラー）は避けられません。

TypeScriptには、このようなランタイムエラーを取り扱うための構文や組み込みオブジェクトが用意されています。この節ではこれらを解説していきます。

5.5.1 throw文とErrorオブジェクト

まず、**ランタイムエラー（例外）を発生させる方法**と**ランタイムエラーが発生したときのプログラムの挙動**を学びましょう。これまではコンパイルエラーと区別するために**ランタイムエラー**という言葉を用いてきましたが、この節ではランタイムエラーをおもに扱うため、ランタイムエラーを単にエラーと呼ぶことにします。

エラーを発生させたいとき、普通はまず**エラーを表すオブジェクト**を用意します。エラーを表すオブジェクトとは、**Errorのインスタンス**です。お察しのとおり、Errorのインスタンスを作るにはnew Error()とすればよいですね。Errorコンストラクタは引数を文字列に取ることができ、その場合その文字列がエラーメッセージとして扱われます。

そして、エラーを発生させるには**throw文**を用います。これはthrow 式;という構文を持つ文であり、式の部分でErrorオブジェクトを指定します。このthrow文が実行された時点でエラーが発生します。ちなみに、throw文を使ってエラーを発生させることを、俗に「エラーを投げる」と言います。よく使われる用語ですので、機会があれば使ってみましょう。

では、実際にこんなプログラムでエラーを発生させて挙動を確かめてみます。

```
console.log("エラーを発生させます");
throwError();
console.log("エラーを発生させました");

function throwError() {
  const error = new Error("エラーが発生しました！！！！！");
  throw error;
}
```

このプログラムを実行すると、おおよそ次のような結果となります（細かなメッセージなどは環境によって異なります）。

```
エラーを発生させます
file:///path/to/project/src/index.js:6
    const error = new Error("エラーが発生しました！！！！！");
                  ^

Error: エラーが発生しました！！！！！
    at throwError (file:///path/to/project/src/index.js:6:19)
    at file:///path/to/project/src/index.js:3:1
    at ModuleJob.run (internal/modules/esm/module_job.js:110:37)
    at async Loader.import (internal/modules/esm/loader.js:164:24)
```

ごちゃごちゃしていますが、最初の**エラーを発生させます**という出力のみが`console.log`によるものであり、残りはすべて`throw error;`で発生したランタイムエラーによるものです。この出力はNode.jsの場合のものですが、このように、エラーが発生した場合の出力に含まれるおもな情報は**エラーメッセージ**と**エラーがどこで発生したか**（より厳密には、投げられた`Error`オブジェクトがどこで作られたか）です。実際、このエラーメッセージには`const error = ...`という行がプログラムから引用されており、どこで作られた`Error`オブジェクトがエラーとして投げられたのか明らかにされています[注21]。

出力の最後の5行は、エラーメッセージと**スタックトレース**です。スタックトレースとは、エラーが発生するまでにプログラムがどのような経過をたどって実行されてきたかの情報です[注22]。スタックトレースの一番上は`at throwError`となっており、`throwError`関数の中でエラーが発生したことがわかります。スタックトレースには、関数名だけでなくその関数が属するファイル名の情報も含まれています。次の行は関数名がありませんが、これは関数の実行ではなくファイルの一番上から実行しているということを表しています。最後の2行は見慣れない関数名が書かれていますが、これはNode.jsの内部処理です。

このプログラムの挙動には注目すべき点がもう1つあります。それは、プログラムに書かれている`console.log("エラーを発生させました");`という文が実行されていないということです。実際、**エラーを発生させました**という出力は上の結果にはありません。これは、**エラーが発生したらプログラムの実行はそこで中断される**からです。関数`throwError`内でthrow文が実行されたため、そこでプログラムの実行が中断され、Node.jsによるエラー処理（上述の親切なエラーメッセージの出力）が行われたのちにそのままプロセスは終了します（プログラムの実行が終了します）。

これがランタイムエラーの最も基本的な概要です。典型的には、問題が発生したのでもう実行を続けられないという場合にthrow文でエラーを発生させます。たとえば、次の関数`getAverage`は`number[]`型の配列を受け取って値の平均値を返す関数ですが、空の配列が与えられた場合はエラーを発生させます。こうすると、与えられた配列`nums`が空だった（`length`が0だった）場合はthrow文が実行されてプログラムが中断し、それ以外の場合は`sum(nums) / nums.length`が計算されて返り値として返されます。

注21　余談ですが、指し示されているのがthrow文の場所（エラーが投げられた場所）ではなく、`Error`オブジェクトが作られた場所であることは注目に値します。これは、エラーの発生箇所（後述のスタックトレースを含む）を記録するのが`Error`オブジェクトの役割だからです。このため、多くの場合はthrow文の近くで`Error`オブジェクトを作るのがよいでしょう。

注22　より具体的に言えば、throw文にたどり着くまでのネストした関数呼び出しの経過が表示されています。スタックというのはコールスタックのことを指しています。

```
function getAverage(nums: number[]) {
  if (nums.length === 0) {
    throw new Error("配列が空です");
  }
  return sum(nums) / nums.length;
}
```

ただ、現状だとランタイムエラーが発生したら問答無用でプログラムが終了してしまいます。例外のせいでプログラムが強制終了することは俗にクラッシュとも呼ばれます。クラッシュが発生するのはよろしくないという場面も多くありますから、エラーが発生してもプログラムを実行し続けるための機構が用意されています。それが、次に紹介する**try-catch文**です。

5.5.2　例外をキャッチするtry-catch文

ランタイムエラー(例外)が発生してもプログラムが強制終了しないようにするには、**try-catch文**が使用できます。ほかのプログラミング言語にも似たような構文がありますから、すでに知っているという読者の方もいるでしょう。これにはいくつか構文がありますが、最も基本的なのは以下の形です。

```
try {
  // tryブロック（ここは文を複数書ける）
} catch (err) {
  // catchブロック（ここも文を複数書ける）
}
```

`{ }`が2回登場していますが、これはどちらもブロックです。便宜上、tryのあとのものをtryブロック、catchのあとのものをcatchブロックと呼びましょう。ブロックが文の一種であるということはすでに学習しましたが、try-catch文ではこのように必ずブロックを用いなければなりません。たとえばブロックの代わりにif文を配置して`try if (...)`のようなことは**できません**ので注意してください。また、`catch (err)`という部分に出てくる`err`というのは変数名です。変数名は自分の好きな名前を使用することができます。これはいわばcatchブロックに与えられる引数のようなもので、catchブロックの中でのみこの変数が使用できます(言い換えれば、この変数はcatchブロックのスコープに属します)。

さて、このtry-catch文の効果は、まずtryブロックの中のプログラムを実行し、**tryブロックの中で例外が発生した場合、catchブロックを実行する**というものです。このとき、tryブロックの中の実行はやはり中断され、例外が発生した時点で(プログラムが強制終了するのを阻止しつつ)即座にcatchブロックに移行します。また、catchブロックの実行の際、throw文により投げられた`Error`オブジェクトが`catch (err)`で宣言された変数`err`に入ります。その後は、try-catch文の続きからプログラムを続行します。もしtryブロックの中を実行しても例外が発生しなかった場合は、そのままtry-catch文の次に進みます(catchブロックの中身は実行されません)。

整理しなおすと、try-catch文は「まずtryブロックを実行してみる。例外が発生しなければそれだけ。例外が発生したらcatchブロックを実行する」という挙動を持ちます。この機能の特徴は、tryブロックの中で例外が発生しても、その例外を捕捉することでプログラムのクラッシュ(強制終了)を回避できる点です。このことを例で確かめてみましょう。余力のある方は、このプログラムを実行するとどうなるか考えてから実行してみてください。

```
try {
  console.log("エラーを発生させます");
  throwError();
  console.log("エラーを発生させました");
} catch (err) {
  console.log("エラーをキャッチしました");
  console.log(err);
}
console.log("おわり");

function throwError() {
  const error = new Error("エラーが発生しました！！！！！");
  throw error;
}
```

例によってNode.jsの場合ですが、このプログラムを実行するとこのように出力されます。

```
エラーを発生させます
エラーをキャッチしました
Error: エラーが発生しました！！！！！
    at throwError (file:///path/to/project/src/index.js:13:19)
    at file:///path/to/project/src/index.js:4:5
    at ModuleJob.run (internal/modules/esm/module_job.js:110:37)
    at async Loader.import (internal/modules/esm/loader.js:164:24)
おわり
```

いくつかのポイントがあります。まず、try文が実行されるとtryブロックの中が実行されます。そのため、最初に**エラーを発生させます**と表示されていますね。次にthrowError()によりエラーが発生しています。この時点でtryブロックの中の実行は強制終了します。よって、console.log("エラーを発生させました");は実行されません。

さて、tryブロックの中でエラーが発生したので、プログラムはcatchブロックの実行に移ります。このことは**エラーをキャッチしました**と出力されていることからわかります。その次の5行でエラーメッセージとスタックトレースが表示されていますが、これはconsole.log(err);の結果です。Errorオブジェクトを表示すると、このようにメッセージやスタックトレースを含む親切な表示となります。

最後に**おわり**と表示されていますので、try-catch文の実行を終えてプログラムが次に進んだことがわかります。このように、例外を発生させる処理をtry-catch文で囲んだことにより、例外が発生してもプログラムのクラッシュを防ぐことができました。これが最もベーシックな**例外処理**であると言えます。

5.5.3 例外処理と大域脱出

ランタイムエラーに対する制御ができるtry-catch文は強力な言語機能ですが、その分だけ扱いには注意が必要です。たとえば、次のようにすれば「someFunc内でエラーが発生しても無視する」ようなプログラムも書けるでしょう。

```
try {
  someFunc();
} catch (err) {
```

```
  // 何もしない
}
```

ちなみに、catchで宣言した変数をcatchブロック内で使用しない場合、変数の宣言を省略して次のような構文を使用することができます。

```
try {
  someFunc();
} catch {
  // 何もしない
}
```

キャッチされたエラーの中身を見なかったり、それどころかエラー処理を何もしないで次に進んだりするのは悪い例外処理の典型として知られています[注23]。エラーが発生したなら、それ相応の処理をしなければいけません。プログラムの終了を防ぐのは重要なことですが、エラーが起きた場合の対応としてやるべきことはいろいろあり、実用的なプログラムならば最低でもエラーメッセージをログに残すなどといったことをすべきでしょう。例としては、HTTPサーバのプログラムでは、処理中にエラーが発生したくらいでサーバ全体が止まってしまっては一大事です。そこで、リクエストの処理中にエラーが発生した場合はレスポンスとしてステータスコード500を返してサーバは動き続けるというのが典型的なパターンです。

また、try-catch文とthrow文はセットで使われることも多くあります。失敗の可能性がある処理はプログラムには付き物ですが、失敗時にthrow文でエラーを発生させるプログラムの場合、失敗時の処理を行うときは必然的にtry-catch文が必要になります。

失敗を表すthrow以外の選択肢としては、**失敗を表す値を返す**というものがあります。たとえば、前項のgetAverageは、失敗時にエラーを投げる代わりにundefinedを返すようにすることができます。この場合、getAverageの返り値は数値またはundefinedとなります（型としてはnumber | undefined型（➡6.1）です）。

```
function getAverage(nums: number[]) {
  if (nums.length === 0) {
    return undefined;
  }
  return sum(nums) / nums.length;
}
```

このgetAverageが失敗したかどうかを判定するには、返り値がundefinedと一致するかどうかを調べればよいですね。

このように、処理の失敗を表すにはおもに「例外を使う」という方法と「失敗を表す返り値を使う」という方法の2つがあり、どちらも一長一短です[注24]。筆者は、基本的には後者（例外を使わないほう）を推奨します。その理由は、型情報の面で後者のほうが優れているからです。

というのも、実はtry-catch文は型システム的な面で扱いにくくなっています。前項では、catch (err)という構文により変数errが宣言され、catchブロックの中でこの変数が利用できることを学習しました。この変数errの型が問題です。実際に調べてみると、errの型はunknown型であると出ます。このunknown型という

注23 前者に関しては、わざわざそのための構文が用意されているだけあって、ある程度の需要があることは認めざるを得ません。しかし、多くの場合望ましいエラー処理ではありません。

注24 実はHaskellやRustといった言語では、両方の良いとこ取りのようなしくみで例外を取り扱っています。

のは6.6.3で詳しく解説しますが、どんな値が入るかまったく不明ということです[注25]。どんな値なのかまったくわからない場合、catchによりエラーを捕捉することができても、それに対してさらに詳細な処理をするのはいささか面倒です。

そうは言っても、やはり例外とtry-catch文の使用が望ましい場合というのも存在します。それは、例外が持つ**大域脱出**という特徴を活かせる場合です。

大域脱出とは、その場で実行を中断して別の場所にプログラムの制御を移すことを指します。エラーをthrow文で発生させた場合、プログラムがthrow文の次の文へと進むことは決してありません。エラーが発生した時点で必ずプログラムは中断し、エラーはプログラムの外側へと脱出を始めます。プログラムの外側へというのは、今いる場所がブロックの中ならばブロックの外へ、関数の中ならばその関数の外（関数の呼び出し元のプログラム）へ、という動きのことです。脱出の最中にtry-catch文（のtryブロック）に行き当たった場合はそこでエラーがキャッチされ、そこからプログラムが再開されます。エラーがキャッチされずにプログラムの一番外側まで到達した場合はプログラムがクラッシュすることになります。なお、このことからわかるように、プログラムがネストしたtry-catch文に囲まれていた場合は、一番内側のものによってキャッチされます。

このように、エラーが発生した場合は「上から順番にプログラムを実行する」という挙動を逸脱し、一気に別の場所（そのプログラムを囲んでいたtry-catch文）に制御が移ることになります。これが大域脱出です。ある意味では、return文も大域脱出の仲間と見なせるかもしれません。なぜなら、return文が実行された段階で関数の実行が終了し、関数の外（関数の呼び出し元）へと制御が移るからです。しかし、関数の外に出たあとにさらに脱出を続けられるという特徴を持つのは例外（throw文）だけです。このことから、とくに例外の挙動を指して大域脱出ということが多くあります。たとえば次のプログラムでは関数throwError内のthrow文が例外を発生させますが、その時点で例外は関数throwErrorを脱出します。よって、throw error;よりあとの文は実行されません。また、throwError();という関数呼び出しはtryブロックの中で実行されていましたが、関数から脱出してきた例外はまだ脱出を止めず、このブロックも脱出します。よって、throwError();の次のconsole.logも実行されません。ブロックを脱出した先はtry-catch文なので、ここで例外がキャッチされます（それより上には脱出せず、catchブロックに制御が移ります）。

```
try {
  throwError();
  // tryブロックから脱出するのでここは実行されない
  console.log("これは表示されない");
} catch (err) {
  console.log(err);
}

function throwError() {
  const error = new Error("エラーが発生しました！！！！！");
  throw error;
  // 関数から脱出するのでここは実行されない
  console.log("これも表示されない");
}
```

例外が大域脱出を発生させることにより、**複数箇所で発生した例外を1ヵ所で処理できる**という利点が発生

注25　型注釈に関するこの制約は妥当なものです。本章のコラム25でも解説するとおり、tryブロックの中で何が投げられるのか知ることはできず、どんな値でもここでキャッチされ得るからです。

します。というのも、try-catch文でプログラムを囲んでおけば、その中で発生した例外はすべてそのtry-catch文で処理できます注26。中のいろいろな場所で例外が発生する可能性がある場合、その処理をまとめられるのは魅力的です。返り値で失敗を表す方法を採用していた場合は、関数を呼び出す場所すべてで返り値をチェックする必要があります。

裏を返せば、throw文による例外処理を行う場合は大域脱出を強いることになります。どこでエラーが発生してもとにかく中断して1ヵ所に制御を集めたいという場合にこれは有効ですが、場合によっては失敗しても処理を続行したいという場合、その場所にtry-catch文を配置してその場所専用のエラー処理を書くしかありません。多くのtry-catch文が配置される状況は、プログラムの理解が難しくなるので望ましくありません。場合によってエラーの処理が違う場合には、返り値を使ってエラーを制御したほうがきれいにプログラムを書ける可能性が大きくなります。

改めてまとめると、例外には**大域脱出**という特徴があるため、エラーが発生したらとにかく処理を中断して共通のエラー処理を行いたい場合に有利です。一方、場合によって異なるエラー処理を行いたい場合には例外を使わないほうが良いプログラムになりやすいと言えます。とくに、そもそもエラーが発生する可能性が1ヵ所しかない場合はわざわざ例外にする必要があるのかどうか検討したほうがよいでしょう。

ただし、まったくthrow文を使わないようにしたとしても、依然としてtry-catch文によるエラー処理が必要になる場合もあるので注意してください。なぜなら、ランタイムエラーは我々が明示的に書いたthrow文だけでなく、それ以外の原因でも発生する可能性があるからです。たとえば、文字列をBigIntに変換する場合（➡2.3.10）には、整数として解釈できない文字列が`BigInt`関数に与えられた場合はランタイムエラーが発生します。

```
try {
  const bigInt = BigInt("foobar"); // ここでエラーが発生
  // よって下のconsole.logは実行されない
  console.log(bigInt);
} catch(error) {
  // SyntaxError: Cannot convert foobar to a BigInt が表示される（Node.jsの場合）
  console.log(error);
}
```

5.5.4　finallyで脱出に割り込む

実は、try-catch文にはまだ紹介していなかった機能があります。それは**finallyブロック**です。実は、try-catch文の後ろにはさらに`finally { ... }`の形のfinallyブロックを付け加えることができます（try-catch-finally文）。また、catchブロックを省略してtry-finallyという形にすることもできます。

```
// try-catch-finallyの例
try {
  console.log("tryブロック")
} catch (err) {
  console.log("catchブロック")
} finally {
  console.log("finallyブロック")
```

注26　中に別にtry-catch文があった場合はこれに当てはまりませんが、それはそれで問題ありません。try-catch文には「内部での例外の発生を外のプログラムから隠蔽する」という意味があり、内側のtry-catch文によって処理されたものは外側のtry-catch文からはそもそも例外だと見なされないからです。

```
}

// try-finallyの例
try {
  console.log("tryブロック")
} finally {
  console.log("finallyブロック")
}
```

この機能は一見単純ですが、正確に理解している人が意外と少ない機能でもあります。そもそもfinallyを使う機会が少ないというのも理由のひとつですが。

基本的には、finallyブロックの内容は**エラーが発生してもしなくても実行されます**。つまり、tryブロックを実行してもエラーが発生しなかった場合、次にfinallyブロックが実行されて、その終了を以ってtry文の処理完了となります。一方で、tryブロックの実行中にエラーが発生した場合、tryブロックの実行は中断されてcatchブロックが実行され、その後さらにfinallyブロックが実行されます。

たとえば、冒頭の2つの例は、どちらも実行すると次の出力となるでしょう。

```
tryブロック
finallyブロック
```

エラーが発生した場合の例も見てみます。

```
try {
  console.log("tryブロック1")
  throwError();
  console.log("tryブロック2")
} catch (err) {
  console.log("catchブロック")
} finally {
  console.log("finallyブロック")
}
```

ここで`throwError();`でエラーが発生するとすると、出力はこのようになります。

```
tryブロック1
catchブロック
finallyブロック
```

ここまで読んだ方は、「これならfinallyブロックなんて使わなくてもtry-catch文の後ろに書いておけばよいのでは？」とお思いになったかもしれません。それは実際そのとおりで、多くの場合finallyブロックは必要ありません。

しかしながら、finallyにしかできないことがあります。それは、**脱出に割り込むこと**です。実は、try文からの脱出が発生する場合でも、finallyブロックは必ず実行されます。

そもそも、catchブロックがない形（try-finally文）では、tryブロックの中で発生したエラーはキャッチされません。つまり、中で発生したエラーは大域脱出の際に`try`を通り過ぎてなお上へと脱出します。これはcatchブロックがないので妥当な挙動ですね。このとき、try文からの脱出の際に割り込んでfinallyブロックが実行されるのです。このことを次の例で確かめてみましょう。

```
try {
  console.log("エラーを発生させます");
  throwError();
  console.log("エラーを発生させました");
} finally {
  console.log("finallyブロック");
}
console.log("try文の後ろ");

function throwError() {
  throw new Error("エラーが発生しました！！！！！");
}
```

これを実行すると、次のような出力がされてプログラムがクラッシュします。

```
エラーを発生させます
finallyブロック
file:///path/to/project/src/index.js:12
    throw new Error("エラーが発生しました！！！！！");
          ^

Error: エラーが発生しました！！！！！
    at throwError (file:///path/to/project/src/index.js:12:19)
    at file:///path/to/project/src/index.js:4:5
    at ModuleJob.run (internal/modules/esm/module_job.js:110:37)
    at async Loader.import (internal/modules/esm/loader.js:164:24)
```

この例では、まずtryブロックが実行されて`throwError();`でエラーが発生したことがわかります。今回、catchブロックがないのでこのエラーはtryブロックの外へ脱出します。ところが、このタイミングで**finallyブロック**と出力されています。これは、エラーがtry文から脱出する際にfinallyブロックが実行されたことを意味しています。ただし、これはエラーの脱出が止まるわけではなく、finallyブロックの実行完了後にエラーは脱出を再開します。そしてtry文の外へと脱出したエラーは、めでたくプログラムのクラッシュを引き起こしたわけです。

また、実はfinallyはエラー以外の脱出にも対応しています。たとえば、return文は関数からの脱出であると見なすことができますが、これにもfinallyブロックで割り込むことができます。

```
console.log(sum(100));

function sum(max: number): number {
  try {
    let result = 0;
    for (let i = 1; i <= max; i++) {
      result += i;
    }
    return result;
  } finally {
    console.log("sumから脱出します！！！！");
  }
}
```

この例は、簡単な関数sumの中身がtry-finally文で囲まれています。これを実行すると次のような出力になります。

```
sumから脱出します！！！！
5050
```

関数sumを呼び出した結果である**5050**が表示されるよりも前に**sumから脱出します！！！！**というメッセージが表示されていますね。言わずもがな、これはfinallyブロックにより出力されたメッセージです。これが意味することは、sum内の`return result;`という文によりtryブロックからの脱出が発生したものの、finallyブロックがそれに割り込んでメッセージを表示したということです。その後脱出は再開され、sumの返り値として無事**5050**が返されます。

このような例を見ると、finallyは「エラーが起きても起きなくても実行する」というよりは、「何が何でも実行する」というほうが正しいかもしれません。たとえば、ファイルをオープンした場合、使用後にファイルを必ずクローズする必要があります。ファイルのオープンと同時にtryブロックに入り、finallyブロックにファイルのクローズ処理を記述しておくことで、エラーの発生や`return`による中途脱出などいかなる場合でも確実にファイルのクローズ処理を行うことができます[注27]。

コラム 25　throwは何でも投げられる

これまで、throw文はErrorオブジェクト（➡5.5.1）を投げるものであると説明していました。しかし、実はthrow文はどんな値でも投げることができます。投げるものはオブジェクトである必要すらなく、たとえば`throw 123;`とか`throw null;`のようなことも可能です。次のプログラムを実行すれば、**null が投げられました**と表示されるでしょう。

```
try {
  throwNull();
} catch (err) {
  console.log(err, "が投げられました");
}

function throwNull() {
  throw null;
}
```

5.5.3でも触れたとおり、このことにより、catchブロックによりキャッチされたもの（上の例の変数err）がどんな値なのかはまったく予測不可能であり、それゆえ型がunknownとなります。

とはいっても、基本的にはErrorオブジェクトを作って投げるのがよいでしょう。Errorオブジェクトは、スタックトレースの表示などエラーのデバッグに適した機能を備えています。また、シチュエーションにもよりますが、どんなエラーが発生するか予測できる場合には、自分用のカスタムエラーオブジェクトを作るというのが1つの手です。たとえば、配列が空だったせいで発生するエラーにEmptyArrayErrorと名付けてみましょう。次の例では、Error

注27　本書の執筆時点で、この用途により適したusing文という新たな構文が提案されています。将来的にはこちらが利用されるようになるかもしれません。

を継承したEmptyArrayErrorクラスを作っています[注28]。そしてtry-catch文では、キャッチしたエラーがEmptyArrayErrorだったときのみ対応し、それ以外の場合は再throwする（さらに上へと脱出させる）というエラー処理を行っています。

```
class EmptyArrayError extends Error {}

try {
  getAverage([1, 2, 3]);
  getAverage([]); // ここでエラーが発生
} catch (err) {
  if (err instanceof EmptyArrayError) {
    console.log("EmptyArrayErrorをキャッチしました");
  } else {
    throw err;
  }
}

function getAverage(nums: number[]) {
  if (nums.length === 0) {
    throw new EmptyArrayError("配列が空です");
  }
  return sum(nums) / nums.length;
}

function sum(nums: number[]): number {
  let result = 0;
  for (const num of nums) result += num;
  return result;
}
```

今回の場合はEmptyArrayError以外はキャッチする必要がない（それ以外は本当に予期せぬエラーなのでもっと上のほうで処理してもらう）という想定で再throwという選択をしました。場合によっては、どんなエラーだろうと処理しなければならない最終防衛線のような場合もあります。その場合はどんな値がキャッチされてもうまく対処できるように書かなければいけません。

とはいえ、前述のようにエラーを表すにはErrorオブジェクト（またはそれを継承したオブジェクト）が適しています。そのため、たいていの場合はErrorオブジェクトを投げることでエラーの発生を表すことになります。デバッグする人を困らせたいなどの特段の理由がない限りはErrorオブジェクトを投げましょう。エラーをキャッチする場合も、Errorオブジェクトだったら詳細なエラーハンドリングを行い、それ以外が来てしまったら最低限のエラー処理にするといったことが可能です。

また、エラーを表す以外の目的でthrowを用いるというなかなかアグレッシブな手法も存在します。最近ではReactという人気の高いライブラリが、Promiseオブジェクト（➡8.3）をthrowすることでコンポーネントのサスペンドを表すという斬新なコンセプトを発表したことでフロントエンドの界隈が騒然としたのが記憶に新しいところです。これは、throwが持つ大域脱出という性質をエラー処理以外にも活用したいという考えから生まれたアイデアであると考えられます。エラー処理以外の目的でむやみにthrowを使うことに対しては批判もありますが、どうしても大域脱出が必要な場合には一考の余地があるかもしれません。

注28 ただし、コンパイラオプションでターゲットをes5以下に設定している場合（クラスの構文がトランスパイルされる場合）には、Errorを継承したクラスを作るとうまく動作しないのでお気をつけください。このテクニックはターゲットがes2015以上の場合に有効です。

5.6 力試し

第5章ではクラスと例外処理について学びました。しかし、実はTypeScriptプログラミングにおいてはクラスの出番はそれほど多くありません。TypeScriptには第3章で学んだような「普通のオブジェクト」があり、型システムのサポートもクラスに引けを取らないため、クラスを使わなくても問題なくプログラムが書けてしまうのです。

今回の力試しでは、クラスの練習をしながらこのあたりの事情を実感しましょう。

5.6.1 クラスに書き換えてみる

クラスが便利なのは「メソッドを持ったオブジェクト」を作る場合です。普通のオブジェクトリテラルでもメソッド記法を使えば可能ですが（➡4.1.6）、クラスの場合は作られるオブジェクトの型名を同時に定義できるなど、プログラムをより整然と書くことができます。

ただし、「メソッドを持ったオブジェクト」が本当に必要な場合はやはり多くありません。オブジェクトに付随するメソッドではなく、ただのオブジェクトとそれとは別の関数という組み合わせでも同じことが可能だからです。

そこで、今回の力試しではまずその逆をやってみましょう。つまり、ただのオブジェクトと関数で書かれたコードをクラスを使って書きなおしてみましょう。お題となるコードはこれです。第3章の力試しを少し思い出しますね。

```
type User = {
  name: string;
  age: number;
}

function createUser(name: string, age: number): User {
  if (name === "") {
    throw new Error("名前は空にできません！");
  }
  return {
    name,
    age
  };
}

function getMessage(user: User, message: string): string {
  return `${user.name} (${user.age}) 「${message}」`;
}

const uhyo = createUser("uhyo", 26);
// "uhyo (26) 「こんにちは」" と表示される
console.log(getMessage(uhyo, "こんにちは"));
```

以上のコードではUser型は普通のオブジェクト型です。実際、関数createUserの中ではUser型に当てはまる普通のオブジェクトを作って返しています。

このコードを、Userがクラスとなるように書き換えましょう。さらに、getMessageはUserのメソッドとなるようにしてください。つまり、上の例の下3行が次のように書けるようにUserクラスを実装してみましょう。

```
const uhyo = new User("uhyo", 26);
// "uhyo (26) 「こんにちは」" と表示される
console.log(uhyo.getMessage("こんにちは"));
```

5.6.2　解説

さっそく答え合わせをしましょう。Userクラスを普通に実装するとおおよそ次のようになります。

```
class User {
  readonly name: string;
  readonly age: number;

  constructor(name: string, age: number) {
    if (name === "") {
      throw new Error("名前は空にできません！");
    }
    this.name = name;
    this.age = age;
  }

  getMessage(message: string): string {
    return `${this.name} (${this.age}) 「${message}」`;
  }
}
```

このクラス宣言では、まず2つのプロパティnameとageが宣言されています。その理由は、getMessageメソッドの呼び出しの際にこれらの情報が用いられるからです。そのため、Userインスタンスにはこれらの情報が内包されている必要があります。今回は、Userインスタンスを作った以降にnameやageを変更する予定がないので、これらのプロパティは読み取り専用プロパティとしました。

次にコンストラクタです。コンストラクタに引数として与えられたnameとageをそのままthisのプロパティにセットすることでインスタンスの初期化を行っています。また、もともとのcreateUser関数にあった「空の名前をはじく」というロジックもコンストラクタ内に移されています。この実装により、もともとのcreateUser関数の代わりにnew Userとすればよくなります。

最後に、getMessage関数をUserのメソッドとして移植しています。もともとの関数はUserオブジェクトを引数として受け取っていましたが、Userのメソッドになったのでthisがその代わりとなり、getMessageの引数は1つに減っています。

今回の力試しではクラスを使わないコードをクラスを使うように書き換えましたが、実際の現場ではむしろその逆をすることが多いかもしれません。つまり、クラスをただのオブジェクトへとリファクタリングするのです。書き換え前後でUser型の値の特徴を比較すると、getMessageがメソッドとしてUser型に備わっているのが大きな違いとなります。いわゆるクラス指向のオブジェクト指向においてオブジェクト（クラスのインスタンス）を「振る舞いを持つ値」と呼ぶのは、このような特徴を指すものです。しかし、TypeScriptにおいては「振る舞いを持つ」ことがあまりメリットになりません。書き換え前のコードのようにデータと値を分離したほうが便利なことが多くあります。また、コードのminimizationの観点からも関数をメソッドではなく独立した関数にしたほうが有利とされています。

TypeScriptにおけるクラスの特異性としては、プライベートプロパティの表現が可能なことが挙げられます。次のようにnameとageをプライベートにしてみると、Userオブジェクトに対して外から使えるのはgetMessage関数だけとなります。いわゆるカプセル化ですね。

```
class User {
  readonly #name: string;
  readonly #age: number;

  constructor(name: string, age: number) {
    if (name === "") {
      throw new Error("名前は空にできません！");
    }
    this.#name = name;
    this.#age = age;
  }

  getMessage(message: string): string {
    return `${this.#name} (${this.#age}) 「${message}」`;
  }
}
```

こうなると、外から見てUserオブジェクトにできることはgetMessageメソッドを介してメッセージを生成することだけです。もはや、getMessageメソッドがUserクラスの本体だと言っても過言ではありません。そこで、次の問題に進みます。

5.6.3 クラスを関数に書き換えてみる

前項では、Userクラスがもはや本質的には関数と同一視できるということを発見しました。つまり、Userクラスのインスタンスを作るというのは関数を1つ作っているのと変わらないのです。そこで、実際にそのようにプログラムをリファクタリングしてみましょう。

具体的には、nameとageを渡すと、Userオブジェクトの代わりに「getMessage関数」を返すような関数createUserを作ってみましょう。使い方は次のようになります。

```
const getMessage = createUser("uhyo", 26);

// "uhyo (26) 「こんにちは」" と表示される
console.log(getMessage("こんにちは"));
```

5.6.4 解説

前項の問題の答えとしては、最も簡単なものは次のように書けます。

```
function createUser(name: string, age: number) {
  return (message: string) => {
```

```
    return `${name} (${age}) 「${message}」`;
  }
}

const getMessage = createUser("uhyo", 26);

// "uhyo (26) 「こんにちは」" と表示される
console.log(getMessage("こんにちは"));
```

関数をUserと呼ぶのは奇妙な感じですが、前項の要求どおりです。ここで得られたgetMessageという関数は、引数としてmessageのみを受け取るにもかかわらず、呼び出すとuhyoや26といったデータを用いた文字列を返します。つまり、この関数はnameやageといったデータを内包しているのです。

このように、関数の中にデータが内包されているものは**クロージャ**(closure)と呼ばれます。関数createUserによって作られる関数の中では、引数として与えられたmessageだけでなく、その外側に存在するnameやageといった変数も使うことができます（このことを、関数はその関数が作られた環境への参照を持つと言います)。

クロージャは、クラスのプライベートプロパティとは別の手段によるカプセル化であると見なすことができます。カプセル化はこのような手段でも達成可能なのです。今回はもともとのUserクラスでは最終的に関数1つが本体となっていたため、ただの関数でも同様のことが可能でした。逆に、Userクラスが複数のメソッドを提供しているような場合は、ただの関数よりもクラスによるカプセル化が有用です。

今回の力試しは、クラスが本質的にどのような機能なのかを理解するために、クラスを用いるやり方とクラスを用いないやり方を比較する内容にしてみました。実際のプログラミングにおいて、クラスを使うか使わないか判断する材料としてみましょう。

第6章

高度な型

本書ではこれまで、いろいろな言語機能や構文を学習すると同時に、さまざまな型を学んできました。第2章ではstringやnumberなどのプリミティブ型を、第3章ではオブジェクト型を、第4章では関数型を学びました。また、第5章ではクラスを通じて型を宣言する方法を学びました。
しかし、TypeScriptの型システムは非常に高度かつ複雑であり、これまでに学んだ型はまだ序の口であると言わざるを得ません。この第6章では応用的な型を学習します。本章の内容を身につければ、TypeScriptプログラミングの幅が大きく広がるでしょう。

6.1 ユニオン型とインターセクション型

まずは、**ユニオン型**と**インターセクション型**について学習します。これらは日本語で言えば「または」や「かつ」を表現するための型です。

静的型付き言語は多くありますが、これらの機能を持つ言語はあまりありません。その一方で、TypeScriptではこれらの型はとてもよく使われます。その理由は、これらの型は「オブジェクト型」という型を持ち構造的部分型を採用するTypeScriptのような言語で最も力を発揮するからでしょう。

それでは、詳細を見ていくことにしましょう。

6.1.1 ユニオン型の基本

ユニオン型（union type）は、「型T**または**型U」のような表現ができる型です。日本語では**合併型**と呼ばれますが、この名称はあまり使われることがないようです。また、「直和型」と呼ばれる場合がありますが、これは正しくない（直和型はユニオン型とは別の概念である）のでご注意ください[注1]。

ユニオン型は、型TとUを用いてT | Uと書きます。|はビット演算（➡2.4.9）の演算子としても使われる記号であり一見紛らわしく思えますが、前者は型であるのに対して後者は式であるため、実際には混ざらずに区別できます。また、型を3つ以上並べてT | U | V | Wのようにすることも可能です。この場合、意味は「TまたはUまたはVまたはW」となります。

もう少し意味のある例を見てみましょう。次の例ではUser型はAnimal | Humanとして定義されているため、Animal型またはHuman型に当てはまる値はUser型にも当てはまるということになります。この例では、異なる形の2つのオブジェクトをUser型の変数に代入しています。

```
type Animal = {
  species: string;
};
type Human = {
  name: string;
}

type User = Animal | Human;

// このオブジェクトはAnimal型なのでUser型に代入可能
const tama: User = {
  species: "Felis silvestris catus"
}
// このオブジェクトはHuman型なのでUser型に代入可能
const uhyo: User = {
  name: "uhyo"
};
```

お察しのとおり、この例は「ユーザーには動物と人間の2種類がある」という場合を、言い換えれば「ユーザー

注1　「直和型」は、いわゆる代数的データ型・タグ付きユニオンと呼ばれるものを指す言葉であり、属する値が直和型を構成する型のうちどれに当てはまるかをタグにより判別できるという特徴があります。

は動物または人間である」という場合を想定しています。ユニオン型を用いることで、このようなロジックを型で表現し、「ユーザーとはUser型に当てはまるオブジェクトである」と定義することができます。ロジックを型で表現することには、TypeScriptコンパイラによる型チェックを受けられるという恩恵があります。たとえば、Userに当てはまらないオブジェクトをUser型の変数に入れようとすればコンパイルエラーが発生します。

```
// エラー: Type '{ title: string; }' is not assignable to type 'User'.
// Object literal may only specify known properties, and 'title' does not exist in type 'User'.
const book: User = {
  title: "Software Design"
};
```

ただし、このようにユニオン型を持つ値は、そのままでは扱いにくいものになります。たとえば、ある値がUser型を持つことだけがわかっている場合、実際にはそれがAnimalなのかHumanなのか不明であるということです。ゆえに、たとえば次のようにUser型のオブジェクトのnameプロパティを取得しようとすれば、コンパイルエラーとなります。

```
function getName(user: User): string {
  // エラー: Property 'name' does not exist on type 'User'.
  // Property 'name' does not exist on type 'Animal'.
  return user.name;
}
```

なぜなら、userはAnimalかもしれないしHumanかもしれないところ、nameというプロパティはAnimalには存在しないため、userがnameプロパティを持たない可能性があるからです。たとえ存在する可能性がある（userがHumanである可能性がある）としても、存在しない可能性があるならばユニオン型に対するプロパティアクセスは許可されません。

つまり、この例で作ったUser型を持つオブジェクトに対してはまったくプロパティアクセスができないのです。これでは不便ですが、心配は無用です。ユニオン型の本領はこんなものではありません。この章でそのことをじっくり学んでいきましょう。ここではひとまず、ユニオン型の構文とその意味という、基礎の基礎の部分を学びました。

ちなみに、ユニオン型は| U | Vのように先頭要素の前にも|を置くことができます。この機能は、次のようにtype文が複数行にわたる場合によく使われます。

```
type User =
  | Animal
  | Human;
```


コラム 26　2種類の「ない」：存在しないかもしれないプロパティを取得できない理由

先ほどの例では、type User = Animal | Human;として定義されたUser型を持つオブジェクトに対して、そのnameプロパティを取得することができませんでした。その理由は、nameというプロパティはHuman型にのみ存在し、Animal型には存在しないからです。そのため、User型のオブジェクトはAnimal型である可能性がある以上、nameプロパティへのアクセスはコンパイラによって禁じられています。

ところで、プロパティがあるとかないとかいう話をしていると、オプショナルなプロパティ（➡3.2.6）のことを思い出すという方も多いでしょう。オプショナルなプロパティは「あるかもしれないし、ないかもしれない」という特徴を持つプロパティであり、プロパティがない場合はundefinedが得られます。そのため、`prop?: number;`のようなプロパティ宣言があった場合、このプロパティpropの型は実際には`number | undefined`というユニオン型となります。このように「なければundefinedになる」ということはすでに学習したとおりですから、User型の場合もそれを適用することはできないのでしょうか。つまり、「Animalの場合はnameプロパティがないのでundefinedになり、Humanの場合はstringである」という考え方です。

すでにお察しのとおり、この理屈は誤りです。なぜならば、この理屈は2種類の「ない」を混同しているからです。2種類の「ない」とは、すなわち「型にない」ということと「実際にない」（あるいは「値としてない」）ということです。

「型にない」プロパティにアクセスしようとするコードはコンパイルエラーとなります。今回のUser型の場合もこちらのケースですね。一方で、「実際にない」ケースは、型にはあります。たとえば、Human型にオプショナルなプロパティageを加えてみましょう。

```
type Human = {
  name: string;
  age?: number;
};

const uhyo: Human = {
  name: "uhyo",
  age: 26
};
const john: Human = {
  name: "John Smith"
};
```

こうすると、ageがないオブジェクトとageがあるオブジェクトの両方がHuman型のオブジェクトとして受け入れられることになります。ここで、ageがないというのは「実際にない」ということです。すなわち、johnに入っているオブジェクトを見てみると、これはHuman型なので型の上ではageプロパティが`age?: number;`として存在しています。しかし、実際にjohnに入っているオブジェクトは`{ name: "John Smith" }`なのでageプロパティがありません。これが実際に、あるいはランタイムの値としてないということです。このオブジェクトに対してageプロパティの取得を試みることができますが、実際にないプロパティへのアクセスなので結果はundefinedとなります。先ほども述べたとおり、この挙動を加味してHumanのageプロパティの型は`number | undefined`となるのでした。このように、プロパティが実際にはない可能性というのを、型の上ではあるものとして扱う手段がオプショナルプロパティであると理解できます。

一方で、「型上にない」ということは、実際にないということとは別物です。だからこそ、TypeScriptは「型上にない」プロパティへのアクセスを許可しません。「どうせないならオプショナルプロパティと同じようにundefined扱いでいいのではないか」と思った方がいるかもしれませんが、そうもいかない事情があります。それは、**構造的部分型**（➡3.3.1）です。構造的部分型においては、型にないプロパティは「実際にどうなっているのかはわからない」のであり、「実際にない」とは限らないのです。たとえば次のようにすれば、ageプロパティを持つオブジェクトをAnimal型として扱うことができます。

```
type Animal = {
  species: string;
};

const cat = {
```

```
  species: "Felis silvestris catus",
  age: "永遠の17歳"
};

const animal: Animal = cat;
```

このように、Animal型のオブジェクトだからといって、ageプロパティが「実際にない」とは限りません。ですから、型にないプロパティについてはundefinedと決め打ちすることは不可能です。型にないプロパティが実際にどうなっているかはまったく不明ですから、基本的にはアクセスしても役に立たず、アクセスする意味がありません。そのため、このようなプロパティアクセスはコンパイルエラーとされます。

UserがAnimal | Humanとして定義されている場合も、Animal型の側でageが「型にない」状態になっていることから、結局User型の値のageプロパティが実際にどうなっているかはまったくわかりません。これにより、ageプロパティにアクセスするのはコンパイルエラーとなるのです。

TypeScriptの構造的部分型というしくみは、このような2種類の「ない」という概念を発生させる点が初心者泣かせです。プロパティには2種類の「ない」があるということを理解できれば一段上のTypeScript使いになれるでしょう。

6.1.2 伝播するユニオン型

次は、ユニオン型の挙動をいくつかチェックしていきましょう。まずは、プロパティアクセスです。前項で見たように、ユニオン型を持つ値においては、存在しないかもしれないプロパティに対するプロパティアクセスはコンパイルエラーとなるのでした。では、必ず存在するプロパティの場合はどうでしょうか。たとえば、User型の定義を次のように変更してみます。User型の値はAnimalまたはHumanですが、Animalの場合はageがstring型である一方、Humanの場合はageがnumber型です。

```
type Animal = {
  species: string;
  age: string;
};
type Human = {
  name: string;
  age: number;
}

type User = Animal | Human;

const tama: User = {
  species: "Felis silvestris catus",
  age: "永遠の17歳"
}

const uhyo: User = {
  name: "uhyo",
  age: 26
};
```

このような場合、User型のageプロパティは必ず存在すると言えますから、アクセスしてもコンパイルエラーが発生しません。しかし、プロパティアクセスの結果（次の例で言う変数ageの型）はどうなるでしょうか。これを自力で答えることができれば、なかなかユニオン型に対する理解度が高いと言えるでしょう。

```
function showAge(user: User) {
  // ↓コンパイルエラーが発生しない！
  const age = user.age;
  console.log(age);
}
```

答えは、ageの型はstring | number型となります。なぜなら、userはUser型、すなわちAnimalまたはHumanですが、もしuserがAnimalならばそのageプロパティはstring型である一方、もしuserがHumanならばageプロパティはnumber型になります。すなわち、ageはstring型かもしれないしnumber型かもしれないのです。これはまさにユニオン型で表すのにふさわしい状況ですね。

このように、ユニオン型に対するプロパティアクセスが可能である場合、その結果はユニオンの構成要素それぞれのプロパティの型を集めたユニオン型となります。なお、たとえばAnimalのageプロパティがnumber型だった場合はnumber | numberのような結果が予期されますが、「numberまたはnumber」は結局ただのnumberと一緒ですから、そのような場合はユニオンが消えて結果はnumber型となります。

同じようなことは、関数のユニオン型の場合にも言えます。次のMysteryFunc関数は2つの関数型同士のユニオン型です。すなわち、「stringを受け取ってstringを返す関数」かもしれないし、「stringを受け取ってnumberを返す関数」かもしれません。

```
type MysteryFunc =
  | ((str: string) => string)
  | ((str: string) => number);

function useFunc(func: MysteryFunc) {
  const result = func("uhyo");
  console.log(result);
}
```

関数useFuncは、そのような関数funcを受け取って呼び出すというちょっとした高階関数です。このとき、funcの返り値の型（すなわち変数resultの型）は何でしょうか。この問題は、ここまで説明してきた理屈と同じように考えれば難しくありません。関数funcが「stringを受け取ってstringを返す関数」ならば返り値はstring型だし、「stringを受け取ってnumberを返す関数」ならば返り値はnumber型です。よって、funcの返り値はstring | numberとなります。

なお、ユニオン型を用いると「関数かもしれないしそうでないかもしれない型」も作ることができますが、そのようなものを関数呼び出ししようとするのは当然コンパイルエラーとなります。エラーメッセージは、「ユニオンの構成要素にstringという関数でない（コールシグネチャを持たない）型が混ざっているので呼び出すことができない」というようなことを言っています。

```
type MaybeFunc =
  | ((str: string) => string)
  | string;

function useFunc(func: MaybeFunc) {
```

```
  // エラー: This expression is not callable.
  //  Not all constituents of type 'MaybeFunc' are callable.
  //    Type 'string' has no call signatures.
  const result = func("uhyo");
}
```

このように、ユニオン型に対する操作の結果はユニオン型となることが多くあります。ただし、そもそもユニオン型の構成要素がすべて操作（プロパティアクセスなど）を受け付けられることが前提条件であり、そうでない場合はコンパイルエラーとなります。ユニオン型の挙動は直感的であり、理屈で考えれば挙動を予測するのは難しくありません。この章ではユニオン型の使いどころをいろいろと解説しますから、挙動は今のうちに理解しておきましょう。

6.1.3 インターセクション型とは

インターセクション型（intersection type）はT & Uのように書き、「T型でありかつU型でもある値」を意味する型です。日本語では**交差型**と呼ぶのが一般的です。また、T & U & Vのように3つ以上並べることも可能です。

インターセクション型の原義は「かつ」ですが、実際には「**オブジェクト型を拡張した新しい型を作る**」という用途で使われることが多くあります。次の例では、これまで別物扱いしてきたAnimalとHumanの関係を見直して、「HumanはAnimalの一種である」と考えることにしました。

```
type Animal = {
  species: string;
  age: number;
}

type Human = Animal & {
  name: string;
}

const tama: Animal = {
  species: "Felis silvestris catus",
  age: 3
};
const uhyo: Human = {
  species:  "Homo sapiens sapiens",
  age: 26,
  name: "uhyo"
};
```

この例では、まずAnimal型は「string型のプロパティspeciesとnumber型のプロパティageを持つオブジェクトの型」として定義されています。次にHuman型はAnimal & { name: string; }型ですから、「Animal型である」と「string型のプロパティnameを持つオブジェクトである」という2つの条件を満たす値の型という意味になります。よく考えてみれば、これは「string型のプロパティspeciesとnumber型のプロパティageとstring型のプロパティnameを持つオブジェクトである」と言っているのと同じことですね。実は、Human型は次のように定義したのとほぼ同じ意味になります。

```
type Human = {
  species: string;
  age: number;
  name: string;
}
```

このように、オブジェクト型同士のインターセクション型を取った場合、両者が合成された（両者の両方のプロパティを持つ）オブジェクト型となります。これは&の原義からしても特段不思議な挙動ではありません。というのも、オブジェクト型は特定のプロパティを持つことによって特徴付けられる型ですから、先ほど解説したように、両方の条件を満たすためには両方のプロパティを持たなければいけなくなりますね。ですから、基本的には&の意味は「**かつ**」で覚えておけば問題ありません。

なお、必然的に、&で作られた型はそれぞれの構成要素の型の部分型となります。たとえば、今回の例ではHumanはAnimalの部分型です。これもまた、不思議なことではありません。Humanは「Animalかつ{ name: string; }」ですから、Human型の値は必然的にAnimal型の値にもなるのです。

ちなみに、異なるプリミティブ型同士のインターセクション型を作った場合はnever型が出現します。ここで出てきたnever型についてはあとで詳しく説明しますが、一言で言えば「属する値がない型」です。言い方を変えれば、never型の値を作るのは不可能です[注2]。たとえば、次のようにすればStringAndNumber型はnever型となります（VS Codeをお使いの場合は、StringAndNumberの上にマウスカーソルを乗せてみるとわかります）。

```
type StringAndNumber = string & number;
```

こうなる理由もよく考えてみればわかるはずです。StringAndNumber型は「stringであり、numberでもある」ような値を意味する型です。言い換えれば、「文字列であり数値である」ということになります。ご存知のとおり、TypeScriptでは文字列と数値は別々のプリミティブですから、「文字列であり数値である」ような値は存在しません。つまり、この条件を満たす値は存在せず、作ることができません。TypeScriptコンパイラはこのことを理解し、string & numberの結果をneverとするのです。

ただし、Animal & stringのようなものはneverになりません。一見するとこれは「オブジェクトであり、かつ文字列（プリミティブ）である」という実現不可能なことを要求しているように見えますから、neverとなっても不思議ではないように見えます。しかし、TypeScriptではオブジェクト型にプリミティブ値が当てはまることがある（➡3.7.5）ため、「**オブジェクト & プリミティブ**」の形でも即座にneverとはならないのです。

今回の場合、文字列がspeciesやageといったプロパティを持つことがないため、実際にAnimal & string型の値を作ることはやはり不可能なのですが、そのチェックは少し大変であるためTypeScriptコンパイラは今のところそこまで親切にチェックしてくれません。そのため、Animal & stringは実際には属する値がないものの、neverとはなりません。もちろん、neverにはならなくても型チェックはしっかりと行われます。実際にAnimal & stringに何か代入しようとしてもコンパイルエラーとなるため安全です。

```
// エラー: Type 'string' is not assignable to type 'Animal & string'.
//   Type 'string' is not assignable to type 'Animal'.
```

注2　一応、これまでにも何度か解説したように、TypeScriptによる型チェックをすり抜けることができる（型安全性のない）方法もありますから、そのような手段を使えばnever型の値を作ることはできてしまいます。型安全性を放棄する行為は極力避けるべきであり、そうまでしてnever型の値を作る意味はとくにありませんから、当然やるべきではありませんが。

```
const cat1: Animal & string = "cat";

// Type '{ species: string; age: number; }' is not assignable to type 'Animal & string'.
//   Type '{ species: string; age: number; }' is not assignable to type 'string'.
const cat2: Animal & string = {
  species: "Felis silvestris catus",
  age: 3
}
```

6.1.4 ユニオン型とインターセクション型の表裏一体な関係

この章ではここまでに**ユニオン型**と**インターセクション型**という2つの機能を学習しました。これらは「または」と「かつ」という逆の意味を持つ一方で、どちらも複数の型を組み合わせて新たな型を作るという点では共通していました。実は、この2つの間には深い関係があります。この関係は**関数型**を通じて観察することができます。まず、関数型のユニオン型を作ってみましょう。

```
type Human = { name: string };
type Animal = { species: string };
function getName(human: Human) {
  return human.name;
}
function getSpecies(animal: Animal) {
  return animal.species;
}

const mysteryFunc = Math.random() < 0.5 ? getName : getSpecies;
```

ここではHuman型とAnimal型を別々に定義し、それぞれを受け取る関数getNameとgetSpeciesを定義しています。最後の文に出てきているMath.randomというのは乱数を生成する関数であり、0以上1未満の数（小数）をランダムに返します。つまり、変数mysteryFuncにはgetNameが入るかもしれないし、getSpeciesが入るかもしれません。どちらになるのかは実行してみないとわからず、実行するたびに結果が変わるかもしれません。このとき、変数mysteryFuncの型は次のようなユニオン型となります。これは「Human型の値を受け取ってstring型の値を返す関数」かもしれないし、「Animal型の値を受け取ってstring型の値を返す関数」かもしれないという意味です。前者はgetNameの型であり、後者はgetSpeciesの型ですが、mysteryFuncはそのどちらになるのかわからないため、両方の可能性を表すためにユニオン型が用いられます。一般に、条件演算子の結果は真の場合と偽の場合の型のユニオン型となります[注3]。

```
((human: Human) => string) | ((animal: Animal) => string)
```

さて、このmysteryFuncを関数として呼び出したい場合はどうすればよいでしょうか。残念ながら、Human型の値やAnimal型の値でこれを呼び出すことはできません。次のような型エラーが発生してしまいます。その理由は、mysteryFuncはHumanを受け取るとは限らないのでHumanを渡すことはできないし、その一方でAnimalを受け取るとは限らないのでAnimalを渡すこともできないからです。このように、ユニオン型を持つ関数はどの関数型であるか不明であり、よってどんな引数を受け取るのか不明であることになりますから、扱

注3　もちろん、真の場合も偽の場合も結果がstringであるといった場合は、string | stringとはならずにstringとなります。「stringまたはstring」はただのstringと同じですから妥当な結果ですね。

いが困難です。

```
// エラー: Argument of type 'Human' is not assignable to parameter of type 'Human & Animal'.
//   Property 'species' is missing in type 'Human' but required in type 'Animal'.
mysteryFunc(uhyo);
// エラー: Argument of type 'Animal' is not assignable to parameter of type 'Human & Animal'.
//   Property 'name' is missing in type 'Animal' but required in type 'Human'.
mysteryFunc(cat);
```

では、どうにかしてmysteryFuncを呼び出したい場合はどうすればよいでしょうか。上のエラーメッセージをよく見ると答えが出ていますね。そう、Human & Animal型の値を引数に渡せばいいのです。Human & Animal型の値はHumanでもありAnimalでもある値ですから、mysteryFuncがHumanを受け取る関数でも大丈夫だし、Animalを受け取る関数でも大丈夫です。よって、mysteryFuncがユニオン型の2つの構成要素のうちどちらの型だったとしてもHuman & Animal型の値は求められる引数の型に合致するため、コンパイルエラーなく呼び出すことができます。

```
const uhyo: Human & Animal = {
  name: "uhyo",
  species: "Homo sapiens sapiens"
};

// エラーなく呼び出せる！
const value = mysteryFunc(uhyo);
console.log(value);
```

このように、関数型同士のユニオン型を作り、それを関数として呼び出す場合、引数の型としてインターセクション型が現れます。実際に、上の例でmysteryFunc(uhyo)のmysteryFuncにマウスを乗せて型を調べると、(arg0: Human & Animal) => stringと表示されます。これは、関数呼び出しにあたって関数同士のユニオン型が再解釈され、1つの関数型に合成されたことを示しています。その際、引数の型としては両方の引数のインターセクション型が採用されることになります。その理由はすでに説明したとおりですね。

今回学んだことは、ユニオン型とインターセクション型はまったくの無関係ではないということです。実際、このようにユニオン型からインターセクション型が生み出される場合があることがわかりました。そもそも「かつ」と「または」は論理学的にも表裏一体の関係にありますから、あまり不自然ではありません。そして、今回の内容もまた、型の意味を丁寧に考えれば理解することができるはずです。ユニオン型やインターセクション型はTypeScript以外の言語にはあまり見られない特徴的な型ですが、その実は非常に論理的な体系を持っているのです。

コラム 27

ユニオン型・インターセクション型と型の共変・反変の関係

前項でユニオン型とインターセクション型の「表裏一体な関係」を紹介しましたが、実はこれは**型の共変・反変**(➡4.3.2) と深い関係があります。例として、前項に引き続き関数のユニオン型を取る場合を考えます。

ユニオン型やインターセクション型を取るという操作は、既存の型から新たな型を作る操作であると見なすことができます。たとえば、stringとnumberから作られた新たな型がstring | numberです。同様に、前項では2つの

関数型を合成したユニオン型を作りました。具体的には、(human: Human) => stringと(animal: Animal) => stringをユニオン型でつなげることで、((human: Human) => string) | ((animal: Animal) => string)という別の型を得たのです。

これらの例のように、たいていの場合はユニオン型を用いて得た型は「ただつなげただけ」の形をしています（例外はstring | stringのようなことをした場合で、この結果はstringとなります）。その一方で、このような関数型同士のユニオン型に対して関数呼び出しを行おうとした場合、その引数の型は何か、そして返り値の型は何かということを決定しなければいけません。その際、関数型同士のユニオン型は1つの関数型に解決[注4]されます。具体的には、上記のユニオン型は(arg0: Human & Animal) => stringという1つの関数型になります。

いよいよ本題に入りますが、「関数型同士のユニオン型」を1つに合成する際に引数部分にインターセクション型が現れたという点がポイントです。このようにユニオン型からインターセクション型が発生した理由は、端的に**反変の位置にあったから**であると説明することができます。4.3.2で解説したように、関数引数というのは反変の位置にあります。関数型同士をユニオン型で合成した際、結果として得られる関数型において、反変の位置にある引数の型は、両者の引数の型の（ユニオン型ではなく）インターセクション型となるのです。逆に、共変の位置にある型の場合（たとえば返り値の型）はユニオン型のままです。たとえば、上記の例を少し変えて((human: Human) => string) | ((animal: Animal) => number)を合成しようとすれば次の関数型が得られるでしょう。

```
(arg0: Human & Animal) => string | number
```

このように、関数型同士のユニオン型を合成して新たな関数型を作る際は、結果の関数型の返り値の型は共変の位置にあるためユニオン型となる一方で、引数の型は反変の位置にあるためインターセクション型となります。ただし、実際のところこういった「共変・反変」といった概念を無理に覚える必要はありません。前項で見たように、理詰めで考えれば「関数同士のユニオン型では引数の型はインターセクション型に変換される」ということは導き出せます。共変・反変という概念はこういった実情をより理論的に整理した結果の概念であると言えます。

また、繰り返しになりますが、関数同士のユニオン型を作ってもそれが自動的に合成されるわけではないという点には注意してください。そのような型は普段はユニオン型のまま存在します。関数として呼び出される場合など、必要な場合にだけ合成が行われるのです。というのも、のちのち紹介しますが、TypeScriptではユニオン型のサポートが手厚くユニオン型に対してさまざまな操作を行うことができます。関数型同士のユニオン型が発生したからといって即座に合成してしまうと、ユニオン型であることの恩恵が受けられなくなってしまいます。そのため、TypeScriptは基本的にユニオン型をユニオン型のまま扱います。

6.1.5 オプショナルプロパティ再訪

オプショナルなプロパティは3.2.6で解説したオブジェクト型の機能で、「あるかもしれないし、ないかもしれない」プロパティを表します。今回はHumanオブジェクトは年齢が不明かもしれないという設定にしてみましょう。

```
type Human = {
  name: string;
  age?: number;
};

const uhyo: Human = {
```

注4 「解決」という言葉は、ここでは複雑な型をより簡単な型に変換することを指しています。

```
  name: "uhyo",
  age: 25
};

const john: Human = {
  name: "John Smith"
};
```

そうすると、Human型の値のageプロパティはnumber | undefined型となります。つまり、ageプロパティを取得するとnumber型の値かもしれないし、undefined型の値（つまりundefined）かもしれないということです。このように、オプショナルプロパティを持つプロパティは必然的にユニオン型を持ちます注5。本章のコラム26などでも説明したように、そもそもJavaScriptでは存在しないプロパティを取得するとundefinedになります。この挙動をTypeScriptで取り扱うために、オプショナルプロパティやユニオン型といった機構が活用されているのです。

デフォルトでは、オプショナルなプロパティに対して明示的にundefinedを入れることもできます。すなわち、次のようなコードが可能です。

```
type Human = {
  name: string;
  age?: number;
};

const john: Human = {
  name: "John Smith",
  age: undefined
};
```

このように、age?: numberは実質的にage?: number | undefinedと同じ意味として扱われます。そのため、オプショナルなプロパティにundefinedを入れることができます。

ただし、age?: numberとage: number | undefinedは意味が異なるという点には注意が必要です。前者は「ageがない」ということが許されるのに対し、後者は許されません。後者の場合、undefinedでもいいので明示的にageが存在する必要があります。後者の定義を採用した次の例では、johnのようにageにundefinedが明示的に入っているのは許される一方、taroのようにそもそもageが存在しないのは許されません。

```
type Human = {
  name: string;
  age: number | undefined;
};

const uhyo: Human = {
  name: "uhyo",
  age: 25
};
```

注5　厳密にはage?: undefinedと宣言されている場合は例外で、この場合はageプロパティの型はundefined | undefinedとなり、これはただのundefined型に解決されます。

```
const john: Human = {
  name: "John Smith",
  age: undefined
};

// エラー: Property 'age' is missing in type '{ name: string; }' but required in type 'Human'.
const taro: Human = {
  name: "Taro Yamada"
};
```

基本的に、両者が選択肢として挙がった場合は前者（age?: number）が選択されがちですが、場合によっては後者（age: number | undefined）が好まれます。前者の場合は、Human型のオブジェクトを作る際にageを省略することでundefinedの場合を表現できます。これは利便性に優れる一方で、「ageを省略した」のか「ageを書き忘れた」のか区別できないという欠点があります。プログラマーのミスはコンパイルエラーという形で検出されるのが理想的ですが、省略が許されているというのは書き忘れが許されることの裏返しですから、オプショナルなプロパティを使う場合は書き忘れてもコンパイルエラーが発生しないのです。

それでも省略できるのが望ましい場合はオプショナルなプロパティとするのが妥当ですが、「データがないかもしれない可能性」をundefinedで表したいだけであって省略自体に強い動機がない場合には後者のほうが適しています。上の例で見たように、後者の場合はageをundefinedとしたい場合にはそれを明示する必要があり、ageを与えなければコンパイルエラーとなります。こちらの方法ならばageのデータが存在する（numberである）可能性と存在しない（undefinedである）可能性があることを型で表現しつつ、書き忘れた場合にコンパイルエラーとすることができるのです。

このように、実はプロパティが「あるかもしれないし、ないかもしれない」という状況を表現する方法は2通りあります。1つはオプショナルプロパティを使う方法であり、もう1つはオプショナルプロパティを使わずにundefinedとのユニオン型を取る方法です。それぞれの使い分けは、省略を許すかどうかで決めるとよいでしょう。

さらに、TypeScript 4.4からは両者の使い分けをより明確にしてくれるコンパイラオプションであるexactOptionalPropertyTypesが追加されました。このオプションが有効の場合、age?: numberのようなオプショナルプロパティに明示的にundefinedを代入することができなくなります。つまり、次のコードはexactOptionalPropertyTypesが有効の場合にはコンパイルエラーとなるということです。

```
type Human = {
  name: string;
  age?: number;
};

const john: Human = {
  name: "John Smith",
  // exactOptionalPropertyTypesが有効の場合以下のコンパイルエラーが発生
  // エラー: Type 'undefined' is not assignable to type 'number'.
  age: undefined
};
```

オプショナルなプロパティには従来「省略可能」と「undefinedも代入可能」という2つの意味がありましたが、exactOptionalPropertyTypesの導入によってオプショナルなプロパティは前者の意味のみを持つようになりま

した。後者を表したい場合は明示的にage: number | undefinedと書く必要があります（省略可能かつundefinedも代入可能としたければ、age?: number | undefinedと書きます）。1つの記法が意味を1つだけ持つほうがよりプログラムが明確になりますから、新規TypeScriptプロジェクトでは有効にすることをお勧めします（残念ながら、本書執筆時点ではこのコンパイラオプションはデフォルトで有効ではなく、tsconfig.jsonの生成後に手動で有効化する必要があります）。

以上のように、「あるかもしれないし、ないかもしれない」ことを表すためにはundefinedとのユニオン型が使われますが、オプショナルなプロパティと組み合わせる際は用途に応じて使い分けましょう。それぞれの書き方の挙動を**表6-1**と**表6-2**にまとめました。

表6-1　exactOptionalPropertyTypesが無効の場合の挙動
（可はコンパイルエラーが出ないことを、不可はコンパイルエラーが出ることを表す）

	age?: number	age?: number | undefined	age: number | undefined
age: 123	可	可	可
age: undefined	可	可	可
省略	可	可	不可

表6-2　exactOptionalPropertyTypesが有効の場合の挙動
（可はコンパイルエラーが出ないことを、不可はコンパイルエラーが出ることを表す）

	age?: number	age?: number | undefined	age: number | undefined
age: 123	可	可	可
age: undefined	不可	可	可
省略	可	可	不可

6.1.6　オプショナルチェイニングによるプロパティアクセス

ここで、**オプショナルチェイニング**（optional chaining）という新しい構文を紹介します。この構文は第2章で解説してもよかったのですが、ユニオン型を解説してからのほうがよいと考えこの位置に持ってきました。

オプショナルチェイニングはプロパティアクセス（➡3.1.4）の亜種で、obj.propの代わりにobj?.propと書くものです。ここから、オプショナルチェイニングは**式**を作る構文であるということがわかります。オプショナルチェイニングの特徴は、**アクセスされるオブジェクトがnullやundefinedでも使用できる**ことです。

通常のobj.propというプロパティアクセスは、objがnullやundefinedである場合は使用できません。JavaScriptではnullやundefinedに対するプロパティアクセスはランタイムエラーになってしまいます。また、ランタイムエラーを防止するのがTypeScriptの使命のひとつですから、そのようなものはコンパイルエラーとして検出されます。

一方で、obj?.propの場合、objがnullやundefinedの場合でもランタイムエラーは発生せず、結果はundefinedとなります。プログラムによってはHuman | undefinedのように「nullやundefinedかもしれないオブジェクト」を扱う機会が多くあり、「Humanだったらプロパティにアクセスするが、undefinedだったらアクセスしない」という取り扱いは頻出です。

```
type Human = {
  name: string;
  age: number;
```

```
};

function useMaybeHuman(human: Human | undefined) {
  // ageは number | undefined 型
  const age = human?.age;
  console.log(age);
}
```

この例では、関数useMaybeHumanに渡されたHuman | undefined型の値がHuman型のオブジェクトだった場合、変数ageにはhuman.ageが入ります。一方、humanがundefinedだった場合、human.ageというプロパティアクセスは発生せず、human?.ageの結果はundefinedとなります。このことを反映して、変数ageの型（言い換えればhuman?.ageという式の型）はnumber | undefined型となっています。

なお、今回の場合undefinedは「Humanが存在しない」ことを表すために用いられている値です。筆者は存在しないことを表すためにundefinedを使用するのが好みですが、nullを使うという流派も存在します。その場合、引数humanをHuman | null型とすることになるでしょう。その場合でも?.を使用可能ですが、humanがnullだった場合にもhuman?.ageはundefinedとなります（nullになるわけではありません）。この結果がnullにならないというのはやや紛らわしい挙動なので、注意しましょう。

ちなみに、プロパティアクセスはhuman.ageという書き方のほかにhuman["age"]のような書き方もできましたね。こちらをオプショナルチェイニング化する場合はhuman?.["age"]とします。

そして、オプショナルチェイニングにはほかの形態もあります。まず紹介したのはプロパティアクセスのオプショナルチェイニングでしたが、ほかにも**関数呼び出し**のオプショナルチェイニングと**メソッド呼び出し**のオプショナルチェイニングがあります。前者は関数呼び出しの()の直前に?.を置きます。

```
type GetTimeFunc = () => Date;

function useTime(getTimeFunc: GetTimeFunc | undefined) {
  // timeOrUndefinedは Date | undefined 型
  const timeOrUndefined = getTimeFunc?.();
}
```

この例では関数useTimeにはgetTimeFuncという引数が与えられますが、これはGetTimeFunc型の関数かもしれないし、undefinedかもしれません。関数が与えられているときのみ呼び出したいという場合は、関数呼び出しのオプショナルチェイニングの出番です。具体的には、getTimeFunc()とする代わりにgetTimeFunc?.()とすることで、getTimeFuncがnullまたはundefinedでないときのみ関数呼び出しを行うことができます。この式の結果は、getTimeFuncが存在していれば当然ながらgetTimeFunc()という呼び出しの結果（返り値）です。一方、getTimeFuncが存在していなかった場合はやはりundefinedとなります。上の例で変数timeOrUndefinedがDate | undefined型となっているのはそのためです。関数が「あるかもしれないし、ないかもしれない」という状況は、ReactのようなUIライブラリを使うと結構現れます。たとえばコンポーネントに対して「クリックされたときに呼び出される関数」のようなものが渡される場合、クリックしても何も起こらなくていい場合は関数が渡されないかもしれませんね。そのような場合は「関数があればそれを呼ぶ」という処理が必要ですが、?.()というオプショナルチェイニング構文を用いれば簡単に書くことができます。

メソッド呼び出しのオプショナルチェイニングはobj?.method()という形をしています。これは、objが

nullやundefinedでなければobj.method()というメソッド呼び出しを行ってその結果を返し、objがnullやundefinedならばobj?.method()はundefinedとなります。一応コード例を挙げておくと、こんな感じです。

```
type User = {
  isAdult(): boolean;
}

function checkForAdultUser(user: User | null) {
  if (user?.isAdult()) {
    showSpecialContents(user);
  }
}
```

この例ではUserはisAdultメソッドを持つオブジェクトです。関数checkForAdultUserは、Userを受け取るかもしれないし受け取らない（nullが与えられる）かもしれません。それに対し、この関数はuserが存在してかつuser.isAdult()を満たす場合にのみ処理を行います。このような処理は、「ログインしていないユーザー」「ログインしているユーザー（未成年）」「ログインしているユーザー（成年済）」のような区分を扱う場合に発生しがちです。この例では、ログインしていないユーザーはnullで表され、ログインしているが未成年のユーザーはisAdult()がfalseを返すUserオブジェクトで表されます。成年済のログインユーザーはisAdult()がtrueを返すUserオブジェクトですね。この例は、与えられたuser（User | null型）がこの3パターンのうち最後のものであることを一発で判定するためにuser?.isAdult()という式を用いています。これは、userがnullでなければtrueかfalseになる一方で、userがnullならば結果がundefinedとなります。すでに学習したように、undefinedは真偽値に変換するとfalseになりますから、if文を通過できるのはuserが存在してuser.isAdult()がtrueを返す場合だけなのです。ちなみに、「未成年ユーザーのみ」といった判定もuser?.isAdult() === falseとすれば判定可能です。

以上がオプショナルチェイニングの基本の3パターンでした。基本ということは、応用もあるということです。それは、?.の後ろにプロパティアクセス・関数呼び出し・メソッド呼び出しを複数つなげるパターンです。2つ前の例を少し変えてこのようにしてみましょう。DateオブジェクトはtoString()メソッドを持ち、これは自身を文字列に変換した結果を返すものです。これは、getTimeFunc?.()の結果に対してさらにそのtoString()メソッドを呼び出しているように見えます。

```
type GetTimeFunc = () => Date;

function useTime(getTimeFunc: GetTimeFunc | undefined) {
  // timeOrUndefinedは string | undefined 型
  const timeStringOrUndefined = getTimeFunc?.().toString();
}
```

この例はとくにコンパイルエラーなどは発生しませんが、冷静に考えると少しおかしいと思った読者の方もいるかもしれません。というのも、getTimeFunc?.()はDate | undefinedなのだから、こうするとundefinedに対してtoString()メソッドを呼び出してしまう可能性があるように見えます。当然そのようなものはコンパイルエラーになるはずですが、上の例はなっていませんね。ここにオプショナルチェイニングのもう1つの特徴があります。それは、**?.はそれ以降のプロパティアクセス・関数呼び出し・メソッド呼び出しをまとめて飛ばす効果を持つ**ということです。つまり、上の例ではgetTimeFuncがundefinedだった場合、

?.().toString()という部分が全部飛ばされて、結果がundefinedとなります。一方、getTimeFuncがundefinedではなかった場合、getTimeFunc().toString()が実行されることになるのです。これなら、上のコードでエラーが出ないのも納得ですね。

?.から続く、まとめて飛ばされるひとまとまりの部分を**オプショナルチェイン**（optional chain）と呼びます。オプショナルチェインはプロパティアクセス・関数呼び出し・メソッド呼び出しから成ります。たとえば次のようなものも1つのオプショナルチェインであり、objがnullやundefinedならばまとめて飛ばされます。

```
obj?.foo["bar"]().baz().hoge
```

このような見方をすると、?.はプロパティアクセスの.に類似の構文という一面に加えて、オプショナルチェイン開始の記号という側面も持っていることがわかりますね。

6.2 リテラル型

リテラル型（literal type）は、TypeScriptにおける非常に強力な道具です。これまで説明してきた機能を使って書けるTypeScriptプログラムはすでにかなり幅広いわけですが、この節で説明する**リテラル型**を使いこなせるTypeScript使いは一段上の実力を持っていると、筆者は自信を持って言えます。

また、リテラル型は、前節で説明したユニオン型と組み合わせることで使い勝手が大きく向上します。両者はどちらもほかの言語にあまり見られない概念であり、理解に少し手間取る読者の方が多いかもしれません。それでも、TypeScriptらしいコードを書くためにはこれらの理解が非常に重要です。恐れずに読み進めていきましょう。

6.2.1 4種類のリテラル型

リテラル型は、**プリミティブ型をさらに細分化した型**です。たとえば、"foo"という型（文字列リテラルではなく型です！）が存在し、これは一種のリテラル型（その中でも文字列のリテラル型）です。そして、"foo"という型の意味は「"foo"という文字列のみが属する型」です。

```
// これは"foo"という文字列のみが属するリテラル型
type FooString = "foo";

// これはOK
const foo: FooString = "foo";

// エラー: Type '"bar"' is not assignable to type '"foo"'.
const bar: FooString = "bar";
```

このように、"foo"型には"foo"という文字列しか入れることができず、"bar"のようなほかの文字列を代入しようとするとエラーになります。別の言い方をすれば、"foo"という型を持つ変数の中身は"foo"という文字列であることが型チェックによって保証されるということです。

リテラル型という名前は、恐らくリテラルを型として使うことができるという構文に由来するのではないかと思います。"foo"のような文字列リテラルは、式として使えば"foo"という文字列を表す式になる一方で、型として使えば"foo"というリテラル型になるというように、使われる位置によって2つの意味を持つわけです。紛らわしいようにも思えますが、両者は使われている位置を見れば区別することができます。たとえば、上の例ではtype FooString =の右に来るのは型である必要があるため、その右の"foo"はリテラル型です。一方、const foo: FooString = "foo";の"foo"は式が来る場所に書かれているため、リテラル型ではなく文字列（値）としての"foo"です。最初は混乱するかもしれませんが、慣れてくれば迷わなくなるので早く慣れましょう。ちなみに、必ずしもtype文を使ってリテラル型に名前をつける必要はありません。次のように書くことも可能です（あまり意味はありませんが）。この場合、1回目の"foo"は型を書く位置にあるのでリテラル型であり、2回目の"foo"は式を書く位置にあるので値です。

```
const foo: "foo" = "foo";
```

さて、タイトルにあるように、リテラル型は4種類あります。すなわち、文字列のリテラル型・数値のリテラル型・真偽値のリテラル型・BigIntのリテラル型です。これらは、"foo"と同様に、リテラルをそのまま型として扱う構文を持ちます。

```
// 文字列のリテラル型
const foo: "foo" = "foo";
// 数値のリテラル型
const one: 1 = 1;
// 真偽値のリテラル型
const t: true = true;
// BigIntのリテラル型
const three: 3n = 3n;
```

どのリテラル型も使い方は同じです。たとえばtrueという真偽値のリテラル型は、trueという値のみが許されます。ほかの値（falseとか、3とか）はtrue型に入れることができません。

また、リテラル型は、我々が明示的に書かなくても型推論によって登場します。実は、（値としての）"foo"や26といったリテラルをプログラム中に書くと、これらの式の型としてリテラル型が推論されます。よって、リテラルを変数に代入することによって、その変数はリテラル型を得ることになります。

```
// 変数uhyoNameは"uhyo"型
const uhyoName = "uhyo";
// 変数ageは26型
const age = 26;
```

6.2.2 テンプレートリテラル型

テンプレートリテラル型（template literal type）は前項で紹介したリテラル型とはやや異なる型であり、文字列型の一種です。テンプレートリテラルは文字列のテンプレートリテラル（➡2.3.5）と深い関係にあり、構文も似ています。具体的には、テンプレートリテラル型はバッククオートで囲まれたテンプレート文字列リテラルのような構文を持ちます。ただし、${ }の中に入るのは式ではなく型です。たとえば、`Hello, ${string}!`はテンプレートリテラル型です。ここで${ }の中に入っているstringは型名のstringです。

テンプレートリテラル型は、特定の形の文字列を表します。たとえば、`Hello, ${string}!`という型は、ちょうど`Hello, ${文字列}!`の形の文字列を表す型です。よって、これに当てはまらない文字列は`Hello, ${string}!`型に代入することができません。

```
function getHelloStr(): `Hello, ${string}!` {
  const rand = Math.random();
  if (rand < 0.3) {
    return "Hello, world!";
  } else if (rand < 0.6) {
    return "Hello, my world!";
  } else if (rand < 0.9) {
    // エラー: Type '"Hello, world."' is not assignable to type '`Hello, ${string}!`'.
    return "Hello, world.";
  } else {
    // エラー: Type '"Hell, world!"' is not assignable to type '`Hello, ${string}!`'.
    return "Hell, world!";
  }
}
```


この例では関数の返り値は`Hello, ${string}!`型です。関数内の最初の2つのreturn文はこの型に当てはまる文字列を返しているので問題ありません。残りの2つはコンパイルエラーが発生します。どちらも、"Hello, world."や"Hell, world!"といった文字列が`Hello, ${string}!`型に当てはまらない（代入できない）のでコンパイルエラーとなっています。

このように、テンプレートリテラル型を使うことで、文字列が特定の形であることを型チェックすることができます。今のところ、テンプレートリテラル型を自然に使えるのは上の例のようにcontextual typing（➡4.2.4）を効かせる場合です。関数の返り値の型にテンプレートリテラル型を使うことで、返り値の文字列がそのとおりであることをチェックできます。また、次の例のようにテンプレート文字列リテラルからテンプレートリテラル型を型推論してもらうこともできますが、少しあとで紹介するas const（➡6.5.2）が必要です。

```
function makeKey<T extends string>(userName: T) {
    return `user:${userName}` as const;
}

const uhyoKey: "user:uhyo" = makeKey("uhyo");
```

このようにすると、関数makeKeyの返り値の型は型推論され、`user:${T}`型となります。これは、テンプレート文字列リテラル（`user:${userName}`）の形を見ればこの形の文字列しかあり得ないことがわかるからです。これだけの定義で、たとえばmakeKey("uhyo")という関数呼び出しの返り値は"user:uhyo"という型になり[注6]、stringよりもさらに具体的な情報が得られます。役に立つ場面は少ないかもしれませんが、きっとゼロではないはずです。

ちなみに、makeKeyの逆を行う関数はこのように作ることができます。呼び出し例からは、fromKeyの引数に"user:uhyo"が渡されたことからTが"uhyo"であるという型推論が行われることがわかります。さすがにkey.slice(5)（keyの5文字目以降を取り出すという意味です）の型はstringとなってしまうので、それをTであると認識させるところで後述のas（➡6.5.1）が必要になっています。

注6　makeKey("uhyo")としたとき型引数Tは"uhyo"型となるため、返り値は`user:${"uhyo"}`型となります。これは${ }の中身がもう確定しているのでただの文字列リテラルになり、"user:uhyo"型として扱われます。

```
function fromKey<T extends string>(key: `user:${T}`): T {
    return key.slice(5) as T;
}

// userは"uhyo"型
const user = fromKey("user:uhyo");
```

6.2.3 ユニオン型とリテラル型を組み合わせて使うケース

リテラル型は、可能な値をある特定のプリミティブ値のみに限定する機能を持ちます。たとえば、"uhyo"という文字列のみを引数に受け付ける関数はこのように作れますね。ここでの"uhyo"は型を書く位置にあるのでリテラル型であることがわかります。

```
function useUhyo(name: "uhyo") {
  // (略)
}
```

しかし、よく考えるとこのような型定義にはあまり意味がありません。渡される引数nameが"uhyo"に固定されているのなら、わざわざ引数として受け取る必要はなく、関数内で"uhyo"という文字列を直接使えばいいだけの話ですよね。

では、どのようにリテラル型を使えばよいのでしょうか。その鍵は**ユニオン型**にあります。というのも、TypeScriptにおける頻出パターンのひとつは**リテラル型のユニオン型**を作ることです。たとえば、「"uhyo"という文字列を受け取る関数」ならばあまり意味がありませんが、「"plus"または"minus"を受け取る関数」ならばどうでしょうか。ここで必要になるのは「"plus"または"minus"」という意味の型ですが、これはリテラル型とユニオン型を用いて"plus" | "minus"という型で表現できます。次の例の関数signNumberは、"plus"または"minus"という文字列のみを受け付け、ほかの文字列("uhyo"など)を渡すとコンパイルエラーとなります。

```
function signNumber(type: "plus" | "minus") {
  return type === "plus" ? 1 : -1;
}

console.log(signNumber("plus")); // 1 と表示される
console.log(signNumber("minus")); // -1 と表示される
// エラー: Argument of type '"uhyo"' is not assignable to parameter of type '"plus" | "minus"'.
console.log(signNumber("uhyo"));
```

オプションによって動作を変える関数というのは頻出のパターンです(場合によってはアンチパターンとなってしまうので気をつけないといけませんが[注7])。今回の場合は関数が2種類の処理を内包し、与えられた引数によって動作を変えています。2種類なので、文字列ではなくtrueとfalseでもいいのですが(その場合引数はbooleanでいいですね[注8])、文字列のほうがコードの意味が見てわかりやすくなります。このように、文字列全種類が必要ではなくいくつかの特定の値のみを受け付けたいという場合にユニオン型とリテラル型の組み

注7　たとえば今回の関数signNumberは非常に簡単な例として出しましたが、必ずしも良い例とは言えません。この場合は引数によって関数の動作がまったく別物になるからです。オプションによる処理の分岐が適しているのは、もっと関数の一部分の処理のみが違うような場合です。

注8　実はbooleanという型はfalse | trueというユニオン型です。ほかのプリミティブ型はユニオン型ではありません(属するプリミティブ値が無限にある、または非常に多いため)。

合わせが非常に適しています。

また、型定義に適切にリテラル型のユニオン型を使うことは、補完の面でもコーディングの助けとなります（とくに文字列型の場合）。たとえばVS Codeの場合、`signNumber`の引数に渡す文字列を入力しようとすると**図6-1**のような補完候補が出現し、`"plus"`または`"minus"`を渡せばいいことがわかりやすくなります。

図6-1　VS Codeで文字列の補完候補が表示されているところ

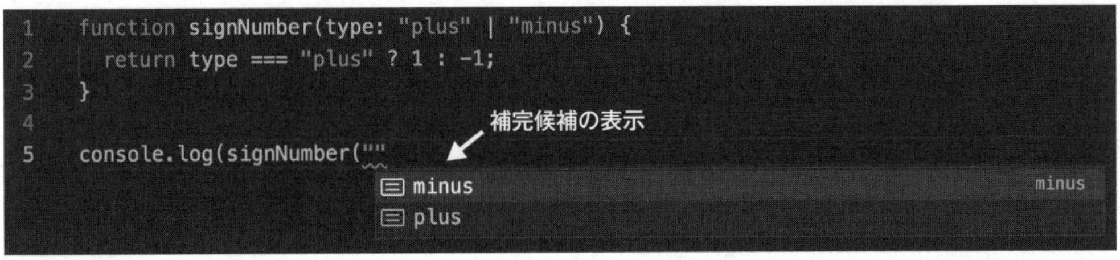
function signNumber(type: "plus" | "minus") {
return type === "plus" ? 1 : -1;
}
console.log(signNumber(""
補完候補の表示
minus
plus
minus

6.2.4 リテラル型のwidening

ここでは、リテラル型の**widening**という挙動について説明します。これは、リテラル型が自動的に、対応するプリミティブ型に変化する（広げられる）という挙動です。この挙動が発生する場面は大きく分けて2つあります。その1つは、式としてのリテラルが`let`で宣言された変数に代入された場合です。

```
// 変数uhyo1は"uhyo"型
const uhyo1 = "uhyo";
// 変数uhyo2はstring型
let uhyo2 = "uhyo";
```

この例のように、同じ`"uhyo"`という値が代入されているにもかかわらず、変数`uhyo1`と`uhyo2`は異なる型に推論されます。両者の違いは変数が`const`で宣言されているか`let`で宣言されているかだけですね。そもそも変数の型が型推論によって決められる場合（この例のように変数宣言の型注釈が省略されている場合）、その変数の型は変数の初期化子（=の右側の式）の型となるのが原則です。変数が`const`で宣言されていた場合はこのとおりになります。すなわち、すでに説明したとおり`"uhyo"`という式の型は`"uhyo"`というリテラル型なので、変数`uhyo1`の型は`"uhyo"`型であると推論されます。

一方で、`let`の場合は、**変数の型がリテラル型に推論されそうな場合はプリミティブ型に変換する**という処理が行われます。これがリテラル型のwideningです。今回は、変数`uhyo2`の型は`"uhyo"`と推論されそうになりますが、`let`で宣言された変数なので、実際の変数の型は`"uhyo"`ではなく対応するプリミティブ型である`string`になります。

このような挙動となっている理由は、`let`で宣言された変数はあとで再代入されることが期待されるからです。つまり、`let uhyo2 = "uhyo";`として宣言された変数は、あとで`uhyo2 = "john";`のような再代入が可能です。ここで`"john"`という異なる文字列を入れていますが、これができるのはまさにwideningのおかげです。もし`uhyo2`の型が`"uhyo"`型と推論されていれば、`uhyo2`に`"john"`などほかの文字列を入れることができなくなり、`let`で再代入できる意味がありませんね。

今回の場合、広げられる先は対応するプリミティブ型、すなわち`string`型です。よって、`uhyo2 = 3.14;`のように文字列以外を代入することは依然としてできません。このように「対応するプリミティブ型に広げら

れる」という挙動になっている理由は、それが最も典型的なパターンだからであると思われます。ほかの挙動が必要な場合は型注釈を明示的に書く必要があります。たとえば「文字列だけでなく数値型にすることもできる」という意図があれば、string | numberという型注釈をつけるとよいでしょう。

```
let uhyo: string | number = "uhyo";

uhyo = "john";
uhyo = 3.14;
```

逆に、すべての文字列が代入できるわけではないという場合はリテラル型のユニオン型が役に立ちますね。

```
let uhyo: "uhyo" | "john" = "uhyo";
```

さて、リテラル型のwideningが発生するもう1つのパターンは、オブジェクトリテラルの中です。たとえば、次の例で変数uhyoの型がどうなっているか調べてみましょう。

```
const uhyo = {
  name: "uhyo",
  age: 26
};
```

調べてみると、型は{ name: string; age: number }となっています。実際にnameプロパティに入っているのは"uhyo"であり、ageプロパティに入っているのは26であるにもかかわらず、オブジェクト型の中ではそれぞれstringとnumberになっています。ここでもwideningが発生していますね。正確に言えば、**オブジェクトリテラルの型が推論されるとき、各プロパティの型がリテラル型となる場合はwideningされます**。今回の場合、=の右のオブジェクトリテラルの型が推論される際、各プロパティの値を愚直に見れば{ name: "uhyo"; age: 26 }型が推論されそうなところ、wideningによって前述の型に変化するのです。

オブジェクトリテラルのプロパティ型でwideningが発生する理由は、letの変数と同様に**あとから書き換え可能だから**であると考えられます。実際、オブジェクトのプロパティはreadonlyプロパティ（➡3.2.7）でなければあとから再代入可能です。

```
const uhyo = {
  name: "uhyo",
  age: 26
};

uhyo.name = "john";
```

とはいえ、実際にはオブジェクトをあとから書き換えたい場面は多くはありません。そのような場合は下記のようにreadonlyプロパティを持つ型の型注釈を明示的に書くのが1つの策です。

```
type Human = {
  readonly name: string;
  readonly age: number;
};

const uhyo: Human = {
  name: "uhyo",
```

```
  age: 26
};
```

別の方法として、いちいち型注釈を用意したくない場合はas const（➡6.5.2）を使うのが有効です。これについてはあとで紹介するのでお待ちください。

ちなみに、オブジェクトリテラルの型についてはある種のcontextual typing（➡4.2.4）が働きます。というのも、次のTypeScriptプログラムはコンパイルエラーになりませんが、よくよく考えてみるとこの項の説明と食い違っています。

```
type Uhyo = {
  name: "uhyo";
  age: number;
};

const uhyo: Uhyo = {
  name: "uhyo",
  age: 26
};
```

というのも、const文の=の右のオブジェクトリテラルの型は、先ほどの説明によれば{ name: string; age: number }型に推論されてしまうように思われます。一方のUhyo型はnameプロパティが"uhyo"のみなので、一般のstringの可能性があるオブジェクトを受け入れられないはずです。しかし、実際にはそのようなエラーは発生しません。これが文脈の効果です。今回の場合、このオブジェクトリテラルはUhyo型がつくことが前提に型推論されます。よって、name: "uhyo"があってもそれがUhyo型の定義に合致しているので問題ないとされ、自動的なwideningは起きないのです。

ちなみに、これまでの説明では"uhyo"のような普通のリテラル型を用いて説明しましたが、テンプレート文字列リテラルから作られるテンプレートリテラル型についてもstring型にwideningされます。

また、実はコンパイルエラーにも密かにwideningが登場しています。次の2つの場合のコンパイルエラーを見比べてみましょう。どちらの関数も"uhyo"を受け取ることができないためコンパイルエラーとなります。

```
function signNumber(type: "plus" | "minus") {
  return type === "plus" ? 1 : -1;
}
function useNumber(num: number) {
  return num > 0 ? "plus" : num < 0 ? "minus" : "zero";
}

// エラー: Argument of type '"uhyo"' is not assignable to parameter of type '"plus" | "minus"'.
signNumber("uhyo");
// エラー: Argument of type 'string' is not assignable to parameter of type 'number'.
useNumber("uhyo");
```

signNumberのほうのコンパイルエラーは「Argument of type '"uhyo"' is ...」となっており、「"uhyo"型」の文字列は引数の型に合わないという意味です。一方でuseNumberの場合は「Argument of type string is ...」となっていて、引数に与えられた"uhyo"のことを「"uhyo"型」ではなく「string型」と言っています。このように、コンパイルエラーの中でもwideningが起こることがあります。基本的には、ユーザーにとってわかりやすいようにwideningされます。具体的な基準は省略しますが、今回の場合後者はそもそも文字列が受け入れられないため"uhyo"を「string型」と呼ぶ一方で、前者は文字列の中の話なので「"uhyo"型」というリテラル型のままエラーメッセージを表示しています。

6.2.5 wideningされるリテラル型・wideningされないリテラル型

実は、wideningについてはもう1つ説明しなければいけないことがあります。リテラル型の中にも**wideningされるリテラル型とwideningされないリテラル型がある**のです。前項ではリテラル型がwideningされるという説明をしましたが、それは**wideningされるリテラル型**の場合です[注9]。

実は、wideningされるリテラル型は、**式としてのリテラルに対して型推論で推論されたもの**のみです。一方で、プログラマーが明示的に書いたリテラル型は、wideningされないリテラル型になります。次の例は2種類のリテラル型の挙動を示しています。

```
// これはwideningされる"uhyo"型
const uhyo1 = "uhyo";
// これはwideningされない"uhyo"型
const uhyo2: "uhyo" = "uhyo";

// これはstring型
let uhyo3 = uhyo1;
// これは"uhyo"型
let uhyo4 = uhyo2;
```

変数uhyo1とuhyo2はともに"uhyo"型ですが、実は両者はwideningされるかどうかという点で異なっています。前者は型注釈がないため、"uhyo"という式の型がそのままuhyo1の型となります。この式に対しては"uhyo"というリテラル型が推論されますが、先ほどの説明のとおりこれはwideningされるリテラル型です。一方、uhyo2は明示的に"uhyo"型という型注釈があります。ここでの"uhyo"型は推論されたものではなくプログラム中に明示的に書かれた型ですので、wideningされないリテラル型です。

両者の挙動の違いは例の後半で現れます。前者（wideningされるほう）が初期値として代入されたuhyo3はwideningが発生してstring型となる一方で、後者（wideningされないほう）が初期値として代入されたuhyo4はwideningが発生せず、letで宣言されているにもかかわらず変数の型が"uhyo"型となります。

リテラル型がwideningされるかどうかを、見た目から判断する方法はありません。それにもかかわらず挙動が変わるというのはなかなか不親切ですが、利便性を考えてこのようになっていますので、普段のTypeScriptプログラミングでこの挙動のせいで困るということはあまりないと思われます。この挙動は頭の片隅に置いておいて、挙動が思いどおりにならないなと思ったらこの項を読み返してください。もっとも、このあたりの話は型推論に由来する性質なので、必要に応じて型注釈を書くことですべて解決してしまうのですが。

注9　ただし、前項の最後で説明したエラーメッセージに関しては常にwideningされて表示されます。これは、エラーメッセージに関しては型システム上の問題ではなくあくまでわかりやすさのためだからだと思われます。

6.3 型の絞り込み

ユニオン型のすばらしい点は、**型の絞り込み**に対応していることです。逆に言えば、型の絞り込みがあるからこそユニオン型が非常に有用な機能になっているとも言えます。

型の絞り込みとは、ユニオン型を持つ値が実際にはどちらの値なのかをランタイムに特定するコードを書くことで、型情報がそれに応じて変化することです。とくに変数に対してこれを行った場合、その結果に応じて変数の型が絞り込まれます。型の絞り込みを行うことで、与えられた値が特定の型の場合のみ処理を行うということが可能となります。

型の絞り込みは、**コントロールフロー解析**（control flow analysis）と呼ばれることもあります[注10]。

6.3.1 等価演算子を用いる絞り込み

最もベーシックな絞り込みは、等価演算子（➡2.4.4）と、if文などの条件分岐を用いるものです。例として、前節で出てきたsignNumber関数とそれを使うnumberWithSign関数を考えてみましょう。この例では、numberWithSignの中で型の絞り込みが発生しています。

```
type SignType = "plus" | "minus";
function signNumber(type: SignType) {
  return type === "plus" ? 1 : -1;
}

function numberWithSign(num: number, type: SignType | "none") {
  if (type === "none") {
    // ここではtypeは"none"型
    return 0;
  } else {
    // ここではtypeはSignType型
    return num * signNumber(type);
  }
}

console.log(numberWithSign(5, "plus"));  // 5 と表示される
console.log(numberWithSign(5, "minus")); // -5 と表示される
console.log(numberWithSign(5, "none"));  // 0 と表示される
```

関数numberWithSignの第2引数typeの型はSignType | "none"型、言い換えれば"plus" | "minus" | "none"というユニオン型です。なぜなら、SignTypeは"plus" | "minus"で、typeの引数はそれにさらに"none"を加えたユニオン型となっているからです。ポイントは、else節の中でsignNumber(type)という関数呼び出しがあることです。これは、型の絞り込みがなければ不可能です。というのも、typeは"none"の可能性がある一方でsignNumberが受け取るのは"plus"か"minus"のみですから、そのままだとコンパイルエラー

注10　TypeScriptの公式ドキュメントなどでは型の絞り込みを指してcontrol flow analysisという用語を使用しています。ただし、学問的にはcontrol flow analysisという用語はプログラムのコントロールフローグラフを計算することとして使われることが多く、必ずしも型の絞り込みを意味するものではありません。TypeScriptでは型の絞り込みの一環としてコントロールフローグラフの計算を行っていますので、それを意識して型の絞り込みのことをcontrol flow analysisと呼んでいるのだと思われます。

が発生するはずです。実際には、この例のコードではコンパイルエラーが発生しません。ここに型の絞り込みの効果が現れています。

実際に型の絞り込みが行われているのは関数numberWithSign内のif文です。条件はtype === "none"であり、これを満たした場合はreturn 0;が実行されます。ということは、else節の中ではtypeが"none"である可能性がないということです。TypeScriptコンパイラはこのことを理解し、else節の中ではtypeの型から"none"を除去します。よって、typeの型はSignType | "none"ではなくSignTypeとなります。これにより、signNumber(type)という呼び出しをコンパイルエラーを発生させずに行うことができるのです。実際、else節の中のtypeの型を調べてみましょう。VS Codeをお使いなら、typeにマウスを乗せることで調べることができます。やってみると、typeの型がSignTypeとなっており、確かに絞り込まれていることがわかります（**図6-2**）。

図6-2　VS Codeでのtypeの型の表示

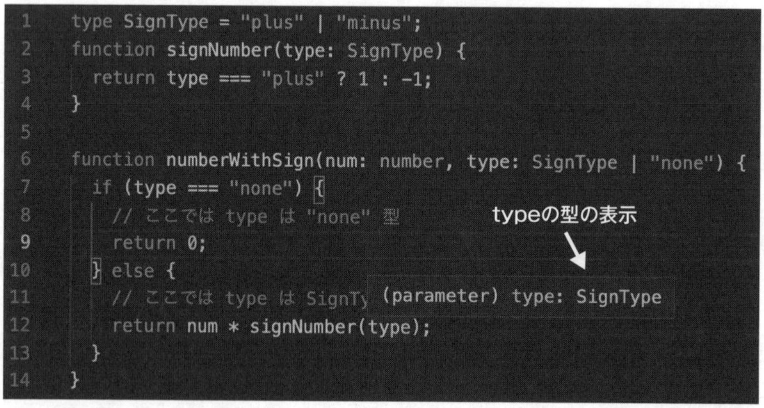
type SignType = "plus" | "minus";
function signNumber(type: SignType) {
return type === "plus" ? 1 : -1;
}
function numberWithSign(num: number, type: SignType | "none") {
if (type === "none") {
// ここでは type は "none" 型
return 0;
} else {
// ここでは type は SignTy
return num * signNumber(type);
}
}
typeの型の表示
(parameter) type: SignType

このように、条件分岐の条件を見て、位置に応じて型が変化するというのが型の絞り込みです。この例では型がSignType | "none"からSignTypeになりました。後者は前者よりも条件が厳しい（言い換えればより狭い）型ですね。

ちなみに、型の絞り込みはいろいろな書き方に対応しています。先の例の関数は次のような書き方をしてもコンパイルエラーが発生しません（すなわち、型の絞り込みが適切に行われます）。関数numberWithSign2の例は、elseを使わずに書き換えたものです。こうすると、type === "none"が満たされる場合はif文の中でreturnしてしまうため、if文の後ろに進むのはtypeが"none"でない場合のみであると判断され、先ほどと同様に型の絞り込みが起こります。また、numberWithSign3はif文ではなく条件演算子で書かれていますが、やはり型の絞り込みは有効です。

```
function numberWithSign2(num: number, type: SignType | "none") {
  if (type === "none") {
    // ここではtypeは"none"型
    return 0;
  }

  // ここではtypeはSignType型
```

```
  return num * signNumber(type);
}

function numberWithSign3(num: number, type: SignType | "none") {
  return type === "none" ? 0 : num * signNumber(type);
}

console.log(numberWithSign2(5, "minus")); // -5 と表示される
console.log(numberWithSign3(3, "plus")); // 3 と表示される
```

6.3.2 typeof演算子を用いる絞り込み

前項では等価演算子を用いる最もベーシックな型の絞り込みを紹介しましたが、次は**typeof演算子**による型の絞り込みを解説します。これは、string | numberのようなユニオン型に対して絞り込みを行いたい場合に有効です。なお、typeof演算子は、型としてのtypeof型（➡3.2.8）とは別物なのでご注意ください。こちらはtypeof 式という形の式であり、式の評価結果の値に応じて異なる文字列を返します（**表6-3**を参照）。

表6-3 typeofの結果

式の評価結果	typeof 式の結果
文字列	"string"
数値	"number"
真偽値	"boolean"
BigInt	"bigint"
シンボル	"symbol"
null	"object"
undefined	"undefined"
オブジェクト（関数以外）	"object"
関数	"function"

表からわかるように、プリミティブ値がtypeof演算子に与えられた場合、その種類に応じて異なる値が返されます。一方で、オブジェクトの場合は関数かそれ以外かによる2パターンしかなく、大雑把ですね。また、typeof nullが"object"になるという非常に例外的な仕様がありますので、要注意です。以前解説したようにnullはオブジェクトではないのでこの結果は非常に不思議ですが、歴史的経緯によりこのような動作となっているため受け入れるしかありません[注11]。

typeofの挙動の例

```
console.log(typeof "uhyo"); // "string" と表示される
console.log(typeof 26); // "number" と表示される
console.log(typeof {}); // "object" と表示される
console.log(typeof undefined); // "undefined" と表示される
```

さて、typeof演算子はユニオン型の絞り込みに使うことができます。たとえば、関数が引数としてstring | number型を受け取る場合、それが実際にはstringなのかnumberなのかによって処理を分けたい場合があ

注11 ES2015を機にtypeof nullの結果を"null"に変更しようという動きがありましたが、うまくいきませんでした。

るでしょう。これは次のようにすれば可能です。

```
function formatNumberOrString(value: string | number) {
  if (typeof value === "number") {
    return value.toFixed(3);
  } else {
    return value;
  }
}

console.log(formatNumberOrString(3.14));    // "3.140" と表示される
console.log(formatNumberOrString("uhyo")); // "uhyo" と表示される
```

この関数formatNumberOrStringは、引数valueがstringかnumberかわからない状況で、それがnumberならばtoFixedメソッド（これは数値に存在するメソッドです）を呼び出した結果を返す一方、stringならばそのまま返すという処理を行います。ここで、if文とtypeof演算子による型の絞り込みが行われています。試しにif文の中で変数valueの型を調べてみると、numberと表示されます。

つまり、if文の中に入れるのはtypeof value === "number"が満たされるときのみであり、valueがstring | number型であるところ、この条件を満たすのはvalueがnumberの場合のみです。TypeScriptはやはりこれを検知し、型の絞り込みを行います。今回の場合、toFixedはnumberに存在しstringには存在しないメソッドですから、型の絞り込みがないとtoFixedの呼び出しを行うことができませんね。ちなみに、今回のif文のelse側ではvalueはstring型となります。これは自然な挙動ですね。

6.3.3 代数的データ型をユニオン型で再現するテクニック

強力な型システムを持つプログラミング言語は、よく**代数的データ型**（algebraic data types; ADT）の機能を持っています。これはいくつかの種類に分類されるデータを表すための型・データ構造で、**タグ付きユニオン**（tagged union）や**直和型**といった別名もあります。TypeScriptには代数的データ型の機能がありませんが[注12]、オブジェクト型とユニオン型を用いて擬似的に代数的データ型を再現することができます。

代数的データ型は非常に強力な機構ですから、擬似的なものとはいえTypeScriptにおいてもやはりとても強力です。とくに、これは「**扱うデータの形と可能性を型で正確に表現する**」ということに大きく貢献します。これができるエンジニアはTypeScript力に優れていると言えるでしょう。

TypeScriptで擬似的な代数的データ型を作るには、ユニオン型の構成要素であるオブジェクト型のそれぞれに“タグ”となるプロパティを付け加えます。言葉で説明するのは少し難しいので、例を見ましょう。今回は、「ユーザーは動物または人間である」という例をまた用います。

```
type Animal = {
  tag: "animal";
  species: string;
}
type Human = {
  tag: "human";
  name: string;
```

注12　代数的データ型は文法・ランタイムのサポートが必要であり、JavaScriptをベースとする言語であるTypeScriptには実現が難しいからです。

```
}
type User = Animal | Human;
```

これは6.1.1項に出てきた例と少し似ていますが、Animal型とHuman型にtagプロパティが与えられている点が異なります。これらのプロパティの型は文字列のリテラル型ですね。たとえば、次の例のtamaやuhyoのようなオブジェクトをUser型に代入することができますが、alienはできません。エラーメッセージを読めば、tagプロパティに指定しようとしている"alien"は"animal"でも"human"でもないのでだめだということを言っています。

```
const tama: User = {
  tag: "animal",
  species: "Felis silvestris catus"
};
const uhyo: User = {
  tag: "human",
  name: "uhyo",
};

// これは代入できない
const alien: User = {
  // エラー: Type '"alien"' is not assignable to type '"animal" | "human"'.
  tag: "alien",
  name: "gray"
};
```

さて、このようにユニオン型を定義すると、ユニオン型の値を扱う側にとって便利になります。たとえば、与えられたユーザーの名前（name）を取得する関数getUserNameを定義してみましょう。ただし、ユーザーが動物（Animal）の場合は名前がないので"名無し"とします。この関数は次のように実装できます。

```
function getUserName(user: User) {
  if (user.tag === "human") {
    // ここではuserはHuman型
    return user.name;
  } else {
    // ここではuserはAnimal型
    return "名無し";
  }
}

const tama: User = {
  tag: "animal",
  species: "Felis silvestris catus"
};
const uhyo: User = {
  tag: "human",
  name: "uhyo",
};

console.log(getUserName(tama)); // "名無し" と表示される
console.log(getUserName(uhyo)); // "uhyo" と表示される
```

実は、ここでも型の絞り込みが発生しています。すなわち、userはもともとUser型でありAnimalなのかHumanなのか不明でしたが、user.tag === "human"という条件を満たす場合はuserはHuman型であるという絞り込みが行われています。これにより、if文の中ではuser.nameにアクセスすることが可能です。このnameプロパティはAnimalには存在しないので、絞り込みがないとuser.nameにアクセスすることはできません。ちなみに、user.tagには絞り込みを行わなくてもアクセスできます。なぜなら、tagはAnimalにもHumanにも存在するからです。

このような絞り込みが起きる理屈は、冷静に考えてみればわかります。型情報によれば、tagプロパティはオブジェクトがAnimalならば"animal"であり、オブジェクトがHumanならば"human"です。となれば、tagの値が何かを調べればオブジェクトがAnimalなのかHumanなのか判別できるのです。このような「判別用の情報（タグ）」を持つのが代数的データ型の特徴であり、TypeScriptではタグを「リテラル型を持つプロパティ」として表現します[注13]。

これはTypeScriptにおける極めて基本的な設計パターンです。複数種類のデータが混ぜて扱われ得る場合は、それぞれを別々の型で表したうえでタグを型に付与します（例で言うAnimalやHuman型）。そしてそれらのユニオン型を取れば、「扱われ得るすべてのデータ」を表す型となります（User型）。そして、そのデータを使う側はタグを頼りに型の絞り込みを行い、データの種類に応じた処理を行うことができます。このように、タグをつけることにより、任意のオブジェクト型で型の絞り込みの恩恵を受けることができます。これが（擬似的な）代数的データ型の威力なのです。

なお、TypeScriptは原理的に、型のリフレクション（ランタイムに型情報を取得すること）が不可能です[注14]。すなわち、「userの値がHuman型ならば」といった条件を直接書くことができません。それを補うために、ランタイムに見えるデータとしてtagを付与していると考えることも可能です。TypeScriptコンパイラはそのパターンを検知し、ちゃんと型の絞り込みを行ってくれるのです。

ここではtagという名前のプロパティを用いましたが、tagだとプログラムの読み手に意味が伝わりにくいかもしれませんので、場合に応じて適切な名前を使いましょう。筆者はとくに理由がなければtypeという名前にします。

6.3.4　switch文でも型を絞り込める

ここまでは、if文や条件演算子（? :）を用いて型の絞り込みを行ってきました。実は、ほかの方法でも型の絞り込みは可能です。その中でもよく使われるのが**switch文**です。

たとえば、前項で出てきたgetUserName関数はswitch文を用いて次のように書き換えられます。

```
type Animal = {
  tag: "animal";
  species: string;
}
type Human = {
  tag: "human";
  name: string;
```

注13　一応、tag: numberとtag: stringのようにリテラル型以外をタグとすることも不可能ではありませんが、ほぼすべての場面でリテラル型（とくに文字列のリテラル型）がタグとして使われるようです。

注14　一応emitDecoratorMetadataというコンパイラオプションを使えばできないこともありませんが、これを使うのはさまざまな理由からお勧めしません。

```
}
type User = Animal | Human;

function getUserName(user: User): string {
  switch (user.tag) {
    case "human":
      return user.name;
    case "animal":
      return "名無し";
  }
}
```

このswitch文の意味は、「user.tagが"human"ならreturn user.name;を実行し、user.tagが"animal"ならreturn "名無し";を実行する」という意味ですね。UserがAnimal | Humanであるという前提では、前項のif文による実装と同じです。今回も、case "human":に合致するのはuserがHuman型の場合のみですから、そのcase節の中ではuserがHuman型となりuser.nameへの参照が許されます。

このように擬似ADTに対する型の絞り込みを行う場合は、switch文を使うほうが一般に有利です。とくに、User型の定義をあとから変える必要が生じた場合を考えてみましょう。たとえば、Userの種類としてRobotを増やしてみます。


```
type Animal = {
  tag: "animal";
  species: string;
}
type Human = {
  tag: "human";
  name: string;
}
type Robot = {
  tag: "robot";
  name: string;
}
type User = Animal | Human | Robot;

function getUserName1(user: User): string {
  if (user.tag === "human") {
    return user.name;
  } else {
    return "名無し";
  }
}
// エラー: Function lacks ending return statement and return type does not include 'undefined'.
function getUserName2(user: User): string {
  switch (user.tag) {
    case "human":
      return user.name;
    case "animal":
      return "名無し";
  }
}
```

こうすると、getUserName1（if文のバージョン）はコンパイルエラーが発生しませんが、getUserName2（switch文のバージョン）はコンパイルエラーが発生しました。後者のコンパイルエラーは、「return文がなく、返り値がundefined型を含まない」ということを言っています。つまり、今やuser.tagは"robot"である可能性があるのに、その場合に関数がreturnしないということを検知してエラーが発生しているのです。TypeScriptでは、returnしなかった関数はundefinedを返すと見なされますが、getUserName2の返り値はstring型とされているため、型が合わないと見なされてこのようなメッセージになります[注15]。それに対して、if文のバージョンはエラーが発生しません。なぜなら、user.tagが"robot"の場合もelseケースで対応され、返り値が返されるからです。

Userの定義を変更した場合、それに伴ってコンパイルエラーが発生するほうが望ましいでしょう。なぜなら、そのほうがUserの定義変更と同時に変更すべき箇所が明らかになるからです。今回の場合は次のように変更すればよいですね。

```
function getUserName2(user: User): string {
  switch (user.tag) {
    case "human":
      return user.name;
    case "animal":
      return "名無し";
    case "robot":
      return `CPU ${user.name}`;
  }
}
```

ユニオン型の構成要素が増えそうな場合は、switch文による分岐をぜひ検討してください。ちなみに、このようにswitchを使うと、TypeScriptは「getUserName2は必ずstringを返す」ということを認識します（だからこそ返り値の型注釈がstringでもコンパイルエラーが起きません）。ユニオン型に対してswitch文を使用した場合、default節がなくても適切にcase節を並べただけで「すべての場合を網羅した」と認めてもらえるのです。これもTypeScriptの型の絞り込み機能の一部です。

6.4 keyof型・lookup型

この節では、**keyof型**と**lookup型**という2つの重要な機能を紹介します。これらの機能はTypeScriptの機能の中でも比較的高度な部類の機能ですが、使いこなせると強力な武器となります。

6.4.1 lookup型とは

まず、**lookup型**について説明します。これはT[K]という構文を持つ型で、TとKは両方とも何らかの型です。多くの場合、Tとしてはオブジェクト型が、Kとしては文字列のリテラル型が用いられます。そして、T[K]は

注15　ちなみに、noImplicitReturnsというコンパイラオプションを有効にした場合、返り値の型注釈にかかわらず「場合によってreturnする場合もしない場合もある」というプログラムは問答無用でコンパイルエラーになります。本書の設定では有効化していませんが、このオプションはお勧めです（➡9.2.5）。

Tというオブジェクト型が持つKというプロパティの型となります。

例によって具体例を見たほうが伝わりやすいでしょう。次の例をご覧ください。

```
type Human = {
  type: "human";
  name: string;
  age: number;
};

function setAge(human: Human, age: Human["age"]) {
  return {
    ...human,
    age
  };
}

const uhyo: Human = {
  type: "human",
  name: "uhyo",
  age: 26,
};

const uhyo2 = setAge(uhyo, 27);
console.log(uhyo2); // { "type": "human", "name": "uhyo", "age": 27 } と表示される
```

この例では、関数setAgeの第2引数の型にlookup型が使われています。具体的にはHuman["age"]という型が書かれていますね。先ほどの説明に即して考えれば、これは「Human型のageプロパティの型」、すなわちnumber型です。実際、後ろから2行目を見ると、setAgeの第2引数に27というnumber型の値を渡しています。

この場合はageの型としてHuman["age"]ではなくnumberと書くこともできますが、わざわざlookup型を使う場合は「同じことを二度書かない」(いわゆるDRY) ことがおもな目的となります。たとえば、Human型のageプロパティがbigint型に変更された場合を考えましょう。関数setAgeは「与えられたHumanオブジェクトのageを書き換えた新しいオブジェクトを作って返す」という意味ですが、lookup型を使用していることにより、第2引数の型はHumanの変更に追随して自動的にbigintになります。さすがにsetAgeを使用する側には変更が必要ですが、それはしかたがありません。実際にHumanを変更してみると、以下のようになります。

```
type Human = {
  type: "human";
  name: string;
  age: bigint; // ←ここをbigintに変更
};

function setAge(human: Human, age: Human["age"]) {
  return {
    ...human,
    age
  };
}

const uhyo: Human = {
```

6

高度な型

```
  type: "human",
  name: "uhyo",
  age: 26n, // ←ここをBigIntリテラルに変更
};

const uhyo2 = setAge(uhyo, 27n); // ←ここもBigIntリテラルに変更
console.log(uhyo2);
```

Humanのageプロパティをbigint型に変更したことで、Humanオブジェクトを作る部分が変化していますね。注目に値するのは、関数setAgeが何も変わっていないことです。先ほど説明したように、lookup型を使うことでsetAgeは自動的にHumanの変更に追随しています。このように、**型情報を再利用する**のがlookup型の最も基本的な使い方です。

ただし、lookup型をあまり使い過ぎるのはよくありません。なぜなら、lookup型は一見して具体的な型がわからないという欠点を持つからです。Human["age"]と書いてあっても、それがnumberなのかbigintなのかはHumanの定義を調べないと判明しません。ですから、lookup型は「Humanオブジェクトのageプロパティから取った値を引数として渡してほしい」というような意思表示をしたい場合に使うのが適していると言えます（その点では、上の例はベストな例とは言えませんでしたね）。

この項で紹介したlookup型は一見すると地味な機能ですが、さまざまな応用可能性を秘めています。それは追々解説していくことにしましょう。

6.4.2　keyof型とは

ここで解説する**keyof型**は、オブジェクト型からそのオブジェクトのプロパティ名の型を得る機能です。具体的には、keyof型は型Tに対してkeyof Tと書きます。まずは非常に単純な例を見てみましょう。

```
type Human = {
  name: string;
  age: number;
};

type HumanKeys = keyof Human;

let key: HumanKeys = "name";
key = "age";
// エラー: Type '"hoge"' is not assignable to type 'keyof Human'.
key = "hoge";
```

この例ではHumanKeys型がkeyof Humanとして定義されています。Humanというオブジェクト型に存在するプロパティはnameとageですから、keyof Humanは"name" | "age"という型になります。このように、プロパティ名というのは文字列ですから、典型的にはkeyof型の結果は文字列のリテラル型となります。プロパティが複数ある場合は、このようにそれらすべてのユニオン型となります。つまり、keyof Humanというのは Human型のオブジェクトのプロパティ名すべてを受け入れる型であるということです。実際、上の例のkeyは"name"や"age"という文字列を代入することができますが、"hoge"のようにHumanのプロパティ名でない文字列を代入することはできません。

たったこれだけで説明できてしまう機能ですが、keyof型は非常に奥が深い存在です。その理由のひとつは、

これが型から別の型を作ることができる機能だからです。たとえば、上の例ではHumanという型から別のHumanKeysという型を作っています。単なる型宣言や型推論の結果ではなく、すでにある別の型を発展させるという、いわゆる「型レベル計算」の第一歩となるのがこのkeyof型なのです。

もう1つ面白い例を紹介します。今度はtypeof（➡3.2.8）と組み合わせる例です。

```
const mmConversionTable = {
  mm: 1,
  m: 1e3,
  km: 1e6,
};

function convertUnits(value: number, unit: keyof typeof mmConversionTable) {
  const mmValue = value * mmConversionTable[unit];
  return {
    mm: mmValue,
    m: mmValue / 1e3,
    km: mmValue / 1e6
  };
}

// { "mm": 5600000, "m": 5600, "km": 5.6 } と表示される
console.log(convertUnits(5600, "m"));
```

この例で定義した関数convertUnitsは、数値とその数値の単位（ミリメートル・メートル・キロメートルのいずれか）を引数で受け取って、それを3つの単位すべてで表したオブジェクトを返します。内部実装は、どの単位の値が渡されてもいったんミリメートル（mmValue）に変換してからメートル・キロメートルに再変換するようになっています。

ポイントは、引数unitの型であるkeyof typeof mmConversionTableです。これは、keyofに対してtypeof mmConversionTableという型が与えられていると見ることができます。このtypeof mmConversionTableは「変数mmConversionTableの型」という意味で、具体的には{ mm: number; m: number; km: number; }型となります。それに対してkeyofを適用するので、引数unitの型は結局"mm" | "m" | "km"となります。つまるところ、mmConversionTableのプロパティ名を文字列で引数unitに渡すことができるということです。このように、keyof typeof <u>変数</u>というパターンが使われることがよくあります。

実際、次のようにconvertUnitsに関係ない文字列を渡すとコンパイルエラーとなります。

```
// Argument of type '"kg"' is not assignable to parameter of type '"mm" | "m" | "km"'.
convertUnits(5600, "kg");
```

また、この例で注目すべきところはもう1つあります。それは、関数内1行目のmmConversionTable[unit]というところです。これはmmConversionTableに対するプロパティアクセスですが、これはunitが"mm" | "m" | "km"型だから可能なことです。これらの文字列はいずれもmmConversionTableに存在するプロパティの名前ですから、コンパイルエラーを出さずにアクセスが可能なのです。実際、引数unitの型をstringに変えてみれば、この箇所でコンパイルエラーが発生します[注16]。

注16 このエラーメッセージはnoImplicitAny（➡9.2.3）の関与を示唆するものになっています。実際、noImplicitAnyオプションを無効にするとこのコンパイルエラーは出なくなります。ただし、その場合mmConversionTable[unit]の型がany型となりプログラムの安全性が著しく損なわれるので、そのような方法による解決は避けるべきです。

```
function convertUnits(value: number, unit: string) {
  // エラー: Element implicitly has an 'any' type because expression of type 'string' can't be used
to index type '{ mm: number; m: number; km: number; }'.
  //         No index signature with a parameter of type 'string' was found on type '{ mm: number; m:
number; km: number; }'.
  const mmValue = value * mmConversionTable[unit];
  return {
    mm: mmValue,
    m: mmValue / 1e3,
    km: mmValue / 1e6
  };
}
```

このように、typeof keyof mmConversionTableという型注釈により、mmConversionTableへのプロパティアクセスが可能な名前のみに引数unitの値を制限することができ、それにより関数内でmmConversionTable[unit]というアクセスが可能となっています。この実装の面白いところは、typeofのおかげでmmConversionTableの実装を変えれば自動的に関数の型定義が追随するということです。たとえば、次のようにmmConversionTableにcmプロパティを追加すると、関数convertUnitsを変えなくても自動的に引数に"cm"を渡すことができるようになります。

```
const mmConversionTable = {
  mm: 1,
  cm: 10, // ←この行を追加
  m: 1e3,
  km: 1e6,
};

function convertUnits(value: number, unit: keyof typeof mmConversionTable) {
  const mmValue = value * mmConversionTable[unit];
  return {
    mm: mmValue,
    m: mmValue / 1e3,
    km: mmValue / 1e6
  };
}

// { "mm": 3000000, "m": 3000, "km": 3 } と表示される
console.log(convertUnits(300000, "cm"));
```

このように、typeofを使うと値（mmConversionTableオブジェクト）から型を作り出すことができ、keyofでさらにそれを加工して使うというパターンはなかなか有用です。頻繁に出てくるものではありませんが、覚えておいてここぞというときに使えるとTypeScript使いとしての格が一段上がるでしょう。

6.4.3　keyof型・lookup型とジェネリクス

さらにkeyofの話は続きます。TypeScriptにはジェネリクス（型引数を持つ関数）の機能がありますが、keyofはこのような**型変数**（型引数のように具体的な中身がわからない型）と組み合わせて使うことができます。型変数とkeyofが関わるとコードの抽象度が上がって理解がやや難しくなりますが、使いこなせば非常に強力

です。ここでは最も単純な、それでいて示唆に富んだ例をお見せします。

```
function get<T, K extends keyof T>(obj: T, key: K): T[K] {
  return obj[key];
}

type Human = {
  name: string;
  age: number;
}

const uhyo: Human = {
  name: "uhyo",
  age: 26
};

// uhyoNameはstring型
const uhyoName = get(uhyo, "name");
// uhyoAgeはnumber型
const uhyoAge = get(uhyo, "age");
```


ここで定義したget関数は非常に単純で、obj[key]を返すだけです。たとえばget(uhyo, "name")はuhyo["name"]なので、"uhyo"が返されます。同様に、get(uhyo, "age")は26です。

ポイントとなるのは、引数によってgetの返り値の型が異なるということです。実際、変数uhyoNameの型を調べるとstring型であり、uhyoAgeはnumber型となり、正しく推論されています。このように場合によって返り値の型が異なる関数は、TypeScriptではジェネリクスで表現します[17]。関数getはTとKという2つの型引数を持ちますが、getの呼び出し時には明示的にTやKに与えられる型は指定されていません。この場合、型引数は引数の値から推論されます。具体的に何が推論されているかはお使いのエディタで調べることができます。たとえばVS Codeの場合、1つめのget呼び出しのgetにマウスカーソルを乗せると次のように表示されるでしょう。

```
function get<Human, "name">(obj: Human, key: "name"): string
```

これは、型引数TはHuman型に、Kは"name"型（これは文字列のリテラル型ですね）に推論されたことを表しています。ついでに、返り値のT[K]がこの場合string型になることもわかります（これは6.4.1で解説したとおりですね）。このような推論結果になる理由は簡単です。Tは第1引数の型ですから、第1引数に渡された値の型がTになります。今回の引数はobjでこれはHuman型なので、TはHuman型と推論されます。同様に、Kも第2引数から推論されて"name"型になります[18]。

関数getの返り値はT[K]ですから、TやKによって返り値の型も変わることになりますね。これが、get(uhyo, "name")とget(uhyo, "age")で返り値の型が異なる理由です。

さて、型引数Kにはextends keyof Tという制約がついています。これは、Kはkeyof Tの部分型でなければいけないという制約です（➡3.4.3）。TがHumanの場合はkeyof Tは"name" | "age"ですから、Kはこれの部分型でなければいけません。具体的には、"name"や"age"、そして"name" | "age"といった型が相当しま

注17 ほかに関数オーバーローディングという手段もありますが、本書では扱いません。

注18 ただし、多くの場合、型引数はリテラル型ではなくそれをwideningした型（string）に推論されます。今回はKにextends keyof Tという制約がついていることでKの推論結果がwideningされずにリテラル型となっています。

す。これが意味することは、次のような関数呼び出しはコンパイルエラーではじくことができるということです。なぜなら、第2引数の"gender"という型はkeyof Humanの部分型ではないためKの条件を満たすことができないからです。

```
// エラー: Argument of type '"gender"' is not assignable to parameter of type 'keyof Human'.
const uhyoGender = get(uhyo, "gender");
```

では、試しにKからextends keyof Tという制約を外してみましょう。実は、そうすると次のようなコンパイルエラーが発生します（T[K]のところとobj[key]のところの2ヵ所で同じエラーが発生します）。

```
// エラー: Type 'K' cannot be used to index type 'T'.
function get<T, K>(obj: T, key: K): T[K] {
  return obj[key];
}
```

このコンパイルエラーが発生する理由は、T[K]というlookup型が正しいかどうかわからないからです。T[K]の意味からすると、Tは何らかのオブジェクト型で、Kはそのオブジェクト型が持つプロパティ名のリテラル型でなければいけません。これがT[K]が使用できる条件であり、TとKに何の制約もない状態ではこれが満たされるとは限らないため、上述のコンパイルエラーが発生します。では、T[K]を使えるようにすればどうすればよいでしょうか。お察しのとおり、それがK extends keyof Tという制約です。この制約があれば、KはTが持つプロパティ名の型であることが保証されます。よって、T[K]が可能になるのです。ちなみに、obj[key]という式については、objがT型でkeyがK型であることから、この式の型はT[K]型と推論されます。ですから、前述の理屈はこの式にも適用され、同じコンパイルエラーが発生していました。

ここでのポイントは、keyofは型引数に対してもこのように有効に働くということです。関数getが定義される段階では、Tが具体的にどんな型になるのかまだわかりません。その状態でもTに対してkeyofを使うことができ、さらにはTypeScriptコンパイラがそれを認識してT[K]が可能か不可能かの判断に利用してくれるということが、keyofの強力な点なのです。

6.4.4　number型もキーになれる?

これまで、keyofによって得られるキー名は文字列のリテラル型であるとしてきました。しかし、実はこれは正確ではありません。キー名はnumber型や数値のユニオン型になることもあるからです[注19]。この挙動は厄介な仕様であまり役に立つこともないのですが、知らないと戸惑うことがあるのでここで紹介しておきます。

具体的には、数値をキーとするプロパティをオブジェクト型（またはオブジェクトリテラル）で定義した場合に発生します。次の例では、Objという型が0と1というプロパティを持っていますが、これは型の上では文字列ではなく数値がキーであるものとして扱われます。その証拠に、keyof Objは0 | 1という型、すなわち数値のリテラル型（0と1）のユニオン型となります。

ややこしいことに、これはあくまで型の上での話です。実際の実行時の挙動としては、数値と文字列という区別はありません（文字列に統一して扱われます）。そのため、オブジェクトリテラルの中で"1"と文字列リテラルを使ってプロパティを宣言したり、obj["0"]のように文字列のプロパティ名でプロパティアクセスしたりしても問題ありません（コンパイルエラーも発生しません）。あくまで、型の上で数値型のキー名が現れるか

注19　それ以外にsymbol型になる場合もありますが、本書では取り扱いません。

もしれないという話です。

```
type Obj = {
  0: string;
  1: number;
}

const obj: Obj = {
  0: "uhyo",
  "1": 26
};

obj["0"] = "john";
obj[1] = 15;

// ObjKeysは 0 | 1 型
type ObjKeys = keyof Obj;
```


これに関連して、1つ注意しなければいけないことがあります。それは、Tが不明なときにkeyof Tが文字列（string）とは限らないということです。前回出てきた関数getを少し変更してみればそのことがわかります。

```
function get<T, K extends keyof T>(obj: T, key: K): T[K] {
  // エラー: Type 'string | number | symbol' is not assignable to type 'string'.
  //         Type 'number' is not assignable to type 'string'.
  const keyName: string = key;
  return obj[key];
}
```

ここでは、keyをstring型の変数に代入したことでエラーが発生しています。keyの型はKであり具体的なことはわからない状態ですが、エラーメッセージではkeyの型がstring | number | symbolとされています。これはKが取り得るすべての型を含んだもの（難しい言葉で言えば、Kの上界）です。Kにはextends keyof Tという制約がありますが、実はどんなTが来てもkeyof Tはstring | number | symbolの部分型になります（上で示したような場合があるためstringでは不足です）。つまり、K extends keyof Tだから、Kも必ずstring | number | symbolの部分型になります。逆に、それ以上の情報が不明な状況では、keyを単独で使う際にはどんな場合でも対応できるようにkeyをstring | number | symbol型として扱わざるを得ません（より一般には、S extends Tという状況でSの情報がない場合には、SをT型として扱えば安全性を担保できるため、TypeScriptはそのように型検査を進めます）。

今回、string | number | symbolは明らかにstringの部分型ではありませんから、K型の値keyはstring型の変数keyNameに代入できません。上記のコンパイルエラーはこのことを示しています。もしキーがstringである保証が必要な場合は、次のようにKに制限を加える必要があるでしょう。

```
function get<T, K extends keyof T & string>(obj: T, key: K): T[K] {
  const keyName: string = key;
  return obj[key];
}
```

このようにすれば、Kはstringの部分型であるという制限を持つため、K型のkeyをkeyNameに代入できるようになります。

この項の内容は、keyofを扱っているときに急にnumberやsymbolなどと言っているコンパイルエラーが出た場合に役に立つかもしれません。頭の片隅にでも入れておきましょう。

6.5 asによる型アサーション

この節では、**型アサーション**について説明します。まずお伝えしたいことは、**型アサーションの使用はできるだけ避けるべき**であるということです。なぜなら、型アサーションはTypeScriptが保証してくれる型安全性を意図的に破壊する機能だからです。

では、そんな危険な機能がなぜ存在するのでしょうか。また、使いどきはいつ訪れるのでしょうか。その答えは、**TypeScriptの型推論も完璧ではない**ということです。とくに、型の絞り込み（➡6.3）の機能は強力ですが、絞り込みがいつでも完全に機能するわけではありません。我々が型の絞り込みを期待する場面でも、TypeScriptがうまく絞り込みを行ってくれないこともあります。そのようにTypeScriptの知恵が足りない場合に、それを補うために型アサーションを使うことができます。

6.5.1 型アサーションを用いて式の型をごまかす

型アサーションは<u>式</u> as <u>型</u>という構文で、その式の型を強制的に変えるという意味です。ただし、これは2.3.10で解説したような「値の変換」とは別の話であるということに注意が必要です。型アサーションでは、実際の「値」に対しては何も起こらずに、TypeScriptコンパイラが認識する「型」だけが変化します。「値」と「型」の区別はTypeScriptのとくにややこしいところなので、理解があいまいな方はこの機会にしっかり区別をつけましょう。

まずは、よろしくない例からお見せします。型アサーションを使うと、string | number型の値を強制的にstring型の値にすることができます。

```
function getFirstFiveLetters(strOrNum: string | number) {
  const str = strOrNum as string;
  return str.slice(0, 5);
}

// "uhyoh" と表示される
console.log(getFirstFiveLetters("uhyohyohyo"));

// ランタイムエラーが発生！
console.log(getFirstFiveLetters(123));
```

関数getFirstFiveLettersは引数の型がstring | numberなので、文字列や数値を受け取ることができます。ここでasを使うことで、strOrNumの型をstringに強制的に変更しています。より正確に言えば、strOrNumはstring | number型ですが、strOrNum as stringという式の型はstringです。よって、変数strはstring型となります。そのため、文字列に存在するメソッドであるsliceを呼び出してもコンパイルエラーが起きません（str.slice(0, 5)は、strの最初の5文字を抜き出した文字列を返します）。

しかしながら、strOrNum as stringは最初に述べたとおりコンパイラ上の型を強制的に変化させる構文であり、値の実体は何も変わりません。すなわち、もしstrOrNumに数値（number型の値）が入っていれば、変数strに入るのはそのままの数値であるということです。ここで、string型の変数に数値が入っているという状態が発生してしまっています。これは型安全性が破壊された状態です。実際、これが原因で、上の例を実行すると数値に対してsliceを呼び出そうとしたことによるランタイムエラーが発生してしまいます。

このように、asはTypeScriptの判断を強制的に覆すための機能であり、誤った使い方をすると型安全性の破壊という結果につながります。asはさながら催眠術のようなもので、TypeScriptが自ら推論・検査したものではない、こちらが用意した型情報をTypeScriptに信じ込ませることができます。TypeScriptはasで与えられた型情報を信じて疑わず、その結果このように誤った結論を出してしまうことがあります。一度誤った情報が入ってしまったらTypeScriptの判断はもう信頼できませんから、TypeScriptの恩恵がかなり薄れてしまいます。それを避けるためにも、asの利用は極力避けなければいけません。

では、どのような使い方が正しいのでしょうか。それを知るために、次の例を見てみましょう。この例はasを使っていませんが、このままだとコンパイルエラーが発生します。

```
type Animal = {
  tag: "animal";
  species: string;
}
type Human = {
  tag: "human";
  name: string;
}
type User = Animal | Human;

function getNamesIfAllHuman(users: readonly User[]): string[] | undefined {
  if (users.every(user => user.tag === "human")) {
    // エラー: Property 'name' does not exist on type 'User'.
    //         Property 'name' does not exist on type 'Animal'.
    return users.map(user => user.name);
  }
  return undefined;
}
```

関数getNamesIfAllHumanがやりたいことは、与えられたUserの配列（それぞれの要素はHumanかもしれないしAnimalかもしれません）がすべてHumanだったならば、それらのnameを集めた配列を返すということです。もしAnimalが含まれていれば、返り値はundefinedです。

そのためにまず使われているのがusers.everyです。これは配列が持つメソッドで、渡されたコールバック関数を自身の各要素に対して呼び出し、結果がすべてtrueならば返り値がtrueとなり、そうでなければfalseとなります。これにより、usersの要素のすべてがuser.tag === "human"という条件を満たす（すなわち、userがHumanである）ことを確かめています。よって、このif文の中ではusersの要素はすべてHumanであるはずです。

しかし、TypeScriptコンパイラはこの理屈を理解できません（将来的にコンパイラが改良されて理解できるようになる可能性もありますが）。よって、if文の中でもusersはUser[]型（Userの配列）のままです。これが意味するのは、usersにはAnimalが含まれている可能性があるとTypeScriptには思われているということです。そのせいで、users.mapのコールバック関数でuser.nameにアクセスする部分でコンパイルエラーが発生します。エラーメッセージは、userはAnimalの可能性があるのでnameにはアクセスできないと言っています。

前置きが長くなりましたが、これは比較的正しいasの使いどころのひとつです。先ほどの理屈から言えば、if文の中ではusersはHumanの配列であることが明らかになっています。ですから、usersの型をHuman[]に強制的に変えましょう。

```
function getNamesIfAllHuman(users: readonly User[]): string[] | undefined {
  if (users.every(user => user.tag === "human")) {
    return (users as Human[]).map(user => user.name);
  }
  return undefined;
}
```

このasも、TypeScriptの判断を上書きするという意味ではやはり危険な操作です。ではなぜこれが"正しい"asの使い方なのでしょうか。それは、**不正確な型を正しく直すために使っている**からです。User[]も間違っているわけではありませんが、users.everyにより中がすべてHumanであることを判定したのですから、Human[]のほうがより正確です[注20]。このケースではいわば、TypeScriptが行ってくれない型の絞り込みをプログラマーがasを使って代行していることになります。

型アサーションを使うのはこのような場合に限定すべきです。うかつに使うと、正しい型を間違った型に変更してしまい、型安全性の破壊やランタイムエラーにつながってしまうのですから。また、できる限りasを使う場合はコメントにその理由を残しておきましょう。そうしないと、プログラムを読んだ人がasの使い方が正しいかどうかを判断するのが難しくなってしまいます。

また、このような場合でもasは避けるべきであるという考え方もあります。その理由は、ユーザー定義型ガード（➡6.7.2）を使っても同じ問題を解決することができ、ユーザー定義型ガードを使うほうがプログラムの意図がよりわかりやすくなるからです。詳しくはユーザー定義型ガードの項で説明します。

コラム 28

型アサーションの古い記法

実は、型アサーションにはas以外にもう1つ記法があります。とはいっても、こちらは古い記法なので今からTypeScriptを学ぶ方が使う必要はありません。古いコードを読むときに出てきても驚かないように、一応見ておきましょう。

<型>式という記法が、式 as 型と同じ意味の古い記法です。こちらを使うと前項の関数はこのように書くこともできます。

```
function getNamesIfAllHuman(users: readonly User[]): string[] | undefined {
  if (users.every(user => user.tag === "human")) {
    return (<Human[]>users).map(user => user.name);
  }
  return undefined;
}
```

この記法が廃れた理由のひとつは、JSXでも< >という構文が使われるからでしょう。JSXとはHTMLを模した記法をJavaScriptやTypeScript内で使える機能であり、Reactなどのライブラリと一緒に使われます。実際、tsxファ

注20　ただし、あとでusersにAnimalの要素を追加されたりするとこの仮定が崩れてしまうことがあります。今回はすぐにmapで使うので問題ありませんが、このような事情を踏まえてasを使うかどうか検討する必要があります。引数usersの型をわざわざreadonly User[]としてreadonlyをつけているのもこのことを意識してのことです。

イル（TypeScript内でJSXを使用するときに使う拡張子です）の中では< >による型アサーションは使用不可能で、asを使う必要があります。

コラム 29

!を用いてnullとundefinedを無視する

ここでは、asと合わせて後置の!記法を解説します。これは式!のように書く構文で、式がnullまたはundefinedである可能性を無視するという意味です。注意すべきは、この構文はasと同様の危険性を秘めているということです。すなわち、nullやundefinedである可能性を型から消すだけで、実際の値としては依然としてnullやundefinedかもしれないということです。当然ながら、その使用にあたってはasと同様の注意と思慮が必要です。

なお、!式とは別物であることに注意してください。前置の!は2.4.5で解説しており、真偽値を反転させる演算子です。

さて、後置の!の使い方を1つお見せしておきましょう。まずはそのままだとエラーが出る例です。

```
type Human = {
  name: string;
  age: number;
}

function getOneUserName(user1?: Human, user2?: Human): string | undefined {
  if (user1 === undefined && user2 === undefined) {
    return undefined;
  }
  if (user1 !== undefined) {
    return user1.name;
  }
  // エラー: Object is possibly 'undefined'.
  return user2.name;
}
```

関数getOneUserNameは2つの引数を受け取りますが、どちらも省略可能引数なので、user1やuser2の型はHuman | undefinedです。この関数はどちらか一方の名前（nameプロパティ）を返しますが、引数がどちらもundefinedだったならば返り値もundefinedとなります。

関数の中を見ると、引数が両方ともundefinedだった場合の処理を最初に行っています。次がuser1が非undefinedだったときの処理です。ここではuser1 !== undefinedという条件によりif文の中では型の絞り込みが発生し、user1はHuman型となるのでuser1.nameというアクセスが可能です。このどちらでもなかった場合、残っているのはuser2が非undefinedである場合だけのはずですが、残念ながらTypeScriptは今のところこの事実を認識できません[注21]。これにより、最後の部分でuser2の型はHuman | undefinedとなり、user2.nameはundefinedに対するプロパティアクセスの可能性があることになりコンパイルエラーが発生します。

これは、我々はuser2がundefinedではないことを知っているものの、TypeScriptは知らないという状況です。ここでuser2の型を正しく直すために!を使用可能です。具体的には、次のようにすることでコンパイルエラーがなくなります。

注21 最初のif文のあとに「user1またはuser2の少なくとも一方はundefinedではない」という状態になりますが、TypeScriptコンパイラは型の絞り込みを扱う際にこのような「または」の状態を考慮することができません。コンパイラのパフォーマンスを落とさないためにこのような仕様になっています。

```
function showOneUserName(user1?: Human, user2?: Human): string | undefined {
  if (user1 === undefined && user2 === undefined) {
    return undefined;
  }
  if (user1 !== undefined) {
    return user1.name;
  }
  return user2!.name;
}
```

関数の最後の行に注目すると、user2!とすることで、これはuser2からundefinedの可能性が消えたHuman型となります。よって、それに対するプロパティアクセスが可能となるのです。

なお、後置の!はasで代替可能です。要するにuser2の型をHuman | undefinedからHumanに変えたいのですから、次のようにしてもコンパイルエラーを回避可能です。

```
function showOneUserName(user1?: Human, user2?: Human): string | undefined {
  if (user1 === undefined && user2 === undefined) {
    return undefined;
  }
  if (user1 !== undefined) {
    return user1.name;
  }
  return (user2 as Human).name;
}
```

!は短くてわかりにくいので、!は使わずに常にasを使うという流派も存在するようです。いずれにせよ、asも!も危険な機能ですから、"正しい使い方"を常に意識しましょう。

余談ですが、今回の例の関数showOneUserNameは絶対に!やasがないと書けないわけではありません。たとえば次のように書き換えれば、!なしで同じ動作になります。

```
function showOneUserName(user1?: Human, user2?: Human): string | undefined {
  return user1?.name ?? user2?.name;
}
```

このように、そもそも!やasを使わなくていいような書き方をするのもTypeScript力のひとつです。!やasを多用してプログラムを書くよりも、これらを使わずに同じプログラムを書ける人のほうが、よりTypeScriptの実力を引き出しており明らかに優れています。これらが必要な場面に遭遇したら、!やasの使用を回避できないかまずは考えましょう。

6.5.2 as constの用法

TypeScriptにはas constという機能があり、これは一定以上のレベルのTypeScriptプログラムでは頻出の機能です。構文は式 as constで、これまで解説してきた型アサーションのas 型の型部分がconstに変わっています。ただし、この機能はas 型のような危険な機能ではありません。むしろ、適切に使えばTypeScriptプログラムの安全性を向上させてくれるすばらしい機能です。

この機能は、式 as constの式部分の型推論に対して次の4つの効果を及ぼします。

1. 配列リテラルの型推論結果を配列型ではなくタプル型にする。
2. オブジェクトリテラルから推論されるオブジェクト型はすべてのプロパティがreadonlyになる。配列リテラルから推論されるタプル型もreadonlyタプル型になる。
3. 文字列・数値・BigInt・真偽値リテラルに対してつけられるリテラル型がwideningしないリテラル型（➡6.2.5）になる。
4. テンプレート文字列リテラルの型がstringではなくテンプレートリテラル型（➡6.2.2）になる。

これらの性質の中でも、3はとくに有用です。たとえば、次の例でas constの効果を確かめてみましょう。

```
// string[]型
const names1 = ["uhyo", "John", "Taro"];
// readonly ["uhyo", "John", "Taro"]型
const names2 = ["uhyo", "John", "Taro"] as const;
```

2つの配列はどちらも同じ3要素の配列ですが、as constの有無に応じてnames1とnames2の型は異なっています。names1の型は通常の型推論の結果であり、配列の各要素の型は、配列の中であるためwideningされてstringとなります。また、普通は配列リテラルからは配列型が推論されるため、変数names1の型はstring[]となります。一方、names2ではas constの1番目の作用により、配列リテラルにタプル型が与えられます。今回は配列リテラルの中に要素が3つあるので3要素のタプル型となります。また、as constの2番目の作用によりこのタプル型はreadonlyタプル型となります。さらに、as constの3番目の作用により、配列リテラルの中に登場する3つの文字列リテラルにはwideningされない文字列リテラル型が与えられます。その結果として、タプル型の中の3つの型はwideningされずにリテラル型のままとなります。以上の結果として得られるのがnames2のreadonly ["uhyo", "John", "Taro"]という型なのです。

複数の作用を持つas constですが、基本的にはas constがつけられた式に登場する各種リテラルを「変更できない」ものとして扱うことを表すと理解しましょう。この考え方でas constの4つの作用を理解することができます。まず、配列リテラルが変更されないということは、要素数も変わらないということです。ですから、要素数がわからない配列型ではなく、具体的な要素数がわかっているタプル型とすることができます。逆に言えば、as constがついていない配列リテラルはあとから要素数が増減させられるかもしれないので、タプル型ではなく配列型が推論されるのです。これが1つめの作用の理由です。2つめの作用に関しては、readonlyはまさにプロパティが変更できないことを表すので、変更できないオブジェクトの型として適切ですね。3つめ・4つめの作用についても、リテラル型のwideningが発生する理由がまさに「あとから変更されるかもしれないから」でしたから、変更されない場合にwideningされる必要はありません。

実際のところ、as constは3つめの作用を活かして「値から型を作る手段」として使われる場面がよくあります。先ほどの例のnames1とnames2を比べると、names2のほうが3種類の文字列リテラル型が型上に現れており、ただのstringに比べて情報量が増えています。とくに、「名前は"uhyo", "John", "Taro"の3種類である」ことが型に現れるようになっています。Lookup型（➡6.4.1）とtypeofキーワード（➡3.2.8）とas constを組み合わせれば、このように名前を表すName型を作ることもできます。

```
const names = ["uhyo", "John", "Taro"] as const;
// type Name = "uhyo" | "John" | "Taro"
type Name = (typeof names)[number];
```

TypeScriptでは、多くの場合は型を先に定義しておいて、それに準拠するように値を用意します（次の例）。上の例ではそれが逆転しており、名前の一覧であるnamesを値の世界で（言い換えれば、式として）定義しておいて、そこから型の計算でName型を作り出しています。つまり、もととなるデータを値として定義しておいて、それに付随する情報として型が出てくるのです。このように、値をデータの源としたい場合にas constが活躍してくれるでしょう。上の例と下の例を見比べればわかるように、as constを使うことで同じことを2回書く必要がなくなる場合があります。

```
type Name = "uhyo" | "John" | "Taro";

const names: Name[] = ["uhyo", "John", "Taro"];
```

6.6 any型とunknown型

前節では型アサーションを危険な機能として紹介しましたが、次に解説するのは**TypeScriptにおいて最凶の危険性を誇る機能**、その名もany型です。これから詳しく解説しますが、やはり型安全性を破壊するという意味でany型は非常に危険な機能であり、“正しく”使う難易度は型アサーションよりもさらに上です。anyを使いこなすのは非常に困難ですから、とにかく避けるべきです。それでもanyが目に入ってしまう場面はありますから、その危険性を意識していただくために本書にも解説を取り入れています。

また、この節では併せてunknown型についても紹介します。こちらはanyとは異なり安全に使える型ですが、anyと似ている部分があるため混同されているのがよく見かけられます。両者の区別をしっかりつけられるようになりましょう。

6.6.1 any型という最終兵器

まず、any型を一言で表すならば「**型チェックを無効化する型**」です。つまり、any型を持った値に対しては、何をしてもコンパイルエラーが発生しません（例外は多少ありますが）。そして、any型の変数に何かを代入することや、any型の値をほかの型の変数に代入することに対してもコンパイルエラーは発生しません。

言い方を変えれば、any型の変数・値に対してはTypeScriptは型安全性に関する一切の保証をしてくれないということです。よって、any型を使ってコードの安全性を破壊するのは非常に容易です。たとえば、次の例の関数では引数objをany型と宣言しています。これにより、objに何をしてもコンパイルエラーは発生しません。

```
function doWhatever(obj: any) {
  // 好きなプロパティにアクセスできる
  console.log(obj.user.name);
  // 関数呼び出しもできる
  obj();
  // 計算もできる
  const result = obj * 10;
  return result;
}
```

しかしながら、any型の変数には何でも入れられる（何を入れてもコンパイルエラーが発生しない）という特徴により、次の例のように、関数の実態にそぐわない値を引数として渡してもコンパイルエラーは一切発生しません。そして、以下の呼び出しはすべてランタイムエラーという結果に終わります。

```
// 全部コンパイルエラーが発生しないがランタイムエラーになる
doWhatever(3);
doWhatever({
  user: {
    name: "uhyo"
  }
});
doWhatever(()=> {
  console.log("hi");
});
```

また、次のようにany型はどんな型の変数にも入れることができるし、同様にどんな型の引数に渡してもコンパイルエラーが起きません。any型の値は、型システムによる制限を無視してこのように使うことができてしまいます。

```
function useNumber(num: number) {
  console.log(num);
}

function doWhatever(obj: any) {
  // string型の変数に入れられる
  const str: string = obj;
  // number型を要求する関数に渡せる
  useNumber(obj);
}
```

2番目の例では、any型の存在によりもはや関数doWhateverの中の型注釈（str: string）はTypeScriptの保護が働かず、信用できないものになります。このように、関数の引数をany型にした場合、その関数の中はTypeScriptの保護が行き届かない治外法権となります。関数引数以外にも、anyは型ですから、stringなどといったほかの型と同様にどこにでも書くことができます。治外法権はany型の変数、あるいはany型の値を作ってしまったら発生します。

とにかく、any型に対してはTypeScriptによる型チェックがまったく行われないため、ランタイムエラーの危険性が大きく増加します。これは、TypeScriptを使っている意味が大きく減退するということでもあります。よって、any型の使用はできるだけ避けなければいけません。

変数をany型にすると、型チェックが行われなくなるのでコンパイルエラーが発生しなくなります。そのため、初心者の方は「コンパイルエラーを消す手段」としてanyを使ってしまいがちです。しかし、それは絶対に避けるべきです。なぜなら、コンパイルエラーは問題を検知して教えてくれるものであり、anyによってコンパイルエラーを消すことは、実際には問題が残っているのにコンパイラを黙らせることだからです。

また、any型の値は実態がまったく不明なので、型情報による補完が行われません。というのも、VS CodeなどのIDEを用いてこれまで本書のコードを自分で入力して試していた方は、オブジェクトが持つプロパティ名が自動的に表示されたり、その中から選んで自動で入力したりといった体験をしたはずです。しかしながら、

any型を用いる上記のコードはそれが働きません。関数内で`obj.`と入力しても、`obj`が持つプロパティ一覧が表示されるようなことはありません。まあ、それは当然の話です。変数`obj`はany型なのでそれが具体的に何なのかという情報は一切なく、補完のしようがないのですから。

このように、補完のサポートがなくなるというのもまたanyの弱点です。入力補完は型システムに裏打ちされた機能ですから、入力したいものに対して補完が働かないというのは型システムのサポートを十分に受けられていない証拠です。そのような状況が発生したら危険信号と思いましょう。

6.6.2 any型の存在理由

前項で見たように、any型はTypeScriptの型安全性を破壊する非常に危険な型です。こんなにも危険なany型という機能がTypeScriptにわざわざ用意されている理由は、おもに2つあります。両方とも、TypeScriptはJavaScriptという既存の言語に型システムを付け加えたものであるということに関係しています。

理由の1つは、JavaScriptからTypeScriptへの移行を支援するためです。JavaScriptとTypeScriptの違いは型が書いてあるかどうかですから、移行というのは型を書き足していく作業になります。

実は、JavaScriptで書かれたプログラムは型がまったく書かれていないTypeScriptプログラムであると見なせます。TypeScriptでおもに型が書かれるのは変数の型注釈と関数引数の型注釈ですが、4.2.4で解説したとおり関数引数については原則として書く必要があり、関数引数の型注釈を書かなかった場合はコンパイルエラーが発生します。ところが、noImplicitAnyというコンパイラオプション（➡9.2.3）をあえて無効にすることによって、関数引数の型注釈を書かなくてもコンパイルエラーが出ないようにすることができるのです。

この機能により、noImplicitAnyを無効にすることでJavaScriptプログラムを「型が全然書かれていないTypeScriptプログラム」と見なすことができます。この場合、型注釈が書かれていない関数引数はすべてany型として扱われます。

この状態ではTypeScriptの型チェック機構はろくに役立ちませんが、徐々に型注釈を追加することでまともなTypeScriptプログラムに近づけていくという戦略をとることができます。型注釈を書いたところからany型が消え、TypeScriptの恩恵を受けられるようになります。

もう1つの理由は、any型が型をうまく表現できない場合のエスケープハッチとしての機能を持つことです。本来JavaScriptというのは非常に柔軟な言語ですが、TypeScriptは型チェックによって変なプログラムを書けないようにすることで一定の秩序をもたらしています。別の見方をすれば、TypeScriptはJavaScriptに制限を与えるものであると言えるのです。

多くの場合、TypeScriptによりコンパイルエラーが出されてしまうプログラムは、型が違ったりランタイムエラーが発生してしまったりするために無用のものです。しかし、JavaScriptの柔軟性を活かして書かれた難解なプログラムの場合はTypeScriptの型で表現しきれず、有用なプログラムであるにもかかわらずTypeScriptでコンパイルエラーを出さずに書けないということもあり得ます。

そのような場合にany型を使うことで、TypeScriptによるチェックの恩恵を放棄しつつもプログラムをコンパイル可能にすることができます。ただし、anyを使うということは、そのプログラムの安全性の責任をTypeScriptコンパイラではなくプログラマーが負うということです。安全性の責任は誰かが負う必要があります。なぜなら、我々はプログラムの安全性を向上しバグを減らすためにTypeScriptを使うのであり、誰も安全性に責任を負っていない状況というのはTypeScriptが役に立っていない状況だからです。普段はTypeScriptコンパイラが負っている安全性への責任を、部分的に我々が肩代わりするというのがanyの意味なのです。もちろん、安全性の保証というタスクにおいて、我々人間はTypeScriptコンパイラよりも劣っています。それだけに、any型の使用には慎重になる必要があり、可能な限り避けるべきです。もしanyを使わなくても目的のプログラムが書けるのであれば、ぜひそうしましょう。

また、anyが必要だと思われたとしても、先にasやユーザー定義型ガード（➡6.7.2）の使用を検討しましょう。いずれも型安全性を破壊する危険な機能であり慎重に使うべきであることは変わりませんが、anyは「完全にチェックを放棄する」機能である一方でasやユーザー定義型ガードは「正しい状態をTypeScriptに教える」機能であり、プログラムの理解しやすさの点でanyよりも優れています。さらに、anyがいったん使われるとそのスコープの中の安全性は全滅しますが、asはより局所的な安全性の破壊にとどめることができます。

実際のところ、asなどを適切に使えばanyの使用はまったく不要です。もしanyが使われる場面があるとすれば、非常に短い処理だがTypeScriptコンパイラが正しくロジックを理解できず、しかしasを使うよりもanyを使うほうが大きくプログラムが簡潔になって見通しが良いという場合が挙げられるかもしれません。これくらい限定的な場面でなければanyを使用する価値はありません。言い換えれば、anyを使うにはこれくらいしっかりとした理由付けが必要だということです。あいまいな理解でanyを使用することは破滅的な結果を招くので、しっかりとした理由付けができないのであればまだanyを使用するレベルにないと考えて使用を避けましょう。

6.6.3 anyに近いが安全なunknown型

次に紹介するのは**unknown型**です。これは、**何でも入れられる型**であり、その点でany型と多少類似しています。型名のunknownは、何が入っているかまったく不明であるという点から名付けられています。

次の例の関数doNothingは引数の型がunknownで、中では何もせずにconsole.logで表示しています。先ほどのany型の例と同様に、doNothingには引数として何でも渡すことができます。

```
function doNothing(val: unknown) {
  console.log(val);
}

// doNothingにはどんな値でも渡すことができる
doNothing(3);
doNothing({
  user: {
    name: "uhyo"
  }
});
doNothing(()=> {
  console.log("hi");
});
```

では、unknownはanyと何が違うのでしょうか。それは、値を使う側にあります。前項までに説明したように、any型の値は使う際に一切型チェックが行われないという点が特徴であり、それがany型の危険性の源でもありました。

一方で、unknown型の場合は、中に何が入っているか不明であるという性質をTypeScriptコンパイラがリスペクトしてくれます。すなわち、unknown型の値は正体がまったく不明であるため、できることが非常に限られています。たとえば、unknown型の値valに対してはval.nameのようなプロパティアクセスはコンパイルエラーが発生するため不可能です。エラーメッセージは、valがunknown型である（のでこの操作はできない）ということを言っています。

```
function doNothing(val: unknown) {
  // エラー: Object is of type 'unknown'.
  const name = val.name;
  console.log(name);
}
```

実際、unknown型はどんな値でもよいのでnameというプロパティがあるかどうかもわかりません。そもそも、valがnullやundefinedである可能性もあり、その場合はランタイムエラーが発生してしまいますから、これがコンパイルエラーとなるのは正解ですね。

それでは、unknown型の値を受け取ったらどのように使えばよいのでしょうか。基本的な方法は、ユニオン型と同様に型の絞り込み（➡6.3）を行うことです。たとえば、typeof演算子による絞り込みをif文やswitch文で行うことができます。

```
function useUnknown(val: unknown) {
  if (typeof val === "string") {
    // 型の絞り込みによりここではvalはstring型
    console.log("valは文字列です");
    console.log(val.slice(0, 5));
  } else {
    console.log("valは文字列以外の何かです");
    console.log(val);
  }
}

useUnknown("foobar");
useUnknown(null);
```

ただ、型の絞り込みを駆使してもunknown型の値は使いにくい場合が多いでしょう。現実的なのは、あとで少し触れるユーザー定義型ガード（➡6.7.2）を作って型の絞り込みを行うことです。

そうとは言っても、「何が来るかまったくわからない」という状況で適しているのはunknown型であり、何であるかまったくわからないものにunknown以外の型を与えるべきではありません。そのような状況があれば躊躇なくunknown型を使用しましょう。

6.7 さらに高度な型

この第6章ではユニオン型を始めとする高度な型システムの機能を学んできましたが、実はTypeScriptの真の実力からすればこれでもまだまだ序の口と言わざるを得ません（keyof型は結構高度な領域に踏み込んでいましたが）。本書は入門書ですから、TypeScriptの機能をすべて紹介するわけにもいきません。とはいえ、まったく未知の機能があるというのも気持ちが悪いでしょうから、この節ではTypeScriptの非常に高度な機能について表面をなぞる程度に解説します。

これらをすべて理解する必要はありませんので、説明を読んでもわからないという方もご安心ください。実際のTypeScriptプログラミングでこれらがまったく必要ないと言えば嘘になりますが、これらの機能は普段から常用するようなものでもありません。

ただし、最後の項（6.7.6）は比較的簡単ですから、そこだけじっくりと読むのもありでしょう。

6.7.1 object型・never型

まず、最初はそこまで高度というわけではないもののあまり使われない2つの型を紹介します。最初はobject型です。これは「オブジェクト」、言い換えれば「**プリミティブ以外すべて**」を表す型です。

実は、これまでに紹介した型を使っても、「すべてのオブジェクト」を厳密に表すのは不可能でした。近い挙動をするのは空のオブジェクト型（{}型）ですが、3.7.5で解説したように{}という型にはnullとundefined以外のすべての値が代入可能ですから、たとえば"uhyo"とか3といった値も{}に代入可能です。つまり、オブジェクトのみに値を制限したい場合は{}では不十分なのです。

本当に「オブジェクトのみ」に制限したい場合はこのobject型を使用します。ただ、object型は単体では使いにくい型です。なぜなら、object型を持つ値が手に入ったとしても、それが何のプロパティを持っているか不明であるため、何にも使えません。その意味ではobject型はunknown型（➡6.6.3）に近い型であるとも言えます。少し意味のある使い方としては、次のようにインターセクション型と組み合わせるのが考えられます。まずは次の例を見てみてください。

```
// toStringを持つ値の型
type HasToString = {
  toString: () => string
}

function useToString1(value: HasToString) {
  console.log(`value is ${value.toString()}`);
}

// "value is foo!" と表示される
useToString1({
  toString() {
    return "foo!";
  }
});

// "value is 3.14" と表示される
useToString1(3.14);
```

HasToString型は、toStringというメソッドを持つオブジェクト型です。関数useToString1はこのHasToString型を持つ値を引数として受け取ります。実は、HasToString型はオブジェクト型と言いつつも3.14のような数値やそのほかのプリミティブ（nullとundefinedを除く）を受け入れます。なぜなら、これらのプリミティブは実はtoStringメソッドを持っているからです。今回はプリミティブが引数として渡されても、toStringを呼び出すだけなので問題ありません。TypeScriptが「toStringを呼び出すだけなら問題ない」と判断したからこそ、HasToStringはプリミティブ型も受け入れるようになっています。

ところが、プリミティブが渡されると都合が悪いということもあるでしょう。その場合は次のようにobject型を使います。

```
type HasToString = {
  toString: () => string
}

function useToString2(value: HasToString & object) {
  console.log(`value is ${value.toString()}`);
}

// "value is foo!" と表示される
useToString2({
  toString() {
    return "foo!";
  }
});

// エラー: Argument of type 'number' is not assignable to parameter of type 'HasToString & object'.
//          Type 'number' is not assignable to type 'object'.
useToString2(3.14);
```

関数useToString2は引数がHasToString & object型であるため、オブジェクトを引数に渡すことは可能な一方、最後の行のようにプリミティブを渡すとコンパイルエラーとなります。なぜなら、3.14というプリミティブはobject型には代入できない（当てはまらない）からです。objectが役に立つ場面としては、たとえばWeakMap（➡3.7.4）のキーに使用する場合などがあります。

次にnever型を説明します。これはunknown型の真逆の存在で、「**当てはまる値が存在しない**」という性質を持つ型です。たとえばnever型を受け取る関数を作った場合、その関数を呼び出すことは（asやanyを使ってTypeScriptを騙さない限り）不可能です。なぜなら、関数を呼び出すために必要なnever型の値を用意する方法がないからです。一方で、never型の値を入手した場合、never型はほかの任意の型に当てはめることが可能です。

```
function useNever(value: never) {
  // never型はどんな型にも当てはめることができる
  const num: number = value;
  const str: string = value;
  const obj: object = value;
  console.log(`value is ${value}`);
}

// エラー: Argument of type '{}' is not assignable to parameter of type 'never'.
useNever({});
// エラー: Argument of type 'number' is not assignable to parameter of type 'never'.
useNever(3.14);
```

関数useNeverはnever型の値を受け取り、それをnumber型・string型・object型の値に代入するというやりたい放題ぶりです。数値であり文字列でありオブジェクトである値など存在しませんから、これは一見明らかにおかしいように思えますが、TypeScriptはこれに対してコンパイルエラーを発生させません。そうなるとany型と同様に安全性が破壊されていると思いたくなりますが、そういうわけでもありません。安全性を確保したままこの挙動が許されているのです。

では、なぜこのようなことが可能なのでしょうか。それは、まさにnever型に当てはまる値が存在しないからです。これは、関数useNeverをいかなる引数でも呼び出せないということを意味します。実際、例の後半でuseNeverを{}や3.14といった引数で呼び出そうとしていますが、コンパイルエラーとなっています。正規の手段でnever型の値を得ることは不可能であり、useNeverはそもそも呼び出すことが不可能です。これは言い換えるとnever型の値が存在しているコードは実際には実行されないということです。関数useNeverの中ではvalueというnever型の値が存在していますから、このコードが実行されることは（しつこいようですがasなどを使わなければ）決してありません。何が書かれていようと実際に実行されないのですから、関数内で何をしようとおかまいなしなのです。

ここで少しnever型の型システム的な性質に触れておきます。実は、「never型の値が存在しない」ということは言い換えると「never型はすべての型の部分型である」となります。先の例でnever型をどんな型の変数にも代入することができたのはこのためです。これは覚えておいて損はないでしょう。また、never型はユニオン型の中では消えます。たとえば、string | neverはstringと同じです。これはnever型に属する値が存在しないことを考えれば自然ですね。

最後に、実は「never型を返す関数」を作ることが可能です。これは必ず例外を投げる関数です。ただし、次の例のように型注釈を明示する必要があります。

```
function thrower(): never {
  throw new Error("error!!!!");
}

// コンパイルエラーは起きない
const result: never = thrower();

const str: string = result;
console.log(str);
```

なぜ関数throwerの返り値の型がneverなのでしょうか。それは、関数throwerの返り値を得ることが不可能だからです。関数throwerは呼び出すと必ず例外が発生します。5.5で学習したとおり、例外が発生したら関数から大域脱出が発生します。これは、変数resultに値が代入されることは決してないということを意味しています。上の例では、下の2行が実行されることは決してありません。これも先ほど説明した「never型の値が存在しているコードは実行されない」に当てはまっていますね。これが、throwerの返り値、そして変数resultにnever型をつけられる理由です。

6.7.2 型述語（ユーザー定義型ガード）

ユーザー定義型ガード（user-defined type guards）とは、型の絞り込みを自由に行うためのしくみです。型の絞り込みについては6.3で学習しましたが、そこではtypeof演算子やリテラル型といった限られた手段しかありませんでした。とくにリテラル型とユニオン型の組み合わせが強力なので多くの場合それでも問題ありませんが、さらに複雑な条件で絞り込みをしたくなる場合もたまにあります。しかし、あまり複雑な条件を書くと、

TypeScriptコンパイラが理解できる範囲を超えてしまい、自動で型の絞り込みをしてくれなくなります。そのような状況に対応するために存在するのがユーザー定義型ガードです。

ひとつ注意すべきことは、ユーザー定義型ガードはanyやasの仲間であり、**型安全性を破壊する恐れのある危険な機能**のひとつであるということです。ただし、危険な機能の中でもユーザー定義型ガードは一番取り回しがよく、危険な機能が必要な場合は一番積極的に選ぶべき選択肢です。

ユーザー定義型ガードは、返り値の型として**型述語**（type predicates）が書かれた特殊な関数です。型述語には2種類の形があります。1つめは引数名 is 型という形の構文です。このようなユーザー定義型ガードの返り値は実際には真偽値（boolean）であり、ユーザー定義型ガードがtrueを返したならば、引数名に与えられた値が型であるという意味になります。簡単な例として、与えられた引数が文字列または数値であることを判定するユーザー定義型ガードを作ってみましょう。

```
function isStringOrNumber(value: unknown): value is string | number {
  return typeof value === "string" || typeof value === "number";
}

const something: unknown = 123;

if (isStringOrNumber(something)) {
  // ここではsomethingは string | number 型
  console.log(something.toString());
}
```

この例ではisStringOrNumberというユーザー定義型ガードを作りました。この関数はvalueという実体が何かわからない（unknown型の）値を受け取り、それが文字列または数値であるかどうかを調べています。例の後半では、この関数をif文で使用しています。このようにif文などの条件部分でユーザー定義型ガードを呼び出すことで、型述語に書かれたとおりの絞り込みが行われます。

ユーザー定義型ガードは、関数を用いて型の絞り込みを行う唯一の手段です。試しにisStringOrNumberの返り値の型をvalue is string | numberではなくbooleanに変えてみましょう。そうすると、次のようなコンパイルエラーが発生します。

```
function isStringOrNumber(value: unknown): boolean {
  return typeof value === "string" || typeof value === "number";
}

const something: unknown = 123;

if (isStringOrNumber(something)) {
  // エラー: Object is of type 'unknown'.
  console.log(something.toString());
}
```

つまり、こうするとif文の条件式でisStringOrNumberを呼び出してもそれが型の絞り込みであるとは見なされず、変数somethingは絞り込みが行われずにunknown型のままです。このように、条件分岐の条件で関数呼び出しが行われた場合、TypeScriptはその関数の定義まで見に行って型の絞り込みを行ってくれるわけではありません。関数を絞り込みに使いたい場合、その関数の型定義でユーザー定義型ガードを使わなければならないのです。TypeScriptのこの仕様は一見不便に思えますが、型チェックをむやみに複雑にしないためにはこのような仕様にするほかないのでしょう。

ユーザー定義型ガードにおいて注意すべき点は、関数の実装が型述語に書かれているとおりの絞り込みを行っていることはTypeScriptの保証対象外であり、書いた人が責任を持たなければならないということです。次のように間違った実装をしてしまってもコンパイルエラーは発生せず、安全性の崩壊という結果につながります。繰り返しになりますが、**ユーザー定義型ガードは型安全性を破壊し得る危険な機能のひとつである**ということを認識しましょう。

```
function isStringOrNumber(value: unknown): value is string | number {
  // 実装を間違えているがエラーが起きない！
  return typeof value === "string" || typeof value === "boolean";
}
```

ここで、isStringOrNumberは長い条件式を関数にまとめるという意味でそこそこ有用なユーザー定義型ガードですが、これくらいの条件の絞り込みは（条件式を直にif文に書けば）TypeScriptにも可能です。ユーザー定義型ガードは、より複雑な判定もできるところにその本領があります。次の例はそれを示しています。

```
type Human = {
  type: "Human";
  name: string;
  age: number;
};

function isHuman(value: any): value is Human {
  // プロパティアクセスできない可能性を排除
  if (value == null) return false;
  // 3つのプロパティの型を判定
  return (
    value.type === "Human" &&
    typeof value.name === "string" &&
    typeof value.age === "number"
  );
}
```

この関数isHumanは、与えられた値がHuman型の条件を満たすかどうか判定するユーザー定義型ガードです。Humanは3つのプロパティを持つので、その3つに対してすべて判定を行っています。引数はどんな値でも受け入れますが、型をanyとしています。前節で述べたとおり安全性の面からはunknownが望ましいですが、そもそもユーザー定義型ガードを使用する時点で関数内部の正しさ（型安全性）に対する責任がTypeScriptコンパイラから我々に移っているため、さらにanyで危険性を上乗せしても大きな違いがないということでここではanyを使用しています（あとでanyを使わない場合との比較を紹介します（➡本章のコラム30））。もちろん、こうなるとこの関数の中でvalueに対する型チェックが一切行われないため、ランタイムエラーにならないように慎重にコードを書く必要があります。

この関数では、与えられた値がHuman型の条件を満たすかどうかをランタイムに判定します。Human型の条件は、typeプロパティが"Human"であること、nameプロパティが文字列であること、そしてageプロパティが数値であることですから、それを手動で判定するのが最後のreturn文です。ただし、そもそも与えられた

valueが「プロパティにアクセスできる値」であることも暗黙に要求されていますから、最初のif文でそれをチェックしています。JavaScript/TypeScriptでは、nullとundefined以外の値であれば、とりあえずプロパティへのアクセスが即座にランタイムエラーにつながることはありません注22。nullとundefinedをはじくにはvalue == nullという判定式が使用できます（➡2.4.4）。

もう一種類の型述語はasserts 引数名 is 型という形です。この形が引数の返り値に現れている関数は、実際の返り値の型がvoid型（返り値を返さない）です。この型述語は「関数が無事に終了すれば引数名は型である」という意味になります。無事に終了しない場合とは、すなわち例外により脱出してしまう場合です。返り値ではなく例外の有無で判定結果を表すタイプの関数に型をつける場合に便利です。たとえば、先ほどのisHumanをasserts型述語で書きなおすと次のようになります（名前もassertHumanに変えます）。

```
function assertHuman(value: any): asserts value is Human {
  // プロパティアクセスできない可能性を排除
  if (value == null) {
    throw new Error('Given value is null or undefined');
  }
  // 3つのプロパティの型を判定
  if (
    value.type !== "Human" ||
    typeof value.name !== "string" ||
    typeof value.age !== "number"
  ) {
    throw new Error('Given value is not a Human');
  }
}
```

この関数は、与えられたvalueがHumanの条件を満たすかチェックし、満たさなければthrow文でエラーを発生させます。たとえば、この関数は次のように使うことができます。

```
function checkAndUseHuman(value: unknown) {
  assertHuman(value);
  // ここから下ではvalueがHuman型になる
  const name = value.name;
  // （略）
}
```

関数checkAndUseHumanでは、最初にassertHumanを呼び出すことで引数valueがHumanであることを確かめています。今回の型述語はasserts型述語なので、assertHumanはif文と組み合わせるのではなくそのまま使います。このようにassertHumanを呼び出して以降はvalueの型が変わり、unknownではなくHumanとなります。なぜなら、もしassertHumanが例外を発生させた（valueがHumanではなかった）場合、checkAndUseHumanの実行もそこで中断しconst name = value.name;以降が実行されることはないからです。ここ以降が実行されるということは、すなわちvalueがHumanだ（とassertHumanが判断した）ということなのです。このように、asserts型述語は例外を用いるロジックと高い相性を持ちます。

以上のように、一定以上複雑な絞り込みを行いたい場合はユーザー定義型ガードを使います。三度の注意に

注22　厳密に言えば、アクセスするとランタイムエラーになるようなgetterを仕込まれている可能性はあります。しかし、それはもともと型システムの範囲外の話ですから、ここでは考えません。

なりますが、これは誤った使い方をすれば型安全性を損なうことになる危険な機能です。ユーザー定義型ガードを書く場合、それが正しいことは我々の責任において保証しなければならず、それができなければ嘘の情報をTypeScriptに与えてしまうことになり、TypeScriptの判断を信用できなくなってしまいます（すなわち、TypeScriptが型安全性を保証してくれなくなります）。

しかし、本項の冒頭で述べたように、ユーザー定義型ガードは危険な機能の中では一番積極的に用いるべき機能です。可能な局面では、any型やasよりもユーザー定義型ガードを優先すべきです。その理由は、ユーザー定義型ガードは我々の責任において何を保証すればいいのかが明確だからです。具体的には、「ユーザー定義型ガードのロジックが正しいこと」が保証できれば我々の責任は全うしていることになり、目標が明確です。一方で、anyを使用する場合、anyは「型チェックを全部無効化する」型なのでany型が使われているところすべてで問題ないことを確認しなければなりません。asについても、TypeScriptの判断を我々が上書きするのですから、我々の判断のほうが正しいことを保証しなければなりません。これらはユーザー定義型ガードに比べるとゴールが明確ではなく、それに伴って我々が負わなければならない責任もあいまいになってしまう傾向があります。ユーザー定義型ガードは、我々が負うべき責任が何かを明確に示してくれる点が優れているのです。

6.7.3 可変長タプル型

可変長タプル型（variadic tuple types）は、タプル型（➡3.5.7）の亜種です。可変長タプル型は、タプル型の中に`...T`というスプレッド構文のような要素を含んだ形の型です。

基本的な形は、次の例の`NumberAndStrings`型のように`...`配列型を含んだ形です。`...`配列型は、その部分にその配列型の要素が任意個入ることができることを示しています。

```
type NumberAndStrings = [number, ...string[]];

// これらはOK
const arr1: NumberAndStrings = [25, "uhyo", "hyo", "hyo"];
const arr2: NumberAndStrings = [25];
// これらはコンパイルエラー
const arr3: NumberAndStrings = ["uhyo", "hyo"];
const arr4: NumberAndStrings = [25, 26, 27];
const arr5: NumberAndStrings = [];
```

この例では、`NumberAndStrings`は「最初の要素が`number`でそれ以降が任意個の`string`」という配列型となります。例に示されている`[25, "uhyo", "hyo", "hyo"]`や`[25]`はこの条件を満たしているので`NumberAndStrings`型に代入できます。一方、下の3つはこの条件を満たしていないのでコンパイルエラーとなります。

ほかの例としては、次のように`...`配列型をタプル型の最初や真ん中に含めることもできます。これはTypeScript 4.2で追加された機能なので、古い資料ではできないと書いてあることもあるためご注意ください。次の例の`NumberStringNumber`は、最初と最後の要素が`number`で間が任意個（0個以上）の`string`であるという意味です。

```
type NumberStringNumber = [number, ...string[], number];

// これらはOK
const arr1: NumberStringNumber = [25, "uhyo", "hyo", 0];
const arr2: NumberStringNumber = [25, 25];
```

```
// これらはコンパイルエラー
const arr3: NumberStringNumber = [25, "uhyo", "hyo", "hyo"];
const arr4: NumberStringNumber = [];
const arr5: NumberStringNumber = ["uhyo", "hyo", 25];
const arr6: NumberStringNumber = [25, "uhyo", 25, "hyo"];
```

ただし、**...配列型**はタプル型の中で1回しか使えないという制限があります。また、オプショナルな要素を**...配列型**よりも後ろで使えないという制限もあります。次のようなコードはこれらの制限に引っかかるためコンパイルエラーとなります。

```
// ...配列型 を2回使っているのでコンパイルエラー
type T1 = [number, ...string[], number, ...string[]];
type T2 = [number, ...string[], ...number[], string];
// オプショナルな要素を ...配列型 よりも後ろで使っているのでコンパイルエラー
type T3 = [number, ...string[], number?];
```

`...`にはもう1つの効果があります。こちらは配列リテラルのスプレッド構文（➡3.5.1）と似た作用を持っていて、タプル型や配列型を別のタプル型の中に展開する（埋め込む）効果を持ちます。最もわかりやすいのは、普通の（有限長の）タプル型を別のタプル型に埋め込む場合です。

```
type NSN = [number, string, number];
// SNSNSは [string, number, string, number, string] 型
type SNSNS = [string, ...NSN, string];
```

この例では、`[string, ...NSN, string]`型の`...NSN`部分が`NSN`の中身で置換され、`SNSNS`は5要素のタプル型となりました。このように、既存のタプル型から新しいタプル型を作る際にタプル型の`...`構文が役に立ちます。

可変長タプルの**...型**構文の**型**部分に型変数（すなわち具体的な中身がまだわからない型）を与えることも可能ですが、その場合はその型変数が`extends readonly any[]`という制約を満たすことが必要です。言い換えれば、型変数が配列型またはタプル型であることがわかっている必要があります。このときの型変数を各種の型推論の対象にできるのが可変長タプル型の面白い点なのですが、本書は入門書なので具体的な解説は控えることにします。

6.7.4 mapped types

ここで紹介する**mapped types**は、TypeScriptの2大ややこしい機能のうちの1つです。もう1つは次に紹介するconditional typesです。また、mapped typesは日本語で何と呼べばいいかよくわからない機能名ランキング1位でもあります。あえて日本語にすれば「被写像型」などとなりそうですが、これで何のことか理解できる人はとても限られるでしょう。これは本当に難しいので、本書では簡単な解説だけにとどめます。

まず、mapped typesは以下の構文で表される型です。ここで、`K`と`T`は適当な型、`P`は型変数名です。

```
{ [P in K]: T }
```

`P`はこの構文内で新たに導入される型変数であり、`T`の中で使用することができます。また、`K`はプロパティ名になれる型（具体的には`string | number | symbol`の部分型）である必要があります。多くの場合、文字

列のリテラル型のユニオン型がKとして用いられます。

この構文の意味は、「Kというユニオン型の各構成要素Pに対して、Pというプロパティが型Tを持つようなオブジェクトの型」です。言葉では理解しにくいでしょうから、具体例を見ましょう。

```
type Fruit = "apple" | "orange" | "strawberry";

// FruitNumbers は {
//     apple: number;
//     orange: number;
//     strawberry: number;
// } 型
type FruitNumbers = {
  [P in Fruit]: number
};

const numbers: FruitNumbers = {
  apple: 3,
  orange: 10,
  strawberry: 20
};
```

この例ではFruitNumbersの定義にmapped typeを使用しています。意味を書き下すと、「Fruitの各構成要素Pに対して、Pというプロパティが型numberを持つようなオブジェクト型」です。Fruitは3つの文字列リテラルから成るユニオン型ですから、それぞれがPに入った結果、FruitNumbersは「appleというプロパティが型numberを持ち、orangeというプロパティが型numberを持ち、strawberryというプロパティが型numberを持つオブジェクト型」になりました。

次はもう少し複雑にして、Tの中でPを使う例を見てみます。

```
type Fruit = "apple" | "orange" | "strawberry";

// FruitArrays は {
//     apple: "apple"[];
//     orange: "orange"[];
//     strawberry: "strawberry"[];
// } 型
type FruitArrays = {
  [P in Fruit]: P[]
};

const numbers: FruitArrays = {
  apple: ["apple", "apple"],
  orange: ["orange", "orange", "orange"],
  strawberry: []
};
```

こうするとFruitArraysは「プロパティappleが"apple"[]型、プロパティorangeが"orange"[]型、プロパティstrawberryが"strawberry"[]型」という意味になりました。

ちなみに、{ [P in keyof T]: U}という形（Tは既存の型引数、Uは任意の型を表す）は特別で、これを

homomorphic mapped typeと呼びます。具体例は省略しますが、この形の場合は結果がTの構造を保存する（配列型に対するmapped typeの結果が配列型のままになるなど）という特別な挙動をします。

6.7.5 conditional types

続いて、**conditional types**を紹介します。日本語にすれば「条件型」となりそうですが、英語のままで呼ぶほうが浸透しているようです。これはX extends Y ? S : Tという構文を持つ型で、X, Y, S, Tはすべて何らかの型です。一見して条件演算子に類似した構文に見えますが、それもそのはず、conditional typeは**型の条件分岐**を行うための型なのです。具体的には、この型は「XがYの部分型ならばS、そうでなければT」という意味になります。

説明するだけならば簡単なconditional typesですが、実際に使おうとするとたいへん奥が深いものです。conditional typesはTypeScriptの型レベルプログラミングという概念を開拓した立役者であり、これまでにないレベルの高度なロジックを型で記述することを可能にしました。あまり込み入った説明をすると入門書の域を超えてしまうので、ここでは1つ例をお見せするにとどめておきます。この例ではRestArgs<M>の中でconditional typeを使用しており、Mが"string"かどうかに応じて異なる型となります。それは関数funcの...argsの型として使っています。型引数Mは第1引数の値に応じて推論されますから、この関数は第1引数に応じて残りの引数が変わることになります。具体的には、第1引数が"string"なら残りの引数は...args: [string, string]なので2つの文字列となります。一方、第1引数が"number"なら残りの引数は...args: [number, number, number]なので3つの数値となります。

```
type RestArgs<M> = M extends "string" ? [string, string] : [number, number, number];

function func<M extends "string" | "number">(
  mode: M,
  ...args: RestArgs<M>
) {
  console.log(mode, ...args);
}

// これらの呼び出しはOK
func("string", "uhyo", "hyo");
func("number", 1, 2, 3)

// こちらはコンパイルエラー
// エラー: Argument of type 'number' is not assignable to parameter of type 'string'.
func("string", 1, 2);
// エラー: Expected 4 arguments, but got 3.
func("number", "uhyo", "hyo")
```

実際にはfuncを"string"用と"number"用の別々の関数として実装したほうがきれいですが、これはconditional typesの面白い用例のひとつです。

また、conditional typesの重要な性質のひとつとして**union distribution**（ユニオンの分配）という性質があります。加えて、実はhomomorphic mapped typeにも類似の性質があります。このunion distributionは、X extends Y ? S : TでXが型変数かつその中身がユニオン型の場合に発生する特殊な挙動であり、「ユニオン型のconditional type」が「conditional typeのユニオン型」に変換されます。具体的には、Xの中身がA | Bだっ

た場合、X extends Y ? S : Tが(A extends Y ? Sa : Ta) | (B extends Y ? Sb : Tb)になります。ただし、SaはSの中のXをAに置換したものを、SbはSの中のXをBに置換したものを表します。TaとTbも同様です。

この挙動はユニオン型に対する複雑な操作を可能にするため、高度なTypeScriptプログラミングにおいては重宝されます。一方で、意図せずunion distributionを発生させてしまい混乱する原因にもなるため、conditional typesを使う際には頭に入れておきたい挙動です。

6.7.6 組み込みの型を使いこなす

前項までに出てきたmapped typesやconditional typesはたいへん複雑ですがそれだけ強力で、非常に幅広い応用が可能です。しかし、あのような高度な機能を万人が理解するのは簡単ではありません。そこで、mapped typesやconditional typesにより可能となった操作のうちとくに有用なものが、組み込み型として標準ライブラリに用意されています。つまり、これらの型は何もせずとも利用することができます。

以下で解説される型はそれぞれ全然違う機能に見えるかもしれませんが、すべて裏ではmapped typesやconditional typesを使用して実装されています。mapped typesやconditional typesがいかに応用性豊富かがわかりますね。逆に、これらの型を自分で実装することができれば、なかなか高度なTypeScript力を持っていると言えるかもしれません。

まず、オブジェクト型を変換するための型を紹介します。最初はReadonly<T>です。これは、Tに与えられたオブジェクト型のすべてのプロパティを読み取り専用(readonly)にしたオブジェクト型という意味です。

```
// T は {
//   readonly name: string;
//   readonly age: number;
// }
type T = Readonly<{
  name: string;
  age: number;
}>;
```

次に、Partial<T>はTのすべてのプロパティをオプショナルにした型です。逆に、Required<T>はTのすべてのプロパティをオプショナルではなくした型です。

```
// T は {
//   name?: string | undefined;
//   age?: number | undefined;
// }
type T = Partial<{
  name: string;
  age: number;
}>
```

次にPick<T, K>は、TというオブジェクトのうちKで指定した(Kの部分型である)名前のプロパティのみ残したオブジェクト型を表します。次の例では、渡されたオブジェクト型(nameプロパティとageプロパティを持つ)のうち"age"プロパティのみを持つ新しいオブジェクト型がPickにより作られています。複数のプロパティを残したい場合は"name" | "age"のようにユニオン型で指定します。

```
// T は {
//   age: number;
// }
type T = Pick<{
  name: string;
  age: number;
}, "age">;
```

また、Omit<T, K>という、Kで指定されたプロパティを除いたオブジェクト型を返す型もあります。

次はExtract<T, U>です。これは、T（普通はユニオン型）の構成要素のうちUの部分型であるもののみを抜き出した新しいユニオン型を返します。

```
type Union = "uhyo" | "hyo" | 1 | 2 | 3;
// T は "uhyo" | "hyo"
type T = Extract<Union, string>;
```

一方、Exclude<T, U>というのもあり、これはTの構成要素のうちUの部分型であるもののみを取り除いた新しいユニオン型を返します。

```
type Union = "uhyo" | "hyo" | 1 | 2 | 3;
// T は 1 | 2 | 3
type T = Exclude<Union, string>;
```

最後に、NonNullable<T>という型があり、これはExclude<T, null | undefined>と同様です。すなわち、Tからnullとundefinedの可能性を除いた型となります。

コラム 30 anyをisで書き換えてみる

ユーザー定義型ガードの解説（➡6.7.2）では、次のような例を紹介しました。

```
type Human = {
  type: "Human";
  name: string;
  age: number;
};

function isHuman(value: any): value is Human {
  // プロパティアクセスできない可能性を排除
  if (value == null) return false;
  // 3つのプロパティの型を判定
  return (
    value.type === "Human" &&
    typeof value.name === "string" &&
    typeof value.age === "number"
  );
}
```

その項でも少し触れましたが、上の関数は引数をany型としています。もともと危険なユーザー定義型ガードの中とはいえ、anyの使用は望ましいものではありません。そこで、anyを使わないように書き換えてみましょう。一例としては以下のようになります。

```
type Human = {
  type: "Human";
  name: string;
  age: number;
};

function isPropertyAccessible(value: unknown): value is { [key: string]: unknown } {
  return value != null;
}

function isHuman(value: unknown): value is Human {
  // プロパティアクセスできない可能性を排除
  if (!isPropertyAccessible(value)) return false;
  // 3つのプロパティの型を判定
  return (
    value.type === "Human" &&
    typeof value.name === "string" &&
    typeof value.age === "number"
  );
}
```

まず、isHumanの引数の型はanyではなくunknownになりました。isHumanはどんな値でも受け取ってHumanかどうか判定できる必要があるため、引数の型としてはunknownが適切です。しかし、unknown型に対してはvalue.typeのようなプロパティアクセスができないため、それに対応するために新しくisPropertyAccessibleというユーザー定義型ガードを定義しました。この関数はvalue != nullでnullとundefinedの可能性を除外するもので、この関数によりvalueは{ [key: string]: unknown }に絞り込まれます[注23]。これはインデックスシグネチャ(➡3.2.5)を使用して「どんなプロパティ名でアクセスしてもunknown型になる」という意味を表現しています。実際、nullとundefined以外の値は、JavaScriptの仕様上プロパティアクセスをすることは可能です。たとえプロパティが存在しなくてもプロパティアクセスが失敗するわけではなく、undefinedが得られます。「プロパティアクセスするとunknown型の値が得られる」という型はこの場合も内包しており、「何でもいいからプロパティアクセスできる値の型」の表現として適切です。こうすることでvalue.typeといったプロパティアクセスをコンパイルエラーなく行うことができ、isHumanがanyなしで実装できました。

このコラムの例は、any型が必要と思われた場面でユーザー定義型ガードを使用することで、anyの使用を回避する例にもなっています。このように、any(そしてasも)はユーザー定義型ガードで書き換えられる場合が多くあります。積極的に検討しましょう。

注23 本書では解説していませんが、これはRecord<string, unknown>と書いても同じ意味であり、こちらが使用されることもあります。

6.8 力試し

第6章の内容はいかがでしたか。この章には、TypeScriptの特徴的な部分が詰まっています。難しかったかもしれませんが、ここで学習した内容を使いこなせないことにはTypeScriptを使いこなしているとは言えません。今回の力試しを通して、この章の内容をさらにしっかりと身につけましょう。

6.8.1 タグ付きユニオンの練習（1）

この章の内容の中でもとりわけ重要なのは、6.3.3で説明したタグ付きユニオンです。これを使いこなすことができれば、TypeScriptプログラムを書く際に一段上の設計が可能となるでしょう。

タグ付きユニオンは、この章で学習したユニオン型（➡6.1.1）・リテラル型（➡6.2）・型の絞り込み（➡6.3.1）という3つの重要な機能が組み合わさったものです。一度に3つもの新要素が登場してしかもそれを組み合わせるというのは難易度が高いですから、今回の力試しでしっかりと練習しましょう。

基本的なタグ付きユニオンとしては、**Option**と**Either**が有名です（それぞれMaybe, Resultという別名も知られています）。今回はOptionを実装してみましょう。

Optionは、値が「あるかもしれないし、ないかもしれない」ことを表すデータです。これをタグ付きユニオンで実装してみましょう。具体的には、Option<T>という型を定義します。これはT型の値が「あるかもしれないし、ないかもしれない」という意味です。

なお、T | undefinedやT | nullは今回の正解ではありません。これはタグ付きユニオンではなく、このようにすると型の絞り込みなどの点で不利になるからです。また、Tがundefinedとかnullである場合も考慮すべきです。

以上の説明だけでOption<T>を定義できる自信がある方は、さっそく実装してみましょう。また、Optionを使う関数も定義してみましょう。Option<number>型の値を受け取り、中身があればnumberをconsole.logで表示する関数を定義してください。自信がない方は以下のヒントを参照してください。

ヒント：

- タグ付きユニオンはオブジェクト型同士のユニオン型であり、各オブジェクト型がタグ付きユニオンに属する1種類の状態に対応します。
- Option<T>型は「T型の値がある」と「ない」の2種類の状態があるため、2つのオブジェクト型のユニオン型から成ります。
- それぞれのオブジェクト型には“タグ”となる共通のプロパティを用意しましょう。
- 「T型の値がある」側のオブジェクト型には、さらにT型の値のデータを含めます。それがT型の値があることの証拠となります。

6.8.2 解説

では、さっそく答え合わせをしましょう。Option<T>の典型的な実装とそれを使う関数は以下のようになります。

```
type Option<T> = {
  tag: "some";
  value: T;
} | {
  tag: "none";
};

function showNumberIfExists(obj: Option<number>): void {
  if (obj.tag === "some") {
    console.log(obj.value);
  }
}
```

この型と関数は次のように使用します。

```
const four: Option<number> = {
  tag: "some",
  value: 4
};

const nothing: Option<number> = {
  tag: "none"
};

showNumberIfExists(four);     // 4 が表示される
showNumberIfExists(nothing); // 何も表示されない
```


このように、numberがある場合を表現するオブジェクトは{ tag: "some", value: 値 }という形をしている一方で、numberがない場合を表現するオブジェクトは{ tag: "none" }という固定の形です。Option<number>型というのはnumberがあるかどうかわからないので、両方の形のオブジェクトが来る可能性があります。そのため、showNumberIfExistsの中では中身があるかどうかをtagを見て判定しています。どちらかわからない状態でvalueを参照するのは次のようなコンパイルエラーとなります。なぜなら、tag: "none"だった場合はvalueプロパティが存在しないからです。

```
function showNumber(obj: Option<number>) {
  // Property 'value' does not exist on type 'Option<number>'.
  //   Property 'value' does not exist on type '{ tag: "none"; }'.
  console.log(obj.value);
}
```

コンパイルエラーを起こさないためには、最初に見たように、事前に与えられたオブジェクトが"some"側であることをチェックする必要があります。ここでobj.valueにはアクセスできないのにobj.tagにはいきなりアクセスできるのは、Optionの2つのオブジェクト型の両方にtagが存在しているからです。

ちなみに、Option<T>の実装として次のようにtagの代わりに真偽値を用いるのも正解です。両者を区別できるリテラル型なら何でもよいのです。あとで種類が増える可能性も考慮する必要がある場合は、種類を増やしやすいように文字列型を使うのがお勧めです。

```
type Option<T> = {
  hasValue: true;
  value: T;
} | {
  hasValue: false;
};
```

6.8.3 タグ付きユニオンの練習（2）

では、次の問題です。上の例で出てきたobj.tag === "some"の部分を関数にしたいと思います。具体的には、次のように使えるような関数isSomeを実装してください。実装できたら次の項に進みましょう。

```
function showNumberIfExists(obj: Option<number>) {
  if (isSome(obj)) {
    // コンパイルエラーが起きない！
    console.log(obj.value);
  }
}
```

6.8.4 解説

さっそく答え合わせです。isSomeの実装は次のようになります。

```
function isSome<T>(obj: Option<T>): obj is { tag: "some"; value: T } {
  return obj.tag === "some";
}
```

前項の例のように関数が型の絞り込みに影響を与えられるのは、関数がユーザー定義型ガード（➡6.7.2）である場合だけです。もともとの条件分岐ではobj.tag === "some"だったので、これと同じ絞り込みが行えるような型ガードを書くことになります。そもそもobj.tag === "some"の目的は、2種類のオブジェクト型のどちらかであるOption<T>側のうちtagが"some"である側のみに絞り込むことです。言い換えれば、objがOption<T>の中でも{ tag: "some"; value: T }型であることを明らかにするのがobj.tag === "some"という条件式だったのです。isSomeが同じことをできるようにするには、この型をそのまま使って返り値の型宣言をobj is { tag: "some"; value: T }とします。関数の実装自体はobj.tag === "some"という条件をそのまま使います。

ほかのやり方としては、6.7.6で出てきたExtractを使って次のようにすることもできます。むやみに型注釈が複雑化したようにも見えますが、Option<T>に書かれている定義を繰り返すことを避けることができるため、より複雑なタグ付きユニオンの場合はこちらに軍配が上がることもあります。

```
function isSome<T>(obj: Option<T>): obj is Extract<Option<T>, { tag: "some" }> {
  return obj.tag === "some";
}
```

また、そもそもOption<T>の定義も含めて次のように書きなおすのもわかりやすくて良い選択肢です。

```
type Some<T> = {
  tag: "some";
```

```
  value: T;
}
type None = {
  tag: "none";
}
type Option<T> = Some<T> | None;

function isSome<T>(obj: Option<T>): obj is Some<T> {
  return obj.tag === "some";
}
```

この場合はOption<T>を構成する2つのオブジェクト型にSome<T>とNoneという名前を与えました。こうすることでisSomeの返り値の型注釈がSome<T>というシンプルかつわかりやすい形となります。

この問題はユーザー定義型ガードの練習でした。ユーザー定義型ガードも、このようにタグ付きユニオンと組み合わせて使われる機会が多い機能です。

6.8.5 タグ付きユニオンの練習（3）

次は、さらにタグ付きユニオンを扱う練習として、Option<T>を受け取ったり返したりする関数を作ってみましょう。今回作るのはmapOption関数です。これは、配列のmap関数と似たようなもので、Option値を加工するための関数です。具体的には、Option<T>型の値とコールバック関数を1つ受け取り、Optionの中身に与えられた関数を適用した新しいOption型の値を返します。ただし、関数が適用されるのはOptionの中身があった場合だけです。そもそも中身がない場合は関数を適用する対象がないのでさもありなんですね。

このような使い方ができるようにmapOptionを作りましょう。

```
function doubleOption(obj: Option<number>) {
  return mapOption(obj, x => x * 2);
}
const four: Option<number> = { tag: "some", value: 4 };
const nothing: Option<number> = { tag: "none" };

console.log(doubleOption(four)); // { tag: "some", value: 8 }
console.log(doubleOption(nothing)); // { tag: "none" }
```

6.8.6 解説

答え合わせです。mapOptionの実装としては、次のような実装がスタンダードです。

```
function mapOption<T, U>(obj: Option<T>, callback: (value: T) => U): Option<U> {
  switch (obj.tag) {
    case "some":
      return {
        tag: "some",
        value: callback(obj.value)
      };
    case "none":
      return {
        tag: "none"
```

```
    }
  }
}
```

今回は型引数が2つ、TとUがあります。「引数として与えられるOptionの中身」を表すために1つの型引数を用います。また、返り値のOptionの中身がTと同じとは限らない（関数によって別の型に変換することもできる）ため、変換後の型を表すUも用意します。これらを組み合わせると自然と上のような型定義になります。

関数の中身は、obj.tagを見て与えられたOptionがsomeかどうかによって分岐します。someだった場合はコールバック関数を呼び出してそれを中身とする新しいOptionを返します。noneだった場合はすることがないのでそのままnoneを返します。このようにタグ付きユニオンの種類で分岐をする場合はswitch文が適しているので、積極的に使用しましょう。

第7章

TypeScriptのモジュールシステム

モジュールシステムとは、複数のモジュールから成るプログラムを作るためのしくみです。
本書ではこれまで１つのファイルにすべてのプログラムを書いてきましたが、実際に大規模なシステムを作る際にはそのようなわけにもいきません。多数のファイル（モジュール）への分割が不可欠です。
本章では、モジュールの機能を利用する方法について学びます。具体的には、ほかのファイル（モジュール）と連携するためのimport宣言・export宣言をまず学習します。また、本書ではNode.jsも用いながら学習を進めてきたので、Node.jsに特有の事項も少し解説します。

7.1 import宣言とexport宣言

モジュールシステムの学習の第一歩は、モジュール間でデータを受け渡す方法を知ることです。そのために使われるのが**import宣言・export宣言**です。TypeScriptでは、モジュールはexport宣言を用いてほかのモジュールにデータを提供します。データを使う側のモジュールは、import宣言を用いてそのモジュールからデータを受け取るのです。

このような道具を用いてモジュールごとの担当領域を明確にしながら複数のモジュールにデータや関数などを分散させるのが基本的なモジュール分割の方法です。どのようにモジュールを分けるべきかといったことは本書の範囲を超えるので取り扱いませんが、構文やその意味はここでしっかりと学習しましょう。

7.1.1 変数のエクスポートとインポート

まずは最も基本的なインポート／エクスポートをやってみましょう。

モジュール内のトップレベル（プログラムの一番外側。ブロックやほかの関数の中ではない場所）での変数宣言（let/const）の前にexportと書くことによって、その変数はエクスポートされるようになります。これが変数の**export宣言**（export declaration）です。

この章からは、サンプルとして複数のモジュールからなるプログラムを扱っていきます。TypeScript（JavaScript）においては1ファイル1モジュールだと思って差し支えありません[注1]。まずは、次のコードをuhyo.tsとして保存してみましょう。

uhyo.ts

```
export const name = "uhyo";
export const age = 26;
```

こうすると、uhyo.tsはnameとageという2つの変数をエクスポートするモジュールになります。続いて、uhyo.tsと同じディレクトリにあるindex.tsでimportを使ってuhyo.tsからデータをインポートしてみましょう。そのためには次のようにします。

index.ts

```
import { name, age } from "./uhyo.js";

console.log(name, age); // uhyo 26 と表示される
```

ここで出てきたのが**import宣言**（import declaration）で、これはimport { 変数のリスト } from "モジュール名"という構文を持っています。変数のリストはコンマ（,）で区切ります。モジュール名としては、一般的なファイルパス（普通は相対パス）の記法を用います。ただし、末尾に拡張子.jsをつける必要があります。

注1　正確にはモジュール扱いではないファイル（スクリプト）もありますが、ここでは気にしなくてもかまいません。また、本書の執筆時点ではModule Fragmentsというしくみが提案されており、これが固まれば1ファイルに複数のモジュールが存在できることになるかもしれません。

実際のソースファイルの拡張子は`.ts`ですが、import宣言を使用する場合は`.js`を書きます[注2]。

ファイルパスについてはすでに馴染み深い読者も多いかと思いますが、一応解説しておきます。最初の`.`は現在のディレクトリ（import宣言が書かれたファイルがあるディレクトリ）を指しますから、`./uhyo.js`はその中の`uhyo.js`を表します。すなわち、これは今のファイルと同じディレクトリにある`uhyo.js`（`uhyo.ts`）からインポートするということを表しています。

なお、ファイルパスを指定する際は`./`を省略することはできません。たとえば、`./uhyo.js`や`./foo/bar.js`の代わりに`uhyo.js`や`foo/bar.js`と書くことはできません（違う意味になってしまいます）。ただし、`../uhyo.js`のようにパスを親ディレクトリにさかのぼるための`../`から始めるのはOKです。

さて、export宣言では変数がエクスポートされていましたが、import宣言でインポートされるのはやはり変数です。つまり、先の例のimport宣言は`uhyo.ts`から`name`と`age`という2つの変数をインポートしていることになります。では、インポートした変数を使ってみましょう。

index.ts

```
import { name, age } from "./uhyo.js";

console.log(`uhyoの名前は${name}で年齢は${age}です。`);
```

これで`index.ts`をコンパイルして実行すると、**uhyoの名前はuhyoで年齢は26です。**と表示されます。これにより、`uhyo.ts`で定義した変数を`index.ts`から使用できていることがわかりましたね。これが最も基本的なモジュール間連携の例です。

より複雑なシステムにおいても、基本的にはやることは同じです。膨大な数のデータが必要とされる中で、どのデータ（変数）をどのモジュールが定義するかということ（モジュール設計）をうまく決めながらモジュールを作っていくことになります。

ちなみに、インポートされたモジュールは実行されます。また、インポートした側のモジュールよりも、インポートされた側のモジュールのほうが先に実行されます[注3]。今回の例では、`index.ts`を実行しようとするとまず`uhyo.ts`が実行され、そのあとに`index.ts`が実行されるという流れです。たとえば`console.log`をそれぞれのファイルに仕込むことで、このことを確かめることができるでしょう。

また、import宣言がどこに書かれているかは実行の順番に関係ありません。たとえ次のように書いたとしても、`uhyo.ts`が`index.ts`よりも先に実行されます。また、一見変数をインポートするより前に使用しているように見えますが、問題ありません。インポートは実行より前に処理されるからです。

index.ts

```
console.log(`uhyoの名前は${name}で年齢は${age}です。`);

import { name, age } from "./uhyo.js";
```

これが意味することは、import宣言はどこに書いてもよいということです[注4]。そのため、ファイルの先頭に

注2 理由は、`uhyo.ts`ファイルをトランスパイルすると`uhyo.js`ファイルが出力され、`import`ではトランスパイル後のファイル名を指定する必要があるからです。実は、これはNode.js上でES Modules対応プログラムを書く場合に特有の制約です。おもにフロントエンド開発などにおいてバンドラを使う場合は、`./uhyo`のように拡張子を省略してもかまいません。環境によって異なる部分ですので、よく確認しましょう。また、TypeScriptの今後のアップデートにより`.cts`・`.mts`という拡張子のサポートが追加され、それによりTypeScriptなのにimport宣言に`.js`と書かなければいけないちぐはぐな状況は解消される見込みです。

注3 循環参照が発生した場合はこの限りではありませんが、その場合も一定のルールに従った順番で実行されます。

注4 ただし、import宣言同士の順番はモジュールの実行順に影響しますので、注意してください（➡本章のコラム32）。

すべてのimport宣言をまとめて書くという慣習が広まっています。それ以外の位置に書くコードを筆者は見たことがありません[注5]。

さて、ここからはexport宣言やimport宣言のバリエーションを解説します。先ほどの例ではexport constとして変数の定義と同時にそれをエクスポートしていましたが、すでに定義済みの変数をエクスポートする方法もあります。そのためには、export { 変数名のリスト };という構文を用います。たとえば、先ほどのuhyo.tsは次のように書き換えられます。

uhyo.ts

```
const name = "uhyo";
const age = 26;

export { name, age };
```

さらに、この構文を使う場合は内側の変数名 as 外側の変数名を用いて変数名を変えながらエクスポートすることができます。asの右側には、直接変数名として使える識別子以外にも、予約語（defaultやifなど）も使用できます[注6]。たとえば、uhyo.ts内ではnameという変数を外向きにはuhyoNameという名前でエクスポートしたい場合は次のように書きます。

uhyo.ts

```
const name = "uhyo";
const age = 26;

export { name as uhyoName, age };
```

こうすると、uhyo.tsをインポートする側からは、uhyoNameとageという2つの変数がエクスポートされているように見えます。したがって、使う側は次のようになります。

index.ts

```
import { uhyoName, age } from "./uhyo.js";

console.log(`uhyoの名前は${uhyoName}で年齢は${age}です。`);
```

また、import宣言の側でもasを使って変数名を変えることができます。たとえば、次のようにすると、uhyo.tsからageという名前でエクスポートされている変数がindex.tsの中ではuhyoAgeという名前で使えます。

index.ts

```
import { uhyoName, age as uhyoAge } from "./uhyo.js";

console.log(`uhyoの名前は${uhyoName}で年齢は${uhyoAge}です。`);
```

注5　実は、本書執筆時点では、TypeScriptによるトランスパイルにバグがあります。moduleコンパイラオプションをcommonjsなどにしている場合、トランスパイル後のコードでは「importが実行より先に処理される」という挙動が再現されず、トランスパイル後のコードがランタイムエラーとなってしまいます。これを回避する意味でも、import宣言はファイルの先頭にまとめて書くとよいでしょう。
参考：　https://github.com/microsoft/TypeScript/issues/16166

注6　将来的には、"foo bar"のような文字列リテラルをここに書くことができるようになり、エクスポート名の自由度がさらに高くなることが予定されています。

エクスポートする側でasを用いて変数名として使えない名前（予約語）を使用していた場合、インポートする側でもasを使用して変数名として使える名前を割り当てる必要があります。

以上で最も基本的なインポート・エクスポートの解説は終了です。

7.1.2 関数もエクスポートできる

前項では文字列や数値といったデータをエクスポートしていました。つまり、前項で作ったモジュールはデータを提供するという役割を持ったモジュールだったのです。

実際プログラムの動作にデータは不可欠であり、大規模なプログラムになるほど必要なデータをどのモジュールに置くのかという設計をしっかりしなければいけません。そのため、データを提供するモジュールというのは重要な存在です。

しかしながら、実際に書かれる多くのモジュールはほかの役割を持っています。それは**機能を提供すること**です。プログラムというのは、機能（有り体に言えば**関数**）の集まりです。よって、実際には機能を提供する（関数をエクスポートする）モジュールが多く書かれます。プログラムに含まれるさまざまな機能をうまく分解してモジュールに分けるのが、設計の腕の見せ所です。

そこで、この項では関数をエクスポートするモジュールについて学びます。とはいっても、そこまで難しいことはありません。4.1で学んだように、関数とは関数オブジェクトが変数に入ったものです。ですから、関数をエクスポートするのも変数をエクスポートするのもモジュールシステムの観点からは同じことです。たとえば、次のようにするとuhyo.tsから関数getUhyoNameをエクスポートすることができます。

uhyo.ts

```
export const getUhyoName = () => {
  return "uhyo";
};
```

エクスポートされた関数は通常どおりに使用することができます。

index.ts

```
import { getUhyoName } from "./uhyo.js";

// "uhyoの名前はuhyoです" と表示される
console.log(`uhyoの名前は${getUhyoName()}です`);
```

このように変数に対して関数式を代入する方法で関数を定義することで、前項で定義した方法をそのまま使って関数をエクスポートすることができます。

ただ、関数を定義する方法はもう1つありましたよね。それは関数宣言（➡4.1.1）を使う方法です。実は、こちらの方法でもfunctionの前にexportをつけることで関数をエクスポートすることができます。たとえば、先ほどのuhyo.tsはこのように書き換えられます。

uhyo.ts

```
export function getUhyoName() {
  return "uhyo";
};
```

関数を定義する2種類の方法をどう使い分けるかに関しては、やはり人によって好みがあるようです。筆者の個人的な好みはexport constを使うほうです。

ちなみに、クラス宣言にもexportをつけてexport class ClassName { ... }のようにすることができます。

コラム 31 モジュールとカプセル化

モジュールは、**カプセル化**の手段として使うことができます。というのも、モジュール内で定義された変数はそのモジュール内をスコープとして持ちます。言い方を変えれば、モジュール内で定義された変数は（エクスポートされない限り）ほかのモジュールから参照できないということです。これを利用して、モジュールの機能の内部実装を外部（ほかのモジュール）から隠蔽（いんぺい）することができるのです。たとえば、関数incrementをエクスポートするcounter.tsを次のように書いてみます。

counter.ts

```
let value = 0;

export function increment() {
  return ++value;
}
```

関数incrementは、変数valueの値を1増やして、増やしたあとの値を返す関数です。最初にincrementを呼び出したときの返り値は1となり、もう一度呼び出すと返り値は2となりますね。

このcounter.tsを使う側はこのようなコードを書くことになるでしょう。

index.ts

```
import { increment } from "./counter.js";

console.log(`カウンタの値は${increment()}です`);
console.log(`カウンタの値は${increment()}です`);
console.log(`カウンタの値は${increment()}です`);
```

実行すると出力はこうなります。

```
カウンタの値は1です
カウンタの値は2です
カウンタの値は3です
```

このように、外側からできることはincrementを使うことだけです。関数incrementは、自身が何回呼び出されたかを返します。毎回異なる数値が必要なときに便利ですね。

この実装において、変数valueの存在はcounter.tsの中に隠蔽されています。言い換えれば、関数incrementがどのようにその機能を実現しているのかがモジュールの中に隠蔽され、外部からはわからないのです。また、外部から変数valueに干渉することは不可能です。これにより、increment()が返す値がincrementが呼び出された回数であることが保証されます。変数valueの値を変えることができるのはcounter.tsの中のincrementだけだからです。これが、モジュールによるカプセル化です。

ただ、incrementを呼び出さないとカウンタの値がわからないのは不便だという場合もあるかもしれません。そこで、カウンタを増やさずに現在の値を取得できる機能をcounter.tsに追加してみましょう。素直に実装するとこのようになるでしょう。

counter.ts

```
let value = 0;

export function increment() {
  return ++value;
}

export function getValue() {
  return value;
}
```

追加された関数getValueは現在のvalueの値を返すだけですが、こうすることで外部からも現在の値を取得できるようになりました。

しかし実は、同じ目的を達成する手段がもう1つあります。それは、変数valueをcounter.tsからエクスポートしてしまうことです。

counter.ts

```
export let value = 0;

export function increment() {
  return ++value;
}
```

この場合、counter.tsを使う側はこうなります。

index.ts

```
import { increment, value } from "./counter.js";

increment();
console.log(`カウンタの値は${value}です`); // "カウンタの値は1です" と表示される
increment();
console.log(`カウンタの値は${value}です`); // "カウンタの値は2です" と表示される
increment();
console.log(`カウンタの値は${value}です`); // "カウンタの値は3です" と表示される
```

このように、incrementを呼び出すとcounter.tsからインポートした変数valueの値が勝手に増えたように見えます。変数の値が勝手に変わるのは何だか不思議ですが、今まで「値のインポート・エクスポート」と言わずに「**変数**のインポート・エクスポート」と述べていたのはこれが理由です。インポートされた変数valueはcounter.tsの変数valueにつながっており、counter.ts内の変数valueが変更されたらそれに連動してインポートされたほうのvalueも変化するのです。この機構により、新しく関数を作らなくてもvalueをエクスポートするだけでやりたいことを達成できました。ただ、「インポートした変数の値が勝手に変化する」というのは非直感的でわかりにくいと感じる人もいるため、getValueのような関数を作るのが好まれる場合もあります。

なお、valueをエクスポートしてしまったら外から勝手にvalueの値を変更されてしまうのではないかと心配した読者もいるかもしれませんが、その点は問題ありません。なぜなら、たとえletで宣言された変数であっても、変数を変更できるのは変数を宣言したモジュール内だけだからです。外部から変数を変更しようとするとコンパイルエラーとなります[注7]。よって、このような方法でも問題なくカプセル化が守られています。

index.ts

```
import { increment, value } from "./counter.js";

increment();
console.log(`カウンタの値は${value}です`);

// Cannot assign to 'value' because it is an import.
value = 100;
console.log(`カウンタの値は${value}です`);
```

コラム 32 モジュールの実体は1つ

モジュールは複数回、あるいは複数の場所からインポートされたとしても実体は1つです。たとえば、foo.tsとbar.tsという2つのモジュールからcounter.tsがインポートされたとしましょう。このとき、counter.tsの実体は1つです。言い換えれば、counter.tsの内容が複製されるようなことはなく、counter.tsが実行されるのも1回だけです。

4つのモジュールからなる次のような例でこのことを確かめることができます。

counter.ts

```
let value = 0;

console.log("running counter.ts");

export function increment() {
  return ++value;
}
```

foo.ts

```
import { increment } from "./counter.js";

console.log("running foo.ts", increment());
```

bar.ts

```
import { increment } from "./counter.js";

console.log("running bar.ts", increment());
```

index.ts

```
import "./foo.js";
import "./bar.js";
```

最後のindex.tsに出てくるimport "モジュール名";という構文は、何も変数をインポートしないがモジュール

注7 コンパイルエラーを読むと「valueはimportである」と書いてあり、インポートされた変数に再代入することはできないということを示しています。

の読み込みは行うという構文です。これにより、index.tsを実行すると、counter.ts→foo.ts→bar.tsの順にモジュールが実行されます。出力は次のようになります。

```
running counter.ts
running foo.ts 1
running bar.ts 2
```

ここで注目すべきは、foo.tsから呼び出したincrement()による数値の増加が、次のbar.tsから呼び出したincrement()の結果に反映されていることです。これにより、2つのモジュールから読み込まれてもcounter.tsの実体は1つしか存在せず、2つのモジュールは同じincrement関数を実行して同じvalueの値を増加させていることがわかります。

このように、どのモジュールも実体は1つだけであり、何度読み込まれても1回しか実行されず、すべての読み込み元には同じものが見えることになります。

7.1.3 defaultエクスポートとdefaultインポート

エクスポート・インポートの構文には**defaultエクスポート・defaultインポート**と呼ばれる特殊なものが存在します。まずdefaultエクスポートはexport default 式;という構文です。こうすると、式の値をdefaultエクスポートすることができます。

こうしてエクスポートされたものは、defaultインポートの構文を用いてインポートすることができます。その構文はimport 変数名 from "モジュール名";です。このとき、defaultインポートしたものを何という変数名に入れるかはインポートする側が決めることができます。そして、export defaultでエクスポートされた値がここで指定された変数に入ることになります。

使用例はこんな感じです。

uhyoAge.ts

```
export default 26;
```

index.ts

```
import uhyoAge from "./uhyoAge.js";

console.log(`uhyoの年齢は${uhyoAge}です`); // "uhyoの年齢は26です" と表示される
```

さらに、defaultエクスポートにはもう1つの構文があります。それは関数宣言の前にexport defaultとつけることで関数をdefaultエクスポートするものです。たとえば、counter.tsはこのように書くこともできるでしょう。

counter.ts

```
let value = 0;

export default function increment() {
  return ++value;
}
```

こうするとcounter.tsから関数incrementがdefaultエクスポートされますから、使う側はこのようになります。

index.ts

```
import increment from "./counter.js";

console.log(`カウンタの値は${increment()}です`);
console.log(`カウンタの値は${increment()}です`);
console.log(`カウンタの値は${increment()}です`);
```

ちなみに、defaultエクスポートやdefaultインポートは普通のエクスポート・インポートと併用することができます。たとえば、counter.tsからdefaultエクスポートでincrement関数をエクスポートし、それとは別に変数valueもエクスポートする場合はこう書きます。

counter.ts

```
export let value = 0;

export default function increment() {
  return ++value;
}
```

そして、両方をインポートしたい場合はこのように書きます。

index.ts

```
import increment, { value } from "./counter.js";
```

このように、defaultインポートされた値とほかの変数をインポートしたい場合は1つのimport宣言にまとめて書くことができます。その際、まずdefaultインポート用の変数名を書き、コンマのあとに変数名のリストを{ }で囲って書きます。

ところで、export default 式;という構文を見ると、これまでの説明との矛盾が感じられます。これまで「**変数**をエクスポート・インポートする」という説明をしていたのに、defaultエクスポートでは式を、つまり**値**をエクスポートしているように見えます。

しかし、実はdefaultエクスポートもこれまでの枠組みの中で説明できます。というのも、defaultエクスポートというのは**暗黙のうちに変数を用意し、defaultという名前でエクスポートする**機能だからです。そうなると、defaultエクスポートのためには必ずしも専用の構文を使う必要はなく、次のようにも行うことができます。

```
const uhyoAge = 26;

export {
  uhyoAge as default
};
```

そして、defaultインポートもやはり**defaultという名前でエクスポートされているものにこちらで名前をつけてインポートする**ための構文と見なせます。よって、次の2つのimport宣言は同じ意味です。

```
// defaultインポートの構文を使う書き方
import increment, { value } from "./counter.js";
```

```
// defaultインポートの構文を使わない書き方
import { default as increment, value } from "./counter.js";
```

このように、defaultエクスポート・インポートは必ず使わなければいけないものではありません。モジュールからエクスポートされる代表的な値を表すためにdefaultという名前が使用され、それを扱うために専用の構文が用意されていると理解しましょう。

コラム 33

defaultエクスポートは使わないほうがよい？

実は、前項で学習したばかりのdefaultエクスポート・インポートは使うべきではないという意見があり、一定の支持を集めています。かくいう筆者も、defaultエクスポートは基本的に使用しません。

そのおもな理由は、エディタによるサポートの弱さです。VS Codeに代表されるTypeScriptの開発環境は強力な入力補完の機能を備えていますが[注8]、defaultエクスポートに対してはその機能が十全に働かないことがあるのです。

たとえば、あるモジュールでuhyoAgeという変数をエクスポートしたならば、ほかのモジュールでいきなりuhyoAgeと入力すると入力補完が発動し、uhyoAgeをインポートするimport宣言が自動的に追加されます。このおかげで、本章でこれまで学習してきたimport宣言を手ずから入力する機会は実はあまりなく、import宣言はエディタが勝手に入力してくれるものという感覚のほうが実情に近くなっています。

しかし、defaultエクスポートされた値に対してはこの補完が働かない場合があり、自分でimport宣言を書く必要が生じることが結構な割合であります。これは、defaultエクスポートされたものには明確な名前がないことが理由です。前項で解説したように内部的にはdefaultという名前がついているとはいえ、それは暗黙のもので、プログラマーが明示的につけた名前はdefaultエクスポートにはありません。それゆえ、何と入力されたときにdefaultインポートを自動入力すればよいのかエディタには判断できないことがあり、入力補完が働かないという結果につながります。

ちなみに、import時にasで変数名を変える機能も、どうしても必要な場合を除いてあまり使われません。その理由は、やはり入力補完のためです。エクスポートされた変数名そのままでないとimport宣言の自動入力が働かなくて不便なので、特段の理由がなければ変数名を変えずにインポートされます。

このことから、エクスポートする変数名を決めるときはそのままインポートできる名前にすべきであるということがわかります。たとえば、uhyo.tsからnameとageをエクスポートするならば、uhyoNameやuhyoAgeとしたほうがより適切でしょう。そうすれば、ほかのモジュール（たとえばjohn-smith.ts）がエクスポートする名前と被りにくくなります。また、インポートする側も、nameだと何の名前かわからないのでuhyoNameといった別名をつけたくなるかもしれません。それならば、最初からわかりやすい名前をつけておくべきです。

7.1.4　型のインポート・エクスポート

これまでモジュールは**変数**をエクスポートすると説明していましたが、TypeScriptにおいては例外があります。なぜなら、TypeScriptでは**型**のエクスポートやインポートが可能だからです。ここでは型のエクスポート・インポートの方法について学習しましょう。

まず、エクスポートについては2つの方法があります。1つは、type文の前にexportをつけることです。た

注8　より正確に述べれば、これはエディタ本体の機能というよりもTypeScriptのlanguage serverとエディタの協調によって実現されているものです。

とえば、Animalという型をanimal.tsからエクスポートしたい場合は次のように書けます。

```
export type Animal = {
  species: string;
  age: number;
}
```

もう1つの方法はexport {}構文です。この場合、次のように変数と型を混ぜてエクスポートすることも可能です。

```
type Animal = {
  species: string;
  age: number;
};

const tama: Animal = {
  species: "Felis silvestris catus",
  age: 1
};

export { Animal, tama };
```

以上のような方法でエクスポートされた型は、変数と同様にimportすることで使用することができます。

```
import { Animal, tama } from "./animal.js";

const dog: Animal = {
  species: "Canis lupus familiaris",
  age: 2
};

console.log(dog, tama);
```

また、export type {}という構文もあります。これを使うと、エクスポートされたものは型としてのみ使用可能となります[注9]。紛らわしいのですが、変数をexport type {}でエクスポートすること自体は許可されます。次の例では型Animalと変数tamaをexport typeでエクスポートしています。

```
type Animal = {
  species: string;
  age: number;
};

const tama: Animal = {
  species: "Felis silvestris catus",
  age: 1
};
// これはOK!
export type { Animal, tama };
```

このようにexport typeでエクスポートされたものは、値として使うことが不可能になります。型として使

注9　より具体的には、コンパイル後のJavaScriptでは何もエクスポートされなくなります。

うのは問題なく、次の例のようにAnimalは普段どおり使うことができます。一方で、次のようにtamaを使うのはコンパイルエラーです。なぜなら、エラーメッセージに書いてあるとおりtamaはexport typeでエクスポートされているからです。

index.ts

```
import { Animal, tama } from "./animal.js";

// エラー: 'tama' cannot be used as a value because it was exported using 'export type'.
const myCat: Animal = tama;
```

こうなると変数をexport typeでエクスポートする意味は非常に薄いのですが、まったくないわけでもありません。このtamaはtypeofキーワード（➡3.2.8）と一緒になら使うことができます。これは、typeof tamaはあくまで型であり、tamaは型の一部として使われているからです。

```
import { tama } from "./animal.js";

const myCat: typeof tama = {
  species: "Felis silvestris catus",
  age: 0
};
```

さて、次は型のインポートについて見てみましょう。型についても、次の例のようにimport宣言で変数と一緒にインポートすることができます（次の例ではanimal.tsでexport typeを使うのをやめているので注意してください）。

animal.ts

```
type Animal = {
  species: string;
  age: number;
};

const tama: Animal = {
  species: "Felis silvestris catus",
  age: 1
};

export { Animal, tama };
```

index.ts

```
import { Animal, tama } from "./animal.js";

const myCat: Animal = { ...tama };
```

この例ではAnimal型と変数tamaを両方./animalからインポートしています。

また、export typeに呼応するものとしてimport typeもあります。これでインポートしたものは、やはり型としてのみ使用可能になります。

index.ts

```
import type { Animal, tama } from "./animal.js";

// エラー: 'tama' cannot be used as a value because it was imported using 'import type'.
const myCat: Animal = { ...tama };

// こちらはOK
const otherCat: typeof tama = {
  species: "Felis silvestris catus",
  age: 20
};
```

これらimport typeやexport typeといった構文は、TypeScriptコンパイラ以外の手段でTypeScriptをJavaScriptにコンパイルする場合[注10]に有用な場合があります。コンパイル後のJavaScriptは型がimportやexportから消されますが（型はコンパイル後のJavaScriptに存在しないため）、TypeScriptコンパイラ以外にはインポート・エクスポートされているものが型かどうか判断できない場合があります。そのような場合にimport typeやexport typeを用いることで、これらのインポート・エクスポートはJavaScriptへの変換時に消してもよいことが明確になるのです。

さらに、最近ではこのような「型としてのみ使用できるインポート」をより便利に行える構文も用意されていますので、これを最後に紹介します。上で紹介したimport type構文では、同じモジュールから通常のインポートと型のみのインポートをしたい場合、次のようにimport宣言を2つ書く必要があります。

```
import type { Animal } from "./animal.js";
import { tama } from "./animal.js";
```

これは、次のような構文を用いることで1つのimport宣言にまとめることができます。

```
import { tama, type Animal } from "./animal.js";
```

この構文では、通常のimport宣言の{}内に変数名を書くところで、変数名の前にtypeと書くことで、その変数は型としてのみ使用可能であると宣言します。このように個別にtypeが付けられてインポートされた変数や型は、import type宣言でインポートしたのと同じふるまいになります。

以上のように、TypeScriptではとくにインポート時において、値としてインポートしたいのか型としてインポートしたいのかを明示的に書くことができる構文が備わっています。この項の最初で説明したように、多くの場合はこのようなtype構文を使わなくても、変数も型も自由にインポート・エクスポートすることが可能です。しかし、TypeScriptの利用シーンが多様化してさまざまな環境で使われるようになりtsc以外のビルドツールも普及したことで、明示的に指示しなければならない場合が出てきているのです。これに関連してpreserveValueImportsというコンパイラオプションが存在していますので、気になる方は詳しく調べてみましょう。

注10　Babelやesbuildなど。ただし、現在のところTypeScriptコンパイラ以外の手段では型チェックを行うことができません。これらの手段では、型エラーのチェックを行わずにTypeScriptがJavaScriptに変換されます。これらの手段を用いる際は、TypeScriptコンパイラで型チェックのみを別途行うのが普通です。

7.1.5 その他の関連構文

インポート・エクスポートのための構文は種類が多く、まだ解説していなかったものがあります。それは、一括インポートおよび再エクスポートのための構文たちです。これらを1つずつ見ていきましょう。

まず最初は一括インポートです。これはimport * as 変数名 from "モジュール名";というimport宣言で表されるもので、変数名で指定された変数に当該モジュールの**モジュール名前空間オブジェクト**（module namespace object）が代入されます。これは、そのモジュールからエクスポートされた変数すべてをプロパティに持つ特殊なオブジェクトです。

例として、次のようなuhyo.tsを考えましょう。

uhyo.ts

```
export const name = "uhyo";
export const age = 26;
```

このようなモジュールは実はimport *構文[注11]によるインポートが適しています。インポートする側は次のようになります。

index.ts

```
import * as uhyo from "./uhyo.js";

console.log(uhyo.name); // "uhyo" と表示される
console.log(uhyo.age);  // 26 と表示される
```

ここではuhyo.tsのモジュールを表すモジュール名前空間オブジェクトを変数uhyoに入れています。このモジュールからは"uhyo"型の変数uhyoと26型の変数ageがエクスポートされていますから、それらをuhyoのプロパティとして用いることができます。型システム的には、uhyoは{ name: "uhyo"; age: 26; }型のオブジェクトとして振る舞います。ちなみに、uhyo.tsにdefaultエクスポートがあった場合それにはuhyo.defaultとしてアクセスできます。これは、defaultエクスポートがただdefaultという名前で変数をエクスポートしているだけであることを考えれば自然ですね。

一括インポートというと、インポート先のモジュールからエクスポートされたすべての変数がそのまま使えるようになることをイメージされたかもしれません。実際、そのようなプログラミング言語もあります。一方で、TypeScriptの一括インポートは、名前空間オブジェクトという形でモジュール全体を指定された1つの変数にまとめて入れることになります。ほかの種類のimport宣言も含め、import宣言によって自身のモジュールスコープに導入される変数の名前は必ず明記されます。TypeScriptでは「インポート先のモジュールを見に行かないと何という名前の変数がインポートされたのかわからない」ということは起こりません。必ず変数名はimport宣言に書いてあります。これはなかなか面白い言語設計ですね。

次に、再エクスポートの構文たちを紹介します。これらは使う頻度が低いので、軽い紹介にとどめておきます。これらの構文はexportとfromを組み合わせるのが特徴で、いくつかの種類があります。

```
// 1. 変数名を指定して再エクスポート
export { 変数名リスト } from "モジュール名";
// 2. すべての変数を一括して再エクスポート
```

注11 「インポート・スター」と読まれることが多いようです。

```
export * from "モジュール名";
// 3. モジュール名前空間オブジェクトを作成してエクスポート
export * as 変数名 from "モジュール名";
```

1は、指定したモジュールからエクスポートされている変数を指定して、自身からもエクスポートする構文です。変数名リストではimportの場合と同様にasを使って名前を変えながら再エクスポートすることができます。

2は変数名リストの代わりに*と書く構文で、こうすると指定したモジュールからエクスポートされているすべての変数が再エクスポートされます。ただし、defaultエクスポートはこのときの再エクスポートに含まれません。再エクスポートしたい場合は1の構文で変数名リストに明示的にdefaultと書く必要があります。

3は指定したモジュールのモジュール名前空間オブジェクトを指定した変数名でエクスポートする構文です。

ところで、これらの再エクスポートの構文は、importとexportを組み合わせても実現できそうに思えます。たとえば、次の1と2は同等であるように一見思えます。

```
// 1
import { name } from "./uhyo.js";
export { name };

// 2
export { name } from "./uhyo.js";
```

1と2の違いは、このモジュール内でname変数を使用可能かどうかです。1の場合はimport宣言で変数nameをこのモジュール内にインポートしているので、変数nameを使用可能です。一方、2の場合はこのモジュールの内部を経由せずに再エクスポートされる扱いになります。すなわち、このモジュール内に変数nameは存在していないのです。このモジュール内でnameを使いたくて、かつ再エクスポートもしたい場合は1の方法が適していますが、そうでない場合は2の方法がよいでしょう。

export * fromという構文についても、このモジュールの内部を経由せずに再エクスポートする構文です。先ほど「インポートされる変数名が必ず明記される」という原則を説明しましたが、よく見るとexport *構文では変数名が明記されずに「全部」という意味になっています。これが問題ないのは、このモジュール内にインポートされないので変数名を明記する必要がないからです。

コラム 34

スクリプトとモジュール

TypeScript・JavaScriptのファイルは、実は**スクリプト**と**モジュール**の2種類に分類することができます。そして、importやexportはモジュールでのみ使用できる構文です。

あるファイルがスクリプトなのかモジュールなのかの決め方は、環境によって異なります。たとえばHTMLからJavaScriptを読み込んで実行する際はscript要素を用いますが、その際にtype="module"という属性を伴って読み込まれたものがモジュールとして扱われ、そうでないものはスクリプトとして扱われます。それゆえ、type="module"を伴わずに読み込まれたプログラムの中でimportやexportが使われていた場合は構文エラーとして扱われます。また、Node.jsの場合、package.jsonの"type"フィールドに"module"と設定されているかどうか（➡1.3.3）によって決まります[注12]。この設定を忘れて.jsファイルの中でimportやexportを使おうとすると、やはり構文エラー

注12　また、この設定にかかわらず、拡張子が.cjsのファイルは常にスクリプトとして、.mjsのファイルは常にモジュールとして扱われます。

になってしまいます。

さて、TypeScriptにおいては話はより単純です。プログラム中にimportやexportが含まれるものは自動的にモジュールとして扱われ、そうでないものがスクリプトとして扱われます。よって、本書の第6章までで扱ってきたプログラムはほとんどがスクリプトであり、本章でモジュールを扱うようになってきたということになります。

TypeScriptではこのようにスクリプトとモジュールが自動的に切り替わるため、両者の違いを意識する機会はあまりありません。というよりも、現実的なプログラムはほぼ必ずimportやexportを含むため、実際に我々が扱うのはほぼすべてがモジュールとなります。

その中でも、一点両者の違いに関して注意すべき点があります。それは、スクリプトではトップレベルに定義された変数や型のスコープがファイルの中だけでなくプロジェクト全体に広がるという点です。一方、モジュール内で定義された変数や型のスコープはそのモジュールの中だけです。

この違いが現れる例を見てみましょう。次のようにhuman.tsとindex.tsを用意します。

human.ts

```
type Human = {
  name: string;
  age: number;
};
```

index.ts

```
export const uhyo: Human = {
  name: "uhyo",
  age: 26
};
```

このようにしてindex.tsをコンパイルすると、無事コンパイルできます。ここで注目すべき点は、human.tsの中で定義されているHuman型をindex.tsから使用できているということです。すなわち、スクリプトであるhuman.tsの中のHuman型のスコープがプロジェクト全体に広がっているということです。

次に、human.tsを次のように変更してみましょう。こうすると、human.tsはexport宣言を含むのでモジュールになります。

human.ts

```
export type Human = {
  name: string;
  age: number;
};
```

すると、何ということでしょう。もう一度index.tsをコンパイルするとCannot find name 'Human'.というコンパイルエラーが発生してしまいます。これは、Humanという型名が見つからないというエラーです。つまり、human.tsがモジュールとなったことでHumanのスコープがhuman.tsの中だけとなり、index.tsからはHuman型が見えなくなってしまったのです。この場合、明示的にhuman.tsからインポートするようにすれば解決します。

```
import type { Human } from "./human.js";

export const uhyo: Human = {
  name: "uhyo",
  age: 26
};
```

これまで使えていた型が急に使えなくなってコンパイルエラーが発生した場合、その原因として型の提供元がスクリプトからモジュールに変わったというケースはありがちです。TypeScriptでスクリプトとモジュールの違いが問題となる場合は多くがこのパターンです。

プロジェクト全体で使われる型を定義したい場合は、このようにスクリプトで定義してどこからでも使えるようにする方法と、モジュールで定義して明示的にインポートする方法の2つの選択肢があります。筆者としては後者を推奨します。その理由は、前者の場合はスクリプトをモジュールに変更したい（ほかのモジュールからインポートした型をスクリプト内で使いたい）場合に困るからです。また、必要のない型まですべてスコープに存在しているのは補完の邪魔になりますしバグのもとです。

ちなみに、とくにインポート・エクスポートするものがない（`import`・`export`を使う用事がない）がファイルをスクリプトではなくモジュール扱いにしたいという場合があります。その場合はファイル内に`export {};`と書くという方法がよく使われます。これは0個の変数をエクスポートするという意味ですから何もエクスポートしないのと一緒ですが、`export`を使っているためモジュールとなります。

コラム 35

ES Modules

本節で解説している`import`・`export`を用いてモジュール間連携を行うしくみを指して、ECMAScript Modules（**ES Modules**・**ESM**）と言われることがあります。これは、`import`・`export`の仕様がECMAScript仕様書で定義されていることから来た言葉です。TypeScriptはJavaScriptにコンパイルされる言語であり、JavaScriptなのだからその機能がECMAScript仕様書で定義されているのは当然と思われるかもしれません。

しかし、実はES Modulesに先立って非公式のモジュールシステム（モジュール間連携のしくみ）が存在し、実用化されていたのです。ES Modulesというのはそれら非公式のモジュールシステムと対比したいときによく使われる言葉です。というのも、モジュールの機能がECMAScript仕様書に導入されたのは2015年（ES2015）のことで、それより前は公式のモジュールシステムが（前々から議論はされていたとはいえ）ありませんでした。ところが、それよりもずっと前からJavaScriptにおけるファイル間連携の需要は存在していました。そのために非公式のモジュールシステムが作られたのです。とくに、Node.jsに採用された**CommonJS**は広く知られるようになりました。TypeScriptではmoduleコンパイラオプションを通じていくつかのモジュールシステムに対応した出力が可能で、CommonJS・ES Modulesに加えてAMD・UMD・SystemJSの出力が可能です。

7.2 Node.jsのモジュールシステム

TypeScriptによる開発が可能な実行環境は、ブラウザ上とNode.jsという二大巨頭を筆頭にいくつも存在します。中でも本書では実行環境としてNode.jsを採用しています。とくに、本書のいくつかのサンプルでは先行してimport宣言を使って`readline`モジュールから何かを読み込んでいるものがありましたが、実は`readline`モジュールはNode.jsの機能です。

そこで、この節ではNode.jsにおけるモジュールシステムについてもう少し解説します。

7.2.1 Node.jsの組み込みモジュール

組み込みモジュールとは、何も追加でインストールしなくてもNode.jsに最初から備わっているモジュールです。これらのモジュールは、事前準備なしにimportすることができます[注13]。

本書では、2.3.9などでreadlineという組み込みモジュールがすでに登場していました。ちょっとソースコードを振り返ってみましょう。

```
import { createInterface } from 'readline';

const rl = createInterface({
  input: process.stdin,
  output: process.stdout
});

rl.question('文字列を入力してください:', (line) => {
  // 文字列が入力されるとここが実行される
  console.log(`${line} が入力されました`);
  rl.close();
});
```

今見てみると、readlineというモジュールからcreateInterfaceを読み込んでいることが理解できますね。このように./や../などから始まらずいきなりモジュール名が書かれているものは、外部モジュール（プロジェクト内のソースコードに由来しないモジュール）であると見なされます[注14]。外部モジュールは、本項で扱う組み込みモジュールと、次項で扱うnpmでインストールされたモジュール（➡7.2.2）の2つに分類できます。この例では、readlineという名前の外部モジュールから読み込んでいることになります。readlineはNode.jsの組み込みモジュールの一種です。また、この例にprocessという変数が何気なく出てきていますが、これはNode.jsが用意したグローバル変数です。

Node.jsのAPIドキュメント[注15]を見ると、readlineモジュールのドキュメントを見つけることができます。組み込みモジュールは数が多いので本書では踏み込んで解説しませんが、createInterfaceについてはこれまでお世話になったので簡単に説明しておきます。このreadlineモジュールはユーザーと対話的に入出力することを得意とするモジュールです。ユーザーに対して質問するにはまずcreateInterfaceを呼び出すことでreadline.Interfaceオブジェクトを作ります。このオブジェクトのquestionメソッドを呼び出すことで、ユーザーに対話的に入力を求めることができます。createInterfaceに渡すオプションは、inputとoutputです。これらは入出力に使うストリームを指定します。ここでは、標準入力を表すprocess.stdinと標準出力を表すprocess.stdoutを指定しています。

Node.jsの組み込みモジュールを用いることで、OSのさまざまな機能を利用できます。readlineのほかにも、ファイルシステムへのアクセス（fs）、ネットワーク（net, httpなど）、パスの変換（path）などはよく用いられます。

注13 JavaScriptでは何もせずにいきなり使用できますが、TypeScriptでは型チェックのために別途@types/node（➡7.3）のインストールが必要です。第1章の指示に従って環境構築している場合、これはすでにインストール済みのはずです。

注14 ただし、これはTypeScriptのmoduleResolutionコンパイラオプションを"node"にした場合の挙動です。基本的にはこのコンパイラオプションは"node"に指定されるので、今のところはこの挙動が普通であると理解してかまいません。

注15 Node.jsのWebサイト（https://nodejs.org/）にアクセスすると、その時点のLTSおよび最新版のドキュメントを見ることができます。

コラム 36

CommonJSモジュールとは

CommonJSは、ES Modulesが普及する前から存在するモジュールシステムです。本書の執筆時点ではNode.jsにおけるES Modulesのサポートも実用レベルに達していますが、それより前はCommonJSによるファイル間連携が行われていました。そのため、今でもCommonJSはNode.jsで広く使用されています。TypeSrciptでも、コンパイラオプションの設定によってES Modulesを使用して書かれたモジュールたちをCommonJSのJavaScriptコードへと変換して使用することができます。実際に試してみたい方は、tsconfig.json中のmoduleコンパイラオプションを"commonjs"に設定してコンパイルしてみましょう[注16]。

CommonJSの知識はいくつかの場面で必要になります。歴史的経緯によりCommonJSを採用していて、コンパイル後のJavaScriptファイルに目を通したい場合やあるいはちょっとした設定ファイルをJavaScriptで書きたい場合などです。また、npmからインストールするモジュールについても歴史的経緯によりCommonJSで書かれていることが多いでしょう（最近のものは、CommonJSとES Modulesを両方提供するいわゆるデュアルパッケージになっているものもあります）。そういったコードを扱う場合にもCommonJSの知識が必要です。そこで、基本的な事項をここで紹介しておきます。

まず、CommonJS環境ではrequireという関数が存在しています。これがimport宣言の代わりとなり、require("モジュール名")という形で呼び出すことで、返り値が読み込まれたモジュールを表すオブジェクトとなります（モジュール名前空間オブジェクト（➡7.1.5）に似たものです）。ES ModulesとCommonJSで同等のことをする場合、たとえば次のようになります[注17]。

```
// ES Modules
import * as path from "path";

// CommonJS
const path = require("path");
```

ただし、requireはimport宣言とは異なり、動的なモジュール読み込みです。すなわち、import宣言はモジュールのトップレベルにしか書くことができない専用の構文であり、モジュールが実行される前にすでにインポートされた状態になっているものだったのに対し、requireはただの関数であるためプログラムのどこからでも呼び出すことができます。そして、requireが呼び出されて初めて、そのモジュールの読み込み・実行が行われます。これにより、たとえばif文の中でrequireを用いることによって、特定の条件を満たしたときにのみモジュールを読み込むといった制御ができます。これは、これまで学んできたimport宣言にはない特徴です。ES Modulesでは、次章で学ぶ動的インポートを用いると似たようなことができます[注18]。

CommonJSではエクスポートの方法も異なります。具体的には、あらかじめ用意されているexportsというオブジェクトにプロパティを追加することでエクスポートします。これもまたES ModulesとCommonJSの書き方を比較してみましょう。

```
// ES Modules
export const uhyoAge = 26;
export function greet() {
```

注16　出力結果をNode.jsで実行するには、さらにpackage.json内の"type"フィールドを"module"から"commonjs"に変える必要があります。

注17　ES Modules側は名前空間インポートではなくdefaultインポートが相当するという説もあり、ES ModulesとCommonJSの互換性をめぐる悩みの種となっています。TypeScriptにもES ModulesとCommonJSの互換性・相互運用性にまつわるesModuleInterOpというコンパイラオプションがあります。

注18　ただし、requireはモジュール読み込みを同期的にできるという点で依然として異なります。同期的というのがどういう意味かは次章で解説するので、お待ちください。

```
  console.log("Hello, I am uhyo");
}

// CommonJS
exports.uhyoAge = 26;
exports.greet = function() {
  console.log("Hello, I am uhyo");
}
```

ここであらかじめ用意されているexportsは、このモジュールを別のモジュールからrequireで読み込んだ際に得られるオブジェクトそのものです。これにプロパティを付け足すことによって、requireを利用した側にデータが渡るというしくみになっています。また、requireの返り値をただのオブジェクト以外の値（関数など）にしたい場合はmodule.exportsにその値を代入することで、デフォルトのexportsを上書きすることができます。ただし、これはES ModulesとCommonJSの相互運用性を悪化させる一因となっているので、今はあまり好まれません。

7.2.2 npmとは

Node.jsのモジュールシステムの話をするならば、**npm**の話題は切っても切り離せません。npmは、Node.js向けのパッケージマネージャです。これはNode.jsに同梱されており、Node.jsをインストールするとnpmも付属してインストールされます。ちなみに、npmの代替ツールとしてyarnやpnpmといったパッケージマネージャも開発・使用されています。本書ではnpmを前提に解説します。

また、npmはパッケージレジストリ[注19]とセットになっており、誰でも自分で作ったパッケージ（モジュール）をアップロードして配布できます。このようにしてnpm向けに配布されているパッケージは、npm installというコマンドを用いてインストールできます。これらのパッケージは、Node.js本体とは無関係に作られて配布されていることから、サードパーティパッケージとも呼ばれます。本書の第1章に従って環境構築をした読者の方はnpmを実際に使用したはずですね。

npmを用いてインストールしたパッケージは、プロジェクト内のnode_modulesというディレクトリの中に保存されます。グローバルな環境にインストールされるのではなくプロジェクトごとにnode_modulesが作られるという点に注意しましょう[注20]。このようにしてインストールしたパッケージは、Node.jsプログラムからimportやrequireを用いて使用することができます。

また、フロントエンド開発（Node.js上ではなくブラウザ上で動くプログラムの開発）においても、やはり必要なモジュールをnpmを用いてnode_modules内にインストールして使用するのが慣例となっています。そのため、フロントエンド開発の場合もNode.jsの場合もJavaScript・TypeScript開発においてはnpmのお世話になることでしょう。

やる気のある方は、実際にパッケージのインストールと使用を試してみましょう。たとえば、fastifyというサードパーティのパッケージを使用するには、TypeScriptプロジェクトのディレクトリでCUIからnpm install fastifyを実行します。そして、以下のプログラムをコンパイル・実行してみましょう。すると、何

注19 npm社によって運営されています。
注20 npm installの-gフラグを使うとグローバルな場所にインストールすることができます。この機能は、インストールしたパッケージをプログラムから読み込むのではなくCLIツールとして使用したい場合に用いられます。

も表示せず終了もしないはずです[注21]。

```
import fastify from "fastify";

const app = fastify();

app.get('/', (req, reply) => {
    reply.send("Hello, world!");
});

app.listen(8080);
```

実はfastifyはHTTPサーバを実行するためのライブラリで、上記のプログラムを実行している状態でブラウザでhttp://localhost:8080/にアクセスすると「Hello, world!」と表示されるはずです。これによって上記のプログラムの動作が確認できます。プログラムを終了させるにはプログラムが動作しているターミナルでCtrl＋Cを押しましょう。

このように、使用したいライブラリがある場合はそれをnpm installでインストールしてからimportで読み込むのが基本パターンです。npmでインストールしたモジュールは、Node.jsの組み込みモジュールと同様にモジュール名だけを書くことでインポートできます[注22]。今後TypeScriptでプログラムを書くにあたってサードパーティライブラリを使用する機会は多くあるでしょうから、今のうちに慣れておきましょう。

7.2.3　package.jsonとpackage-lock.jsonの役割

Node.jsのプロジェクトは、普通**package.json**というファイルを持っています。これはプロジェクトのルート（そのプロジェクトすべてを含む一番上のディレクトリ）に配置され、そのプロジェクトに関する設定を記述する役割を持ちます。Node.jsでプログラムが実行される際も、必要に応じてpackage.jsonから設定が読み込まれます。

また、package.jsonには**依存関係を記述する**という役割もあります。package.json内のdependenciesおよびdevDependenciesというフィールドには、プロジェクトから使用されるライブラリ（プロジェクトが依存するライブラリ）の一覧を記述します。2つの違いを簡単に述べると、前者がプロジェクトを実行するときに必要なライブラリ、後者はプログラムをビルドするときに必要なライブラリであると理解されています。また、これらのフィールドにはライブラリ名が列挙されるだけでなく、それぞれのライブラリのバージョンなどの情報も記載されています。

なお、npm install パッケージ名コマンドによりライブラリをインストールした場合は、自動的にそのライブラリが依存先としてpackage.jsonに書き込まれます。逆に、package.jsonに手で依存ライブラリを書き込んで、そのあとにnpm installとコマンドを実行することでそれを新規にインストールすることもできます。

さらに、package.jsonはnpm initコマンドを実行することでその場に作成することができます。一から環境構築を行う際の基本的な流れは、まずnpm initでpackage.jsonを作成し、それからnpm installを使って必要なパッケージをインストールするということになります。

注21　fastifyのバージョン3.2.1で動作確認しています。万が一バージョンアップに伴って下記のプログラムそのままでは動作しなくなっていた場合はご容赦ください。

注22　ただし、TypeScriptのmoduleResolutionコンパイラオプションを"node"にしておく必要があります。環境構築の際に忘れやすいのでご注意ください。

もう1つnpmに深く関係するファイルがpackage-lock.jsonです。これはnpmが動作する際に自動的に作成されるファイルであり、package.jsonに記述された依存関係をもとにインストールされたnode_modulesの内容を表すスナップショットのようなファイルです。

このファイルのおもな役割は、**node_modulesの状態を完全に記述し、再現性を高める**ことです。実は、package.jsonの情報だけでは、npm installをしてもまったく同じnode_modulesの内容が再現されるとは限りません。その理由は、依存パッケージのバージョン指定の際に特定のバージョンに固定するのではなく、「一定の条件の中で最新のバージョン」といった指定ができるからです（npm install時にpackage.jsonに動的に書き込まれるのもこのような指定です）。そのため、npm installを実行するタイミングによって異なるバージョンがインストールされる可能性があります[注23]。一方で、package-lock.jsonは実際にnode_modules内に何がインストールされたのかという情報を保持しているため、package-lock.jsonがあれば同じnode_modulesを再現することができます。これにより、異なる人でもまったく同じ依存関係を再現することができ、ビルドの再現性向上に役立ちます。

package.jsonやpackage-lock.jsonについてさらに具体的なことは、ぜひ調べてみてください。どちらも依存ライブラリに関連するファイルで、package.jsonは人間が編集したりnpmによって自動的に編集されたりする一方、package-lock.jsonはnpmによってメンテナンスされ人間が触ることは基本的にはありません。

とにかく、TypeScriptのプロジェクトを作る際はpackage.jsonを作っておきましょう[注24]。TypeScriptのプロジェクトには基本的にTypeScriptコンパイラが依存関係として（devDependenciesに）インストールされるので、package.jsonにはそのプロジェクトが使用するTypeScriptのバージョンを記述するという役割もあることになります。

7.3 DefinitelyTypedと@types

前節で解説したNode.js・npmの話題は、TypeScriptに特有のものではなくJavaScript開発一般に当てはまるものでした。次は、TypeScriptに特有の事情を解説します。とくに、npmで配布されているモジュールにはTypeScript向けの**型定義**が同梱されているものとそうでないものがあり、後者をTypeScriptから利用するためにはもう一手間必要です。これをサポートするために運用されているのが**DefinitelyTyped**および@typesパッケージです。

7.3.1 @typesパッケージのインストール

TypeScript向けの型定義が同梱されていないパッケージは、それだけをインストールしてもコンパイルエラーが発生してしまうため使用できません。7.2.2ではfastifyというパッケージを用いてHTTPサーバを動作させる例を示しましたが、fastifyはTypeScript向けの型定義が同梱されているパッケージですから、fastifyを普通にインストールしただけで使用できたのです。

注23　それならばとpackage.jsonに記述するバージョンを範囲指定ではなく固定にしたとしても、それらがさらに依存するパッケージもnode_modulesにインストールされるため、それらも不確定性の原因となります。

注24　ただし、Denoなどの非Node.js環境ではpackage.jsonが使われません。これらの普及につれて今後常識が変化していきそうです。

今回は、TypeScript向けの型定義が同梱されていないパッケージの例としてexpressを用います。これは、fastifyとは別のHTTPサーバライブラリです。さっそく、npm install expressとしてexpressをインストールし、次のTypeScriptコードを書いてみましょう。

```
import express from "express";

const app = express();

app.get('/', (req, res) => {
   res.send("Hello, world!");
});

app.listen(8080);
```

これをコンパイルすると、import宣言のところで次のエラーが発生するはずです。

```
Could not find a declaration file for module 'express'.
```

このエラーは、「expressの型定義ファイル(declaration file)が見つかりません」と言っています。これは、今回使用したexpressには型定義ファイルが同梱されていないため、インポートされた変数expressの型が不明だということを意味しています[注25]。また、そもそもexpressというモジュールの中身がどうなっているか(何がエクスポートされているか)がわからないため、上記のコードのようにdefaultインポートしてもよいのかどうかすら不明です[注26]。

このように型定義がないモジュールというのは、モジュールがTypeScriptで書かれていない場合に発生しがちです。npm自体はTypeScript専用ではなくJavaScript向けのパッケージマネージャであるため、TypeScriptのことを考慮していないパッケージも配布されているのです。

このような事情から、TypeScriptを使っている場合はライブラリ選びの際に「TypeScriptに対応しているかどうか」が基準のひとつとなります。しかし、TypeScriptの型定義がないライブラリを使いたいという場合も存在するでしょう。実際、上記のコンパイルエラーはあくまで型チェックの問題であり、ライブラリを使用するのが不可能というわけではありません。TypeScriptプログラムが動作する際はJavaScriptに変換されてから動くのですから、その変換さえ済ませてしまえばTypeScript非対応のライブラリでも使用することができます。

前置きが長くなりましたが、このような場合**@typesパッケージ**をインストールするのが1つの解決法となります。具体的には、今回の場合npm install -D @types/expressと実行して@types/expressを追加でインストールしてみましょう[注27]。すると、コンパイルエラーが消えるはずです。これは、expressモジュールの内容をTypeScriptが認識したことを意味しています。実際、インポートされた変数expressにマウスを乗せたりすると型情報がちゃんと表示されるはずです。

@typesパッケージは、このようにパッケージに同梱されていない型定義を補う機能を持っています。今回使用した@types/expressパッケージはexpressの型定義を含むパッケージです。このように、使用したいラ

注25 本書の執筆時点ではexpressのバージョンは4系です。もしこの挙動が確認できない場合は、expressのバージョンが上がってexpressに型定義が同梱されるようになったことが理由かもしれません。その場合、本書の挙動を再現するにはnpm install express@4としてexpressの4系をインストールします。

注26 実は、型定義のないモジュールに対してこのようにコンパイルエラーが発生するのはnoImplicitAnyコンパイラオプションが有効になっている場合のみです。無効の場合はインポートが可能で、インポートされたものはすべてany型となります。

注27 npm installの-Dオプションは、インストールしたパッケージをpackage.jsonに書き込む際にdependenciesではなくdevDependenciesのほうに書き込むという意味です。@typesパッケージはあくまでコンパイル時にのみ必要であるため、devDependenciesに入れるのが通例です。

イブラリに型定義がない場合は、それに対応した@typesパッケージをインストールすることで型定義を補います。

なお、@typesパッケージは基本的に有志によって作られています。@types/expressを作ったのはexpress自体を作ったのとは別の人たちであるということです。現在広く使われているパッケージに対してはほとんど対応する@typesパッケージが存在しますが、マイナーなパッケージの場合は対応する@typesパッケージが存在しないことがあるので注意しましょう。

そして、@typesパッケージの開発・運用はMicrosoftが運営する**DefinitelyTyped**というシステムに集約されています。現在のところ、実際に@typesパッケージの中身を作るのはコミュニティの有志ですが、それをレビューしたり実際にパッケージとしてnpmに公開したりといった作業はDefinitelyTypedを介して行います。具体的には、DefinitelyTypedのGitHubリポジトリ[注28]に@typesパッケージの中身がすべて含まれています。@typesパッケージを新規に作ったり中身を更新したりしたいときには、このリポジトリにプルリクエストを送りましょう。

コラム 37 自分で型定義ファイルを作るには

ほとんどの場合、ライブラリの型定義情報がなくても@typesパッケージをインストールすれば事足ります。しかし、まれにそれではうまくいかない場合があります。たとえば、マイナーなライブラリなのでそもそも対応する@typesパッケージがないという場合や、@typesパッケージの内容が古くて最新の機能に対応していない場合（この場合はたいてい時間が解決してくれますが）、そしてそもそも@typesパッケージの内容が間違っていて使いものにならないという場合があります。

@typesパッケージが使えない場合、自分で型定義を書くというのが1つの選択肢となります。ここではその方法を簡単に解説します。

まず、自前の型定義は.d.tsファイルに書くのが普通です。.d.tsで終わるファイル名を持つファイルはTypeScriptコンパイラから型定義ファイルとして扱われ、実装（型定義以外の実際に動作するプログラム）は含んではいけません。型定義ファイルの中でdeclare moduleという構文を用いることで、特定のモジュールに対する型定義を宣言することができます。

たとえば、expressに対する型定義を宣言するには、express.d.tsのような名前のファイルを用意して[注29]以下のように書きます（試す場合は、競合しないように@types/expressをアンインストールしておきましょう）。

```
declare module "express" {
  const result: number;
  export default result;
}
```

今回declare moduleの中に書かれているのはただの例ですが、このように書いた場合はexpressモジュールはnumber型の変数resultがエクスポートされているという意味になります。このように、declare moduleブロックの中にexport宣言を書くことで、そのモジュールから何がエクスポートされているかを示すことができます。ちなみに、目ざとい方はconst result: number;というように=がないconst文があるのに気がついたでしょう。型定義ファイルでは、このように変数の中身を示さずに型だけ示す特殊な構文を使用することができます。

注28 https://github.com/DefinitelyTyped/DefinitelyTyped
注29 ファイル名がexpressである意味はとくにありません。.d.tsで終わるファイル名ならば大丈夫です。

実際に型定義を書く際には、expressモジュールのソースコードやドキュメントを見てexpressがどのようなものを実際にエクスポートしているのかを調べ、それを再現するような型定義を書くことになります。場合によっては、export typeなどの構文による型のエクスポートが型定義に追加される場合もあります。たとえば@types/expressはRequestやResponseといった型を定義しており、import { Request } from "express"のように使うことができます。型の概念はもともとの（TypeScriptではなくJavaScriptで書かれた）モジュールには存在しないため、このようにエクスポートされた型は型定義ファイルによって独自に追加されたものです。このようにそのモジュールを使う際にあらかじめ用意してあると便利な型は、そのモジュールの型定義に含めてしまうことがよくあります。このような点まで意識して書くことで良い型定義となるでしょう。

7.4 力試し

この章で学習したモジュール、とくにimport宣言とexport宣言は、実際のTypeScriptプログラミングにおいて最も頻繁に使われる機能のひとつです。実際のプログラムが多くのファイルに分割して書かれることに加えて、フロントエンドでもそうでなくても、TypeScript（あるいはJavaScript）では多くのサードパーティモジュール（Node.jsの場合、npmでインストールされるモジュール）が使われるからです。

本書はNode.jsの環境で学習を進めてきました。そこで、今回の力試しではNode.jsで提供される組み込みモジュールを使ったプログラムを実装してみましょう。

7.4.1 ファイルを読み込んでみる

Node.jsから提供されるモジュールの中でも最もよく使われる機能のひとつが、fsモジュールによるファイルシステムへのアクセスです。そこで、今回はファイルを読み込んでそれに対してデータ処理をしてみましょう。fsモジュールの使い方はNode.jsの公式サイト[注30]で調べることができます。

最初の練習として、カレントディレクトリにあるuhyo.txtを読み込んでその中にuhyoという文字列が何個あるか数えるプログラムを書いてみましょう。たとえば、uhyo.txtの内容が次のとおりならば3と出力されるようにします。

```
Hello, I am uhyo.
Hahaha, uhyohyohyohyohyouhyohyo
```

とくにヒントが必要ない方は、さっそく取り組んでみてください。

また、カレントディレクトリという概念を知らない方に向けて簡単に解説します。**カレントディレクトリ**はシェルで現在いるディレクトリとして理解するのが簡便です。node dist/index.jsのようなコマンドを用いてプログラムを実行する場合、そのときのシェルでの現在のディレクトリがそのままプログラムのカレントディレクトリとなります。よって、この場合はdistディレクトリがある場所にuhyo.txtを配置しておいてnode dist/index.jsを実行するとuhyo.txtが読み込まれるようにしましょう。

注30　https://nodejs.org/dist/latest/docs/api/fs.html

```
.
├── dist
│     └── index.js
├── package-lock.json
├── package.json
├── src
│     └── index.ts
├── tsconfig.json
└── uhyo.txt           ←これを読み込む
```

ヒント：

- ファイル読み込みは、fsからエクスポートされるreadFileSyncを使うのが一番簡単です。
- 文字列の中のuhyoを数える方法はいくつかありますが、文字列のindexOfメソッドを使用するのが比較的簡単です。

7.4.2 解説

課題を満たすプログラムの一例は次のようになります。

```
import { readFileSync } from "fs";

const data = readFileSync("uhyo.txt", { encoding: "utf8" });

let count = 0;
let currentIndex = 0;
while (true) {
  const nextIndex = data.indexOf("uhyo", currentIndex);
  if (nextIndex >= 0) {
    count++;
    currentIndex = nextIndex + 1;
  } else {
    break;
  }
}
console.log(count);
```

ここではfsモジュールからエクスポートされるreadFileSync関数を用いています。Node.jsのドキュメントによればfsモジュールはreadFileSync関数を提供しているので、import宣言を用いてこのように読み込むことができます。

この関数は第1引数にファイルへのパス、第2引数にオプションを渡すことで、そのファイルを読み込んでファイルの中身を返り値として返します。第2引数に{ encoding: "utf8" }というオブジェクトを渡すことで、返り値は文字列（string型の値）となります。

残りは今回の力試しの本題ではありませんが、文字列のindexOfメソッドを使って文字列中のuhyoの個数を数えています。中身を簡単に説明すると、indexOfは文字列中を検索するメソッドですが、第2引数で検索開始位置を指定できることを利用します。最初のuhyoを発見したあと、その次の位置を次の検索開始位置とすることで、次のuhyoを探します。この繰り返しで順番にuhyoを発見していくことで、文字列中のuhyoの個数を数えることができます。uhyoが発見されなくなるまで繰り返すというロジックを表現するためにwhile (true)という無限ループを用いています。

今回の力試しのポイントは、モジュールから提供される機能をimportで読み込む点でした。このコードにあるようにとても簡単ですね。

7.4.3 pathモジュールも使ってみる

ところで、前項のプログラムは見てのとおりuhyo.txtを読み込むプログラムですが、ではどこにあるuhyo.txtを読み込むのでしょうか。本節の最初で述べているように、答えはカレントディレクトリです。fsモジュールを使う際、ファイルへのパスはカレントディレクトリからの相対パスとして扱われます。

しかし、CLIプログラムでもない限り、プログラムの挙動がカレントディレクトリに依存するというのは好ましくありません。カレントディレクトリによらず、特定の位置のファイルを読み込みたい場合のほうが多いでしょう。次の力試しとして、これを実装してみましょう。そのためにはfs以外にもいくつかのモジュールを利用する必要があります。

ここで、import.meta.urlを紹介しておきます。詳細は省きますが、この式からはNode.jsで今実行中のJS（JavaScript）ファイルの位置（パス）を表す文字列が得られます。urlというプロパティ名が示すように、この文字列はURL形式となっており、具体的にはfile:///home/uhyo/tsbook/dist/index.jsのようにfile://から始まりファイルへの絶対パスを含む文字列です[注31]。

```
// このJSファイルの位置を表す文字列が表示される
console.log(import.meta.url);
```

この情報を利用することで、カレントディレクトリではなくプログラムのソースコードの位置を基準としてファイルを読み込むことができます。次の力試しとして、これを利用してdistディレクトリの隣にあるuhyo.txt（dist/index.jsから見たら../uhyo.txtの位置にあるファイル[注32]）を読み込むプログラムを書いてみましょう。自力ですべて調べられる自信のある方はさっそく取り組んでかまいません。どうすればいいかわからない方は、次のヒントを参照してください。

ヒント：

- **あるファイルパスから別のファイルパスに変換するための機能がpathモジュールから提供されています。とくに、joinを使うとある位置から../uhyo.txtに相当するファイルパスを作ることができます。**
- **file://形式の文字列はそのままだとpathモジュールでうまく扱えません。pathモジュールで扱える形式の文字列に変換するためには、urlモジュールから提供されているfileURLToPath関数を使います。**

7.4.4 解説

解答例は以下のとおりです。ファイル読み込み以降は前回と同じなので省略しています。

```
import { readFileSync } from "fs";
import path from "path";
import { fileURLToPath } from "url";
```

注31　ファイルのパスなのにわざわざURL形式の文字列としている理由は、Web標準（Webブラウザ上のJavaScript）と歩調を合わせるためです。

注32　本書の構成ではプログラムはsrc/index.tsといった場所にありますが、TypeScriptからJavaScriptへのコンパイル後は実際にはdist/index.jsになり、実際に実行されるのはこちらなのでこちらを基準に考える必要があります。

```
const filePath = fileURLToPath(import.meta.url);
const fileDir = path.dirname(filePath);
const dataFile = path.join(fileDir, "../uhyo.txt");

const data = readFileSync(dataFile, { encoding: "utf8" });
```

この例ではfsだけでなくpathとurlからもインポートを行っています。pathからのインポートがdefaultインポートになっていますが、実はNode.jsから提供されるモジュールはこのような形で利用することも可能です。この場合、pathから提供されるjoinやdirnameといった関数はpath.joinのようにプロパティアクセスの形で使用します。どちらの方法でもかまいませんが、筆者は慣習的にpathはこのようにdefaultインポートで使用しています。

上の解答例ではimport.meta.urlに対して3段階の加工を行うことで目的のパス（uhyo.txtへのパス）を得ています。まずfileURLToPathを用いてfile://形式のURL文字列をパス文字列に加工します。たとえばimport.meta.urlがfile:///path/to/dist/index.jsだった場合、filePathは/path/to/dist/index.jsになります。このステップは、pathの機能を利用するために必要です。次に、path.dirnameはファイルへのパスをそのファイルを含むディレクトリへのパスに変換します。たとえばfilePathが/path/to/dist/index.jsだったとすると、fileDirは/path/to/distになります。これでソースファイルを含むディレクトリを表すパスが得られました。今回はさらに、そこから見て../uhyo.txtの位置にあるファイルを表すパス文字列を得る必要があります。そのような場合に有効なのがpath.joinです。上の例のように使うことで、dataFileは無事にもとのソースファイルから見て../uhyo.txtの位置にあるファイルを表すパス文字列となります。

これをreadFileSyncに渡すことで、目的のファイルを読み込むことができました。このようにすると、カレントディレクトリに依存しないファイル読み込みができます[注33]。このプログラムはどこをカレントディレクトリとして実行しても正しくuhyo.txtを読み込むことができます。試してみましょう。

プログラムとセットであらかじめ用意されたファイルを読み込む場合には、このようにカレントディレクトリに依存せずにファイルを読み込むのが吉です。逆にユーザーが指定したファイルを読み込むCLIプログラムのような場合は、カレントディレクトリを考慮して読み込むようにすると親切ですね。

注33 より詳細に述べると、これはもともとimport.meta.urlがファイルの絶対パスを表しており、そのため以降の操作もすべて絶対パスが結果となっているからです。uhyo.txtや../uhyo.txtのような相対パスはカレントディレクトリを基準に解決されますが、絶対パスはカレントディレクトリによらずに解決させることができます。

第8章

非同期処理

読者のみなさんに立ちはだかる本書最後の難関、それは非同期処理です。非同期処理とは何かを正確に説明するのは難しく、プログラミング言語によってもその意味合いは微妙に違ってきます。しかしながら、非同期処理はまた、現代のTypeScriptプログラミングにおいて欠かせない存在でもあります。

本章ではまず非同期処理とは何かを説明し、Promiseやasync関数といった、非同期処理用の言語機能について解説していきます。

8.1 非同期処理とは

非同期処理とは何かを正確に説明するのは難しいのですが、比較的正確な説明は「非同期処理とは**裏で行われる処理**である」というものでしょう。また、多くの場合**時間がかかる処理**が非同期処理として表されます。ほとんどの場合、非同期処理はこの2つのどちらか、多くは両方の特徴を持ちます。

そして、現代において「時間がかかる処理」は非常にさまざまなところで現れます。大雑把な理解としては、CPUやメモリよりも外に出る処理は時間がかかると言ってよいでしょう。また、そこにJavaScriptが採用しているシングルスレッドモデルという事情も絡んできます。

TypeScriptにおける非同期処理を理解する第一歩として、まずは非同期処理そのものについてしっかりと理解しましょう。

8.1.1 “時間がかかる処理”としての非同期処理

非同期処理として最も典型的なのは、**時間がかかる処理**です。たとえば、**通信**には必ず時間がかかります。Webページを閲覧する際には、ブラウザにURLを入力してからそのページが表示される前に多かれ少なかれ時間がかかりますね。この時間の一部は自分の端末とWebサーバの間の通信に費やされています。自分の端末とWebサーバの間には物理的な距離がありますから、通信に時間がかかるのは自然なことです。TypeScriptが動作する環境では、基本的に通信は非同期処理となります。

また、別の例としては**ファイルの読み書き**も挙げられます。ファイルが存在するのは自分の端末の中のHDDやSSDであり[注1]、一見物理的距離の問題がないように思われます。しかし、プログラムを実行する中枢であるCPUの速度に比べるとHDDやSSDにアクセスするのは時間がかかるため、CPUから見たら時間がかかる処理ということになります。また、そもそも大容量のデータを読み書きする場合はいくら距離が近いとはいえ時間がかかりますよね。

この2つが時間のかかる処理の代表例です。また、アプリケーションサーバを書く場合にはほかのサーバの処理を待つ必要がある場合もあり、これも時間がかかる処理となります。たとえば、データベースにアクセスする場合がこれにあたりますね。この場合、データベースサーバにアクセスするための通信時間と、データベースサーバ側で実際に処理が行われる時間の合計が待ち時間となります。

このように時間のかかる処理がプログラムでどう表現されるかは言語や環境によって大きく異なりますが、JavaScript・TypeScriptでは非同期処理として表現されるのがとても一般的です。

8.1.2 シングルスレッドモデル・ノンブロッキング

時間のかかる処理をプログラムから行う場合、そのAPIは**ブロッキング**（blocking）なものと**ノンブロッキング**（non-blocking）なものの2種類に分類されます。TypeScriptでは、非同期処理とはノンブロッキングなものを指します。前項では時間がかかる処理は非同期処理となると解説しましたが、これを言い換えるとTypeScriptでは時間がかかる処理はノンブロッキングな処理として表されるということになります（例外も多

注1　いわゆるNASのようなものもありますが。

少存在します。たとえば、Node.jsにおけるファイルシステムの読み書きはブロッキングなAPIも用意されています)。

ブロッキングな処理とは、その処理の実行が完了するまでプログラムがそこで停止するような処理です。たとえば、ファイル読み込みをブロッキングな処理として行う`readFile`関数があるとしましょう。ファイル読み込みに2秒かかる場合、`readFile`関数の実行に2秒かかることになります。次のプログラムで**読み込みを開始します**が表示されてから**読み込みました**と表示されるまでには2秒かかるでしょう。

```
console.log("読み込みを開始します");
const data = readFile("filename.txt");
console.log("読み込みました");
```

JavaScript・TypeScriptでは、時間がかかる処理がブロッキングなのは基本的に歓迎されません。それは、実行モデルとして**シングルスレッド**(single-threaded) なモデルが採用されているからです。これは、**プログラムの複数箇所が同時に(並列に)実行されることはない**という理解でかまいません。TypeScriptプログラムが実行される場合、常にプログラムのある1ヵ所のみが実行されています[注2]。

Node.jsの古典的な使い道のひとつとしてWebサーバ(アプリケーションサーバ)を作ることが挙げられますが、Webサーバは複数クライアントが同時に接続してきても応対できる必要があります。ここでシングルスレッドかつ通信処理がブロッキングだと、あるクライアントと通信している際にプログラムの実行がストップしますから、その間Webサーバの動作が完全に停止します。つまり、同時に複数のクライアントに応対することができないのです。これでは、サーバとしての性能はまったく期待できません[注3]。ここで通信処理がノンブロッキングならば、あるクライアントと通信している際もプログラムが停止しません。あるクライアントと通信中に別のクライアントに応対することが可能となり、性能が向上します。

このような違いが生まれるのは、通信というのが本質的に待ち時間を含む処理だからです。ブロッキングな処理というのは、待ち時間の間もプログラムが停止したままであるという点でタイムロスが発生します。ノンブロッキングならば、待ち時間もプログラムを実行し続けることで同時に複数クライアントに応対することができます。

シングルスレッド(結局プログラムを並列に実行することができない)なのに通信という処理の実行中にほかのことができるのが不思議に思われるかもしれませんが、実際に通信を担当するのはNode.jsなどのランタイムではなくOSであるという点も関わっています。Node.jsで通信する際に実際に行われるのはOSに対して通信処理を発注することであり、待ち時間というのは実際の通信およびOSの処理が終わるのを待つ時間ということになります。言い方を変えれば、JavaScriptで書かれたサーバはクライアントからのリクエストに対してレスポンスを計算する部分(アプリケーションロジック)を担当するのであって、クライアントからのリクエストやレスポンスを実際に送受信するのはOSに任せています。この実際の通信は並列に行われるかもしれ

注2　より正確に言えば、1つの実行環境内でプログラムの複数箇所が同時に実行されることはないということです。とくに、データに対するレースコンディションといったことは原理上起こりません(例外として`SharedArrayBuffer`という機能が存在します)。1つの実行環境というのは、`node index.js`などの形で起動されるプロセス1つのことだと思ってだいたい問題ありません。複数の実行環境が協調するようなプログラムを作るためには、Node.jsの`worker_threads`モジュールや、Webブラウザの場合はWeb Workersを用います。複数の実行環境の間のデータのやりとりは、`SharedArrayBuffer`を除いて非同期通信によって行われます。

注3　ただし、だから必ずしもブロッキングはだめだというわけではありません。言語や環境によっては、クライアント1つごとにプロセスやスレッドを分けるというマルチプロセス・マルチスレッドの方式がとられることもあります。この場合はブロッキングな通信処理を行いつつ複数クライアントに応対することができます。とはいえ、Node.jsはノンブロッキングのほうがパフォーマンス・スループットに優れるという思想を持っています。この思想と、そもそもJavaScriptはシングルスレッドの言語であるということから、Node.jsではノンブロッキングなAPIが広く使われています。

ません。JavaScriptがシングルスレッドというのは、あくまでアプリケーションロジックが書かれたJavaScirptプログラムの部分が並列に実行されないということなのです。

この節では言葉で非同期処理について説明してきたので、やや難解に感じられたかもしれません。次の節からは実際にコードを見ながら非同期処理について理解していきましょう。何にせよ、非同期処理というのは今回初めて登場する新しい概念です。これまで我々が経験してきたプログラムはほぼすべてが同期的なプログラムでした。プログラムは普通に上から下に実行され、下まで到達すれば全部終わりです。非同期処理が関わると、プログラムの流れはより複雑になります。1つずつ理解して臆せずに非同期処理を理解していきましょう。

8.2 コールバックによる非同期処理の扱い

非同期処理をTypeScriptプログラムから扱う方法はいくつかありますが、その中でも最も原始的なのが**コールバック関数**によるものです。ES2015で後述のPromiseが導入されるまでは注4、非同期処理はコールバック関数で表すのが普通でした。

8.2.1 コールバック関数とは

コールバック関数は、**非同期処理が終わったときに呼び出される関数**です。そもそも非同期処理はノンブロッキングな処理として表されるのでした。つまり、非同期処理を実行する関数があったとすれば、それは「非同期処理の**実行を開始**する関数」です。あとの例に示すように、実行を開始しただけで、その終了を待たずにプログラムは次へと進みます。そうなると、非同期処理の実行の終了を検知する手段が必要になります。それが「関数を呼び出してもらうこと」です。この関数がコールバック関数にほかなりません。

コールバック関数を用いる場合、非同期処理の実行開始時に「終了したら呼び出される関数」を登録しておきます。そして、非同期処理が完了したらその関数が呼び出されます。これにより、非同期処理終了後に行う処理をその関数の中に書いておくことができますね。概念的な例としてはこんな感じです（ブロッキングな例（➡8.1.2）と比較してみてください）。

```
console.log("1. 読み込みを開始します");
readFile("filename.txt", (data) => {
  console.log("3. 読み込みました")
});
console.log("2. 読み込みを開始しました");
```

この例ではreadFileという関数に引数として関数を渡しています。これがコールバック関数です。この関数はファイル読み込みが完了した際に呼ばれるものでしょう。そのため、引数にdata（ファイルの中身）が伴っています。このようにコールバック関数は引数を持つ場合があり、関数が呼ばれる際に非同期処理の結果が引数に渡されます。

ポイントは、readFile関数は「非同期処理（ファイル読み込み）を開始する」という処理だけ行って即座に実行完了するということです。そのため、たとえファイル読み込みに2秒かかるとしても、「2. 読み込みを開

注4　より正確には、ES2015で正式に導入される以前からサードパーティで類似の概念が普及していました。

始しました」は「**1. 読み込みを開始します**」が表示されたあと即座に表示されるでしょう。このように、非同期処理を行っている裏でプログラムが次に進むことができます。これがノンブロッキングということです。このプログラムは2回目のconsole.logのあと最後まで到達したのでいったん停止しますが、2秒後（ファイル読み込みの処理完了後）にコールバック関数が呼び出されることで実行を再開し、「**3. 読み込みました**」と表示するでしょう。このように、プログラムが最後まで到達しても、コールバック関数が呼び出される可能性がある場合はプログラムは終了しません。

これはreadFileという仮想的な関数を例としていましたが、記憶力と勘の良い読者の方は、本書ですでにこのようなコールバック形式の非同期処理が出てきていたことにお気づきでしょう。それはreadlineです（➡2.3.9、7.2.1）。readlineは次のようなコードで使用するものでした。よく見ると、rl.questionがコールバックを受け取る非同期処理の形になっています。実際、この関数は「ユーザーから入力を受け取る」という処理を行いますが、ユーザーがキーボードなどを通じて入力するには時間がかかります。よって、これは非同期処理として扱われます。rl.questionの呼び出しは上のreadFileと同様に即座に終了しますが、その後もプログラムが終了せずに入力を待機し、入力が確定されたらコールバック関数が呼び出されてプログラムの実行が再開されます。

```
import { createInterface } from 'readline';

const rl = createInterface({
  input: process.stdin,
  output: process.stdout
});

rl.question('文字列を入力してください:', (line) => {
  // 文字列が入力されるとここが実行される
  console.log(`${line} が入力されました`);
  rl.close();
});
```

8.2.2 タイマーの例

非同期処理のほかの例として、**タイマー**の例を見てみましょう。タイマーとは、一定時間後に特定の処理をすることを指します。TypeScriptでは、setTimeoutという関数が用意されており、この関数を通じてタイマーを使用できます**注5**。次の例では、3秒後にタイマーをセットしています。

```
setTimeout(() => {
  console.log("タイマーが呼び出されました");
}, 3000);
console.log("タイマーを設定しました");
```

このように、setTimeoutの第1引数には関数（コールバック関数）を、第2引数には数値を指定します。数値はタイマーが起動するまでのミリ秒数として解釈され、上の例の場合は3000ミリ秒なので3秒となります。上の例を実際に実行すると、すぐに**タイマーを設定しました**と表示され、その3秒後に**タイマーが呼び出されました**と表示されることになります。

注5 厳密にはsetTimeoutはJavaScriptの言語仕様に組み込まれた関数ではありませんが、ブラウザ、Node.js、Denoといった多くの環境で用意されています。

「一定時間待つ」というのは、中身がないとはいえ時間がかかる処理であることには変わりありません。setTimeoutはこれを**非同期的**に行ってくれる関数です。非同期的ということは、関数setTimeout自体の処理は「一定時間待つ」という処理を開始するだけであり、一瞬で終わります。そのため、そのあとの**タイマーを設定しました**はすぐに表示されるのです。このタイミングでプログラムの一番最後まで到達したのでプログラムの実行がいったんストップします。例によって、まだ非同期処理が残っているためプログラムは終了せず、何もしない状態で起動し続けます。そして、3秒後になるとsetTimeoutによって起動された「3秒待つ」という非同期処理が終了します。今回の非同期処理はsetTimeoutによって起動されたものなので、非同期処理の終了時にコールバック関数が渡されます。ここで**タイマーが呼び出されました**と表示されます。ここで再び実行すべきプログラムの最後まで到達し、今回はもうコールバックが残っていないのでプロセスが終了します。

関数setTimeoutによって起動された「一定時間待つ」という非同期処理は、このようにコールバック関数が呼ばれる形でその終了を検知できます。コールバック関数を介した非同期処理は、最も原始的な非同期処理の形態です**注6**。

8.2.3 fsモジュールによるファイル操作の例

もう1つ、Node.jsに存在するfsモジュールの例を見てみましょう。このモジュールはファイルシステムを操作する機能を提供してくれます。すでに説明したとおり、ファイルシステムへのアクセスは時間がかかる処理ですから、ファイルシステムの操作は非同期処理として行うことができます。ただし、fsの場合は同期的なAPIも提供されています（第7章の力試しに登場したreadFileSyncがその例です）。簡単なプログラムなら同期的なAPIの出番もあるでしょうが、同時に複数のファイルアクセスを行ったり、それ以外の非同期処理も行ったりするような場合には非同期的なAPIを選択したほうが有利です。同期と非同期の選択肢がある場合、プログラム全体を掌握できておりほかの非同期処理と干渉しないと確証がある場合を除いて、非同期を選択するのが賢明でしょう。

fsのAPIとして、コールバック関数による非同期処理のAPIが定義されています**注7**。一番単純な例として、readFileによるファイル読み込みの例はこうなります。次の例では、カレントディレクトリ（シェルからNode.jsを起動した際のディレクトリ）にあるfoo.txtの内容をテキストとして読み出してそれを全部表示します。

```
import { readFile } from "fs";

readFile("foo.txt", "utf8", (err, result) => {
  console.log(result);
});
console.log("読み込み開始")
```

このように、fsモジュールのreadFileは2つまたは3つ（この例では3つ）の引数を取ります。第1引数はファイル名、第2引数は読み込み方式の指定（"utf8"の場合は文字列として読み込みます）、そして第3引数がコールバック関数です。関数readFileはやはり非同期処理なので、すぐに実行が終了してconsole.logが実行され、**読み込み開始**と表示されます。そこからファイル読み込みという非同期処理が開始され、それが終了し次第コー

注6　類似するものとして**イベント**によって特定の状況を検知できるしくみも古くから使われています。
注7　最近はfs/promisesとしてPromise（後述）ベースのAPIも提供されています。

ルバック関数が呼び出されます。

これまでと同様に、このコールバック関数を呼び出すのはreadFileです。すなわち、readFileの内部処理の一環として（正確にはreadFileの処理が終わったタイミングで）コールバック関数が呼び出されます。今回のコールバック関数は2つの引数を持っており、これらの引数にはreadFileの処理結果が提供されます。最初の引数（err）は発生したエラー（後述）で、resultが読み込まれたファイルの中身です。たとえばfoo.txtの中身がaiueoだったとしたら、上のプログラムは次のように表示するでしょう。

```
読み込み開始
aiueo
```

これらは一瞬で表示されるように見えますが、それは普通の環境ではファイル読み込みが一瞬で終わるからです。**読み込み開始**と表示されてからaiueoと表示されるまでの間にはファイル読み込みの時間が空いています。試しに、簡単にその時間を計測してみましょう。

```
import { readFile } from "fs";
import { performance } from "perf_hooks";

const startTime = performance.now();
readFile("foo.txt", "utf8", (err, result) => {
  const endTime = performance.now();
  console.log(`${endTime - startTime}ミリ秒かかりました`);
});
```

これを実行すると、筆者の環境では**1.68436598777771ミリ秒かかりました**のように表示され、ファイル読み込みに約1.7ミリ秒程度かかっていることがわかります。ちなみに、今回新たに使用しているperf_hooksもNode.jsが提供しているモジュールのひとつで、performance.now()は現在時刻（ただし時計の時刻ではなくnodeが起動してからのミリ秒数を表す数値です）を返します。ファイル読み込み開始時と終了時の時刻の差を取ることで、処理にどれだけ時間がかかったのか知ることができます。

さて、今回のコールバック関数は引数がerr, resultと2つあるのが前項までと異なります。これは、ファイル読み込みは**エラー**が発生することがあるのに対応しています。というのも、ファイル読み込みはさまざまな要因で失敗します。指定されたfoo.txtが存在しないとか、存在しているが読み込みのパーミッションがないとか、さまざまな原因が考えられます。そのような場合はファイル読み込みを完遂することができず、readFileの結果として失敗という結果が通知されることになります。関数readFileによるファイル読み込みが失敗した場合、第2引数resultがnullとなり、代わりに第1引数errにエラーを表すオブジェクト（Errorオブジェクト➡5.5.1）が渡されます。なお、成功した場合はerrはnullとなっており、先ほどの説明のとおり第2引数resultのほうに読み込み結果が入っています。今回の例では読み込み失敗の可能性を無視する（errがどうなっていても気にしない）ようになっていますが、実際のプログラムでは**エラーハンドリング**が非常に重要です。ファイルが読み込めなかった場合でも、ちゃんとエラーメッセージを表示して終わるとか、場合に応じた対処が必要です。前項のタイマーのように失敗しない非同期処理もありますが、非同期処理のほとんどは失敗の可能性が付き物となっています。

エラーハンドリングについては、非同期処理の場合と同期的な処理の場合では勝手が異なります。同期的な処理の場合は、エラーは第5章で学習したようにランタイムエラーの発生によって表されます。これによってプログラムがクラッシュする（try-catch文によりキャッチされなければ）ことになり、これは破滅的な結果ではありますが、実は非同期処理のエラーハンドリングに比べればいくぶんましです。一方で、非同期処理のエラーは、このようにコールバック関数の引数として渡されることになります。これは、無視してしまうことが非常に簡単であるという良くない特徴があります。また、普通のエラーのように自動的に外へと伝播することもありません。これらの特徴から、非同期処理のエラー処理は明示的に、かつ注意して行う必要があります。

ちなみに、これまでの解説を読むと、コールバック関数の形（引数の数・型）が場合により異なることに気づくでしょう。実際、コールバック関数にどのような情報が渡されるのかはAPIによって異なり、使いたいAPI（今回の場合は`readFile`）の仕様やドキュメントを見てどのようなコールバック関数をそのAPIに渡すべきか調べる必要があります。TypeScriptでは型を見ればどのような引数を受け取るのかわかる（どのような形のコールバック関数を渡せばよいかわかる）のが便利ですね。

とはいえ、コールバック関数の形には一定のパターンがあります。Node.jsでは原則としてコールバック関数の引数は2つであり、1つめがエラー・2つめが処理結果となります。先の例では`(err, result) => { ... }`のような形の関数を渡していましたが、このケースも原則に合致していることがわかります。なお、コールバック関数の引数名についてはもちろん自由に決めてかまいません。関数の引数名はその関数の中でだけ有効な名前であり、外からは見えないものなので、常に関数を作る人が自由に決められます。エラーを表す引数名については`err`のほかに`error`とする流派もよく見られます。

8.2.4　同期処理と非同期処理の順序

TypeScriptにおいて覚えておくべきことのひとつは、**同期的に実行中のプログラムに非同期処理が割り込むことはない**ということです。同期的に実行中のプログラムとは、プログラムが書いてあるとおりに上から下に順番に実行されている状態を指します。この状態で非同期処理が完了しても、同期的に実行中のプログラムを中断してコールバック関数が呼び出されることはありません。その場合、同期的な実行が全部終了してからコールバック関数が呼び出されます。少し前に出てきた`setTimeout`を使ってこのことを確かめてみましょう。

```
import { performance } from "perf_hooks";

setTimeout(()=> {
  console.log("タイマーが呼び出されました");
}, 100);

const startTime = performance.now()
let count = 0;
while(performance.now() - startTime < 1000) {
  count++;
}
console.log(count);
```

このプログラムは、まず`setTimeout`で100ミリ秒後（0.1秒後）に完了するタイマーを設定します。100ミリ秒経過時には、非同期的にコールバック関数が呼び出されます。プログラムの残りの部分は、「1秒間の間に（`startTime`を取得した時間から1秒経過するまでの間に）何回ループできるか数えて表示する」というものになっています。

このプログラムを実際に実行すると、筆者の環境では次のように表示されました（実行すると1秒間の間CPUがフル稼働になるので注意しましょう）。この結果を見ると、筆者のPCでは1秒に700万回くらいループできたことになりますね。

```
7112412
タイマーが呼び出されました
```

それはともかく、ここで注目すべきは7112412（これはconsole.log(count);の結果ですね）が**タイマーが呼び出されました**よりも前に表示されているという点です。これは、2つのconsole.logのうち前者が先に実行されたということです。前者が表示されるのは明らかにプログラム開始から1秒後なのに、なぜ0.1秒のタイマーよりも先に表示されたのでしょうか。

その理由は、まさにこの項の冒頭で説明した「同期的に実行中のプログラムに非同期処理が割り込むことはない」ということによるものです。関数setTimeoutを呼び出してからwhile文に差し掛かりそれが終了してconsole.logが実行されるまでの流れは、プログラムを順番に上から下へ実行していることからこれは同期的な実行です。同期的な実行は途中で割り込まれることがありませんので、最後のconsole.log呼び出しまでそれ以外のコードが実行されることはありません。よって、同期的な実行の途中でタイマーが完了したとしても、コールバック関数が割り込んで実行されることはありません。この場合、console.log(count);の実行後に同期的な実行が完了し、これ以上同期的に実行するものがないフリーな状態になります。このタイミングで、すでに完了していたタイマーのコールバック関数に順番が回ってきて、コールバック関数が実行されます。ですから、7112412という数値の表示後すぐに**タイマーが呼び出されました**が表示されたのです。

このように、TypeScriptプログラムの同期的な実行を中断して非同期処理由来のコード（コールバック関数）が実行されることはありません。このことは頭に入れておきましょう。たとえば、前項で出てきた次のコードにおいても、絶対にconsole.log(result);よりもconsole.log("読み込み開始");のほうが先に実行されます。ファイル読み込みがどれだけ早く完了したとしても、readFile→console.logという同期的な実行に割り込むことはできないのです。

```
import { readFile } from "fs";

readFile("foo.txt", "utf8", (err, result) => {
  console.log(result);
});
console.log("読み込み開始")
```

8.3 Promiseを使う

Promiseは、ES2015で追加された非同期処理のための機能です。Promiseを使うことで、より便利かつわかりやすい形で非同期処理を扱うことができます。

非同期処理においては「終わったあとに何をするか」を表す関数が不可欠であり、コールバック関数ベースの非同期処理の場合は非同期処理を開始する関数（setTimeoutやreadFileなど）に直接これをコールバック関数として渡していました。Promiseベースの非同期処理では、非同期処理を行う関数は関数を受け取らず、**Promiseオブジェクト**を返します。そのPromiseオブジェクトに対して、終わったあとに行う処理を表す関数を登録します。これがPromiseベースの非同期処理の基本的な流れです。

8.3.1 Promise版のfsを使ってみる

前節ではfsモジュールを使ってコールバック関数による非同期処理を体験しました。実はfsはPromiseによるAPIも提供しています。今度はこちらを使用して、Promiseによる非同期処理を体験してみましょう。

```
import { readFile } from "fs/promises";

const p = readFile("foo.txt", "utf8");

p.then((data) => {
  console.log(data);
});
```

このように、Promise版のfs APIを使うにはfsの代わりにfs/promisesからインポートします[注8]。

今回の例ではreadFileの引数が2つだけで、コールバック関数を渡していません。その代わりに、返り値を変数pに代入しています。調べてみるとわかりますが、pの型はPromise<string>となっています。このようにProimseベースの非同期処理を行う関数は**Promiseオブジェクト**を返します[注9]。Promiseオブジェクトはこのように Promise<T>という型を持ちます。型としてのPromiseは型引数を1つ持ち、今回のPromise<string>の場合は「string型の結果を持つPromiseオブジェクト」という意味です。

例にあるように、Promiseオブジェクトはthenメソッドを持ちます。このメソッドは引数としてコールバック関数を受け取ります。渡されたコールバック関数は、当該Promiseオブジェクトが表す非同期処理が完了した時点で呼び出されます。

つまり、従来は「非同期処理を行う関数にコールバック関数を直接渡す」というひとまとまりの処理だったのが、「非同期処理を行う関数はPromiseオブジェクトを返す」「返されたPromiseオブジェクトにthenでコールバック関数を渡す」という2段階の処理に分離されたことになります。こうすることでより抽象的・統一的に非同期処理を表すことができるというのがPromiseの重要な特徴です。

上でちらりと出てきたように、「**Promiseの結果**」という言い回しがされることがあります。Promiseの結果とは「そのPromiseを返した非同期処理の結果」のことです。より正確に言うならば、非同期処理を行う関数は、その非同期処理に対応したPromiseを作って返します。返されるということはこれは同期的に行われる処理なので、この時点ではPromiseはまだ結果が決まっていない状態です。その後、非同期処理が完了した時点で、非同期処理の結果が対応するPromiseに登録され、これがPromiseの結果となります[注10]。Promiseの結果が決まることをPromiseの**解決**（settlement）と呼びます[注11]。Promiseが成功裡に解決されると、あらかじめthenで登録されていたコールバック関数が呼び出されるのです[注12]。

先の例では、readFileが返したPromiseオブジェクトにthenでコールバック関数を登録しました。このPromiseは、readFileの処理が完了したとき、すなわちファイルの読み込みが完了したときに解決されます。

注8　この方法はNode.js 14系以上でサポートされています。古いNode.jsではfsからpromisesをインポートする必要があります。

注9　Promiseオブジェクトは、Promiseのインスタンスです。のちのち説明しますが、new PromiseでPromiseオブジェクトを作ることもできます。

注10　Promiseに結果を登録する処理はreadFileの内部処理として行われます。すなわち、Promise版のreadFileの責務はファイル読み込みを開始し、結果を表すPromiseを生成してそれを返し、ファイル読み込みの完了時にそのPromiseに対して結果を登録することです。一般に、Promiseを返す関数は、非同期処理の完了時に自身が返したPromiseに結果を登録するところまで行います。

注11　厳密には、Promiseにはresolveという概念もあり、どちらかと言えばこちらのほうを解決と呼ぶのが正しいかもしれません。本書ではresolveの説明は省略し、settlementのことを解決と呼んでいます。

注12　より厳密には、Promiseが解決されたあとにthenでコールバック関数が登録されるケースもあります。この場合もコールバック関数は呼び出されます。

今回の場合、これはreadFileが返したPromiseなので、Promiseの結果はファイル読み込みの結果の文字列となります。Promiseが解決されたことにより、Promiseにthenで登録されていたコールバック関数が呼び出されます。このとき、引数としてPromiseの結果が渡されます。以上の流れにより、ファイル読み込みが完了するとコールバック内のconsole.log(data);で無事にファイルの中身が表示されることになります。

コールバックによるAPIに比べると間に余計なオブジェクトが1個挟まっただけのように見えるかもしれませんが、このように「非同期処理そのもの」を表す抽象的なオブジェクトが用意されたことには大きな意味があります。というのも、前節で見たように、コールバック関数を直接渡す方式ではコールバック関数の形にバリエーションがあるため、使いたいAPIごとにどのようにコールバック関数を渡せばいいか毎回調べる必要があります。一方で、PromiseベースのAPIでは非同期処理を行う関数ならどんな関数でも「Promiseオブジェクトを返す」という点で共通しており、結果も「Promiseの解決」という共通の機構を通して伝えられます。これにより、利用する側はPromiseの使い方さえ覚えていれば同期処理の結果を無事に受け取ることができます。上の例で見たように、Promiseオブジェクトのthenに渡すコールバック関数は常に1引数であり、どんな非同期処理であろうと共通です（エラーの場合にどうなるのかが上の例だとわかりませんが、それはこのあと解説します）。

また、あとで紹介するPromise.allなどのように、Promiseオブジェクトそのものを取り扱う機能も存在します。このような機能は与えられたPromiseオブジェクトがどんな非同期処理であるかは関係なく、どんなPromiseでも扱うことができます。これもPromiseという抽象化の成果です。

ちなみに、目ざとい方は「PromiseベースのAPIの場合、実際に非同期処理が始まるのはどのタイミングか」という疑問を抱いたかもしれません。候補としては「readFileを呼び出した瞬間に始まっており、Promiseオブジェクトが返り値として返された段階ですでに始まっている」というものと、「その段階ではまだ始まっておらず、p.thenを呼び出したときに始まる」というものが挙げられます。実は、Promiseのような機能を備えるほかの言語に目を向けると、どちらの場合も存在しています。ではTypeScript（JavaScript）の場合はどうかといえば、ほとんどのAPIでは前者となります[注13]。すなわち、Promiseオブジェクトが返された時点で、それにコールバック関数が実際に登録されたかどうかにかかわらず、すでに非同期処理が開始しています。このことを意識する必要がある場面は多くありませんが、知っていて損はない知識です。

8.3.2 コールバック関数の登録とエラー処理（1）

ここからは、Promiseオブジェクトの使い方をじっくりと学習します。前項で少し出てきましたが、Promiseオブジェクトに対しては**thenメソッドでコールバック関数を登録する**のが最も基本的な操作です。Promiseオブジェクトは何らかの非同期処理を表すオブジェクトであり、非同期処理が終了するとPromiseが解決されます。Promiseのthenメソッドにより、Promiseが解決したときに呼び出される関数を登録できます。ちなみに、同じPromiseオブジェクトに複数回thenメソッドを呼び出した場合はすべての関数がPromiseオブジェクトに登録され、Promiseの解決時にはすべての関数が呼び出されます。その際それぞれの関数が順番に呼び出され、その順番は登録された順となります。

```
import { readFile } from "fs/promises";
```

注13　素直に非同期処理を実装すれば前者となるため、JavaScriptでは前者が普通であると見なされています。非同期処理APIの使い方を調べる際にとくに言及がなければ、前者だと思って問題ありません。ただし、特殊な実装をすれば「thenが呼び出されるまで非同期処理が始まらない」という仕様にすることも不可能ではありません。後者はPromiseを交えた込み入ったAPIを作る際に採用されることがあります。

```
const p = readFile("foo.txt", "utf8");

p.then((result) => {
  console.log("1");
});
p.then((result) => {
  console.log("2");
});
p.then((result) => {
  console.log("3");
});
```

たとえば、このプログラムを実行すると（foo.txtの呼び出しに成功すれば）1, 2, 3の順に出力されます。

さて、前にも説明したとおり、非同期処理は多くの場合失敗の可能性があります。それに対応する形で、Promiseオブジェクトにも失敗の可能性を表す機能が用意されています。実は、Promiseオブジェクトの解決（settlement）には、成功（fulfill）と失敗（reject）の2種類があります。これまでの解説では、Promiseが成功した場合のみを扱ってきました。Promiseのもととなった非同期処理が成功した場合にPromiseも成功し、Promiseのもととなった非同期処理が失敗した場合にはPromiseも失敗となります。これまで使っていたthenメソッドは成功時に呼び出されるコールバック関数を登録するものです。失敗時に呼び出されるコールバック関数を登録するにはcatchというメソッドを用います。

```
import { readFile } from "fs/promises";

const p = readFile("foo.txt", "utf8");

p.then((result) => {
  console.log("成功", result);
});
p.catch((error) => {
  console.log("失敗", error);
});
```

上の例ではpに対して成功時と失敗時の関数を両方登録しています。この場合、foo.txtの読み込みに成功すれば**成功**とともにファイルの中身が表示されます。失敗した場合、**失敗**とともにエラーを表すオブジェクトが表示されます。試しに、foo.txtを存在しないファイル名に変えてみましょう。そうするとこの非同期処理は失敗し、「失敗」とともにErrorオブジェクトが表示されます（ファイルが存在しないことを表すENOENTというエラーコードが見て取れるはずです）。

なお、実際に実行するとconsole.logの出力の後ろにtriggerUncaughtExceptionなどと書かれたエラーとともになぜかErrorオブジェクトがもう1回表示されます。このような表示が発生するのは、実はPromiseに対するエラーハンドリングがこれだとまだ正しくなく、Unhandled Rejectionエラーによってプロセスが終了してしまっているからです。正しいエラーハンドリングをするにはcatchをもっと上手に使う必要があり、これについてはもう少しあとで学習します（➡8.3.10）。

話題をもとに戻すと、このようにPromiseは成功の場合も失敗の場合も結果を伴います。成功の場合は非同期処理の結果がPromiseの結果であり、失敗の場合は失敗の理由（エラー）を表す値が結果となります。多くの場合、失敗の理由を表す値はErrorのインスタンスです。thenで登録されたコールバック関数は成功時に呼び出される関数なので、その引数として成功の場合の結果が渡されます。その一方で、catchで登録されたコールバック関数は失敗時に呼び出され、引数として失敗の場合の結果が渡されます。

なお、thenメソッドには成功時の関数と失敗時の関数を同時に登録する機能もついています。その場合、次の例のようにthenに関数を2つ渡します。

```
import { readFile } from "fs/promises";

const p = readFile("foo.txt", "utf8");

p.then((result) => {
  console.log("成功", result);
}, (error) => {
  console.log("失敗", error);
});
```

ここでTypeScript特有の注意を一点しておきます。これまでの例で出てきた失敗時のコールバック関数、すなわちcatchに渡されたコールバック関数やthenの第2引数に渡されたコールバック関数の引数errorの型を調べてみると、型はanyとなっています。一般に、非同期処理の成功時の結果の型はわかりますが（上の例ではstringでした）、失敗時にどのようなエラーが発生するかは型システム上では明らかになりません[注14]。そのため、どんな値になるかわからないという意味でany型となっています。6.6で解説したとおりanyは危険な型なので、このようにカジュアルに出てくるのは困りものです。この場合はunknown型のほうが適切なのですが、歴史的経緯からany型が使用されています。Promiseの失敗時の処理を記述する際はanyに気をつけましょう。次のように、catchのコールバックの引数は常にunknownという型注釈をつけるのがお勧めです[注15]。

```
import { readFile } from "fs/promises";

const p = readFile("foo.txt", "utf8");

p.then((result) => {
  console.log("成功", result);
}, (error: unknown) => {
  console.log("失敗", error);
});
```

8.3.3 コールバック関数の登録とエラー処理（2）

Promiseオブジェクトが持つメソッドをこれまで2つ紹介しましたが、実はもう1つ存在します。それがfinallyです。この名前はtry文のfinally（➡5.5.4）に由来します。意味としては、成功時にも失敗時にも呼び出される関数を登録することができます。

```
import { readFile } from "fs/promises";

const p = readFile("foo.txt", "utf8");
```

注14 Proimse内で発生した例外は自動的にPromiseの失敗に変換されるうえ、TypeScriptの型システム上では発生し得る例外をすべて把握することができないからです。

注15 any型は型チェックを行わない型なので、このようにもともとany型だった引数を別の型注釈で好き勝手に上書きすることができます。

```
p.then((result) => {
  console.log("成功", result);
});
p.catch((error) => {
  console.log("失敗", error);
});
p.finally(() => {
  console.log("終わりました");
});
```

この例では、ファイルの読み込みが成功しても失敗してもfinallyで登録した関数は実行されます。成功しても失敗しても呼び出されるので、finallyのコールバック関数は引数を受け取りません。

このメソッドは一見あまり意味がないように見えますが、あとで説明するPromiseチェーンに組み込むと少し意味がわかってきます。

8.3.4 自分でPromiseオブジェクトを作る

これまでは、既存の関数から返されるPromiseオブジェクトをいろいろと操作してきました。では、Promiseを返す関数を自分で作りたい場合はどうすればよいでしょうか。もちろん、その方法も用意されています。というのも、Promiseオブジェクトはnewで作ることができるのです。

たとえば、3秒後に成功するPromiseは、setTimeoutを使うと次のように作れます。

```
const p = new Promise<number>((resolve) => {
  setTimeout(() => {
    resolve(100);
  }, 3000);
});

p.then((num) => {
  console.log(`結果は${num}`);
});
```

この例を実行すると、3秒後に**結果は100**と表示されます。つまり、pというPromiseオブジェクトが3秒かけて100という結果を伴って成功したということになります。

このように、Promiseコンストラクタは1つの型引数（結果の型）と1つの引数を持ちます。今回は型引数としてnumberが指定されており、引数は(resolve) => { ... }という関数です（この関数はexecutorと呼ばれます）。Promiseコンストラクタの場合、このように型引数を明示しないと結果の型がうまく推論されない（型引数を省略するとpがPromise<unknown>になってしまう）ことがあります[注16]。引数として渡したexecutor関数は即座に実行されます（new Promiseの処理の一部として実行されます）。一応これもある種のコールバック関数と見なせますが、即座に呼ばれるのであまりそのような印象がありませんね。

executor関数には、引数として関数が渡されます。今回はresolveという引数名で受け取っています。引数名は自由に決めることができますが、resolveという名前にするのが通例です。このresolve関数はnew

注16　TypeScriptの型推論のしくみ上resolveの使われ方から型引数を推論することができないため、contextual typingがなければPromise<unknown>と推論されてしまいます。

Promiseに伴って内部的に用意される関数です[注17]。new Promiseによって作られたPromiseオブジェクトは最初は未解決の状態ですが、このresolve関数が呼び出されるとPromiseが成功裡に解決されるのです。

見方によってはresolveは「Promiseの内部処理が用意したコールバック関数」であると見なせます。「非同期処理が終わったらこの関数を呼び出してね」という意味でresolveが送られてくるわけですね。これまでの例から考えれば、Promiseオブジェクトを作るということは非同期処理を行った結果を伝えるためです。new Promiseを使うということは、これまで非同期処理の内部（たとえばreadFileの内部実装）でやられていたことを我々がやる側になるということです。我々が非同期処理にコールバック関数を渡していたのとは立場が逆転し、我々がコールバック関数を渡され、非同期処理が終わったらそれを呼び出す立場になったということです。このように考えてみれば、resolveの意味が理解しやすいかもしれません。

多くの場合、new PromiseによるPromiseの作成は、コールバック関数ベースの非同期処理をPromiseに変換するために行われます。言い変えれば、Promiseといえどもその内部処理はコールバックベースであり、Promiseはコールバックベースの非同期処理をうまく隠蔽してくれるものだということです。先ほどの例の場合、executor関数の内部でsetTimeoutというコールバック関数ベースの非同期処理が使われています。このexecutor関数は、呼び出されるとタイマーを登録し、3秒後にresolve(100);が実行されるようにセットします。よって、new Promiseで作られたPromise pは最初は未解決状態で、3秒後に成功裡に解決されます。これにより、p.thenで登録された関数が3秒後に呼び出されます。このときresolveに渡した引数（100）は、お察しのとおり、Promiseの結果となります。よって、3秒後にpが成功裡に解決する際、その結果が100となります。これにより、p.thenで登録されたコールバック関数が呼ばれるとき、その引数numには100が渡されます。

より汎用性の高い形にするならば、"Promise版"のsetTimeoutを次のように作ることができます（筆者はよくsleepという名前をつけます）。

```
const sleep = (duration: number) => {
  return new Promise<void>((resolve) => {
    setTimeout(resolve, duration);
  })
};

sleep(3000).then(() => {
  console.log('3秒経ちました');
});
```

この関数は、sleep(3000)とすると3秒後（3000ミリ秒後）に成功するPromiseを返します。内部処理は、new Promiseとして新しいPromiseオブジェクトを作り、setTimeoutを用いてdurationミリ秒後にresolveを呼び出すという単純な実装です。なお、Promise<void>というのは結果のないPromiseを表します（返り値のない関数がvoid型を返す関数となるのと同じ理屈です）。

また、executor関数には実は2つめの引数が渡されています（こちらはrejectという名前にするのが通例です）。これもPromiseによって用意されたコールバック関数であり、こちらの関数を呼び出した場合はPromiseが失敗します。次の例で定義するsleepRejectは、指定されたミリ秒数後に失敗するPromiseを返すことにな

注17 気になる方は試しにresolveを文字列に変換してconsole.logで表示してみましょう。そうするとfunction () { [native code] }のように表示され、resolve関数の中身がわかりません。これが、処理系の内部処理によって用意された関数である証です。

ります。決して成功しないので、結果の型はneverとしています[注18]。

```
const sleepReject = (duration: number) => {
  return new Promise<never>((resolve, reject) => {
    setTimeout(reject, duration);
  })
};

sleepReject(3000).catch(() => {
  console.log('失敗！！！！');
});
```

これを実行すると3秒後に**失敗！！！！**と出力されます。実際の実装では、resolveとrejectを場合に応じて使い分け、成功または失敗の両方があり得るPromiseを作ることになるでしょう。

多くの場合、Promiseオブジェクトを作りたい場合は有り物のPromiseを返す関数や、後述のasync関数（➡8.4）があれば事足りるのですが、たまにnew Promiseを使う必要性が生じます。そのときにここで学習した内容を思い出しましょう。

8.3.5 Promiseの静的メソッド（1）

ここで、Promiseに関する静的メソッドをいくつか紹介しておきます。なお、静的メソッドとは5.1.5で解説した用語で、Promise.allのようにPromiseというクラスに対して直接プロパティアクセスすることで使用できるメソッドたちです。

一番簡単なのはPromise.resolveとPromise.rejectの2種類です[注19]。これらは、与えられた引数を結果として即座に成功／失敗するPromiseオブジェクトを作るためのメソッドです[注20]。たとえば、次のようにすれば一瞬でresult is 100と表示されるでしょう。これは、pが最初から成功済みであり、thenで登録したコールバック関数が即座に呼び出されるからです。

```
const p = Promise.resolve(100);

p.then((result) => {
  console.log(`result is ${result}`);
});
```

実のところ、Promise.resolve(100)の挙動は次のようにnew Promiseを使うと再現できます。

```
// Promise.resolve(100) と同じ挙動
new Promise((resolve) => { resolve(100); })
```

Promise.rejectは即座に失敗するPromiseを返しますが、上と同様にnew Promiseを使って再現できます。

注18　never型の値が得られるコードは決して実行されない（➡6.7.1）ことを思い出しましょう。このPromiseに対してthenメソッドを呼び出すとコールバック関数の引数としてnever型の値が得られますが、このコールバック関数が呼び出されることは決してありません。このことを表明する手段としてPromiseの中身の型をneverとしています。

注19　名前が紛らわしいですが、new Promiseの説明の際に出てきたresolve関数やreject関数と直接関係があるわけではないのでご注意ください。resolveやrejectは引数名なので、我々が別の名前で受け取ることも可能でしたね。

注20　ただし、Promise.resolveに別のPromiseオブジェクトが渡された場合は、それをそのまま返すという特別な挙動になります。

```
// Promise.reject("foo") と同じ挙動
new Promise((resolve, reject) => { reject("foo"); })
```

ただし、thenなどで登録されたコールバック関数は依然として非同期的に呼ばれるという点には注意してください。次のプログラムは、1→2の順で表示します。

```
const p = Promise.resolve();

p.then(() => {
  console.log("2");
});
console.log("1");
```

つまり、たとえpが成功済みのPromiseオブジェクトだったとしても、p.thenに登録した関数は非同期的に呼び出されます。よって、p.thenに続いて同期的に実行されるconsole.log("1");のほうが、console.log("2");よりも先に実行されます。

8.3.6 Promiseの静的メソッド（2）

残りの静的メソッドは、複数のPromiseオブジェクトを組み合わせて新しいPromiseオブジェクトを作るためのメソッドです。非同期処理がPromiseオブジェクトという概念に抽象化されたことで、さらにそれを組み合わせるという高度に抽象的な操作が可能となっていること、これもPromiseの優れた点です。

最初に解説するのはPromise.allです。これは複数のPromiseを合成するメソッドです。具体的には、Promiseオブジェクトの配列[注21]を引数として受け取り、「それらすべてが成功したら成功となるPromiseオブジェクト」を作って返します。これは、複数の非同期処理を並行して行いたい場合に適しています。たとえば、3つのファイルの読み込みを同時並行で行い、すべての読み込みが終わったら次に進むというプログラムは次のように書くことができます。

```
import { readFile } from "fs/promises";

const pFoo = readFile("foo.txt", "utf8");
const pBar = readFile("bar.txt", "utf8");
const pBaz = readFile("baz.txt", "utf8");

const p = Promise.all([pFoo, pBar, pBaz]);

p.then((results) => {
  console.log("foo.txt:", results[0]);
  console.log("bar.txt:", results[1]);
  console.log("baz.txt:", results[2]);
});
```

この例は3つのreadFile呼び出しを含んでおり、それぞれの呼び出しから得られるPromiseオブジェクトたちをpFoo, pBar, pBazとしています。これらに直接thenなどを呼び出す代わりに、Promise.allにこれら3つのPromiseオブジェクトから成る配列を渡しています[注22]。そして、Promise.allは新しいPromiseオブジェク

注21　厳密には、配列以外のiterableでもかまいません。
注22　実は、Promise.allが内部的に個々のPromiseオブジェクトに対するthenの呼び出しを行います。

トを返します（ここではpとしています）。今回の例では、Promise.allに渡された3つのPromiseオブジェクトがすべて成功した場合、その返り値であるPromise pも成功します。そして、pの成功時の結果は配列となります。この配列は、Promise.allに渡された各Promiseの成功時の結果が同じ順番で入った配列です。よって、pの結果は[foo.txtの中身, bar.txtの中身, baz.txtの中身]という3要素の配列となります。この例のように配列から値を取り出すことで、各ファイルの中身を取得することができます。このPromise.allが、Promiseを合成する関数の中でも最も使用する機会が多いものです。

なお、Promise.allに渡されたPromiseのうちどれか1つでも失敗した場合、Promise.allが返したPromiseもその時点で失敗します。失敗時の結果（Errorオブジェクト）は最初に失敗したPromiseのErrorオブジェクトがそのまま引き継がれます。Promise.allが返すPromiseオブジェクトの特徴をまとめると、「Promise.allに与えられたPromiseがすべて成功したら成功する。与えられたPromiseのどれか1つでも失敗したら失敗する」となります。

ちなみに、上の例はもう少しシンプルにすることができます。TypeScriptに慣れてきたら、だんだんとシンプルな書き方に挑戦してみましょう。

```
import { readFile } from "fs/promises";

const p = Promise.all([
  readFile("foo.txt", "utf8"),
  readFile("bar.txt", "utf8"),
  readFile("baz.txt", "utf8")
]);

p.then((results) => {
  const [foo, bar, baz] = results;
  console.log("foo.txt:", foo);
  console.log("bar.txt:", bar);
  console.log("baz.txt:", baz);
});
```

このように、pFooやpBarやpBazといったPromiseオブジェクトは必ずしも変数に入れる必要はありません。いきなりPromise.allに渡してしまうのがシンプルだし、複数の非同期処理を同時に行うという意図が読み手に伝わりやすくなるでしょう。また、結果の配列resultsはresults[0], results[1]のようにアクセスするよりも分割代入（➡3.6.3）で変数に入れるのがおしゃれです。とくにPromise.allの場合、配列の中身は同種のものがたくさん入っているというよりも、別々の非同期処理の結果が順番に入っているというタプル（➡3.5.7）の側面が強いものですから、ことさらに分割代入に適しています。次のように、関数引数を最初から分割代入してしまうのもよいでしょう（➡4.1.3）。

```
p.then(([foo, bar, baz]) => {
  console.log("foo.txt:", foo);
  console.log("bar.txt:", bar);
  console.log("baz.txt:", baz);
});
```

次に紹介するのはPromise.raceです。Promise.raceも同じようにPromiseの配列を受け取ります。そして、それらのうち最も早く成功または失敗したものの結果を、全体の（Promise.raceが返したPromiseの）結果とします。

```
import { readFile } from "fs/promises";

const p = Promise.race([
  readFile("foo.txt", "utf8"),
  readFile("bar.txt", "utf8"),
  readFile("baz.txt", "utf8"),
]);

p.then((result) => {
  console.log(result);
});
```

この例では、pの成功時の結果はfoo.txtの中身、bar.txtの中身、baz.txtの中身のいずれかです。どれになるかは、どのPromiseが最初に解決したか（どのファイルの読み込みが最初に終了したか）に依存します。また、どれかのPromiseが成功するよりも先に失敗が発生した場合、pの結果も失敗となります。

Promise.raceはPromise.allほど使う頻度が高くありませんが、たとえばタイムアウトを簡単に表現したい際に役立ちます。たとえば、本命の非同期処理のPromiseと「5秒後に失敗するPromise」をPromise.raceで組み合わせた場合、非同期処理のタイムアウトを5秒に設定することができます。


```
import { readFile } from "fs/promises";

const sleepReject = (duration: number) => {
  return new Promise<never>((resolve, reject) => {
    setTimeout(reject, duration);
  })
};

const p = Promise.race([
  readFile("foo.txt", "utf8"),
  sleepReject(5000)
]);

p.then((result) => {
  console.log("成功", result);
}, (error: unknown) => {
  console.log("失敗", error);
})
```

この例では、readFileの非同期処理が5秒以内に成功すれば、sleepReject(5000)の失敗よりも先に成功することになるのでpも成功となります。めったにありませんが、もし5秒以上かかった場合はsleepReject(5000)が失敗し、そちらがpの結果として採用されるのでpも失敗します。このように、pは必ず5秒以内に成功または失敗の結果が出ることになります。一定時間成功しなかったら強制的に非同期処理を打ち切りたい場合にこの方法が有効です[注23]。

注23 ただし、この例の場合はpの結果が必ず5秒以内に出るという意味でしかありません。readFileにより起動されたファイル読み込み処理が本当に中断されるわけでなく、ファイル読み込みは最後まで実行されることになります（その結果は使用されないことになりますが）。本当に一定時間で処理を中断する必要がある場合は、別のアプローチが必要となります。

8.3.7 Promiseの静的メソッド（3）

ここまで紹介したPromise.allとPromise.raceはES2015から存在した古参のメソッドですが、次に紹介する残りの2つは比較的新しいメソッドです。

Promise.allSettledはやはりPromiseの配列を受け取り、新しいPromiseを返します。返り値のPromiseは、渡されたすべてのPromiseが解決（成功または失敗）したら成功となります。Promise.allと似ていますが、両者の違いは渡されたPromiseのいずれかが失敗したときに現れます。この場合Promise.allの返すPromiseは即座に失敗となりますが、Promise.allSettledはその場合もすべてのPromiseの結果が出るまで待ちます。

Promise.allSettledの返り値のPromiseの結果は、Promise.allのときと同様に配列です。ただし、今回の配列の各要素は、渡されたPromiseのうち成功したものに対しては{ status: "fulfilled", value: 結果の値 }というオブジェクトであり、失敗したものに対しては{ status: "rejected", reason: 結果の値 }というオブジェクトになります。

その性質上、Promise.allSettledが返す新しいPromiseが失敗することはありません[注24]。渡されたPromiseが成功しても失敗してもPromise.allSettledの挙動は変わらず、必ず成功してこのような形のオブジェクトを結果として持ちます。成功でも失敗でもいいからすべてのPromiseの結果を見届けたい場合にPromise.allSettledが適しています。

Promise.allSettledの例

```
import { readFile } from "fs/promises";

const sleepReject = (duration: number) => {
  return new Promise<never>((resolve, reject) => {
    setTimeout(reject, duration);
  })
};

const p = Promise.allSettled([
  readFile("foo.txt", "utf8"),
  sleepReject(5000)
]);

p.then((result) => {
  console.log(result);
});
```

Promise.allSettledは常に渡されたすべてのPromiseの結果を待つので、この例ではreadFileの成功・失敗にかかわらずpが解決するまで最低5秒かかります。この例で、readFileが成功した場合を考えてみましょう。もう1つのPromise（sleepRejectの返り値）は常に失敗するので、Promise.allSettledに渡されたPromiseの1つが成功、1つが失敗することになります。この場合、このプログラムは5秒後に次のように表示するでしょう。ここで表示されているのがpの結果です。

注24　これは厳密には、渡されたPromiseの失敗が原因でPromise.allSettledが返すPromiseが失敗することはないということです。通常は考えなくてもよい非常にレアなケースにおいて（たとえば渡されたオブジェクトの[Symbol.iterator]呼び出しがエラーになった場合など）、失敗する場合があります。

```
[
  { status: 'fulfilled', value: 'foo.txtの中身' },
  { status: 'rejected', reason: undefined }
]
```

結果は2要素の配列であり、各要素はPromise.allSettledに渡された2つのPromiseに対応しています。1つめのPromiseは成功したので、status: 'fulfilled'を持つオブジェクトが返されます。一方2つめのPromiseは失敗したので、status: 'rejected'を持つオブジェクトが返されます。結果を表すreasonがundefinedですが、これはsleepRejectがrejectを引数なしで呼び出すので結果がundefinedと扱われるからです。このように、Promise.allSettledの結果には成功と失敗が入り混じります。そのため、各Promiseに対応して得られる結果のオブジェクトは、statusを通じて成功と失敗を区別できるような形になっています。

ちなみに、先の例のpの型を調べてみると次のような型に推論されています。

```
Promise<[PromiseSettledResult<string>, PromiseSettledResult<never>]>
```

ここからまずpがPromiseであることがわかり、pの結果の型が2要素のタプル型（➡3.5.7）であることがわかります。これはpに渡された配列が2つのPromiseから成るため、pの結果も2要素の配列であると推論されています。また、ここで登場したPromiseSettledResult<string>は以下の定義となっています（出典：TypeScriptのlib/es2020.d.ts）。

```
interface PromiseFulfilledResult<T> {
    status: "fulfilled";
    value: T;
}

interface PromiseRejectedResult {
    status: "rejected";
    reason: any;
}

type PromiseSettledResult<T> = PromiseFulfilledResult<T> | PromiseRejectedResult;
```

ここから、PromiseSettledResult<T>は2つの型のユニオン型であることがわかり、それぞれが異なるstatusを持つことがわかります。これは6.3.3で解説した、擬似的な代数的データ型のパターンとなっています。Promise.allSettledは言語仕様上の組み込み関数でこのパターンが使用されている非常に珍しい例なのです。

最後に、Promise.anyを解説します。これもPromiseの配列を受け取り、新しいPromiseを作って返すという点はこれまでの関数たちと同様です。渡されたPromiseのうちいずれかが成功した時点で、Promise.anyの結果のPromiseも成功となります。Promise.raceと似ていますが、両者の違いは渡されたPromiseが失敗した場合です。この場合、Promise.raceは即座に失敗しますが、Promise.anyは無視してほかのPromiseの成功を待ちます。つまり、Promise.raceは成功も失敗も含めて一番早く結果が出たものに従う一方で、Promise.anyは成功したもののうち一番早いものが結果となります。

もしPromise.anyに渡されたPromiseがすべて失敗に終わった場合、Promise.anyの結果も失敗となります（このときの結果はAggregateErrorというErrorオブジェクトになります）。

Promise.anyの例[注25]

```
import { readFile } from "fs/promises";

const sleepReject = (duration: number) => {
  return new Promise<never>((resolve, reject) => {
    setTimeout(reject, duration);
  })
};

const p = Promise.any([
  readFile("foo.txt", "utf8"),
  sleepReject(5000)
]);

p.then((result) => {
  console.log(result);
});
```

この例では、sleepReject(5000)は成功しないので、たとえreadFileに何秒かかったとしても、readFileが成功すればpも成功となります。もしreadFileが失敗した場合、pも失敗となります。

8.3.8　Promiseチェーン（1）チェーンを作る

これまで解説していなかったPromiseの重要な特性があります。それは、then, catch, finallyといったPromiseのメソッドは**新しいPromiseオブジェクトを返す**ということです。これらのメソッドはPromiseが成功・失敗したときの挙動を指定する機能を持つと同時に、新しいPromiseオブジェクトを作るという機能も持っているのです。このことを利用した簡単な例を1つ見てみましょう。

```
import { readFile } from "fs/promises";

const p = readFile("foo.txt", "utf8");

const p2 = p.then((result) => result + result);

p2.then((result) => {
  console.log(result);
});
```

この例では、（foo.txtの読み込みが成功すれば）最終的にconsole.logで表示されるのはfoo.txtの中身を2つ連結した文字列です。ポイントはp.thenによって作られた新しいPromiseであるp2です。今回これまでと異なる点として、p.thenに渡されたコールバック関数が返り値を持っています。このコールバック関数の返り値が、p.thenによって作られた新しいPromise p2の（成功時の）結果となります。p.thenのコールバック関数の結果は一瞬で（同期的に）出るので、pが解決したら即座にp2も解決され、p2.thenで登録されたコールバック関数が実行されます。

このように、Promiseのthenメソッドは新しいPromiseを作るのに使うことができます。ここで作ったp2は

注25　Promise.anyは非常に新しいため、本書の設定そのままではコンパイルエラーになってしまいます。エラーを解消するにはtsconfig.jsonのtargetコンパイラオプションをes2021またはそれ以降に設定します。

pの結果を(result) => result + resultという関数で変換した新しいPromiseであると言えます。なお、pが失敗した場合、これまでに学んだようにp.thenのコールバック関数は呼び出されません。この場合失敗はp2に伝播し、p2はpと同様に失敗となります。

Promiseのcatchメソッドも、thenと同様に新しいPromiseを作ります。使用例を見てみましょう。

```
import { readFile } from "fs/promises";

const p = readFile("foo.txt", "utf8");

const p2 = p.catch(() => "");

p2.then((result) => {
  console.log(result);
});
```

この例は、foo.txtの読み込みが成功すればその中身を表示する一方、foo.txtの読み込みが失敗した場合には何も表示しません（より正確には""を表示します）。すでに学習したように、p.catchに渡されたコールバック関数はpが失敗したときに呼び出されます。Promise p2は、このコールバック関数の返り値を結果として成功となります。ポイントは、このように**catchはPromiseの失敗を成功に変換することができる**という点です。この場合、pは失敗ですがp2は成功となります。また、pが成功した場合、p.catchで登録されたコールバック関数は呼び出されません。この場合、pが成功したら即座にp2も成功となり、pの結果がそのままp2に伝播します。以上のことから、pが成功しても失敗しても、p2は成功となります。

まとめると、Promiseのthenメソッドは成功時の結果を操作する一方、catchは失敗時の結果を操作します。もう一方の結果には影響を及ぼさずに素通しします。

これまでの例では中間のPromiseを必ず変数に入れていましたが、結果の変換が主目的の場合は変数に入れずに直接thenやcatchを呼び出す場合もあります。これが俗に言うPromiseチェーンです。たとえば、上の例は次のように書き換えられます。

```
import { readFile } from "fs/promises";

readFile("foo.txt", "utf8")
  .catch(() => "")
  .then((result) => {
    console.log(result);
  });
```

このようにすることで、pやp2といった中間変数がなくなりました。これは「まずreadFileを呼び出し、失敗の場合は空文字列を結果とする成功に変換し、その結果をconsole.logで表示する」という一連の処理を実装しているように読めます。このように、作られてすぐにthenやcatchを呼び出されるPromiseは変数に入れずに直接使うことがよくあります。結果を変換するという目的がわかりやすくなるため、コードの読みやすさの観点からもPromiseチェーンは推奨されます。

ちなみに、finallyメソッドの結果もやはり新しいPromiseです。ただし、finallyのコールバック関数の返り値はPromiseの結果に影響を与えません。すなわち、const p2 = p.finally(...)とした場合、pの結果は常にp2に伝播します注26。よって、たとえば次のようにPromiseチェーンにfinallyを挟んでも、Promiseの結果は変わりません。

```
readFile("foo.txt", "utf8")
  .finally(() => {
    console.log("foo.txt is loaded?");
  })
  .catch(() => "")
  .then((result) => {
    console.log(result);
  });
```

8.3.9 Promiseチェーン(2)非同期処理の連鎖

Promiseチェーンを用いることで、Promiseの結果を変換できることを学びました。Promiseチェーンのさらなる真価は、**非同期処理を連鎖させる**ことで発揮されます。これは、thenなどによる「値の変換」が非同期処理によって行われるケースのことを考えると理解しやすいかもしれません。

たとえば、「1秒かけて与えられた文字列を10回繰り返す」という非同期処理があったとしましょう。これは言い換えると「1秒後に与えられた文字列を10回繰り返した文字列を結果として成功するPromise」を返す関数として実装できますから、実際にやってみると次のようになります(実際には1秒かける必要はまったくありませんが、例なのでご容赦ください)。

```
const repeat10 = (str: string) =>
  new Promise<string>((resolve) => {
    setTimeout(
      () => resolve(str.repeat(10)),
      1000
    );
  });
```

これを使ってreadFileの結果を10回繰り返した文字列を作りたければ、次のように実装できます。実行すると、1秒後にfoo.txtの中身を10回繰り返した文字列がconsole.logにより表示されます(foo.txtの読み込みが成功すれば)。

```
readFile("foo.txt", "utf8")
  .then((result) => repeat10(result))
  .then((result) => {
    console.log(result);
  });
```

この例が今までと異なるのは、thenのコールバック関数の返り値がPromiseになっているところです。解説のために一度この例を次のように分解してみましょう。

```
const p1 = readFile("foo.txt", "utf8");
const p3 = p1.then((result) => {
  const p2 = repeat10(result);
```

注26 例外として、p.finallyに渡されたコールバックの中で例外が発生した場合はそちらの例外がp2に伝播します。この挙動については8.3.10で解説します。

```
  return p2;
})
p3.then((result) => {
  console.log(result);
});
```

この短い例には4つのPromiseが登場しています（4つめは変数に入れていませんが、p3.thenの返り値です）。コールバック関数の返り値がPromiseになっているのは、p1.thenに渡されたコールバック関数の返り値としてPromise p2を返しているところです。

これまでの解説から考えるとp3が「p2というPromiseを結果とするPromise」になりそうですが、実はそうはなりません。JavaScript（TypeScript）ではPromiseがネストすることはなく、「PromiseのPromise」は作られないのです。その代わり、返されたPromise p2の結果がそのままp3の結果として採用されます。しかし、p2の結果はp2が作られてから1秒経たないとわかりません。そのためp3の結果が出るのも必然的に1秒後となります。したがって、ファイルの読み込み完了から1秒後にp3.thenのコールバック関数が実行されます。引数のresultはp3の結果（＝p2の結果）ですから、foo.txtの中身を10回繰り返したものとなります。

このように、thenのコールバック関数が返り値としてPromiseを返すことによって、thenによって作られたPromiseの解決を遅らせることができます。今回の場合、p1.thenのコールバックがPromise p2を返したことでp2とp3の結果が同じになり、p3の結果が出るのはp2の結果が出るまで遅延されました。これはcatchやfinallyの場合も同じです。とくに、非同期処理を順番に実行したい場合にこの機能は役に立ちます。上の例では、readFileとrepeat10という2つの非同期処理を順番に実行していたことになります。後者の非同期処理には前者の結果が使われるので、これは必然的に直列的に（順番に）実行する必要があったのです。

8.3.10 Promiseチェーン（3）エラーの扱い

失敗したPromiseでもcatchを使うことで成功に変換することができるのは、すでに学習したとおりです。実は、逆に成功したPromiseを失敗に変換することも可能です。そのためには、コールバック関数の中でエラーを発生させます。

```
import { readFile } from "fs/promises";

const p1 = readFile("foo.txt", "utf8")
const p2 = p1.then((result) => {
  throw new Error("Error!!!!");
});
p2.then((result) => {
  console.log(result);
});
```

この例では、p1が成功するとthenのコールバック関数が呼び出され、コールバック関数はthrow文によってエラーを発生させます。ここではnew Errorオブジェクトでエラーを表していますが、Errorオブジェクトを作ったことよりもthrow文を使ったこと自体が重要です。Promiseにおいては、throw文の使用はすなわちエラーの発生と見なされ、Promiseの失敗を引き起こします[注27]。今回の場合はp2の結果を計算している最中にエラーが発生したので、p2の結果は失敗となります。よって、p2.thenのコールバック関数は呼び出されず、何も起こりません（ただし、この場合コンソールにエラーが出力されるはずです。その理由はこのあと解説します）。

また、thenなどのコールバック関数の返り値としてPromiseを返すことができるのは前項で学んだとおりですが、そのPromiseが失敗した場合も、全体の結果が失敗となります。少し前に作ったsleepRejectを使って確かめてみましょう。この例もやはり、ファイル読み込みの完了から1秒後にthenの返したPromiseが失敗となり、「失敗しました」と表示されます。

```
const sleepReject = (duration: number) => {
  return new Promise<never>((resolve, reject) => {
    setTimeout(reject, duration);
  })
};

const p = readFile("foo.txt", "utf8")
  .then(() => sleepReject(1000))
  .then((result) => {
    console.log(result);
  }, () => {
    console.log("失敗しました");
  });
```

ところで、上の例で最後のthenの2つめのコールバック関数（失敗時の処理）を書かなかった場合はどうなるでしょうか。つまり、次のようにした場合です。

```
const p = readFile("foo.txt", "utf8")
  .then(() => sleepReject(1000))
  .then((result) => {
    console.log(result);
  });
```

この例を実行した場合、次のようなエラーメッセージがNode.jsによって出力されるはずです。また、このときプロセスの強制終了が起きています。

```
node:internal/process/promises:246
          triggerUncaughtException(err, true /* fromPromise */);
          ^

[UnhandledPromiseRejection: This error originated either by throwing inside of an async
function without a catch block, or by rejecting a promise which was not handled with .catch().
The promise rejected with the reason "undefined".] {
  code: 'ERR_UNHANDLED_REJECTION'
}
```

エラーメッセージをよく読むとわかるとおり、**Promiseのエラーがハンドリングされていない**場合に表示されるエラーです。より具体的には、**失敗したPromiseに何もコールバック関数が登録されていなかった**ときに

注27　より正確に言えば、例外の大域脱出（➡5.5.3）がthenやcatchのコールバックの外に出た場合、それよりも外には出ません。その代わり、thenやcatchの返り値となっていたPromiseを失敗させます。これは、thenやcatchのコールバックが非同期的に実行され、非同期的なプログラムには「外」がないからです。

表示されます。上の例では、このUnhandledPromiseRejectionエラーの原因となるのは変数pに入っているPromiseです。sleepRejectによって発生した失敗は、それ以降catchされる場面がないためpを失敗させます。pには何もコールバック関数が登録されていないため、UnhandledPromiseRejectionエラーが発生する条件を満たしています。

Promiseが失敗したということは、そのPromiseが表す非同期処理にエラーが発生したということです。そのPromiseにコールバック関数が登録されていないということは、エラーが起きても何も対処（エラーハンドリング）がされなかったことを意味します[注28]。エラーの発生というのは大事件であり、5.5.1で学習したように、throw文の場合にはエラーの発生は（try-catch文でハンドリングされない限り）プロセスの強制終了につながります。一方で、非同期処理中（Promiseの結果の計算中）に発生したエラーはPromiseに吸収され、Promiseの失敗という最終結果に現れます。つまり、Promiseの失敗はランタイムエラーと同レベルの事件として扱われるべきであり、だからランタイムエラーの場合と同様にプロセスが強制終了するのです[注29]。

プロセスの強制終了が起きるのはとてもまずいので、しかるべき対処が必要です。具体的にはもとの例のようにthenの2つめのコールバック関数を利用するか、あるいはcatchによるエラーハンドリングを追加します。

```
const p2 = readFile("foo.txt", "utf8")
  .then(() => sleepReject(1000))
  .then((result) => {
    console.log(result);
  })
  .catch((err) => {
    console.log("エラーが発生しました！！！！", err);
  });
```

これはエラーをconsole.logで表示するだけでまともなエラーハンドリングとは言えませんが、こうすると前の例のpにcatchでコールバックを追加したことになり、とりあえずワーニングは消えます。ただし、新たなPromise p2が作られており、こちらにはコールバック関数が登録されていません。それでも問題ない理由は、catchによって失敗が成功に変換されたことにより、「失敗したPromiseに何もコールバック関数が登録されていなかった」という問題が解消されたからです。thenやcatchが新しいPromiseを生成する以上は、何もコールバック関数が登録されていないPromiseというのはPromiseチェーンの末端に必然的に存在します。UnhandledPromiseRejectionエラーを回避するには、この末端のPromiseを必ず成功するようにすることが重要です。このように、失敗の可能性があるPromiseは必ずcatchなどによるエラー処理を行う（失敗したPromiseを放置せずに成功に変換する）ように心がけましょう。

ところで、8.3.2でもすでにこのエラーが発生しており、そのときは「あとで学習します」としました。そのときはこのようなコードでした。

```
import { readFile } from "fs/promises";

const p = readFile("foo.txt", "utf8");

p.then((result) => {
```

注28 thenのコールバック関数のみが登録されたPromiseについても一見エラーハンドリングがされていないように見えますが、この場合は「thenの返り値であるPromiseに失敗を伝播させる」という形で暗黙のエラー処理が行われているのでセーフと見なされます。

注29 ちなみに、Node.js 14以前のデフォルトの設定ではプロセスの強制終了は起こらず、ワーニングが表示されるだけでした。15以降でも、--unhandled-rejectionsコマンドラインオプションで挙動を変更することができます。

```
  console.log("成功", result);
});
p.catch((error) => {
  console.log("失敗", error);
});
```

このコードでfoo.txtの読み込みが失敗すると、次のように出力されます。p.catchに登録されたコールバック関数によりErrorオブジェクトが出力されているのは想定どおりですが、そのあとに追加のエラーメッセージに加えてErrorオブジェクトがもう1回表示されています。先ほどと表示のされ方が違いますが、これも実はUnhandledPromiseRejectionエラーの一種です[注30]。

```
失敗 [Error: ENOENT: no such file or directory, open 'foo.txt'] {
  errno: -2,
  code: 'ENOENT',
  syscall: 'open',
  path: 'foo.txt'
}
node:internal/process/promises:246
          triggerUncaughtException(err, true /* fromPromise */);
          ^

[Error: ENOENT: no such file or directory, open 'foo.txt'] {
  errno: -2,
  code: 'ENOENT',
  syscall: 'open',
  path: 'foo.txt'
}
```

これが発生するということは、失敗したのにコールバック関数が登録されていないPromiseオブジェクトがあったということです。上のコードのどこにあるかおわかりでしょうか。答えは、p.thenの返り値のPromiseです。下のコードのように返り値を変数に入れたとすると、p2が問題のPromiseです。

```
import { readFile } from "fs/promises";

const p = readFile("foo.txt", "utf8");

const p2 = p.then((result) => {
  console.log("成功", result);
});
const p3 = p.catch((error) => {
  console.log("失敗", error);
});
```

なぜなら、pが失敗したとき、その失敗がp2に伝播してp2が失敗してしまうからです。pにはコールバック関数が登録されていますが、p2にはされていません。このようなことが発生してしまうため、1つのPromise pに対してthenとcatchを別々に呼び出すべきではありません。当時はまだPromiseチェーンを学習していなかっ

注30　UnhandledPromiseRejectionエラーであることは、node:internal/process/promisesやtriggerUncaughtExceptionといった表示があることから判別できます。先ほどの場合と後半の表示が違うのは、失敗したPromiseの結果がErrorのインスタンスならばそれを表示するという分岐があるからです。

たのでこのように書きましたが、この場合は次のようにすべきです。

```
import { readFile } from "fs/promises";

const p = readFile("foo.txt", "utf8");

const p2 = p.then((result) => {
  console.log("成功", result);
});
const p3 = p2.catch((error) => {
  console.log("失敗", error);
});
```

こうすることで、UnhandledPromiseRejectionエラーは発生しなくなります。なぜなら、p2は依然として失敗しますが、p2にもコールバック関数が登録されているからです。また、こうしてももともとのコードと挙動は変わりません。pが成功したらp.thenのコールバック関数が実行されるし、pが失敗したらその失敗はp2に伝播してp2のコールバック関数が実行されるからです。

このように、最大限Promiseチェーンの形で書くことによって、失敗の可能性があるのにコールバック関数が登録されないという「取りこぼし」を防ぐことができます。

8.3.11 dynamic import構文

ここでPromiseに関連する話として、**dynamic import構文**を紹介しておきます。これはimport("モジュール名")という関数呼び出しのような構文で[注31]、指定されたモジュールを非同期的に読み込むことができます。普通のimport宣言（➡7.1.1）との違いは、dynamic importが実行されるまでモジュールの読み込みが行われないという点です。普通のimport宣言では、importする側のモジュールが実行される前にimportされたモジュールの読み込み・実行が済まされます。この特性から、そのモジュールが必要になるまでモジュールを読み込みたくない（遅延読み込みをしたい）場合にdynamic importが重宝されます[注32]。

モジュールをdynamic importで読み込む場合、読み込みは非同期処理として扱われます。モジュールの読み込みはファイル読み込みを伴ったりインターネットを通じて行われたりする可能性があり、時間がかかるうえに失敗の可能性もありますから、非同期処理として表現されています。このことから、import("モジュール名")の結果はPromiseとなります。Promiseの結果は、そのモジュールの名前空間オブジェクト（➡7.1.5）です。たとえば、fs/promisesモジュールをdynamic importで読み込んでそれをファイル読み込みに使用する例はこのようになります。

```
import("fs/promises")
  .then(({ readFile }) =>
    readFile("foo.txt", "utf8")
  )
  .then((result) => {
    console.log(result);
```

注31 この構文は関数呼び出しそのものではありません。なぜなら、関数呼び出しは式(引数)という構文でしたが、importは予約語であり識別子ではないため、importは式にならないからです。

注32 とくにwebpackなどのバンドラを用いたフロントエンド開発の場合、dynamic importはコード分割のシグナルとなる役目を果たすので重要です。

```
  })
  .catch((error) => {
    console.log("エラーが発生しました！！！！", error);
  });
```

この例ではimport("fs/promises")でfs/promisesの名前空間オブジェクトに解決されるPromiseを取得し、次のthenでは名前空間オブジェクトから分割代入によってreadFileを取得し、readFileから得たPromiseを返しています。そのあとはこれまでと同様です。

8.4 async/await構文

本書で解説する構文もついに最後となりました。それは**async/await**です。これは新たな種類の関数である**async関数**と、その中で使用される**await式**の2つからなる機能です。

この機能は非同期処理を扱うための便利な機能で、やはりPromiseをベースとしています。実は前節で解説したようなthenなどよりも、async/awaitのほうがよく使われます。本節ではPromiseの知識を土台にasync/awaitを理解していきます。

8.4.1 async関数を作ってみる

まずは、async関数から学習していきます。これはたとえば、次のようなasync function宣言により作ることができます。

```
async function get3(): Promise<number> {
  return 3;
}
```

一見ただ3を返すだけの関数に見えますが、返り値の型注釈がPromise<number>となっているのが目につきます。実は、**async関数の返り値は必ずPromiseになります**。そして、async関数内部でreturn文が実行された場合、return文で返された値が、返り値のPromiseの結果となります[注33]。つまり、上の例のget3関数は「3を結果とするPromise」を返す関数と見なすことができます。このことは次のようにすれば確かめられます。

```
async function get3(): Promise<number> {
  return 3;
}

const p = get3();
p.then(num => {
  console.log(`num is ${num}`);
});
```

このプログラムを実行するとnum is 3と表示されますから、get3()が3を結果とするPromiseを返したこ

注33　より正確に言えば、async関数内でreturn文が実行された時点で、return文に渡された値を結果として、返り値のPromiseが成功裡に解決されます。

とがわかります。今回の例ではget3()を実行した瞬間にreturn 3;が実行されるので[注34]、すぐにconsole.logが実行されます。このときthenのコールバック関数に渡されるのは3です。ただし、一瞬でreturn文が実行されるといっても、Promiseを経由している以上thenのコールバック関数は非同期的に実行されます。これが意味するところは、次の例を見ると理解しやすいでしょう。

```
async function get3(): Promise<number> {
  console.log("get3が呼び出されました");
  return 3;
}

console.log("get3を呼び出します");
const p = get3();
p.then(num => {
  console.log(`num is ${num}`);
});
console.log("get3を呼び出しました");
```

この例ではconsole.logが4つありますが、どの順番で呼び出されるかおわかりでしょうか。正解は、次のようになります。

```
get3を呼び出します
get3が呼び出されました
get3を呼び出しました
num is 3
```

最初に**get3を呼び出します**が表示されるのは疑う余地がありません。ここでget3()という関数呼び出しが行われ、get3の中身の実行に移ります。今回はget3がasync関数ですが、その中身が同期的に実行されるのは普通の関数と同じです。よって、**get3が呼び出されました**が次に表示されます。この関数の実行はreturn 3;によって終了します。最初に説明したようにasync関数の返り値はPromiseなので、get3()の返り値としてPromiseが返されます。ここで返されたPromiseの結果はすでに3と決まっていますが、Promiseの解決に伴うコールバック関数の呼び出しは非同期的に行われます。つまり、いま同期的に行われている（プログラムを上から下へたどる）実行には割り込めないということです。よって、pに返り値のPromiseが入り、p.then(...)を呼び出した段階では、まだコールバック関数は実行されずに次に進みます。したがって、次に表示されるのは**get3を呼び出しました**です。これでプログラムの同期的実行は終わります。同期的にやることがなくなったので、このタイミングで解決済みのPromiseの処理に移行し、pに登録されていたコールバック関数が呼び出されます。ここでnum is 3が表示されます。

ちなみに、async関数の実行中に例外が発生した（throwで例外が投げられた）場合は、async関数の返り値のPromiseが失敗します。単純な例ですが、次のようにすればfail()が返すPromiseが失敗していることがわかります。

```
async function fail() {
  throw new Error("Oh my god!!!!");
}
```

注34 本書の説明を隅から隅まで追ってきた方は、「関数の内部は同期的に実行されるから一瞬でreturn文が実行されるのは当然なのではないか」と思われたかもしれません。その考え方はたいへん正しいものです。一瞬でreturn文が実行されないのは、まさに次項で説明するawait式を使用した場合です。

```
const p = fail();
p.catch(err => {
  console.log(err);
});
```

より厳密に言えば、例外は5.5.3で学習したように外方向へと脱出するものですが、例外がasync関数の外に脱出しようとした場合にPromiseが失敗します。言い換えれば、async関数で発生した例外はasync関数の外側（async関数を呼び出した側）に伝播するのではなく、async関数が返したPromiseに伝わるということです[注35]。ここから、throwで例外が発生しても、try-catchで例外の伝播を止めてasync関数の外側まで伝わらないようにすればPromiseは失敗しないということもわかりますね。

ちなみに、async関数の返り値の型注釈は省略して推論させることもできます。もちろんその場合も自動的にPromise型が推論されます。返り値は必ずPromiseなので、Promise以外の型を書いた場合はコンパイルエラーとなります。

```
// エラー: The return type of an async function or method must be the global Promise<T> type. Did you mean to write 'Promise<number>'?
async function get3(): number {
  console.log("get3が呼び出されました");
  return 3;
}
```

8.4.2 await式も使ってみる

この節の冒頭でも述べたとおり、**await式**はasync関数の中で使える構文です[注36]。この式はawait 式という形をとります。意味は、一言で言えば**与えられたPromiseの結果が出るまで待つ**というものであり、普通awaitに与える式はPromiseオブジェクトです。これを使うと、1秒後に3が得られるget3を次のように作ることができます（以前に定義したsleepをまた使います）。

```
const sleep = (duration: number) => {
  return new Promise<void>((resolve) => {
    setTimeout(resolve, duration);
  });
};

async function get3() {
  await sleep(1000);
  return 3;
}

const p = get3();
p.then(num => {
  console.log(`num is ${num}`);
});
```

注35　少し前に、thenのコールバック関数内で例外が発生した場合も、thenが返すPromiseが失敗することを学習しました。これもasync関数の場合と同じ挙動であり、そうなる理由についても同様です。次項で解説するawait式と組み合わせることで、async関数の中で例外が投げられた際にもう「関数の外」の実行が終わってしまっていることがあるからです。

注36　あとで解説しますが、async関数の中以外にもファイルのトップレベルでは使用することができます。

このプログラムを実行すると、1秒後にnum is 3と表示されるでしょう。これは、get3()が返したPromiseが解決されるまでに1秒かかったということを意味しています。明らかにこれはawait sleep(1000);が影響していますね。

このように、awaitを使うとasync関数の実行が一時中断します。ただし、一時中断といってもこれはブロッキングではありません。つまり、awaitによる一時中断はあくまでasync関数が中断しただけであり、中断の間にほかの処理が行われる可能性があります。とくに、async関数が呼び出された直後のawaitの場合、同期的なプログラムの実行が呼び出し元に戻ります。これは言葉で説明されてもわかりにくいでしょうから、やはり例を見てみましょう。今回も先ほどの例にconsole.logを足してみます。

```
const sleep = (duration: number) => {
  return new Promise<void>((resolve) => {
    setTimeout(resolve, duration);
  });
};

async function get3() {
  console.log("get3が呼び出されました");
  await sleep(1000);
  console.log("awaitの次に進みました");
  return 3;
}

console.log("get3を呼び出します");
const p = get3();
p.then((num) => {
  console.log(`num is ${num}`);
});
console.log("get3を呼び出しました");
```

この例には全部で5個のconsole.logがありますが、まずプログラムを実行した直後に次の3つが表示されます。

```
get3を呼び出します
get3が呼び出されました
get3を呼び出しました
```

そして、1秒後に残りの2つが表示されます。

```
awaitの次に進みました
num is 3
```

この結果を読み解いていきましょう。一番最初に表示されるのが**get3を呼び出します**であることは疑う余地がありません。そのままget3が呼び出されるので、get3の中にある**get3が呼び出されました**が次に表示されます（async関数といえども、呼び出した直後の関数内の実行は同期的に行われます）。そこでawait sleep(1000);に差し掛かります。関数の実行がawaitに差し掛かった場合、await式に与えられた式（sleep(1000)）の評価を済ませたあとその関数の実行はそこで中断され、get3の呼び出しはいったん終了します。今回はget3の呼び出しという同期的実行の途中だったので、ここでget3の返り値であるPromiseが生成され、返り値がpに入ります。このPromiseはget3の呼び出し結果を表すPromiseですが、まだ、get3の処理が完了していない（returnに到達していない）ため、このPromiseは未解決となります。その後も実行は続き、p.thenが実行され（これはコールバック関数を登録するだけで即座に何か起こるわけではありません）、その次のconsole.logが実行されます。これによりget3を呼び出しましたが表示されます。ここまでが同期的な実行だったので、これまでの3つは一瞬で表示されます。

さて、get3の実行はawait sleep(1000)により中断されたのでした。awaitに対してPromiseを渡した場合、そのPromiseの完了を待機します。今回はsleep(1000)の返り値のPromiseがawaitに渡されています。そして、Promiseが解決するとawaitの続きからasync関数の実行が再開します。今回の場合、1秒後にsleep(1000)が完了したので、その時点でget3の実行が再開して次のconsole.logに進みます。ここでawaitの次に進みましたが表示されます。その次にget3はreturn文にたどり着きます。ということは、get3が返したPromiseの結果が3に定まり、このPromise（つまりp）が解決されるということです。よって、p.thenに登録されたコールバック関数が呼び出され、num is 3が表示されます。これが上のプログラムの一連の流れです。

このように、async関数中でawaitを使うことで、async関数が返したPromiseの解決を遅らせることができます。逆の見方をすれば、async関数の中でawaitを使えるのは、「待つ」という本来（同期的実行においては）不可能な操作を、待ち時間をasync関数の返り値のPromiseに吸収してもらうことによって可能にしているからだと言うことができます。たとえawaitで待っている時間といってもプログラムの実行を完全に止めることはできません。そのため、awaitはPromiseを待つと同時に、待っている間はasync関数の実行を中断し、ほかの場所（同期的な実行の続きや別の非同期処理）に制御を移せるようになっています。

8.4.3 awaitの返り値

前項ではawait sleep(1000);としてawaitを文のように使いました。これは、sleep(1000)のように結果がないPromiseの場合（終わるまで待てればそれでいい場合）には適しています。しかし、ちょうどget3のように、Promiseは結果を伴うことがあります。その結果を使いたいという場合もawaitを使用できます。というのも、最初に説明したとおりawait式は式ですから、返り値があります。そして、await 式という式の返り値とは、まさに式として与えられたPromiseの結果なのです。Promiseの結果は本来thenメソッドで得るものですが、async関数の中ではこのようにawait式を使うことでPromiseの結果を得ることができます。これはawaitが「Promiseを待つ」という働きを持ちthenの代わりとなっているためです。

例として、前項のget3を3回使う関数mainを作ってみましょう。

```
const sleep = (duration: number) => {
  return new Promise<void>((resolve) => {
    setTimeout(resolve, duration);
  })
};

async function get3() {
  await sleep(1000);
  return 3;
}

async function main() {
```

```
  const num1 = await get3();
  const num2 = await get3();
  const num3 = await get3();
  return num1 + num2 + num3;
}

main().then(result => {
  console.log(`result is ${result}`);
});
```

このプログラムは3秒後にresult is 9と表示します。つまり、main()の実行が完了するまでに（main()が返したPromiseが完了するまでに）3秒かかるということです。これは、mainが完了するまでにawait get3()を3回行うからです。1回のawait get3()で1秒かかりますから、それを3回行えば3秒かかるというわけですね。今回、await get3()の返り値がnum1, num2, num3に代入されています。このawait get3()という式を実行した時点でmain関数は中断し、1秒後にawaitが完了してPromiseの結果が返り値となります。Promise get3()の結果は3となりますから、num1, num2, num3はそれぞれ3となります。よって、main()が返すPromiseの結果は3 + 3 + 3で9となります。このように、Promise（今回の例ではget3()の返り値として得られるPromise）の結果を使用したいときもawait式を使うことができます。

もう1つ別の例を出しておきます。今度はfsの例で、readFileでfoo.txtから読み込んだ内容を2倍にしてwriteFileでbar.txtに書き出すというシナリオです。何だかありそうなシナリオですね。今回は、fs自体もdynamic import（➡8.3.11）を使って読み込んでみましょう。次の例を実行するとbar.txtに書き込まれますので、万が一bar.txtに重要なデータを保存している場合は別の場所に移しておきましょう。

```
async function main() {
  const { readFile, writeFile } = await import("fs/promises");

  const fooContent = await readFile("foo.txt", "utf8");
  // 2倍にしてbar.txtに書き込む
  await writeFile("bar.txt", fooContent + fooContent);
  console.log("書き込み完了しました");
}

main().then(() => {
  console.log("main()が完了しました");
});
```

このプログラムを実行すると、ほぼ一瞬で「書き込み完了しました」「main()が完了しました」と表示されるはずです。そして、bar.txtにはfoo.txtの中身を2回繰り返した内容が入っています。上のプログラムによってfoo.txtからの読み込みとbar.txtへの書き込みが行われたのがわかりますね。

ほぼ一瞬とはいえ一応時間がかかります。上のプログラムではfoo.txtの読み込み（readFileが返したPromise）をawait式で待っており、読み込みが完了してからその結果を使ってwriteFileを呼び出しています。このwriteFile自体も結果はないもののPromiseを返すので、awaitでそれを待ってからconsole.logを呼び出しています。これにより、書き込み完了しましたと表示されるのは本当にファイル書き込みが完了してからであることがわかります。

また、この例のmain関数は返り値を返さない（return文がない）async関数となっています。そのような

async関数が返すPromiseは`Promise<void>`型、すなわち結果のないPromiseとなります（実際、推論されたmain関数の返り値の型を調べてみるとそうなっています）。通常の関数が最後まで到達したら終了するのと同様に、そのようなasync関数が最後まで実行された場合、そのタイミングでasync関数が返したPromiseが解決されることになります。これにより、「main()が完了しました」は「書き込み完了しました」よりもあとに表示されるのです。

以上のように、await式を使うと「ある非同期処理が終わってから次の非同期処理をする」というプログラムをまるで同期プログラムのように（上から下に進むという流れに則った形で）書くことができます。これがasync/awaitの強力な点です。いちいち`readFile(...).then(...)`のようにするよりも記述がシンプルなので、多くの場合はより優れています。その代わり、await式はどこでも使えるわけではありません。

これまで見たように、await式はasync関数の中で使う必要があり、普通の関数の中では使えません。それは、awaitの「Promiseを待つ」という操作を真に同期的に行う（本当にプログラムの実行を停止させて待つ）ことはできないため、非同期的な待ち方とする必要があり、それでいてasync関数自体の結果もちゃんと呼び出し元に返す必要があるからです。非同期的な「待ち」を行ってもなお呼び出し元に結果を返す手段、それこそがまさに「async関数の結果を常にPromiseにする」というものです。「async関数がawaitで待っている時間」は呼び出し元から見ると「async関数が返したPromiseを待っている時間」の一部です。このような目的のために、awaitはasync関数の中でしか使えないようになっています。

コラム 38　top-level await

先ほども少し触れたとおり、await式は基本的にasync関数の中でしか使えません。しかし、比較的最近**top-level await**と呼ばれる機能が登場し、これにより**モジュール**の**トップレベル**（関数の中ではないところ）でもawaitが使用可能となっています。これを用いると、前述のサンプルは次のようにしてmain関数を消すことができます。

```
import { readFile, writeFile } from "fs/promises";

const fooContent = await readFile("foo.txt", "utf8");
// 2倍にしてbar.txtに書き込む
await writeFile("bar.txt", fooContent + fooContent);
console.log("書き込み完了しました");
```

こうすると、mainのような余計なasync関数を用意する必要がなくシンプルに書くことができます。また、次のようにawaitした結果をexportしたい場合もtop-level awaitを重宝します。

```
import { readFile } from "fs/promises";

const fooContent = await readFile("foo.txt", "utf8");

export const bar = fooContent + fooContent;
```

ところで、前項ではawait式がasync関数の中でしか使えないと解説しました。なぜなら、ブロッキングをせずに「待つ」という挙動を実現するには返り値をPromiseにすることが必要であり、そのためには返り値がPromiseであると保証されているasync関数の中である必要があるからです。それに反してtop-level awaitができる理由は、2つの観点から説明できます。top-level awaitの場合、関数の中ではないので返り値という概念はありません。その代わりに、awaitで待っている間はNode.jsのプロセスが終了しません注37。ある意味で、Node.jsのプロセスの実行者を待たせていることになります。ただし、これはブロッキングではありません。なぜなら、awaitで待っている間にほかの処理が進むかもしれず、プログラムの実行が完全に止まっているわけではないからです。

top-level awaitが許されていてもなお、asyncではない普通の関数の中でawait式を使うことはできません。それは、普通の関数は同期的に実行を完了して返り値を返さなければいけないからです。プログラムの同期的な実行は途中で割り込めないという原則があるため、普通の関数の中で「待つ」ということをしてしまったら、その間にほかのことができません。これではプログラムがブロッキングしてしまうことになるため、許可されないのです。

なお、Node.jsの場合、top-level awaitの使用にはv14.3.0以上という比較的新しいバージョンが必要です。本書の発売時点では、世の中ではまだv12のNode.jsも使われていますから、すぐにtop-level awaitを実戦投入することはできないかもしれません。TypeScriptの設定も新しめの設定にする必要があります。

8.4.4 awaitとエラー処理

本章で繰り返し述べているように、Promiseは失敗する可能性があります。では、await pのようにしてPromise pを待っているときにこのpが失敗してしまったらどうなるのでしょうか。実は、この場合は**await式で例外が発生した**という扱いになります。つまり、await pという式はpが成功した場合はpの結果を返り値とする一方で、pが失敗した場合はその結果を例外として発生させる働きを持つのです。

例外が発生するというのは、throw文（➡5.5.1）と同じです。たとえば、awaitから発生した例外は、throw文から発生した例外と同様にtry-catch文（➡5.5.2）でキャッチすることができます。前項のmain()関数に、readFileやwriteFileが失敗したときの対応を追加してみましょう。

```
async function main() {
  const { readFile, writeFile } = await import("fs/promises");

  try {
    const fooContent = await readFile("foo.txt", "utf8");
    // 2倍にしてbar.txtに書き込む
    await writeFile("bar.txt", fooContent + fooContent);
    console.log("書き込み完了しました");
  } catch {
    console.error("失敗しました");
  }
}

main().then(() => {
  console.log("main()が成功しました");
});
```

この例を実行すると、foo.txtの読み込みやbar.txtの書き込みに成功した場合は**書き込み完了しました**と表示されますが、どちらかに失敗した場合は**失敗しました**と表示されるはずです。さらに、どちらの場合も**main()が成功しました**と表示されます。本当はもっとしっかりしたエラーハンドリングをすべきですが、この簡単な例からでもawaitとtry-catchの関係がわかりますね。

注37 これはthenに渡したコールバック関数が呼ばれる予定がまだ残っている場合にNode.jsのプロセスが終了しないことに似ています。ただし、Node.jsでは、top-level awaitで待っているPromiseが解決されることが絶対にないと判明している場合はそこでプロセスが終了する挙動になっています。

ファイルの読み込みか書き込みに失敗した場合、awaitの位置で例外が発生します。よって、そこでプログラムの実行が中断します。今回はすぐ外側でtryに囲まれているので、catch節から実行が再開され、**失敗しました**と表示されます。そこから実行するとmain()は普通に終了するため、main()が返したPromiseは成功した扱いになります。このためmain()**が成功しました**と表示されます。

もしawaitから発生した例外がキャッチされなかった場合、8.4.1で解説した動作となります。すなわち、awaitから発生した例外がmainの外側に出ようとした時点で、mainが返したPromiseが失敗となります。

このように、awaitを使うことで、Promiseのエラー処理をcatchメソッドではなくtry-catch文を使って行うことができます。全体を通じて、非同期処理をthenやcatchなどのメソッドではなく同期処理と同じようなやり方を使って書けるというのがasync/awaitの利点であると言えます。

ちなみに、8.3.10では「コールバック関数が登録されていないPromiseが失敗したらUnhandledPromiseRejectionエラーが発生してプロセスが強制終了してしまう」と説明しました。実は、await式に渡されたPromiseに関しては失敗してもUnhandledPromiseRejectionエラーの原因になることはありません。なぜなら、await式に渡されたPromiseはコールバック関数が登録された扱いになるからです。実際、await式に渡されたPromiseが失敗した場合その失敗は無視されるのではなく、async関数内で例外が発生するという形で自動的にハンドリングされていると見なすことができます。もしasync関数内でエラーハンドリングをしなかったとしても、async関数が返したPromiseにエラーが伝播するため、そちらでエラーハンドリングされるかどうかのほうが問題となります。

8.4.5 async関数のいろいろな宣言方法

これまでasync関数はasync functionを用いる**async function宣言**を用いて宣言してきました。これ以外にもいくつかasync関数を作る方法があります。

具体的には、まずasync function式です。これは関数式（function式）のasync版で、async function() { ... }のように書きます（関数式と同様に、functionのあとに関数名を書くことも可能です）。宣言ではなく式である点が特徴です。

async function式の例

```
const main = async function() {
  const fooContent = await readFile("foo.txt", "utf8");
  // 2倍にしてbar.txtに書き込む
  await writeFile("bar.txt", fooContent + fooContent);
  console.log("書き込み完了しました");
};
```

また、アロー関数式のasync版、すなわちasyncアロー関数式もあります。これは普通のアロー関数式の前にasyncと書く関数式です。

asyncアロー関数式の例

```
const main = async () => {
  const fooContent = await readFile("foo.txt", "utf8");
  // 2倍にしてbar.txtに書き込む
  await writeFile("bar.txt", fooContent + fooContent);
  console.log("書き込み完了しました");
};
```

普通の関数とアロー関数の違いはasync関数の場合も当てはまります。たとえば、asyncアロー関数のthisは関数の外側のthisと同じですが、async function宣言やasync function式で作られた関数の場合は中のthisは関数の呼び出し方によって決まります。

最後に、asyncメソッド記法でasync関数を作ることもできます。これはメソッド名の前にasyncと書きます。

```
const obj = {
  // 普通のメソッド
  normalMethod() {
    // (略)
  },
  // async関数のメソッド
  async asyncMethod() {
    // (略)
  }
};
```

8.5 力試し

この章では非同期処理について学習しました。中心となる概念は、非同期処理を取り扱うための機能である**Promise**です。さらに、TypeScriptではPromiseを直接扱うことはあまり多くなく、より便利なasync/await構文を用いるのが基本です。これもこの章で取り扱いました。

今回の力試しでは、Promiseやasync/awaitを組み合わせてプログラムを書いてみましょう。

8.5.1 fs/promisesを使ってみる

まず肩慣らしとして、前回の力試しのコードをPromise版に修正してみましょう。前回の力試しの後半では、ソースコードの位置から見て../uhyo.txtにあるファイルを読み込んで、その中にあるuhyoの数を数えるというプログラムを実装しました。コード全体を再掲しておきます。

```
import { readFileSync } from "fs";
import path from "path";
import { fileURLToPath } from "url";

const filePath = fileURLToPath(import.meta.url);
const fileDir = path.dirname(filePath);
const dataFile = path.join(fileDir, "../uhyo.txt");

const data = readFileSync(dataFile, { encoding: "utf8" });

let count = 0;
let currentIndex = 0;
while (true) {
  const nextIndex = data.indexOf("uhyo", currentIndex);
  if (nextIndex >= 0) {
    count++;
```

```
    currentIndex = nextIndex + 1;
  } else {
    break;
  }
}
console.log(count);
```

本章で解説したように、ファイル操作というのは時間がかかる処理であり、それゆえに非同期処理として扱われます。しかしながら、上のコードに出現するreadFileSyncは、ファイル操作を同期的に行うことができます。このように時間がかかる処理を同期的に行えるAPIは、どちらかというと例外的なものです。前回はまだ非同期処理を学習していなかったので、簡単に使える同期的なAPIを紹介しました。実際のプログラムでは、とくに複数のファイルアクセスを同時に行うような場合に非同期処理のAPIを用いたほうが有利です。

Promise版のファイルシステム操作は、8.3.1で紹介したようにfs/promisesからインポートできる関数を使えば可能です。まずは、前章の力試しのプログラムをfs/promisesから提供されるreadFileを用いて書きなおしてみましょう。

8.5.2　解説

今回の答えはこれです。前項から変わったのはファイル読み込みの部分だけなので、それ以降は省略しています。

```
import path from "path"
import { readFile } from "fs/promises";
import { fileURLToPath } from "url";

const filePath = fileURLToPath(import.meta.url);
const fileDir = path.dirname(filePath);
const dataFile = path.join(fileDir, "../uhyo.txt");

const data = await readFile(dataFile, { encoding: "utf8" });
// （以下略）
```

先ほどのプログラムから変わった点は、前項の説明どおりfs/promisesからインポートしたreadFileを使っている点です。もともと前回の力試しのプログラムはreadFileSyncを用いるものでしたが、Promiseを使うようにしてもプログラムの構造はほとんど変化していませんね。readFileSync(...)をawait readFile(...)に変えただけです。このように、top-level awaitの存在もあり、Promiseベースの非同期処理はほとんど同期処理と同じような感覚で使うことができます。

8.5.3　タイムアウトを追加してみよう

次の力試しとして、もう少し複雑な処理をやってみましょう。具体的には、ファイル読み込みに**タイムアウト**を追加してみます。ファイル読み込みに1ミリ秒以上かかった場合はエラーが発生してプログラムが終了するようにしましょう。

いくつかの方法がありますので、いろいろ試してみてください。実装できた方は、今度はプログラムが終了するのではなく「1ミリ秒かかったら空文字列を読み込んだことにして次に進む」という仕様に変更してみましょう。

8.5.4 解説

2つの解答例を紹介します。まずは比較的簡単な方法です。1ミリ秒を測るためには、8.3.4で作ったsleepを使ってsleep(1)とすればよいですね。また、少し調べるとNode.jsにおいてプロセスを終了するにはprocess.exitを使うことがわかるはずですから、次のようにすると目的を達成できます。

```
import path from "path"
import { readFile } from "fs/promises";
import { fileURLToPath } from "url";

const sleep = (duration: number) => {
  return new Promise<void>((resolve) => {
    setTimeout(resolve, duration);
  })
};

const filePath = fileURLToPath(import.meta.url);
const fileDir = path.dirname(filePath);
const dataFile = path.join(fileDir, "../uhyo.txt");

sleep(1).then(() => {
  process.exit();
});
const data = await readFile(dataFile, { encoding: "utf8" });
// （以下略）
```


この例では、readFileを呼び出す直前にsleep(1)に対してthenでコールバックを登録しています。同期的実行に割り込めないという原則により、このプログラムはそのままreadFileを呼び出してawaitするところまで進行します。このタイミングでは、2つの「待ち」が同時に発生していることがわかります。すなわち、sleep(1)が返したPromiseの解決を待っているthenコールバックと、readFile(...)が返したPromiseの解決を待っているawait式です[注38]。この場合、どちらのPromiseが先に解決されるかによってこのあとの展開が異なります。具体的には、もしsleep(1)が先に解決したらprocess.exitが実行される一方で、readFile(...)が先に解決したらawait式の次に進んでプログラムが最後まで実行されます。つまり、readFileが返したPromiseが解決される（= await式の次に進む）より前に1ミリ秒経過した場合、process.exitが呼び出されてその時点でプログラムが終了するためawaitより先は実行されません。

このように、sleep(1)に対してはあえてawaitを使わずにthenを用いることで、sleepとreadFileという2つの非同期処理を並行的に動作させることができます。以上のやり方は簡単ですが、複数の非同期処理が別々に走るのでプログラムの流れが追いにくく、複雑なロジックがある場面では使いにくいという問題があります。そこで、もう1つやや凝ったやり方を紹介します。8.3.6で学習したPromise.raceを使います。

```
import path from "path"
import { readFile } from "fs/promises";
import { fileURLToPath } from "url";
```

注38 ちなみに、await式の場合も内部処理としては渡されたPromiseオブジェクトに対してthenメソッドを呼び出してコールバック関数を登録しています。await式はこれを隠蔽する構文なのです。

```
const sleep = (duration: number) => {
  return new Promise<void>((resolve) => {
    setTimeout(resolve, duration);
  })
};

const errorAfter1ms = async () => {
  await sleep(1);
  throw new Error("Timeout!");
}

const filePath = fileURLToPath(import.meta.url);
const fileDir = path.dirname(filePath);
const dataFile = path.join(fileDir, "../uhyo.txt");

const data = await Promise.race([
  readFile(dataFile, { encoding: "utf8" }),
  errorAfter1ms()
]);
// （以下略）
```

まず関数errorAfter1msが定義されました。これはasync関数なので、返り値はPromiseです。この関数が返すPromiseは、1ミリ秒後に必ず失敗します。8.4.1で触れたように、async関数の実行中に例外が投げられた場合は非同期処理が失敗したということで、async関数の返り値のPromiseが失敗します。このasync関数は必ず失敗するので、成功した場合の値が存在しません。実際にerrorAfter1msの型推論結果を調べてみると、このことを反映して`() => Promise<never>`となっています。

今回ファイルを読み込む部分では、Promise.raceでreadFileとerrorAfter1msを競争させています。Promise.raceでは早く解決されたほうの結果が採用されますから、1ミリ秒以内にreadFileが完了した場合はそちらが採用され、dataにはreadFileの結果が入って次に進みます。一方、ファイル読み込みに1ミリ秒以上かかった場合はerrorAfter1msのほうが先に完了（失敗）し、その結果としてPromise.raceが返したPromiseの結果も失敗となります。すでに解説したように、awaitしているPromiseが失敗した場合はそこで例外が発生した扱いとなります。今回はtop-level awaitなので、この例外はプロセスの強制終了につながります。よって、1ミリ秒経過した時点でこのawaitでプロセスが終了し、以降の処理は行われません。失敗時の表示はこのようになります。これは第5章で扱ったような、ランタイムエラーによりプログラムがクラッシュしたときの表示と同じです。実際、このawait式から例外が発生し、それが大域脱出してプログラムの一番外までたどり着くという同じ現象が起きています。

```
file:///path/to/dist/index.js:11
    throw new Error("Timeout!");
          ^

Error: Timeout!
    at errorAfter1ms (file:///path/to/dist/index.js:11:11)
    at async file:///path/to/dist/index.js:16:14
```

もしプログラムのクラッシュではなくもう少しいい感じに制御したい場合は、try-catch文を使うか、もしくは以下のような方法もあります。

```
const data = await Promise.race([
  readFile(dataFile, { encoding: "utf8" }),
  errorAfter1ms()
]).catch(() => {
  console.log("失敗しました");
  process.exit();
});
```

これはawait式とPromiseのメソッド（catch）の合わせ技となっています。こうすると、Promise.race(...)が成功した場合はcatchのコールバック関数が実行されず、結果はそのまま変数dataに入ります。一方で、失敗した場合はcatchのコールバック関数が実行され、その中でprocess.exitが実行されてプログラムが終了します。

今回は1ミリ秒後にプロセスを終了すればよいので、どちらの方法でも実装が可能でした。複雑なロジックにタイムアウトを仕込むような場合は、2番目のようにタイムアウトを問答無用でプロセスの終了とするのではなく、いったんエラー（Promiseの失敗）として表現するほうがよいでしょう。実際のプログラムでは、タイムアウト後も処理が続くのが普通だからです。その具体例として、次は「1ミリ秒かかったら空文字列を読み込んだことにして次に進む」という実装をしてみます。これは、ちょうど上の例を少し変えて次のようにすることで実装できます。

```
const data = await Promise.race([
  readFile(dataFile, { encoding: "utf8" }),
  errorAfter1ms()
]).catch(() => {
  return "";
});
```

つまり、Promise.race(...)が失敗した場合はcatchメソッドでPromiseの結果を成功に変換し、その際の結果を空文字列とします。同じロジックをtry-catchで書くのは、もちろん可能ではありますが少し大変です。それよりもcatchメソッドを活用したほうがきれいに書くことができます。このように、thenやcatchといった従来の方法とasync/awaitを組み合わせることでプログラムがうまく書けることもあります。両方をうまく活用しましょう。

第9章

TypeScriptのコンパイラオプション

本書最後の章であるこの章では、これまであまり扱ってこなかったTypeScriptのコンパイラオプションについて学びます。コンパイラオプションを用いることで、TypeScriptのコンパイル時の挙動を操作することができます。TypeScriptには多くのコンパイラオプションがありますが、普段から気にすべきものはあまり多くありません。一度はコンパイラオプションの一覧（TypeScriptの公式ページで見ることができます）に目を通しておくべきですが、それは今でなくてもかまいません。
この章ではコンパイラオプションを設定する手段であるtsconfig.jsonについてまず学び、そのあとよく使うコンパイラオプションをいくつか学びます。

9.1 tsconfig.jsonによるコンパイラオプションの設定

TypeScriptを使用するプロジェクトは、**tsconfig.json**という設定ファイルを用意するのが一般的です。TypeScriptの環境構築は1にpackage.json、2にtsconfig.jsonと言っても過言ではありません。このファイルがあると、TypeScriptコンパイラは自動的にtsconfig.jsonを読み込んでコンパイル時にその設定を使用してくれます。その最たる用途は**コンパイラオプション**を指定することですが、それ以外にもコンパイル対象となるファイルの一覧を指定するなどの機能を持っています。

大きなプロジェクトでは複数のtsconfig.jsonを用意して使い分けるということも行いがちですが、本書では基本的なセットアップとしてtsconfig.jsonが1つだけの場合を学習します。ファイル名も重要で、tsconfig.jsonという名前で用意しておけばTypeScriptコンパイラ（`tsc`）が自動的に参照してくれます。万一違う名前にしたい場合は、`tsc`のコマンドラインオプションを使用して`tsc -p something.json`のようにすればsomething.jsonをtsconfig.jsonの代わりに参照してくれます。

9.1.1 tsconfig.jsonの自動生成

TypeScriptコンパイラ（`tsc`）には、tsconfig.jsonを生成してくれる機能が備えられています。新規のTypeScriptプロジェクトを始める際はこの機能を用いてtsconfig.jsonを作るとよいでしょう。

コマンドは`tsc --init`です。ただし、この`tsc`をグローバルにインストールする（PATHが通ったところに置く）ことは最近はあまりなく、`npx`を使って`tsc`を実行するのが主流です。この`npx`というコマンドは`npm`に付属のコマンドであり、ローカルに（node_modulesの中に）インストールされているパッケージを実行してくれます。つまるところ、TypeScriptの環境構築を一から始めるなら、おおよそ以下の手順をとることになります。

1. `npm init`でpackage.jsonを生成する。
2. `npm install -D typescript`でTypeScriptコンパイラをnode_modules内にインストールする。
3. `npx tsc --init`でtsconfig.jsonを生成する（node_modulesの中にインストールした`tsc`コマンドが使われる）。
4. 生成されたtsconfig.jsonを必要に応じて編集する。

本書の第1章でもこの手順で環境構築をしましたね。このコマンドで生成されるtsconfig.jsonは中身が長くなっています。その理由は、多くの情報がコメントという形で記載されているからです。具体的には、コンパイラオプションの説明が記載されていたり、いくつかのコンパイラオプションがコメントアウトされていて、コメントを外すだけで簡単に編集できるようになっていたりします。これらの配慮によって、tsconfig.jsonを操作するのは多くの場合難しくありません。

9.1.2 ファイルパス周りの設定を押さえる

「どのファイルをコンパイルするか」という情報もtsconfig.jsonに含めることができます。環境構築時（➡1.3.4）には`include`という設定を利用しました。ファイルパスに関するオプションはTypeScriptの環境構築時によく使うので、この機会に一通り学んでおきましょう。

第1章の環境構築では、tsconfig.json内で次のような指定をしましたね。

```
{
  "include": ["./src/**/*.ts"]
}
```

この例から2つのことがわかります。1つはincludeは**配列**であるということ、もう1つはincludeの中ではいわゆる**globパターン**が使えるということです。まず、includeは配列なので複数パターンを並べることができます。たとえば、srcの中にある.tsファイル全部に加えてlibの中にある.tsファイルも全部コンパイルしたい場合は次のように記述できます。

```
{
  "include": ["./src/**/*.ts", "./lib/**/*.ts"]
}
```

もう1つの**globパターン**は、includeの値の中に出てくる**や*といった記号のことです[注1]。**/は0個以上のディレクトリ階層を表し、*は任意のファイル名を表します。よって、./src/**/*.tsは、./src/の中にある0個以上のディレクトリ階層の中にある、最後が.tsで終わる任意のファイルを表すことになります。たとえば、src/pages/users/list.tsの場合、pages/users/が**/の部分に該当し、*がlistに該当するためincludeの対象に含まれます。また、src/index.tsの場合は**/は無となり、*がindexに該当します。結果的に、./src/**/*.tsでsrcの中のすべての.tsファイルを表すことができているのです。注意点として、./src/*.tsではsrcディレクトリの直下にある（サブディレクトリの中ではない）.tsファイルにしかマッチしないので気をつけてください。

次に、includeと一緒に使われることがあるexcludeオプションを解説します。このオプションは、includeで指定されたファイル群から一部のファイルを除外したい場合に使います。たとえば、次のように書くことができます。

```
{
  "include": ["./src/**/*.ts"],
  "exclude": ["./src/__tests__/**/*.ts"]
}
```

このようにすると、「srcの中のすべての.tsファイルをコンパイル対象とするが、src/__tests__の中のファイルは除く」という意味になります。

このオプションはincludeとセットで使わないと意味がないという点に注意してください。あくまで、excludeはincludeの対象から一部を除くという役割なのです。これはまた、excludeは指定されたファイルをコンパイルから絶対に除外するという意味**ではない**ということでもあります。

というのも、TypeScriptがコンパイル対象とするのはincludeで指定されたファイルだけではなく、それらのファイルからimportされたファイルや、それからさらにimportされたファイルたちもすべて含みます。つまり、includeはコンパイルの起点となるファイル群を指定するものであると見ることができます。

ここで、excludeで指定されたファイルはコンパイルの起点にはなりませんが、別のファイルからimportされた場合はやはりコンパイル対象となります。ですから、excludeは指定したファイルのコンパイルを禁止

注1　TypeScriptはほかに?もサポートしています。

するような機能ではなく、あくまで起点には含めないという意味であることには注意が必要です。実際にはexcludeを使用する目的は指定したファイルをコンパイルに含めないことである場合が多いのですが、excludeで指定したにもかかわらずファイルがコンパイルされてしまう場合は、別のファイルからimportされている可能性を疑うことになります。

コンパイル対象ファイルを指定するにはこれらincludeとexcludeを使うのが普通ですが、ほかにfilesというものもあります。これはincludeよりも昔からあり、ファイル名の配列です。両者が異なる点は、filesはglobが使用できないという点です。

```
{
  "files": [
    "src/index.ts",
    "src/foo.ts",
    "src/bar.ts"
  ]
}
```

多くの場合、includeのほうが高機能なのでこちらを使えば事足りるでしょう。レアなケースとしては、filesで指定されたファイルはexcludeで除外されないことを利用して、includeに含まれているがexcludeで除外されているファイルの中で例外的に含めたいファイルがある場合に利用できるかもしれません。

9.2 チェックの厳しさに関わるオプション

TypeScriptのコンパイラオプションについてほかに知っておくべきなのは、**チェックの厳しさ**に関わるオプションたちです。本書ではこれまでTypeScriptコンパイラがどのようなチェックを行い、どのような場合にコンパイルエラーを発生させるのかについて解説してきました。実は、型チェックの挙動はある程度コンパイラオプションで制御可能です。設定によって、コンパイルエラーの有無や型推論結果などは変わります。

本書の解説内容は、strictコンパイラオプションが有効に設定された状態の挙動に基づいています[注2]。この状態が最も推奨される状態なので、本書の内容を理解しておけば基本的に困ることはありません。しかし、コンパイラオプションの設定によってはこれまで学んだ内容と少し異なる挙動をする場合があります。

ここでは、いくつかのコンパイラオプションを取り上げて、それぞれのコンパイラオプションにどのような効果があるのか学びます。

9.2.1 チェックをまとめて有効にできるstrictオプション

現在のTypeScriptのコンパイラオプションのうち最も重要なのは**strict**コンパイラオプションであると言えるでしょう。これは何か特定の機能を表すオプションではなく、strict系と呼ばれる複数のコンパイラオプションをまとめて有効にするものです。本書の執筆時点（TypeScript 4.6まで確認）では、strictオプションを有効にすると以下のオプションがすべて有効になります。今後、strictオプションで有効になるコンパイラオプショ

注2 本書の執筆時点（TypeScript 4.6）のもの。

ンが追加される可能性があります。

- noImplicitAny
- noImplicitThis
- alwaysStrict
- strictBindCallApply
- strictNullChecks
- strictFunctionTypes
- strictPropertyInitialization
- useUnknownInCatchVariables

本書の序盤で行った環境構築の方法に従っている場合、tsconfig.jsonには`"strict": true`と書かれているはずです。これはstrictオプションが有効であることを表しています。

本書としては、TypeScriptプログラミングの際はこのstrictコンパイラオプションを有効にすることを強く推奨します。特別な事情[注3]がなければ、strictを有効にして上記のコンパイラオプションを有効化しましょう。これらすべてについて本書で解説するわけではありませんので、気になる方はそれぞれのコンパイラオプションの意味を調べてみましょう。とくに重要なものについては次項以降で解説します。

これらのコンパイラオプションのうち、とくに上3つ以外のものはTypeScriptの進化の歴史を反映しています。これらのコンパイラオプションはTypeScriptのリリース当初からあったのではなく、たとえばstrictNullChecksはTypeScript 2.0になったタイミングで追加されています。strictとは厳しいという意味であり、これらのコンパイラオプションは、従来よりもさらに厳しい型チェックを有効にするものです。TypeScriptの大きな目的のひとつは型チェックを通じた安全性の提供ですから、より厳しいということは、より機能が強化されてより便利になったと言えます。

これらの機能がデフォルトで有効ではなくコンパイラオプションという形で提供されているのは、後方互換性のためです。つまり、「TypeScriptをバージョンアップしただけで型チェックが厳しくなってコンパイルエラーが発生するようになった」という事態を防ぐために[注4]、新たに追加された厳しいチェックは対応するコンパイラオプションを有効にしないと働かないようになっています。その例外として位置しているのがstrictオプションであり、新たなstrict系コンパイラオプションが追加されたらそれも自動的に有効にするという意味を持っています[注5]。

これが意味することは、後方互換性を心配する必要がない新規のTypeScriptプロジェクトでは、これらのコンパイラオプションを有効にしない理由がないということです。だからこそ、`tsc --init`による新規のtsconfig.json作成時にもデフォルトで`strict: true`とされているのです。

注3　新規のTypeScriptプロジェクトではなくJavaScriptで書かれたコードをTypeScriptに移行する場合などは、これらのオプションを有効化するのが難しい場合があります。

注4　ただし、TypeScriptは100%の後方互換性を担保しているわけではなく、型チェック関連のバグ修正や改善の結果として新たなコンパイルエラーが発生することもあります。

注5　ただし、後方互換性への影響を危惧してstrict系として扱われなかったコンパイラオプションもあり（後述のnoUncheckedIndexedAccess）、この方針が今後どれくらい真面目に運用されるのかは怪しいところです。

9.2.2 strictNullChecksでnullとundefinedを安全に検査する

本書ではnull型やundefined型（➡2.3.8）について学び、オプショナルなプロパティ（➡3.2.6）にアクセスすると結果はundefined型とのユニオン型になること（➡6.1.5）も学習しました。

実は、strictNullChecksオプションをオフにすると、TypeScriptの型システムからnullやundefinedの概念が消えてしまいます。もちろん、TypeScriptはあくまでJavaScript＋型の言語ですから、プログラムのランタイムの挙動における値としては依然としてnullやundefinedが存在します。それが、型システムには無視されてしまうようになります。次の簡単なプログラムは、strictNullChecksが有効かどうかで型推論の結果が異なります。

```
type MaybeHuman = {
  name?: string;
}

function func(obj: MaybeHuman) {
  const name = obj.name;
  console.log(name);
}
```

本書で学んだのはstrictNullChecksが有効の場合で、その場合は関数funcの中の変数nameはstring | undefined型となります。これは、objがMaybeHuman型で、そのnameプロパティがオプショナルなstring型のプロパティであることからわかります。一方、strictNullChecksを無効にした場合は、型からundefinedが消えます[注6]。すなわち、この例の変数nameはstring型となってしまいます。

MaybeHumanの型の意味からして、strictNullChecksが無効の場合でもfunc({})という関数呼び出しが可能です。その場合、関数func内のobj.nameはランタイムの挙動としてundefinedとなります。その結果、string型の変数nameにundefinedという値が入ることとなります。このように、strictNullChecksが無効の場合は、undefined型でない変数・値にundefinedが入り込んでしまうことがあります。もちろんnullも同様です。

これでは話にならないようにも思えますが、このように「どんな型の変数にもnullが入る」という挙動をする言語は意外と存在します。このような言語ではnullが型システムをすり抜けてしまうことになります。逆に、nullの存在がちゃんと型システムで取り扱える型システムのことを**null安全**な型システムであると言うことがあります[注7]。

TypeScriptも、strictNullChecksが導入されるバージョン2.0よりも前はnull安全性を持たないプログラミング言語だったのです。それだけに、TypeScript 2.0においてstrictNullChecksが導入されたのは非常に大きな進化だったと言えます。しかし、これまでnull安全ではない型システムで書かれたプログラムが急にnull安全になると、多くのコンパイルエラーが発生することになります。たとえば、次のように型注釈をつけたプログラムは、strictNullChecksがない場合はコンパイルエラーになりませんが、strictNullChecksが有効だとコンパイルエラーが発生することになります。

注6 自分で試してみたい場合は、tsconfig.jsonに"strictNullChecks": falseを追加しましょう。

注7 TypeScriptではundefinedもありますが、「undefined安全」という言葉はなく「null安全」と言われるようです。これは、null安全というのが特定の言語を指した表現ではなく、nullという用語も多くの言語に登場する抽象的な概念として扱われているからです。

```
type MaybeHuman = {
  name?: string;
}

function func(obj: MaybeHuman) {
  // エラー: Type 'string | undefined' is not assignable to type 'string'.
  const name: string = obj.name;
  console.log(name);
}
```

これがまさに、strictNullChecksがコンパイラオプションとして導入された理由です。TypeScript 2.0にバージョンを上げただけで自動的にnull安全になってしまうと、これまでコンパイルが通っていた（コンパイルエラーが発生しなかった）多くのTypeScriptプログラムでコンパイルエラーが発生してしまうでしょう。これが後方互換性がないということです。そのため、新たに追加されたコンパイラオプションを明示的に有効にした場合のみnull安全性を得るようにすることで、後方互換性が得られました。もちろん、本来はこのような後方互換性に甘えずに、より安全な新しいチェックに対応するようにプログラムを修正すべきです。しかし、コンパイルエラーが膨大な場合すぐにそれを行うのは現実的ではありません。そのようなケースに対応するためにコンパイラオプションという形で選択肢が用意されています。

ここからわかることは、strictNullChecksというオプションは後方互換性のために存在するのであって、今からTypeScriptプログラムを書く場合はオフにする理由がないということです。だからこそ、`tsc --init`によるtsconfig.jsonの自動生成（➡1.3.4）の際には、strictオプションを通じてstrictNullChecksも最初から有効にされているのです。この項では一応の知識としてstrictNullChecksが無効の場合の挙動について少し解説しましたが、よほど古いTypeScriptコードを保守しなければならない場合を除けばstrictNullChecksが無効のTypeScriptコードを相手にすることはないでしょう。有効のほうがより型安全なのですから、無効にする理由がありません。

前項ではstrict系オプションとしてほかのオプションの名前も紹介しましたが、これらもstrictNullChecksと同様に後方互換性のために存在しているものです。ですから、次項で触れるnoImplicitAnyを除いて本書では個別の説明は省略します。古いコードでなければ全部有効にしておきましょう。

9.2.3 型の書き忘れや推論の失敗を防ぐnoImplicitAnyオプション

もう1つ、strictコンパイラオプションによって有効化されるオプションの中で特筆に値するのは**noImplicitAny**です。このオプションが有効になっている（本書の解説はこれを前提にしています）と、いくつかの点で型チェックが厳しくなります。その中でも重きをなすのは**関数宣言における引数の型宣言の取り扱い**です。

4.2.4で学習したように、関数を宣言するときは原則として引数の型注釈を書かなければいけません。型注釈を書かなかった場合、次のようなコンパイルエラーが発生します。

```
// Parameter 'num' implicitly has an 'any' type.
const f = (num) => num * 2;
```

コンパイルエラーの文言をよく見ると、「implicitly has an 'any' type」と書かれています。このことから察せられるように、実はこのコンパイルエラーはnoImplicitAnyコンパイラオプションが有効になっているために発生したものです。逆の書き方をすれば、noImplicitAnyを無効にすると、この例のように引数の型を書かなくてもコンパイルエラーにならないということです。このように、noImplicitAnyにより発生するコンパイルエラーは「〜 implicitly has an 'any' type.」という文言を持つという特徴があります。

では、noImplicitAnyを無効にすると上のプログラムはコンパイルエラーとならないわけですが、その場合型が書かれていない引数はどのような扱いになるのでしょうか。

```
// noImplicitAnyを無効にするとコンパイルエラーにならない
const f = (num) => num * 2;
```

実は、型が書かれていない引数はnoImplicitAny無効下では**any型**（➡6.6.1）となります[注8]。すでに学んだように、any型は型安全性を破壊する危険な型です。明示的にanyと書いていないのに引数がany型と判定されてしまう状況は、プログラマーが意識していないところでプログラムの型安全性が低下してしまうため望ましくありません。明示的にanyと書くことすら最大限避けるべきなのに、自動的にanyが発生してしまうのはなおさら危険です。そのような"暗黙のany"を防いでくれるコンパイラオプションがnoImplicitAnyなのです。

このnoImplicitAnyコンパイラオプションは、後述の場合を除けばあえて無効にする必要はないオプションです。とくに理由がなければnoImplicitAnyはほかのstrict系オプションともに有効にすることを強くお勧めします。しかし、たまに「100%の型安全性は必ずしも必要ではない。完璧に型を書くのは大変だから、型が必要ない場面で型を書かなくてもよいようにするためにnoImplicitAnyを無効にすることが有用である」という意見が見られることがあります。筆者はこの意見には賛同していません。なぜなら、anyの危険性の影響を「型が必要ない場面」の中に抑え込むのは難しく、それに失敗した場合は型が必要なところにまで安全性の崩壊が波及してしまい、TypeScriptの恩恵がほとんど受けられなくなるという破滅的な結果を招くからです。危険性の正しい抑え込みのためには、6.6.2で触れたように、TypeScriptが負ってくれない責任を我々が肩代わりすることが必要です。これは高度な技術であり、それができる人ならばわざわざanyのお世話にならずとも苦労せず型を書くことができるでしょう。どちらも技術力が必要であり、片や安全性は人間の責任、片や安全性はTypeScriptの責任となれば、どちらが望ましいかは明白です。機械にできることは機械にやってもらいましょう。

あえてnoImplicitAnyを無効にしなければならない場面が1つだけ存在します。それは、**JavaScriptのプログラムをTypeScriptに移行する場合**です。すでにJavaScriptで書かれているプログラムをTypeScriptに書き換えたい場合、最初はnoImplicitAnyオプションを無効にした状態で始めるのが定石です。TypeScriptに書き換えるといっても、すでに何度も述べているようにTypeScriptは「JavaScript + 型」ですから、これは既存のJavaScriptプログラムに型を書き足していく作業となります。TypeScriptプログラムで型注釈が書かれる場所はおもに2つあり、1つがconstなどの変数宣言、そしてもう1つが関数引数です。前者は型推論のおかげで型注釈が必須ではありません。後者についても、noImplicitAnyを無効にすることで必須ではなくなります。

このように、noImplicitAnyが無効の環境では、プログラムのすべての箇所に型注釈をつけて回らなくても最低限の変更だけでJavaScriptを「とりあえずコンパイルが通るTypeScriptプログラム」に変えることができます[注9]。これにより、既存のJavaScripotプログラムをTypeScriptへと移行するハードルが大きく下がります。TypeScriptには新規開発だけでなく「JavaScriptからの移行」という大きな需要が存在しているため、noImplicitAnyを無効化できることを通じてそのようなユースケースをサポートしているのです。

注8　4.2.4ではcontextual typingにより引数の型を書かなくてもよくなる場合を解説しましたが、この場合は引数の型はanyとならずにcontextual typingにより推論される型となります。ご存知のように、この場合はnoImplicitAnyが有効でもコンパイルエラーとはならず、問題のあるプログラムではありません。

注9　たいていの場合、型注釈がまったくなしでコンパイルが通ることはなく、多少の追加は必要です。それでも、すべての関数に型注釈をつけて回るのに比べると労力はかなり小さくなります。

ただし、「とりあえずコンパイルが通るTypeScriptプログラム」はJavaScriptからTypeScriptへの最初の一歩に過ぎません。この状態では多くの関数の引数に型注釈がついておらず、それゆえany型の影響で関数の中の型チェックはほとんど働いていない状況となります。したがって、TypeScriptのメリットをより享受するための次のステップとして、関数の型注釈をしっかりとつけることでany型の影響を小さくしていく必要があります。

最終目標は、noImplicitAnyが有効の状態でもコンパイルが通るようにすることです。JavaScriptからTypeScriptへの移行では、この部分が最も大変です。なぜなら、既存のすべての関数に型を書いて回らなければならないからです。しかし前述のように、noImplicitAnyを無効のままにすることはそもそもTypeScriptに移行する意義をかなり薄れさせてしまうため、放置するのは望ましくありません。もともとJavaScriptに由来するコードはしかたないと考えたとしても、noImplicitAnyが無効の状態では新規にTypeScriptで書かれるコードも型安全性が低下してしまいます。もし読者のみなさんがJavaScriptからTypeScriptへの移行を経験することとなった場合、筆者としては何とかあの手この手を使ってnoImplicitAnyの有効化を目指していただきたいと思います。

9.2.4　インデックスアクセスを厳しくするnoUncheckedIndexedAccessオプション

ここで紹介する**noUncheckedIndexedAccess**は、TypeScript 4.1で追加された比較的新しいコンパイラオプションで、これまで紹介されたstrict系オプションを上回る厳しさを誇るコンパイラオプションです。このオプションは開発中は*pedantic*（衒学的／物知りぶった／過剰に正確性にこだわる）なチェックと呼ばれており、このことからも型安全性にこだわる人向けのオプションであることがわかります。あまりに厳しいので、デフォルトのtsconfig.jsonでは有効になっていません。有効にするには、tsconfig.jsonに以下の設定を追加する必要があります。

```
"noUncheckedIndexAccess": true,
```

第3章のコラム9ではインデックスシグネチャの危険性について解説しました。この危険性は長年TypeScriptに存在しましたが、この安全性の穴を塞いでほしいという要望はTypeScriptに多く寄せられていました。そのため、最近になってnoUncheckedIndexedAccessコンパイラオプションという形で要望が実現されたのです。

このコンパイラオプションが有効な場合、インデックスシグネチャは常にオプショナルなプロパティのように扱われます。すなわち、インデックスシグネチャを通じたプロパティアクセスで得られる型は常にundefinedとのユニオン型になります。

```
type PriceData = {
  [key: string]: number;
}
const data: PriceData = {
  apple: 220,
  coffee: 120,
  bento: 500
};

const applePrice = data.apple;
const bananaPrice = data.banana;
```

この例では、noUncheckedIndexedAccess有効時には変数applePriceとbananaPriceの型はともにnumber | undefinedとなります。すなわち、PriceData型のインデックスシグネチャに従ってdataの任意のプロパティにアクセスするとnumber型が得られますが、noUncheckedIndexedAccessの効果により、インデックシグネチャに従ったプロパティアクセスの場合は常に存在しない（undefinedである）可能性があるものとして扱われてnumber | undefinedとなります。

このプログラムの実際の挙動（ランタイムの挙動）としては、applePriceには220という数値が、bananaPriceにはundefinedが入ります。これらの変数はnoUncheckedIndexedAccessが無効の状態ではどちらもnumber型となりますが、変数bananaPriceはnumber型の変数にundefinedという値が入ってしまっているため、これは間違いです（型安全性が壊れてしまっています）。一方、noUncheckedIndexedAccess有効下ではこれらの変数がnumber | undefinedとなり、間違いではなくなります。型安全性が得られた引き換えにapplePriceの型もnumber | undefinedとなっているのがやや不便ですが、しかたがありませんね。

また、このオプションは**配列に対するインデックスアクセス**にも影響します。というのも、配列に対してarr[0]のようにアクセスするのも、型システム上はインデックスシグネチャにより実現されているからです。

```
// arrはnumber[]型
const arr = [1, 2, 3];

console.log(arr[0]); // 1 と表示される
console.log(arr[10]); // undefined と表示される
```

このように、配列に対しては任意の数値をキーとしてインデックスアクセスできますが、存在しない要素に対してアクセスするとundefinedが返ります。この例では、arr[2]までは存在しますがそれ以降はundefinedとなります。

従来は、インデックシグネチャの仕様により、配列もある意味で危険な存在でした。上の例では、実際の値がundefinedであるにもかかわらず、それをnumber型として取得できてしまうという危険性が存在していたことになります。この項で紹介しているnoUncheckedIndexedAccessが有効な状態では、このような配列の危険性も抑制されます。なお、for-of文（➡3.5.6）など、インデックスアクセス以外の手段で配列の要素を取得する場合はnoUncheckedIndexedAccessの影響を受けることはありません。

このnoUncheckedIndexedAccessオプションはTypeScriptの新規開発をする機会があった際に有効にするのをお勧めします。これが無効の状態で書かれたTypeScriptコードは知らず知らずのうちにインデックスシグネチャの危険性に依存しがちであり、あとから有効にするのが困難だからです。このオプションを有効にするとインデックスアクセスが不便になりますが、それはインデックスアクセスそのものを避けようというシグナルです。ほかの手段（for-of文など）を積極的に使用するとよいでしょう。

9.2.5　新規プロジェクトでのお勧め設定

本節ではチェックの厳しさに関わるコンパイラオプションを解説してきました。コンパイラオプションについて考えるのは、新しいTypeScriptプロジェクトを立ち上げるときが最も多いでしょう。本書の冒頭でも行ったように、TypeScriptプロジェクトを立ち上げるときはまずtsconfig.jsonを用意します。このときにtsconfig.jsonの内容を、すなわちどのコンパイラオプションを有効にするかを決めます。

一度決めて開発が開始すると、あとからコンパイラオプションを変えることはなかなか困難です。とくに、より厳しいほうにコンパイラオプションを変更すると、コンパイルエラーが増加します。プロジェクトが成長すればするほど、増加したコンパイルエラーに対処することは難しくなるでしょう。ですから、プロジェクト立ち上げの際にコンパイラオプションを決めるステップは重要です。

筆者としてのお勧めは、**なるべく厳しい設定にする**ことです。厳しいと言われると上級者向けの設定に思われるかもしれませんが、そうではありません。安全性という観点ではなるべく厳しい設定にするほうがよく、厳しい設定のほうが罠が少ないためむしろ初心者には望ましいとすら言えます（上級者だからといって緩い設定を好むわけではありませんが）。実際のところ、TypeScriptのコンパイラオプションには後方互換性のために提供されているものも多くあります。これらのオプションはそもそも新規のプロジェクトに緩い設定という選択肢を与えるためのものではないのです。歴史的な事情にとらわれて新しいプロジェクトの安全性を低下させる必要はありません[注10]。

具体的には、以下のようにコンパイラオプションを設定しましょう。本書の第1章でもtsconfig.jsonの設定を行いましたが（➡1.3.4）、その際は設定の簡単さを優先し、以下のとおりではなく設定の厳しさに関してはデフォルトのままとしていました[注11]。実際のプロジェクトではさらに厳しい設定で臨むとよいでしょう。

- strictオプションは有効にする（デフォルトのtsconfig.jsonですでに有効）。
- さらに、noUncheckedIndexedAccessも有効にする。
- exactOptionalPropertyTypes（➡6.1.5）も有効にする。

下の2つは、デフォルトでは有効になっていないオプションです。有効にすることでさらにチェックが厳しくなり、すなわち安全性が高まるので、ぜひ有効にしましょう。ただし、これらは本書執筆時点（TypeScript 4.6）での情報です。TypeScript 4.7以降でも新しいコンパイラオプションが追加されることでしょう。それらのオプションについても、より厳しいチェックが可能になるのであれば積極的に採用しましょう。そのためにも、TypeScriptのコンパイラオプション一覧に一度目を通しておくことをお勧めします。また、`tsc --init`によって生成されたtsconfig.jsonにも多くのコンパイラオプションとその説明が含まれていますから、それらを手がかりにするのもよいでしょう。

さらに、型チェックの厳しさ以外の視点からもミスを防いでくれるコンパイラオプションがあります。たとえばnoImplicitReturns・noFallthroughCasesInSwitchやnoImplicitOverrideなどです。これらについては好みによるところもありますが、とくに強い反対理由がなければ有効にするとよいでしょう。

注10 ただし、exactOptionalPropertyTypesのように既存の型定義の意味を変えるオプションの場合、ほかのライブラリの型定義を読み込むときに不整合が起きてしまう可能性があります。それが問題となる場合には、あえて有効にしないという選択肢も合理的なものとなるかもしれません。

注11 下2つに関しては本書執筆開始時にまだ存在していなかったという事情もあります。

付録

付録1 演算子一覧・結合順位表

TypeScriptの演算子の一覧です。表の上にある演算子ほど高い結合順位を持ちます。たとえば、+よりも*のほうが結合順位が高いため、1 + 2 * 3は1 + (2 * 3)と解釈されます。

二項演算子については表に結合の向きを記載しています。たとえば-は左結合なので1 - 2 - 3は(1 - 2) - 3と解釈されますが、=は右結合なのでa = b = cはa = (b = c)と解釈されます。優先順位が同じ演算子については、結合の向きに従って混ぜられます。たとえば、1 + 2 - 3 + 4は((1 + 2) - 3) + 4と解釈されます。

<table>
<tr><th>名称・機能</th><th>結合の向き</th><th>演算子</th></tr>
<tr><td>(括弧[注1])</td><td>—</td><td>( )</td></tr>
<tr><td>(プロパティアクセス・関数呼び出し・new呼び出し・オプショナルチェイニング[注2])</td><td>左結合</td><td>. [ ] new ?.</td></tr>
<tr><td>インクリメント・デクリメント演算子(後置)[注3]</td><td>—</td><td>++ --</td></tr>
<tr><td>各種単項演算子[注4]</td><td>—</td><td>+ - ~ delete void typeof await ++(前置) --(前置)</td></tr>
<tr><td>冪乗演算子</td><td>右結合</td><td>**[注5]</td></tr>
<tr><td>乗算・除算演算子</td><td>左結合</td><td>* / %</td></tr>
<tr><td>加算・減算演算子</td><td>左結合</td><td>+ -</td></tr>
<tr><td>ビットシフト演算子</td><td>左結合</td><td><< >> >>></td></tr>
<tr><td>比較演算子・instanceof・in</td><td>左結合</td><td>< > <= >= instanceof in</td></tr>
<tr><td>等価演算子</td><td>左結合</td><td>=== !== == !=</td></tr>
<tr><td>ビットごとAND演算子</td><td>左結合</td><td>&</td></tr>
<tr><td>ビットごとXOR演算子</td><td>左結合</td><td>^</td></tr>
<tr><td>ビットごとOR演算子</td><td>左結合</td><td>|</td></tr>
<tr><td>論理積演算子</td><td>左結合</td><td>&&</td></tr>
<tr><td>論理和演算子</td><td>左結合</td><td>||</td></tr>
<tr><td>nullish結合演算子</td><td>左結合</td><td>??[注6]</td></tr>
<tr><td>条件演算子</td><td>—</td><td>? :</td></tr>
<tr><td>代入演算子</td><td>右結合</td><td>= *= /= %= += -= <<= >>= >>>= &= ^= |= **= &&= ||= ??=</td></tr>
<tr><td>(yield式[注7])</td><td>—</td><td>yield yield*</td></tr>
<tr><td>コンマ演算子[注8]</td><td>左結合</td><td>,</td></tr>
</table>

注1 式を囲むことで評価順序を示すために使う括弧です。括弧は演算子に含めないという見解もあります。

注2 これらの構文は演算子に含めない見方が主流ですが、ほかの演算子との関係を示すために表に含めています。

注3 ++および--演算子は変数に対して前置と後置が可能ですが、前置の場合と後置の場合で結合順位が異なります。前置の場合は1つ下の単項演算子たちと同じ結合順位となります。

注4 awaitは演算子に含まないという見解もあります。

注5 厳密には、1つ上の単項演算子との間には結合順位が定義されません。つまり、たとえば-a ** bのように**の左でこれらの単項演算子を使うことは構文エラーとなります。これは(-a) ** bと-(a ** b)のどちらの意味なのかあいまいだからです。このように括弧で優先順位を明記することで構文エラーを回避することができます。

注6 厳密には、直上の論理和・論理積演算子との間には結合順位が定義されません。a || b ?? cのように、||または&&と??を混ぜて使うことは構文エラーとなります。必ず(a || b) ?? cまたはa || (b ?? c)のように括弧で優先順位を明記する必要があります。

注7 本書では解説していません。yield式はジェネレータ関数の中で使用できる式です。yieldは演算子には含まないという見解もあります。

注8 本書では解説していない演算子です。あまり使われません。複数の式を順に評価し、最後の式の結果を返す機能を持ちます。

付録2　さらなる学習の道しるべ

本書ではTypeScriptの学習に必要なさまざまな要素を学びましたが、本書でカバーしきれていない言語機能などもいろいろとあります。

本書を読み終わった方がさらにステップアップするための指針となるように、自学するときにお勧めのトピック、キーワードを並べました。

本書に書かれている内容に比べれば役に立つ機会が少ないかもしれませんが、いずれも知っておいて損はないものばかりです。

気になったものを調べてみましょう。各テーマごとに上のほうが活用機会が比較的多そうなものになっています。

JavaScriptの言語機能

- イテレータ・ジェネレータ関数
- メタプログラミング系の機能
  - オブジェクト操作（`Object.keys`）など
  - プロパティデスクリプタ・プロパティ属性
  - `Reflect`・`Proxy`
- シンボル
- prototype

TypeScriptの言語機能

- 標準ライブラリに属するほかの型（`Record`・`Parameters`・`Awaited`など）
- `abstract`クラス・`abstract` newシグネチャ
- 型レベルプログラミング
- mapped types・conditional typesの詳細（`infer`・union distribution・homomorphic mapped typesなど）

TypeScriptが使用される開発環境

- フロントエンド開発（ブラウザで動くJavaScript）
  - DOM（Document Object Model）
  - 各種のUIライブラリ（React・Vue・Angularなど）
  - 開発ツール（webpack・Viteなど）
- サーバ開発
  - Node.jsとNode.js上で動くライブラリ
  - Deno

index 索引

■記号・数字

■A

■B

■C

■D

■E

■F

■G

■H

■I

■さ行

■た行

■著者プロフィール
鈴木 僚太（すずき りょうた）
2013年からTypeScriptを使用中。LINE株式会社でフロントエンドエンジニアとして自社開発に従事しながら、技術顧問なども行っている（本書発行当時）。専門はTypeScriptとReactで、講演やインターネット上での記事公開を通じて初心者向けから上級者向けまでさまざまな情報を発信している。OSS活動にも積極的だが自作のライブラリはあまり流行っていない。
・Twitter：@uhyo_
・Webサイト： https://uhy.ooo/

カバーデザイン ◆ トップスタジオデザイン室（嶋 健夫）
本文設計 ◆ トップスタジオデザイン室（徳田 久美）
組版 ◆ 株式会社トップスタジオ
編集担当 ◆ 吉岡 高弘

Software Design plusシリーズ
プロを目指す人のためのTypeScript入門
安全なコードの書き方から高度な型の使い方まで

2022年 5月 5日 初 版 第1刷発行
2024年 7月 31日 初 版 第5刷発行

著 者 鈴木 僚太
発行者 片岡 巌
発行所 株式会社技術評論社
東京都新宿区市谷左内町 21-13
電話 03-3513-6150 販売促進部
03-3513-6170 第5編集部
印刷/製本 昭和情報プロセス株式会社

定価はカバーに表示してあります

ISBN978-4-297-12747-3 C3055
Printed in Japan

■お問い合わせについて
本書の内容に関するご質問につきましては、下記の宛先までFAXまたは書面にてお送りいただくか、弊社ホームページの該当書籍コーナーからお願いいたします。お電話によるご質問、および本書に記載されている内容以外のご質問には、一切お答えできません。あらかじめご了承ください。
また、ご質問の際には「書籍名」と「該当ページ番号」、「お客様のパソコンなどの動作環境」、「お名前とご連絡先」を明記してください。

宛先：
〒162-0846
東京都新宿区市谷左内町 21-13
株式会社技術評論社 SoftwareDesign編集部
『プロを目指す人のためのTypeScript入門』質問係
FAX：03-3513-6179

■技術評論社 Webサイト
https://gihyo.jp/book/2022/978-4-297-12747-3

お送りいただきましたご質問には、できる限り迅速にお答えするよう努力しておりますが、ご質問の内容によってはお答えするまでに、お時間をいただくこともございます。回答の期日をご指定いただいても、ご希望にお応えできかねる場合もありますので、あらかじめご了承ください。
なお、ご質問の際に記載いただいた個人情報は質問の返答以外の目的には使用いたしません。また、質問の返答後は速やかに破棄させていただきます。